作 者 简 介

刘晓冀 广西民族大学教授. 2003 年于西安电子科技大学博士毕业; 华东师范大学博士后. 目前主要从事广义逆理论、矩阵偏序、数值代数等方面的教学和科研工作. 在 *Mathematics of Computation*, *Numerical Linear Algebra with Applications*, *Linear Algebra and its Application*, *Linear and Multilinear Algabra*,《数学学报》《计算数学》等国内外学术刊物上发表 70 余篇学术论文.

算子广义逆的理论及计算

刘晓冀 著

科学出版社

北京

内 容 简 介

广义逆在研究奇异矩阵问题、病态问题、优化问题以及统计学问题中起着重要作用. 本书主要研究内容包括算子广义逆的性质、表示、反序律、扰动以及算子广义逆的迭代算法.

本书可以作为从事广义逆研究的科技工作者和研究生的参考资料.

图书在版编目(CIP)数据

算子广义逆的理论及计算/刘晓冀著. —北京: 科学出版社, 2017.3
ISBN 978-7-03-051930-6

I. ①算⋯ II. ①刘⋯ III. ①广义逆 IV. ①O151.21

中国版本图书馆 CIP 数据核字 (2017) 第 040542 号

责任编辑: 胡庆家 / 责任校对: 邹慧卿
责任印制: 吴兆东 / 封面设计: 铭轩堂

科 学 出 版 社 出版
北京东黄城根北街 16 号
邮政编码: 100717
http://www.sciencep.com
北京厚诚则铭印刷科技有限公司 印刷
科学出版社发行 各地新华书店经销
*
2017 年 3 月第 一 版 开本: 720×1000 1/16
2024 年 2 月第四次印刷 印张: 16 1/2
字数: 318 000
定价: 98.00 元
(如有印装质量问题, 我社负责调换)

序

广义逆理论可追溯到 1903 年, 当时 Fredholm 用积分算子的广义逆求解积分方程, Fredholm 称这种广义逆为 "伪逆". 大约在 1903 年, E. H. Moore 发现矩阵广义逆的代数表达式, 但直到 1920 年他才在《美国数学会通报》上以摘要的形式给出了广义逆的定义. 1955 年, Penrose 证明了 Moore 所定义的广义逆 (现在称为 Moore-Penrose 广义逆) 是由四个矩阵方程唯一确定的. 从此, 广义逆理论得到迅速发展, 并在众多方面得到广泛应用. 但是这些研究主要集中在实数域和复数域上的矩阵. Hilbert 空间上线性算子广义逆的研究是从 Moore 的学生、南京大学曾远荣 (Y. R. Tseng) 先生开始的. 1933 年, 曾远荣引入了 Hilbert 空间上线性算子广义逆的概念, 为无限维 Hilbert 空间上线性算子广义逆的研究做出了重大贡献, 后来人们称这种广义逆为 Tseng 广义逆. 1958 年, M. P. Drazin 教授定义结合环和半群上的广义逆. 1959 年, Greville 教授进一步阐述长方形矩阵的广义逆及其应用. 广义逆理论在诸多领域都有广泛的应用, 如 Drazin 逆解二阶微分方程中的应用、处理概率与数理统计的问题、渐近假设检验中的应用及动态系统中的问题等.

广义逆的反序律在上述领域的理论研究和数值计算中发挥着很重要的作用. 自 Moore(1920) 引入广义逆的概念以来, 广义逆的反序律就得到国内外众多学者的广泛研究, 取得了丰富的理论成果. Ben-Israel 和 Grevill(2003) 给出了两个矩阵乘积 Moore-Penrose 逆反序律 $(AB)^\dagger = B^\dagger A^\dagger$ 成立的充要条件. Werner(1994) 给出两个矩阵内逆反序律 $(AB)^- = B^- A^-$ 成立的充要条件. 孙文瑜和魏益民 (1998) 研究了两个矩阵乘积加权 Moore-Penrose 逆的反序律, 简洁地证明了 $(AB)^\dagger_{ML} = B^\dagger_{NL} A^\dagger_{MN}$ 成立的充要条件. Djordjević (2007) 研究了 Hilbert 空间两个算子乘积的反序律, 得到了算子广义逆反序律成立的充要条件.

Qiao(1981) 在 Banach 空间上给出了一个有界线性算子 $T \in \mathcal{B}(\mathcal{X})$ 的 Drazin 逆以及 T^{D} 的表达式: 若 $\mathrm{ind}(T) = k(k \geqslant 1)$, 则

$$T^{\mathrm{D}} = \tilde{T}^{-1}Q,$$

其中 Q 是沿着 $\mathcal{N}(T^k)$ 从 $\mathcal{X}$ 到 $\mathcal{R}(T^k)$ 的投影.

Cai(1985) 给出了 T^{D} 的另一种表达式: 若 $\mathrm{ind}(T) = k(k \geqslant 1)$, 则

$$T^{\mathrm{D}} = T^{k\dagger}T^{k-1},$$

此时 $T^{k\dagger}$ 是 T^k 的线性斜投影的广义逆且与 $P_{\mathcal{R}(T^k), \mathcal{N}(T^k)}$ 及 $\mathcal{Z} = \mathcal{R}(T^k) \oplus \mathcal{N}(T^k)$ 有关的投影.

Wei(2000) 得到了 T^{D} 的另一种表达式: 若 $\mathrm{ind}(T) = k(k \geqslant 1)$, 那么

$$T^{\mathrm{D}} = \bar{T}^{-1} T^k,$$

此时 $\bar{T} = T \mid_{\mathcal{R}(T^k)}$ 是 T 在 $\mathcal{R}(T^k)$ 上的 T 限制.

最近, Wang(2007) 总结了 T^{D} 的三种表示: 若 $\mathrm{ind}(T) = k(k \geqslant 1)$, 则

$$T^{\mathrm{D}} = \hat{T}^{-1} T^{k+} T^{k-1+l}.$$

此时, $\hat{T} = T^l \mid_{\mathcal{R}(T^k)}$ 是在 $\mathcal{R}(T^k)$ 的 T^l 限制.

设 $A, B \in \mathcal{L}(H, K)$. 若对每一个 $E \in A\eta$ 和 $F \in B\eta$, $E + F = E(A+B)F$, 那么我们说 A 和 B 的 η-逆吸收律是满足的. Chen(2008) 和 Lin(2011) 等利用矩阵秩、广义 Schur 补及奇异值分解考虑了若干矩阵广义逆的混合第一、第二吸收律等.

Rao 和 Mitra(1971) 讨论了矩阵乘积 $AB^{(1)}C$ 的不变性, 并运用秩的方法给出了一些条件来说明矩阵乘积 $AB^{(1)}C$ 的不变性. 随后, 许多研究者对不变性进行了探索和研究. 例如, Baksalary 等 (1983, 1990, 1992) 给出了值域 $\mathcal{R}(AB^{(1)}C)$ 和 $\mathrm{rank}(AB^{(1)}C)$ 不变性的条件, 以及矩阵乘积 $KL^{(1)}M^{(1)}N$ 不变性的条件. Grob(2006) 用秩的方法研究了矩阵乘积值域包含的不变性. Liu(2014) 通过把有界线性算子表示成矩阵形式的方法来研究算子乘积 $AC^{(1)}B^{(1)}D$ 的不变性, 以及其算子广义逆值域包含的不变性.

Wei(2003) 给出许多不同的积分表示广义逆, 如 Moore-Penrose 逆、Drazin 逆和加权 Drazin 逆. 特别提出了长方矩阵 A, W 的 W-加权 Drazin 逆两个积分表示等.

Wedin(1973) 提出了若干 Moore-Penrose 逆矩阵的酉不变范数、谱范数、Frobenius 范数下摄动界限, Meng 和 Zheng(2010) 使用奇异值分解 Moore-Penrose 的 Frobenius 范数下的最佳扰动界; Deng 和 Wei 探讨了在 Hilbert 空间算子的 Moore-Penrose 逆扰动界, Stewart 等 (1977) 给出了在 Banach 空间上线性算子的扰动界.

近年来, 关于矩阵 A 的 Drazin 逆的扰动理论备受关注, 如 Wei 和 Wang 给出约束条件下的扰动结果; Djordjević 和 Rakočević(2008) 拓展了扰动界的值; Wei 等 (2000, 2002) 讨论了在条件 $B = A + E$ 下, $\|B^{\sharp} - A^{\sharp}\| / \|A^{\sharp}\|$ 的扰动上界, 同时解决了 Campbell 和 Meyer(1975) 提出的关于 当 $\mathrm{ind}(A) = 1$ 时的问题, 并给出了在条件 core-rank$B$ = core-rank$A$ 下的扰动上界 $\|B^{\mathrm{D}} - A^{\mathrm{D}}\| / \|A^{\mathrm{D}}\|$, 并得到了 $\|B^{\sharp} - A^{\mathrm{D}}\| / \|A^{\mathrm{D}}\|$ 的扰动上界; Li 和 Wei (2011) 削弱了扰动上界 $\|B^{\sharp} - A^{\mathrm{D}}\|$, 在条件

$$\mathrm{rank}B = \mathrm{rank}A^k \quad \text{和} \quad \|A^{\mathrm{D}}\|\|E\| < \frac{1}{1 + \|A^{\mathrm{D}}\|\|A\|}$$

下, Wei, Li 和 Bu 给出了 Drazin 逆的界; Xu, Wei 和 Gu(2010) 仅在 B 是 A 的稳定扰动的条件下, 给出上界 $\|B^{\mathrm{D}} - A^{\mathrm{D}}\|/\|A^{\mathrm{D}}\|$; González 和 Koliha(2000) 探讨了封闭线性算子 Drazin 的扰动值并在一些限制条件下的精确扰动值. Castro-González, Vélez-Cerrada 分析了 Drazin 逆的扰动值 $\|B^{\sharp} - A^{\mathrm{D}}\|$, $\|BB^{\sharp} - AA^{\mathrm{D}}\|$, 并得到了 Banach 空间上群逆的相关结果. Deng 和 Wei(2010) 讨论了线性算子 Drazin 逆扰动并且给出在一些扰动矩阵的限制条件下 Drazin 逆的精确表达式等.

广义逆计算及应用是数值代数理论领域十分活跃的研究课题. 计算广义逆的方法也是种类繁多的, 对于迭代法来说, 已经由原来的牛顿迭代法发展到现在的高阶迭代法, 计算的精度越来越高. 近年来, Ben-Israel, Wedin, Stewart, Djordjevi, Y. Saad, F. Soleymani, 陈永林、王国荣、魏益民、俞耀明、李维国等在广义逆的计算方面做了许多重要的工作. 许多学者利用矩阵分裂来研究矩阵的 {1}-逆、{2}-逆和 Moore-Penrose 逆的迭代方法. Chen(1993, 1996) 给出了求解方阵 Drazin 逆的指标固有分裂法, 以及求解长方矩阵 W-加权 Drazin 逆的加权指标固有分裂法. Wei(1998) 介绍了一种新的计算方阵 Drazin 逆的指标分裂法. Zhu(2003) 讨论了 Banach 空间中有界线性算子 Drazin 逆的两种分裂法, 推广了 Chen(1996) 的结果.

Chen(1996) 定义了迭代公式

$$X_{k+1} = X_k + \beta Y(I - AX_k), \quad k = 0, 1, 2, \cdots, \beta \in \mathbb{C} \setminus \{0\}.$$

这个迭代公式被用来计算矩阵 A 的 $A_{T,S}^{(2)}$ 逆. Djordjević(2007) 把该方法推广到 Banach 空间算子的 $A_{T,S}^{(2)}$ 逆和广义 Drazin 逆.

作者在编写本书时, 得到西安电子科技大学刘三阳教授、上海师范大学魏木生教授、复旦大学魏益民教授、东南大学陈建龙教授的鼓励和支持, 他们提出了很多建设性的意见和建议, 作者在此深表谢意. 本书的工作是与 Benítez、俞耀明、钟金、胡春梅、周光平、武玲玲、武淑霞、覃永辉、黄少斌、黄蒲、杨琦、靳宏伟、张苗、付石琴、蒋彩静合作完成的. 本书的统稿是由王宏兴、杜为荣完成的, 在此一并致谢.

该书的编写和出版得到国家自然科学基金 (项目编号: 11361009,11401243)、广西高等学校高水平创新团队及卓越学者项目、广西八桂学者项目以及广西民族大学的大力支持.

由于本人水平有限, 书中难免有错误和不妥之处, 希望读者能及时指出, 便于以后纠正.

刘晓冀

广西民族大学

2016 年 9 月

目　　录

序

符号表

符 号 表

- $\mathcal{L}(H, K)$： 从 Hilbert 空间 H 到 K 的有界的线性算子的集合
- $\mathbb{R}$： 所有实数的全体
- $\mathbb{C}$： 所有复数的全体
- $\mathbb{R}^{m \times n}$： 所有 $m \times n$ 实矩阵的全体
- $\mathbb{C}^{m \times n}$： 所有 $m \times n$ 复矩阵的全体
- A^*： A 的自伴随 (即 $\bar{A}^{\mathrm{T}}$)
- A^{-1}： A 的逆
- $A^{\dagger}$： A 的 Moore-Penrose 逆
- $A^{\sharp}$： A 的群逆
- A^{D}： A 的 Drazin 逆
- I： 恒等算子
- 0： 零算子
- $\mathcal{R}(A)$： 算子 A 的值域
- $\mathrm{span}(u_1, \cdots, u_i)$： 表示由 $u_1, \cdots, u_i$ 张成的子空间
- $\mathcal{N}(A)$： A 的零空间
- P_{klA}： 到 $\mathcal{R}(A)$ 上的正交投影算子
- $\mathrm{rank}(A)$： A 的秩
- $\mathrm{ind}(A)$： A 的指标
- $\|x\|_2$： 向量 x 的 Euclid 长度
- $\|A\|_2$： A 的谱范数
- $\|A\|_F$： A 的 Frobenius 范数
- $\in$： 元素属于
- $\subseteq$： 集合含于
- $\Leftrightarrow$： 等价
- $\Rightarrow$： 蕴涵

第 1 章 基本概念和引理

设 $\mathcal{L}(H,K)$ 表示从 Hilbert 空间 H 到 K 的有界的线性算子的集合, 其中 $\mathcal{L}(H) = \mathcal{L}(H,H)$. $A \in \mathcal{L}(H,K)$, A^*, $\mathcal{R}(A)$ 及 $\mathcal{N}(A)$ 分别表示自伴随、值域、零空间.

用 I_H 表示 Hilbert 空间 H 中的恒等算子, 一般简记为 I.

我们用 $\mathrm{asc}(A)$ 和 $\mathrm{des}(A)$ 分别表示算子 $A \in \mathcal{B}(H)$ 的升指标和降指标, 是分别指满足方程 $\mathcal{N}(A^k) = \mathcal{N}(A^{k+1})$ 和 $\mathcal{R}(A^k) = \mathcal{R}(A^{k+1})$ 的最小正整数 k. 如果这样的 k 不存在, 则记 $\mathrm{asc}(A) = \infty$ 和 $\mathrm{des}(A) = \infty$. 我们知道, $\mathrm{asc}(A) = \mathrm{des}(A)$ 当且仅当 $\mathrm{asc}(A)$ 和 $\mathrm{des}(A)$ 都是有限的, 此时, $\mathrm{asc}(A) = \mathrm{des}(A) = \mathrm{ind}(A)$, 其中 $\mathrm{ind}(A)$ 称为算子 A 的指标.

算子 $A \in \mathcal{B}(H)$ 为 Hermitian 算子, 若 $A = A^*$. Hermitian 算子 $A \in \mathcal{L}(H)$ 为正定的, 若对任意的 $x \in H$, $(Ax,x) > 0$; 若 $(Ax,x) \geqslant 0$ 则为半正定的. 若 A 是正定的, 则 $\sigma(A) \subseteq R^\dagger$; 若 A 是半正定的, 则 $\sigma(A) \subseteq R^\dagger \cup \{0\}$, 其中 $R^\dagger$ 为所有的数.

算子 $X \in \mathcal{L}(K,H)$ 为 $A \in \mathcal{L}(H,K)$ 的 Moore-Penrose 逆, 若 X 满足以下算子方程:

(1) $AXA = A$;

(2) $XAX = X$;

(3) $(AX)^* = AX$;

(4) $(XA)^* = XA$.

若算子 X 存在则记为 $A^\dagger$ (参见 [7], [127], [129], [144]). Moore-Penrose 逆 $A^\dagger$ 存在, 当且仅当 $\mathcal{R}(A)$ 是封闭的. 设 $i \in \{1,2,3,4\}$. 若 X 满足方程 (i), 则 X 为 A 的 $\{i\}$ 逆, 记作 $X = A^{(i)}$. A 的 $\{i\}$-逆记为 $A\{i\}$. 显然

$$A\{i,j\} \stackrel{\text{def}}{=} A\{i\} \cap A\{j\}, \quad i,j \in \{1,2,3,4\}$$

且记为 $X^{(i,j)}$ 当 $X \in A\{i,j\}$.

定义 1.0.1[144] 令 $A \in \mathcal{L}(H)$, 称满足方程

$$A^{k+1}X = A^k, \quad XAX = X, \quad AX = XA \tag{1.0.1}$$

的算子 $X \in \mathcal{L}(H)$ 为算子 A 的 Drazin 逆, 记为 A^{D}. 满足方程组 (1.0.1) 的最小正整数 k 是 A 的指标. 特别地, 若 $\mathrm{ind}(A) = 1$, 则 A^{D} 退化为 A 的群逆 $A^{\#}$.

定义 1.0.2[144]　　令 $A \in \mathcal{L}(H,K)$, $W \in \mathcal{L}(K,H)$ 且 $\mathrm{ind}(AW) = k$. $X \in \mathcal{L}(H,K)$ 称为算子 A 的 W-加权 Drazin 逆, 如果 X 满足

$$(AW)^{k+1}XW = (AW)^k, \quad XWAWX = X, \quad AWX = XWA. \tag{1.0.2}$$

若 X 存在, 则唯一 (见 [7]) 且记为 $X = A^{\mathrm{D},W}$. 容易看出, 若 $H = K$ 且 $W = I$, 则方程组 (1.0.2) 等同于方程组 (1.0.1), 此时, $A^{\mathrm{D},W} = A^{\mathrm{D}}$.

引理 1.0.1[70]　　对算子 $A \in \mathcal{L}(H,K)$, $\mathcal{R}(A)$ 是闭的当且仅当存在一个算子 $X \in \mathcal{L}(K,H)$ 使得 $AXA = A$. 此时, A 称为正则的且 X 是 A 的一个内逆 (或 $\{1\}$-逆), 记为 $X = A^-$.

引理 1.0.2[130]　　设 X, Y 是 Banach 空间, $T \in \mathcal{L}(X,Y)$, $W \in \mathcal{L}(Y,X)$, 则下列条件等价:

(1) T 是 W-加权 Drazin 可逆;

(2) TW 是 Drazin 可逆;

(3) WT 是 Drazin 可逆;

(4) 对一些 $k \geq 1$ 及 $\mathrm{des}(WT) < \infty$, $\mathrm{asc}(TW) = p < \infty$, $\mathcal{R}((TW)^{p+k})$ 是闭的;

(5) 对一些 $k \geq 1$ 及 $\mathrm{des}(TW) < \infty$, $\mathrm{asc}(WT) = q < \infty$, $\mathcal{R}((TW)^{q+l})$ 是闭的.

引理 1.0.3[55]　　设 $A \in \mathcal{L}(X,Y)$ 有闭的值域. X_1 和 X_2 是 X 的闭正交补子空间, 使得 $X = X_1 \oplus X_2$. Y_1 和 Y_2 是 Y 的闭正交补子空间, 使得 $Y = Y_1 \oplus Y_2$. 则算子 A 具有对应于正交直和子空间 $X = X_1 \oplus X_2 = \mathcal{R}(A^*) \oplus N(A), Y = Y_1 \oplus Y_2 = \mathcal{R}(A) \oplus N(A^*)$ 的如下矩阵形式:

(a)

$$A = \begin{pmatrix} A_1 & A_2 \\ 0 & 0 \end{pmatrix} : \begin{pmatrix} X_1 \\ X_2 \end{pmatrix} \to \begin{pmatrix} \mathcal{R}(A) \\ \mathcal{N}(A^*) \end{pmatrix}, \tag{1.0.3}$$

其中 $D = A_1 A_1^* + A_2 A_2^*$ 且 $D > 0$. 此时

$$A^\dagger = \begin{pmatrix} A_1^* D^{-1} & 0 \\ A_2^* D^{-1} & 0 \end{pmatrix}. \tag{1.0.4}$$

(b)

$$A = \begin{pmatrix} A_1 & 0 \\ A_2 & 0 \end{pmatrix} : \begin{pmatrix} \mathcal{R}(A^*) \\ \mathcal{N}(A) \end{pmatrix} \to \begin{pmatrix} Y_1 \\ Y_2 \end{pmatrix}, \tag{1.0.5}$$

其中 $D = A_1 A_1^* + A_2 A_2^*$ 且 $D > 0$. 此时有

$$A^\dagger = \begin{pmatrix} D^{-1} A_1^* & D^{-1} A_2^* \\ 0 & 0 \end{pmatrix}. \tag{1.0.6}$$

引理 1.0.4[55] 设 $A \in \mathcal{L}(X, X)$, 则 A 是 Drazin 可逆的当且仅当 $\mathrm{ind}(A) = k < \infty$. 此时, 子空间 $\mathcal{R}(A^k)$ 和 $\mathcal{N}(A^k)$ 是 X 的闭子空间, $X = \mathcal{R}(A^k) \oplus \mathcal{N}(A^k)$:

$$A = \begin{pmatrix} A_1 & 0 \\ 0 & A_2 \end{pmatrix} : \begin{pmatrix} \mathcal{R}(A^k) \\ \mathcal{N}(A^k) \end{pmatrix} \to \begin{pmatrix} \mathcal{R}(A^k) \\ \mathcal{N}(A^k) \end{pmatrix}, \tag{1.0.7}$$

其中 A_1 可逆, A_2 幂零, 此时有

$$A^{\mathrm{D}} = \begin{pmatrix} A_1^{-1} & 0 \\ 0 & 0 \end{pmatrix}. \tag{1.0.8}$$

引理 1.0.5[55] 设 $A \in \mathcal{L}(X, X)$, 则 A 群可逆, 当且仅当 A 具有如下的分块形式:

$$A = \begin{pmatrix} A_1 & 0 \\ 0 & 0 \end{pmatrix} : \begin{pmatrix} \mathcal{R}(A) \\ \mathcal{N}(A) \end{pmatrix} \to \begin{pmatrix} \mathcal{R}(A) \\ \mathcal{N}(A) \end{pmatrix}, \tag{1.0.9}$$

其中 A_1 可逆. 此时有

$$A^{\#} = \begin{pmatrix} A_1^{-1} & 0 \\ 0 & 0 \end{pmatrix} : \begin{pmatrix} \mathcal{R}(A) \\ \mathcal{N}(A) \end{pmatrix} \to \begin{pmatrix} \mathcal{R}(A) \\ \mathcal{N}(A) \end{pmatrix}. \tag{1.0.10}$$

容易验证如下算子广义逆的结果.

引理 1.0.6 设 $A \in \mathcal{L}(H, K)$, 则

(1) $A\{1\} = \{A^{(1)} + W - A^{(1)} A W A A^{(1)} : W \in \mathcal{L}(K, H)\}$
$= \{A^{(1)} + (I - A^{(1)} A) W_1 + W_2 (I - A A^{(1)}) : W_i \in \mathcal{L}(K, H), i = 1, 2\};$

(2) $A\{1, 2\} = \{X_1 A X_2 : X_i \in A(1), i = 1, 2\}$
$= \{[A^{\dagger} + (I - A^{\dagger} A) W_1] A [A^{\dagger} + W_2 (I - A A^{\dagger})] : W_i \in \mathcal{L}(K, H), i = 1, 2\};$

(3) $A\{1, 3\} = \{A^{(1,3)} + (I - A^{(1,3)} A) W : W \in \mathcal{L}(K, H)\};$

(4) $A\{1, 4\} = \{A^{(1,4)} + W (I - A A^{(1,4)}) : W \in \mathcal{L}(K, H)\};$

(5) $A\{1, 2, 3\} = \{A^{(1,2,3)} + (I - A^{(1,2,3)} A) W A^{(1,2,3)} : W \in \mathcal{L}(K, H)\};$

(6) $A\{1, 2, 4\} = \{A^{(1,2,4)} + A^{(1,2,4)} W (I - A A^{(1,2,4)}) : W \in \mathcal{L}(K, H)\};$

(7) $A\{1, 3, 4\} = \{A^{(1,3,4)} + (I - A^{(1,3,4)} A) W (I - A A^{(1,3,4)}) : W \in \mathcal{L}(K, H)\}.$

定义 1.0.3[7] 设 H, K 为 Hilbert 空间且 $A \in \mathcal{L}(H, K)$. $M \in \mathcal{L}(K)$, $N \in \mathcal{L}(H)$ 是正算子. 若存在算子 $X \in \mathcal{L}(K, H)$ 满足

(1) $AXA = A$;

(2) $XAX = X$;

(3) $(MAX)^* = MAX$;

(4) $(NXA)^* = NXA$,

则称 X 为 A 的加权 Moore-Penrose 逆, 记为 $X = A_{MN}^{\dagger}$.

$A_{MN}^\dagger$ 存在当且仅当 $\mathcal{R}(M^{\frac{1}{2}}AN^{-\frac{1}{2}})$ 是闭的, 此时

$$A_{MN}^\dagger = N^{-\frac{1}{2}}(M^{\frac{1}{2}}AN^{-\frac{1}{2}})^\dagger M^{\frac{1}{2}}.$$

引理 1.0.7[55]　设 $A \in \mathcal{L}(H, K)$ 具有闭值域, 则 Hilbert 空间 H 和 K 分别具有空间正交直和分解 $H = \mathcal{R}(A^*) \oplus \mathcal{N}(A)$ 和 $K = \mathcal{R}(A) \oplus \mathcal{N}(A^*)$. 于是算子 A 关于 H 和 K 的这种分解具有矩阵分块表示:

$$A = \begin{pmatrix} A_1 & 0 \\ 0 & 0 \end{pmatrix} : \begin{pmatrix} \mathcal{R}(A^*) \\ \mathcal{N}(A) \end{pmatrix} \to \begin{pmatrix} \mathcal{R}(A) \\ \mathcal{N}(A^*) \end{pmatrix}, \tag{1.0.11}$$

其中 $A_1 : \mathcal{R}(A^*) \to \mathcal{R}(A)$ 是可逆算子. 此时 A 的 Moore-Penrose 逆 $A^\dagger \in \mathcal{B}(K, H)$ 具有矩阵表示:

$$A^\dagger = \begin{pmatrix} A_1^{-1} & 0 \\ 0 & 0 \end{pmatrix} : \begin{pmatrix} \mathcal{R}(A) \\ \mathcal{N}(A^*) \end{pmatrix} \to \begin{pmatrix} \mathcal{R}(A^*) \\ \mathcal{N}(A) \end{pmatrix}. \tag{1.0.12}$$

引理 1.0.8[7]　设 H, K 为 Hilbert 空间且 $A \in \mathcal{L}(H, K)$. $M \in \mathcal{L}(K)$, $N \in \mathcal{L}(H)$ 是正算子且 $\mathcal{R}(M^{\frac{1}{2}}AN^{-\frac{1}{2}})$ 是闭集, 则 $X = A_{MN}^\dagger$ 有下列性质:

(1) $(A_{MN}^\dagger)_{NM}^\dagger = A$, $(A_{MN}^\dagger)^* = (A^*)_{N^{-1}, M^{-1}}^\dagger$;

(2) $\mathcal{R}(A_{MN}^\dagger) = N^{-1}\mathcal{R}(A^*) = \mathcal{R}(A^\sharp)$, $\mathcal{N}(A_{MN}^\dagger) = M^{-1}\mathcal{N}(A^*) = \mathcal{N}(A^\sharp)$;

(3) $AA_{MN}^\dagger = P_{\mathcal{R}(A), M^{-1}\mathcal{N}(A^*)} = P_{\mathcal{R}(A), \mathcal{N}(A^\sharp)}$,

   $A_{MN}^\dagger A = P_{N^{-1}\mathcal{R}(A^*), \mathcal{N}(A)} = P_{\mathcal{R}(A^\sharp), \mathcal{N}(A)}$.

在本书中, X, Y 表示 Banach 空间, 且 $\mathcal{B}(X, Y)$ 表示所有从 X 到 Y 的线性算子集. 若 $X = Y$, 则 $B(X, Y) = B(X)$, $A \in \mathcal{B}(X)$, $\mathcal{R}(\mathcal{A})$, $\mathcal{N}(\mathcal{A})$, $\sigma(A)$, $r(A)$ 分别表示值域、零空间、谱、谱半径. 相应地, $A \in \mathcal{B}(X)$, 若存在 X 满足

$$XAX = X, \quad AX = XA, \quad A^{k+1}X = A^k, \tag{1.0.13}$$

则 X 为 A 的 Drazin 逆, 记为 $X = A^{\mathrm{D}}$. 最小的正整数值 k 满足 (1.0.13), 记为 A 的指标 $\mathrm{ind}(A)$.

在文献 [77] 中, Koliha 介绍了一个广义 Drazin 逆的概念. $A \in B(X)$ 的广义 Drazin 逆算子存在当且仅当 $0 \notin \mathrm{acc}\sigma(A)$. 若 $0 \notin \mathrm{acc}\sigma(A)$, 则存在 $\mathbb{C}$ 的开集 U 和 V, 满足 $\sigma(A) \setminus \{0\} \subset U$, $0 \in V$, $U \cap V = \varnothing$. 定义 f 如下:

$$f(\lambda) = \begin{cases} 0, & \lambda \in V, \\ \dfrac{1}{\lambda}, & \lambda \in U, \end{cases}$$

正则函数 f 定义在 $\sigma(A)$ 的邻域上. A 的 Drain 逆定义为 $f(A) = A^{\mathrm{D}}$.

引理 1.0.9[65] 若 $A \in \mathcal{B}(X)$, $B \in \mathcal{B}(Y)$ (广义) Drazin 可逆, $C \in \mathcal{B}(Y, X)$, $D \in \mathcal{B}(X, Y)$, 且

$$M = \begin{pmatrix} A & C \\ 0 & B \end{pmatrix}, \quad N = \begin{pmatrix} B & 0 \\ C & A \end{pmatrix}$$

也是 (广义) Drazin 逆存在的,

$$M^{\mathrm{D}} = \begin{pmatrix} A^{\mathrm{D}} & S \\ 0 & B^{\mathrm{D}} \end{pmatrix}, \quad N^{\mathrm{D}} = \begin{pmatrix} B^{\mathrm{D}} & 0 \\ S & A^{\mathrm{D}} \end{pmatrix}, \quad (1.0.14)$$

其中 $S = \sum\limits_{n=0}^{\infty} (A^{\mathrm{D}})^{n+2} C B^n B^{\pi} + \sum\limits_{n=0}^{\infty} A^{\pi} A^n C (B^{\mathrm{D}})^{n+2} - A^{\mathrm{D}} C B^{\mathrm{D}}$.

引理 1.0.10[79] 设 $A \in \mathcal{B}(X)$(广义) Drazin 可逆. 若 $r(A) > 0$, 则

$$\mathrm{dist}(0, \sigma(A) \backslash \{0\}) = (r(A^{\mathrm{D}}))^{-1}.$$

引理 1.0.11[65] 设 $Q \in \mathcal{B}(X)$(广义) Drazin 可逆, 且 $AQ = 0$, 则 $A + Q$ (广义) Drazin 可逆, 且

$$(A + Q)^{\mathrm{D}} = Q^{\pi} \sum_{n=0}^{\infty} Q^n (A^{\mathrm{D}})^{n+1} + \sum_{n=0}^{\infty} (Q^{\mathrm{D}})^{n+1} A^n A^{\pi}.$$

引理 1.0.12[49] 设 $Q \in \mathcal{B}(X)$ (广义) Drazin 可逆, 且 $AQ = QA$, 则 $A + Q$ (广义) Drazin 可逆当且仅当 $I + A^{\mathrm{D}}Q$ (广义) Drazin 可逆, 且

$$(A + Q)^{\mathrm{D}} = A^{\mathrm{D}}(I + A^{\mathrm{D}}Q)^{\mathrm{D}}QQ^{\mathrm{D}} + Q^{\pi} \sum_{n=0}^{\infty} (-Q)^n (A^{\mathrm{D}})^{n+1} + \sum_{n=0}^{\infty} (Q^{\mathrm{D}})^{n+1}(-A)^n A^{\pi}$$

且

$$(A + Q)(A + Q)^{\mathrm{D}} = (AA^{\mathrm{D}} + QA^{\mathrm{D}})(I + A^{\mathrm{D}}Q)QQ^{\mathrm{D}} + Q^{\pi}AA^{\mathrm{D}} + QQ^{\mathrm{D}}A^{\pi}.$$

众所周知, 已知的广义逆如 Moore-Penrose 逆 $A^{\dagger}$, 群 Moore-Penrose 逆 $A^{\dagger}_{MN}$, Drazin 逆 A^{D}, 群逆 $A^{\#}$, Bott-Duffin 逆 $A^{(-1)}_{(L)}$, 广义 Bott-Duffin 逆 $A^{(\dagger)}_{(L)}$, 等等, 都是给定值域 T 和零空间 S 的广义 $A^{(2)}_{T,S}$ 逆, {2}-逆.

Chen 和 Hartwig[30] 定义了迭代公式

$$R_k = P - PAX_k, \quad X_{k+1} = X_k(I + R_k + \cdots + R_k^{p-1}), \quad k = 0, 1, 2, \cdots, \quad (1.0.15)$$

其中 $P^2 = P$ 并且 $p \geqslant 2$. 这个迭代公式被用来计算一个矩阵的 Moore-Penrose 逆和 Drazin 逆.

引理 1.0.13[56]   令 $A \in \mathcal{B}(X, Y)$, T 和 S 分别为 X 和 Y 的闭子空间, 那么下列陈述等价:

(1) A 有一个 $\{2\}$-逆 $B \in \mathcal{B}(Y, X)$ 使得 $\mathcal{R}(B) = T$ 及 $\mathcal{N}(B) = S$;

(2) T 是 X 的一个补子空间, $A(T)$ 是闭的, $A|_T : T \to A(T)$ 可逆并且 $A(T) \oplus S = Y$.

当 (1) 或者 (2) 成立的情况下, B 是唯一的, 并记为 $A_{T,S}^{(2)}$.

引理 1.0.14[59]   假设引理 1.0.13 的条件都成立. 如果我们取 $T_1 = \mathcal{N}(A_{T,S}^{(2)} A)$, 那么 $X = T \oplus T_1$ 成立并且 A 有如下矩阵形式:

$$A = \begin{pmatrix} A_1 & 0 \\ 0 & A_2 \end{pmatrix} : \begin{pmatrix} T \\ T_1 \end{pmatrix} \to \begin{pmatrix} A(T) \\ S \end{pmatrix}, \tag{1.0.16}$$

其中 A_1 可逆. 此外, $A_{T,S}^{(2)}$ 有如下矩阵形式:

$$A_{T,S}^{(2)} = \begin{pmatrix} A_1^{-1} & 0 \\ 0 & 0 \end{pmatrix} : \begin{pmatrix} A(T) \\ S \end{pmatrix} \to \begin{pmatrix} T \\ T_1 \end{pmatrix}. \tag{1.0.17}$$

引理 1.0.15[125]   设 $a \in \mathcal{A}$, 则

(1) $\sigma(a)$ 是 $\mathbb{C}$ 的非空子集;

(2) (多项的普映射定理) 如果 f 是一个多项式, 那么

$$\sigma(f(a)) = f(\sigma(a));$$

(3) $\lim\limits_{n \to \infty} a^n = 0$ 当且仅当 $\rho(a) < 1$.

第2章 算子广义逆的性质

2.1 算子广义逆的吸收律

本节主要考虑了 {1}- 逆, {1,2}- 逆, {1,3}-逆和 {1,4}-逆吸收律成立的充要条件. 同时, 也考虑了广义逆多种形式的混合吸收律.

设 H 和 K 是复 Hilbert 空间且 $\mathcal{L}(H,K)$ 定义为从 H 到 K 的所有有界线性算子集合. 对于给定的 $A \in \mathcal{L}(H,K)$, 符号 $\mathcal{N}(A)$ 和 $\mathcal{R}(A)$ 分别表示 A 的零空间和值域.

称 $A \in \mathcal{L}(H,K)$ 有 Moore-Penrose 逆, 若存在算子 $X \in \mathcal{L}(K,H)$, 使得

(1) $AXA = A$;

(2) $XAX = X$;

(3) $(AX)^* = AX$;

(4) $(XA)^* = XA$.

$$(2.1.1)$$

算子 $A \in \mathcal{L}(H,K)$ 的 Moore-Penrose 逆存在当且仅当 A 有闭值域且唯一, 被记为 $A^\dagger$.

对 $\eta \subseteq \{1,2,3,4\}$, 称 B 是一个 η-逆, 若 B 满足 (2.1.1) 中的 η 方程, 记 $A\eta$ 是所有 $A - \eta$ 的集合.

设 $A, B \in \mathcal{L}(H,K)$. 若对每一个 $E \in A\eta$ 和 $F \in B\eta$,

$$E + F = E(A + B)F, \qquad (2.1.2)$$

那么我们说 A 和 B 的 η-逆吸收律是满足的. 更多地, 对任意 $E \in A\eta$ 和 $F \in B\mu$, 若 (2.1.2) 成立, 那么我们说 A 和 B 的混合吸收律是满足的. 显然, 如果 A 和 B 是可逆算子, 那么

$$A^{-1} + B^{-1} = A^{-1}(A + B)B^{-1}$$

总是满足的.

矩阵的吸收律被 Chen, Zhang 和 Guo[39] 及 Lin 和 Gao[82] 所研究. 文献 [53] 利用广义 Schur 补的秩描述了 $G + H - G(A + B)H$ 的极大极小秩, 在这种情况下, G 和 H 分别是 A 和 B 的广义逆. 基于这些, {1,3}-逆和 {1,4}-逆吸收律的条件已被得到. 文献 [39] 利用矩阵秩的方法、广义 Schur 补及奇异值分解考虑了 {1,2}-逆和 {1,3}-逆的混合第一、第二吸收律.

首先, 介绍几个引理.

引理 2.1.1[144]　　设 $A \in \mathcal{L}(H, K)$ 有闭值域且 $B \in \mathcal{L}(K, H)$, 则下列陈述等价:

(1) $ABA = A$ 和 $(AB)^* = AB$;

(2) 存在 $X \in \mathcal{L}(K, H)$, $B = A^\dagger + (I - A^\dagger A)X$.

引理 2.1.2[144]　　设 $A \in \mathcal{L}(H, K)$ 有闭值域且 $B \in \mathcal{L}(K, H)$, 那么下列陈述等价:

(1) $ABA = A$, $(BA)^* = BA$;

(2) $B = A^\dagger + Y(I - AA^\dagger)$, 存在 $Y \in \mathcal{L}(K, H)$.

本节将给出 Moore-Penrose 逆, $\{1\}$- 逆, $\{1,2\}$- 逆, $\{1,3\}$-逆和 $\{1,4\}$-逆吸收律成立的充要条件.

假设 A 和 B 为

$$A = \begin{pmatrix} A_1 & A_2 \\ 0 & 0 \end{pmatrix} : \begin{pmatrix} \mathcal{R}(B^*) \\ \mathcal{N}(B) \end{pmatrix} \to \begin{pmatrix} \mathcal{R}(A) \\ \mathcal{N}(A^*) \end{pmatrix} \tag{2.1.3}$$

和

$$B = \begin{pmatrix} B_1 & 0 \\ B_2 & 0 \end{pmatrix} : \begin{pmatrix} \mathcal{R}(B^*) \\ \mathcal{N}(B) \end{pmatrix} \to \begin{pmatrix} \mathcal{R}(A) \\ \mathcal{N}(A^*) \end{pmatrix}. \tag{2.1.4}$$

此时有

$$A^\dagger = \begin{pmatrix} A_1^* D^{-1} & 0 \\ A_2^* D^{-1} & 0 \end{pmatrix}, \quad B^\dagger = \begin{pmatrix} E^{-1} B_1^* & E^{-1} B_2^* \\ 0 & 0 \end{pmatrix},$$

其中, $D = A_1 A_1^* + A_2 A_2^*$, $E = B_1^* B_1 + B_2^* B_2$.

定理 2.1.3　　设 $A, B \in \mathcal{L}(H, K)$ 使得 $\mathcal{R}(A)$, $\mathcal{R}(B)$ 是闭的, 则下列陈述等价:

(1) $A^\dagger + B^\dagger = A^\dagger (A + B) B^\dagger$;

(2) $\mathcal{R}(B^*) \subseteq \mathcal{R}(A^*)$, $\mathcal{R}(A) \subseteq \mathcal{R}(B)$.

证明　　$(1) \Rightarrow (2)$: 由 $A^\dagger (A + B) B^\dagger = A^\dagger + B^\dagger$ 可知, 下列四个等式成立:

$$A_1^* D^{-1} A_1 E^{-1} B_1^* + A_1^* D^{-1} B_1 E^{-1} B_1^* = A_1^* D^{-1} + E^{-1} B_1^*, \tag{2.1.5}$$

$$A_1^* D^{-1} A_1 E^{-1} B_2^* + A_1^* D^{-1} B_1 E^{-1} B_2^* = E^{-1} B_2^*, \tag{2.1.6}$$

$$A_2^* D^{-1} A_1 E^{-1} B_1^* + A_2^* D^{-1} B_1 E^{-1} B_1^* = A_2^* D^{-1}, \tag{2.1.7}$$

$$A_2^* D^{-1} A_1 E^{-1} B_2^* + A_2^* D^{-1} B_1 E^{-1} B_2^* = 0. \tag{2.1.8}$$

现在, 由 $(2.1.5) \times B_1 + (2.1.6) \times B_2$ 可得

$$A_1^* D^{-1} A_1 + A_1^* D^{-1} B_1 = A_1^* D^{-1} B_1 + I, \quad 即 \ A_1^* D^{-1} A_1 = I.$$

由 $(2.1.7) \times B_1 + (2.1.8) \times B_2$ 可知

$$A_2^* D^{-1} A_1 + A_2^* D^{-1} B_1 = A_2^* D^{-1} B_1, \quad 即 \ A_2^* D^{-1} A_1 = 0.$$

由 $A_1 \times (2.1.5) + A_2 \times (2.1.7)$ 可知

$$A_1 E^{-1} B_1^* + B_1 E^{-1} B_1^* = I + A_1 E^{-1} B_1^*, \quad \text{即 } B_1 E^{-1} B_1^* = I.$$

由 $A_1 \times (2.1.6) + A_2 \times (2.1.8)$ 可知

$$A_1 E^{-1} B_2^* + B_1 E^{-1} B_2^* = A_1 E^{-1} B_1^*, \quad \text{即 } B_1 E^{-1} B_2^* = 0.$$

容易验证 $B^{\dagger} B A^{\dagger} A = B^{\dagger} B$ 和 $A A^{\dagger} B B^{\dagger} = A A^{\dagger}$ 等价于 $B A^{\dagger} A = B$ 和 $B B^{\dagger} A = A$.

$(2) \Rightarrow (1)$: 设 $\mathcal{R}(B^*) \subseteq \mathcal{R}(A^*)$ 和 $\mathcal{R}(A) \subseteq \mathcal{R}(B)$, 那么

$$B^{\dagger} B A^{\dagger} A = B^{\dagger} B \quad \text{和} \quad A A^{\dagger} B B^{\dagger} = A A^{\dagger},$$

即

$$A_1^* D^{-1} A_1 = I, \quad A_2^* D^{-1} A_1 = 0, \quad B_1 E^{-1} B_1^* = I, \quad B_1 E^{-1} B_2^* = 0.$$

通过计算可知 (1) 成立.

接下来, 我们考虑 {1}-逆的吸收律.

定理 2.1.4 设 $A, B \in \mathcal{L}(H, K)$ 使得 $\mathcal{R}(A), \mathcal{R}(B)$ 是闭的, 则下列陈述等价:

(1) $A^{(1)} + B^{(1)} = A^{(1)}(A + B)B^{(1)}, \forall A^{(1)} \in A\{1\}, \forall B^{(1)} \in B\{1\}$;

(2) $A^{\dagger} A = I, BB^{\dagger} = I$.

证明 根据引理 1.0.6, 任意 $A^{(1)}$ 和 $B^{(1)}$ 有下列矩阵形式:

$$
\begin{aligned}
A^{(1)} &= A^{\dagger} + X - A^{\dagger} A X A A^{\dagger} \\
&= \left(
\begin{array}{cc}
A_1^* D^{-1} + X_{11} - A_1^* D^{-1} A_1 X_{11} - A_1^* D^{-1} A_2 X_{21} & X_{12} \\
A_2^* D^{-1} + X_{21} - A_2^* D^{-1} A_1 X_{11} - A_2^* D^{-1} A_2 X_{21} & X_{22}
\end{array}
\right)
\end{aligned}
$$

和

$$
\begin{aligned}
B^{(1)} &= B^{\dagger} + Y - B^{\dagger} B Y B B^{\dagger} \\
&= \left(
\begin{array}{cc}
E^{-1} B_1^* + Y_{11} & E^{-1} B_2^* + Y_{12} \\
-(Y_{11} B_1 + Y_{12} B_2) E^{-1} B_1^* & -(Y_{11} B_1 + Y_{12} B_2) E^{-1} B_2^* \\
Y_{21} & Y_{22}
\end{array}
\right).
\end{aligned}
$$

设

$$A^{(1)}(A + B)B^{(1)} = \left(
\begin{array}{cc}
G_{11} & G_{12} \\
G_{21} & G_{22}
\end{array}
\right),$$

其中

$$G_{11} = (A_1^* D^{-1} + X_{11} - A_1^* D^{-1} A_1 X_{11} - A_1^* D^{-1} A_2 X_{21})(A_1 + B_1)(E^{-1} B_1^* + Y_{11}$$
$$- Y_{11} B_1 E^{-1} B_1^* - Y_{12} B_2 E^{-1} B_1^*) + X_{12} B_2 (E^{-1} B_1^* + Y_{11} - Y_{11} B_1 E^{-1} B_1^*$$
$$- Y_{12} B_2 E^{-1} B_1^*) + (A_1^* D^{-1} + X_{11} - A_1^* D^{-1} A_1 X_{11} - A_1^* D^{-1} A_2 X_{12}) A_2 Y_{21},$$

$$G_{12} = (A_1^* D^{-1} + X_{11} - A_1^* D^{-1} A_1 X_{11} - A_1^* D^{-1} A_2 X_{21})(A_1 + B_1)(E^{-1} B_2^* + Y_{12}$$
$$- Y_{11} B_1 E^{-1} B_2^* - Y_{12} B_2 E^{-1} B_2^*) + X_{12} B_2 (E^{-1} B_2^* + Y_{12} - Y_{11} B_1 E^{-1} B_2^*$$
$$- Y_{12} B_2 E^{-1} B_2^*) + (A_1^* D^{-1} + X_{11} - A_1^* D^{-1} A_1 X_{11} - A_1^* D^{-1} A_2 X_{12}) A_2 Y_{22},$$

$$G_{21} = (A_2^* D^{-1} + X_{21} - A_2^* D^{-1} A_1 X_{11} - A_2^* D^{-1} A_2 X_{21})(A_1 + B_1)(E^{-1} B_1^* + Y_{11}$$
$$- Y_{11} B_1 E^{-1} B_1^* - Y_{12} B_2 E^{-1} B_1^*) + X_{22} B_2 (E^{-1} B_1^* + Y_{11} - Y_{11} B_1 E^{-1} B_1^*$$
$$- Y_{12} B_2 E^{-1} B_1^*) + (A_2^* D^{-1} + X_{21} - A_2^* D^{-1} A_1 X_{11} - A_2^* D^{-1} A_2 X_{21}) A_2 Y_{21},$$

$$G_{22} = (A_2^* D^{-1} + X_{21} - A_2^* D^{-1} A_1 X_{11} - A_2^* D^{-1} A_2 X_{21})(A_1 + B_1)(E^{-1} B_2^* + Y_{12}$$
$$- Y_{11} B_1 E^{-1} B_2^* - Y_{12} B_2 E^{-1} B_2^*) + X_{22} B_2 (E^{-1} B_2^* + Y_{12} - Y_{11} B_1 E^{-1} B_2^*$$
$$- Y_{12} B_2 E^{-1} B_2^*) + (A_2^* D^{-1} + X_{21} - A_2^* D^{-1} A_1 X_{11} - A_2^* D^{-1} A_2 X_{21}) A_2 Y_{22}.$$

类似有

$$A^{(1)} + B^{(1)} = \begin{pmatrix} F_{11} & F_{12} \\ F_{21} & F_{22} \end{pmatrix},$$

其中

$$F_{11} = A_1^* D^{-1} + X_{11} - A_1^* D^{-1} A_1 X_{11} - A_1^* D^{-1} A_2 X_{12}$$
$$+ E^{-1} B_1^* + Y_{11} - Y_{11} B_1 E^{-1} B_1^* - Y_{12} B_2 E^{-1} B_1^*,$$

$$F_{12} = X_{12} + E^{-1} B_2^* + Y_{12} - Y_{11} B_1 E^{-1} B_2^* - Y_{12} B_2 E^{-1} B_2^*,$$

$$F_{21} = A_2^* D^{-1} + X_{21} - A_2^* D^{-1} A_1 X_{11} - A_2^* D^{-1} A_2 X_{21} + Y_{21},$$

$$F_{22} = X_{22} + Y_{22}.$$

(2) $\Rightarrow$ (1): 由 $A^\dagger A = I$, $BB^\dagger = I$ 知

$$A_1^* D^{-1} A_1 = I, \quad A_2^* D^{-1} A_1 = 0, \quad A_2^* D^{-1} A_2 = I \qquad (2.1.9)$$

和

$$B_1 E^{-1} B_1^* = I, \quad B_1 E^{-1} B_2^* = 0, \quad B_2 E^{-1} B_2^* = I. \qquad (2.1.10)$$

把上述两个式子代入 $A^{(1)}(A + B)B^{(1)}$ 和 $A^{(1)} + B^{(1)}$, 有

$$A^{(1)}(A + B)B^{(1)} = \begin{pmatrix} A_1^* D^{-1} + E^{-1} B_1^* & X_{12} + E^{-1} B_2^* \\ A_2^* D^{-1} + Y_{21} & X_{22} + Y_{22} \end{pmatrix} = A^{(1)} + B^{(1)}.$$

(1) ⇒ (2): 根据定理 2.1.3 的式子 $A^\dagger(A+B)B^\dagger = A^\dagger + B^\dagger$ 可知

$$A_1^* D^{-1} A_1 = I, \quad A_2^* D^{-1} A_1 = 0, \quad B_1 E^{-1} B_1^* = I, \quad B_1 E^{-1} B_2^* = 0.$$

现在, 对适当子空间上的任意算子 X_{12} 和 Y_{21}, 我们有

$$M = \begin{pmatrix} A_1^* D^{-1} & X_{12} \\ A_2^* D^{-1} & 0 \end{pmatrix} \in A\{1\} \quad \text{且} \quad N = \begin{pmatrix} E^{-1} B_1^* & E^{-1} B_2^* \\ Y_{21} & 0 \end{pmatrix} \in B\{1\},$$

由

$$M(A+B)B^\dagger = M + B^\dagger, \quad \text{即} \ (M(A+B)B^\dagger)_{12} = (M + B^\dagger)_{12}$$

可知

$$A_1^* D^{-1} A_1 E^{-1} B_2^* + A_1^* D^{-1} B_1 E^{-1} B_2^* + X_{12} B_2 E^{-1} B_2^* = E^{-1} B_2^* + X_{12}.$$

根据 $A_1^* D^{-1} A_1 = I$ 和 $B_1 E^{-1} B_2^* = 0$, 可得

$$X_{12} B_2 E^{-1} B_2^* = X_{12}.$$

由于 X_{12} 是任意的, 得到 $B_2 E^{-1} B_2^* = I$. 类似地, 根据 $A^\dagger(A+B)N = A^\dagger + N$, 有 $A_2^* D^{-1} A_2 = I$. 现在, 可由

$$A_1^* D^{-1} A_1 = I, \quad A_2^* D^{-1} A_1 = 0, \quad A_2^* D^{-1} A_2 = I$$

推出 $A^\dagger A = I$, 由

$$B_1 E^{-1} B_1^* = I, \quad B_1 E^{-1} B_2^* = 0, \quad B_2 E^{-1} B_2^* = I$$

推出 $BB^\dagger = I$.

定理 2.1.5 设 $A, B \in \mathcal{L}(H, K)$ 使得 $\mathcal{R}(A)$, $\mathcal{R}(B)$ 是闭的, 那么下列陈述等价:

(1) 对任意 $A^{(1,2)} \in A\{1\}$ 和 $B^{(1,2)} \in B\{1\}$, $A^{(1,2)} + B^{(1,2)} = A^{(1,2)}(A+B)B^{(1,2)}$;

(2) $A^\dagger A = I$, $BB^\dagger = I$.

证明 根据引理 1.0.6, 有

$$A^{(1,2)} = \left(A^\dagger + (I - A^\dagger A)X\right) A \left(A^\dagger + Y(I - AA^\dagger)\right),$$

其中 $X, Y \in \mathcal{L}(K, H)$ 是任意算子. 类似地, 有

$$B^{(1,2)} = \left(B^\dagger + (I - B^\dagger B)U\right) B \left(B^\dagger + V(I - BB^\dagger)\right),$$

其中 $U, V \in \mathcal{L}(K, H)$ 是任意算子. 现在, 有

$$
A^{(1,2)} = \begin{pmatrix} H_{11} & H_{12} \\ H_{21} & H_{22} \end{pmatrix}, \quad B^{(1,2)} = \begin{pmatrix} J_{11} & J_{12} \\ J_{21} & J_{22} \end{pmatrix},
$$

其中

$$
\begin{aligned}
H_{11} &= A_1^* D^{-1} + (I - A_1^* D^{-1} A_1) X_{11} - A_1^* D^{-1} A_2 X_{21}, \\
H_{12} &= \left(A_1^* D^{-1} + (I - A_1^* D^{-1} A_1) X_{11} - A_1^* D^{-1} A_2 X_{21} \right) (A_1 Y_{12} + A_2 Y_{22}), \\
H_{21} &= A_2^* D^{-1} - A_2^* D^{-1} A_1 X_{11} + (I - A_2^* D^{-1} A_2) X_{21}, \\
H_{22} &= \left(A_2^* D^{-1} - A_2^* D^{-1} A_1 X_{11} + (I - A_2^* D^{-1} A_2) X_{21} \right) (A_1 Y_{12} + A_2 Y_{22}), \\
J_{11} &= E^{-1} B_1^* + V_{11}(I - B_1 E^{-1} B_1^*) - V_{12} B_2 E^{-1} B_1^*, \\
J_{12} &= E^{-1} B_2^* - V_{11} B_1 E^{-1} B_2^* + V_{12}(I - B_2 E^{-1} B_2^*), \\
J_{21} &= (U_{21} B_1 + U_{22} B_2)(E^{-1} B_1^* + V_{21}(I - B_1 E^{-1} B_1^*) - V_{22} B_2 E^{-1} B_1^*), \\
J_{22} &= (U_{21} B_1 + U_{22} B_2)(E^{-1} B_2^* - V_{21} B_1 E^{-1} B_2^* + V_{22}(I - B_2 E^{-1} B_2^*)).
\end{aligned}
$$

$(2) \Rightarrow (1)$: 由于 $A^\dagger A = I$ 和 $B B^\dagger = I$, 所以

$$
A_1^* D^{-1} A_1 = I, \quad A_2^* D^{-1} A_1 = 0, \quad A_2^* D^{-1} A_2 = I \tag{2.1.11}
$$

和

$$
B_1 E^{-1} B_1^* = I, \quad B_1 E^{-1} B_2^* = 0, \quad B_2 E^{-1} B_2^* = I. \tag{2.1.12}
$$

现在, 对一些算子 Y_{12}, Y_{22}, U_{21} 和 U_{22}, 任意 $A^{(1,2)}$ 被给定为 $A^{(1,2)} = \begin{pmatrix} A_1^* D^{-1} & Y_{12} \\ A_2^* D^{-1} & Y_{22} \end{pmatrix}$,

而任意 $B^{(1,2)}$ 被给定为 $B^{(1,2)} = \begin{pmatrix} E^{-1} B_1^* & E^{-1} B_2^* \\ U_{21} & U_{22} \end{pmatrix}$, 根据 (2.1.11) 和 (2.1.12) 可知

$$
A^{(1,2)}(A + B) B^{(1,2)} = \begin{pmatrix} A_1^* D^{-1} + E^{-1} B_1^* & Y_{12} + E^{-1} B_2^* \\ A_2^* D^{-1} + U_{21} & Y_{22} + U_{22} \end{pmatrix} = A^{(1,2)} + B^{(1,2)}.
$$

$(1) \Rightarrow (2)$: 由 $A^\dagger(A + B) B^\dagger = A^\dagger + B^\dagger$ 及定理 2.1.3, 有

$$
A_1^* D^{-1} A_1 = I, \quad A_2^* D^{-1} A_1 = 0, \quad B_1 E^{-1} B_1^* = I, \quad B_1 E^{-1} B_2^* = 0.
$$

现在利用得到的条件, 对任意适当子空间的算子 X_{12} 和 Y_{21}, 有

$$
M = \begin{pmatrix} A_1^* D^{-1} & X_{12} \\ A_2^* D^{-1} & 0 \end{pmatrix} \in A\{1, 2\} \quad \text{和} \quad N = \begin{pmatrix} E^{-1} B_1^* & E^{-1} B_2^* \\ Y_{21} & 0 \end{pmatrix} \in B\{1, 2\},
$$

根据 $A^\dagger(A+B)N = A^\dagger + N$, 我们得到 $A_2^* D^{-1} A_2 = I$. 类似地, 由

$$M(A+B)B^\dagger = M + B^\dagger, \quad \text{即 } (M(A+B)B^\dagger)_{12} = (M + B^\dagger)_{12}$$

有

$$E^{-1} B_2^* + X_{12} B_2 E^{-1} B_2^* = E^{-1} B_2^* + X_{12},$$

于是

$$X_{12} B_2 E^{-1} B_2^* = X_{12}.$$

由于 X_{12} 是任意的, 故 $B_2 E^{-1} B_2^* = I$. 现在, 由

$$A_1^* D^{-1} A_1 = I, \quad A_2^* D^{-1} A_1 = 0, \quad A_2^* D^{-1} A_2 = I$$

可推出 $A^\dagger A = I$, 由

$$B_1 E^{-1} B_1^* = I, \quad B_1 E^{-1} B_2^* = 0, \quad B_2 E^{-1} B_2^* = I$$

可推出 $BB^\dagger = I$.

推论 2.1.6 设 $A, B \in \mathcal{L}(H, K)$ 使得 $\mathcal{R}(A), \mathcal{R}(B)$ 是闭的, 那么下列陈述等价:

(1) 对任意 $A^{(1,2)} \in A\{1\}$ 和 $B^{(1,2)} \in B\{1\}$, $A^{(1,2)} + B^{(1,2)} = A^{(1,2)}(A+B)B^{(1,2)}$;

(2) 对任意 $A^{(1)} \in A\{1\}$ 和 $B^{(1)} \in B\{1\}$, $A^{(1)} + B^{(1)} = A^{(1)}(A+B)B^{(1)}$;

(3) $A^\dagger A = I$, $BB^\dagger = I$.

定理 2.1.7 设 $A, B \in \mathcal{L}(H, K)$ 使得 $\mathcal{R}(A), \mathcal{R}(B)$ 是闭的, 那么下列陈述等价:

(1) 对任意 $A^{(1,3)} \in A\{1,3\}$ 和 $B^{(1,3)} \in B\{1,3\}$, $A^{(1,3)} + B^{(1,3)} = A^{(1,3)}(A+B)B^{(1,3)}$;

(2) $A^\dagger A = I, R(A) \subseteq R(B)$.

证明 设 $B^{(1,3)} \in B\{1,3\}$. 根据 (2.1.1), 存在 $Y = \begin{pmatrix} Y_{11} & Y_{12} \\ Y_{21} & Y_{22} \end{pmatrix} \in \mathcal{L}(K, H)$, 使得

$$B^{(1,3)} = B^\dagger + (I - B^\dagger B)Y = \begin{pmatrix} E^{-1} B_1^* & E^{-1} B_2^* \\ Y_{21} & Y_{22} \end{pmatrix},$$

其中 Y_{21} 和 Y_{22} 适当子空间的任意有界线性算子.

(2) $\Rightarrow$ (1): 由 $A^\dagger A = I, R(A) \subseteq R(B)$, 即 $A^\dagger A = I$ 和 $BB^\dagger A = A$, 有

$$A_1^* D^{-1} A_1 = I, \quad A_2^* D^{-1} A_1 = 0, \quad A_2^* D^{-1} A_2 = I \tag{2.1.13}$$

和

$$B_1 E^{-1} B_1^* = I, \quad B_1 E^{-1} B_2^* = 0. \tag{2.1.14}$$

显然, $A\{1,3\} = \{A^\dagger\}$, 于是根据 (2.1.13) 和 (2.1.14), 可得

$$A^\dagger(A + B)B^{(1,3)} = A^\dagger + B^{(1,3)} = \begin{pmatrix} A_1^*D^{-1} + E^{-1}B_1^* & E^{-1}B_2^* \\ A_2^*D^{-1} + Y_{21} & Y_{22} \end{pmatrix}.$$

(1) $\Rightarrow$ (2): 根据定理 2.1.3, 有 $BA^\dagger A = B$ 和 $BB^\dagger A = A$, 即

$$A_1^*D^{-1}A_1 = I, \quad A_2^*D^{-1}A_1 = 0, \quad B_1E^{-1}B_1^* = I, \quad B_1E^{-1}B_2^* = 0.$$

因

$$N = \begin{pmatrix} E^{-1}B_1^* & E^{-1}B_2^* \\ Y_{21} & 0 \end{pmatrix} \in B\{1,3\},$$

对任意算子 Y_{21}, 由 $A^\dagger(A + B)N = A^\dagger + N$, 即 $(A^\dagger(A + B)N)_{12} = (A^\dagger + N)_{12}$ 可推出

$$A_2^*D^{-1}A_1E^{-1}B_1^* + A_2^*D^{-1}B_1E^{-1}B_1^* + A_2^*D^{-1}A_2Y_{21} = A_2^*D^{-1} + Y_{21}.$$

由于 $A_2^*D^{-1}A_1 = 0$ 和 $B_1E^{-1}B_1^* = I$, 则有 $A_2^*D^{-1}A_2Y_{21} = Y_{21}$. 由于 Y_{21} 是任意的, 则有 $A_2^*D^{-1}A_2 = I$. 最后, 由

$$A_1^*D^{-1}A_1 = I, \quad A_2^*D^{-1}A_1 = 0, \quad A_2^*D^{-1}A_2 = I$$

可推出 $A^\dagger A = I$, 而由

$$B_1E^{-1}B_1^* = I, \quad B_1E^{-1}B_2^* = 0$$

可推出 $\mathcal{R}(A) \subseteq \mathcal{R}(B)$.

对于 $\eta = \{1,4\}$ 的情况完全类似且对应的结果只需取共轭即可.

定理 2.1.8　设 $A, B \in \mathcal{L}(H,K)$ 使得 $\mathcal{R}(A), \mathcal{R}(B)$ 是闭的, 那么下列陈述等价:
(1) $A^{(1,4)} + B^{(1,4)} = A^{(1,4)}(A + B)B^{(1,4)}, \forall A^{(1,4)} \in A\{1,4\}, \forall B^{(1,4)} \in B\{1,4\}$;
(2) $BB^\dagger = I, R(B^*) \subseteq R(A^*)$.

本节最后讨论广义逆的混合吸收律.

定理 2.1.9　设 $A, B \in \mathcal{L}(H,K)$ 使得 $\mathcal{R}(A), \mathcal{R}(B)$ 是闭的, 那么下列陈述等价:
(1) 对任意 $A^{(1,4)} \in A\{1,4\}$ 和 $B^{(1,3)} \in B\{1,3\}$, $A^{(1,4)} + B^{(1,3)} = A^{(1,4)}(A + B)B^{(1,3)}$;
(2) 对任意 $A^{(1,3)} \in A\{1,3\}$ 和 $B^{(1,4)} \in B\{1,4\}$, $A^{(1,3)} + B^{(1,4)} = A^{(1,3)}(A + B)B^{(1,4)}$;
(3) 对任意 $A^{(1,2)} \in A\{1,2\}$ 和 $B^{(1,3)} \in B\{1,3\}$, $A^{(1,2)} + B^{(1,3)} = A^{(1,2)}(A + B)B^{(1,3)}$;

(4) 对任意 $A^{(1,3)} \in A\{1,3\}$ 和 $B^{(1,2)} \in B\{1,2\}$, $A^{(1,3)} + B^{(1,2)} = A^{(1,3)}(A + B)B^{(1,2)}$;

(5) 对任意 $A^{(1,2)} \in A\{1,2\}$ 和 $B^{(1,4)} \in B\{1,4\}$, $A^{(1,2)} + B^{(1,4)} = A^{(1,2)}(A + B)B^{(1,4)}$;

(6) 对任意 $A^{(1,4)} \in A\{1,4\}$ 和 $B^{(1,2)} \in B\{1,2\}$, $A^{(1,4)} + B^{(1,2)} = A^{(1,4)}(A + B)B^{(1,2)}$;

(7) $A^\dagger A = I$, $BB^\dagger = I$.

证明 根据定理 2.1.4 可知, 对 $i \in \{1,2,3,4,5,6\}$, 则 $(7) \Rightarrow (i)$. 现在需要证明对 $i \in \{1,2,3,4,5,6\}$, $(i) \Rightarrow (7)$. 显然, 若对某些 $i \in \{1,2,3,4,5,6\}$, 假设 (i) 成立, 那么 $A^\dagger(A + B)B^\dagger = A^\dagger + B^\dagger$, 这根据定理 2.1.3 可知 $A_1^* D^{-1} A_1 = I$, $A_2^* D^{-1} A_1 = 0$, $B_1 E^{-1} B_1^* = I$ 和 $B_1 E^{-1} B_2^* = 0$. 因此可证得 $(i) \Rightarrow (7)$, 其中 $i \in \{1,2,3,4,5,6\}$, 只需证得 $A_2^* D^{-1} A_2 = I$ 和 $B_2 E^{-1} B_2^* = I$.

$(1) \Rightarrow (7)$: 对任意算子 X_{12} 和 Y_{21}, 记

$$M = \begin{pmatrix} A_1^* D^{-1} & X_{12} \\ A_2^* D^{-1} & 0 \end{pmatrix} \in A\{1,4\} \quad 和 \quad N = \begin{pmatrix} E^{-1} B_1^* & E^{-1} B_2^* \\ Y_{21} & 0 \end{pmatrix} \in B\{1,3\},$$

由

$$M(A + B)B^\dagger = M + B^\dagger, \quad A^\dagger(A + B)N = A^\dagger + N \tag{2.1.15}$$

可知, 正如定理 2.1.4 的证明, 我们得到 $A_2^* D^{-1} A_2 = I$ 和 $B_2 E^{-1} B_2^* = I$. 那么, $A^\dagger A = I$ 和 $BB^\dagger = I$.

$(3) \Rightarrow (7)$: 对任意 Y_{12} 和 Z_{21}, 由于

$$M = \begin{pmatrix} A_1^* D^{-1} & Y_{12} \\ A_2^* D^{-1} & 0 \end{pmatrix} \in A\{1,2\} \quad 和 \quad N = \begin{pmatrix} E^{-1} B_1^* & E^{-1} B_2^* \\ Z_{21} & 0 \end{pmatrix} \in B\{1,3\},$$

所以根据 (2.1.15) 的证明可得. $(i) \Rightarrow (7)$ 部分的证明类似, 其中 $i \in \{2,4,5,6\}$.

2.2 Moore-Penrose 逆和群逆的极限性质

设 $\mathbb{C}^{m \times n}$ 是所有 $m \times n$ 复矩阵集合. den Broeder Jr. V[22] 最先给出了任意矩阵 A 的 Moore-Penrose 逆的极限表示:

$$\lim_{\lambda \to 0} (AA^* + \lambda I)^{-1} A^* = A^\dagger.$$

下面给出了在 Hilbert 空间上极限 $\lim\limits_{\lambda \to 0} B(\lambda I + AY)$ 和 $\lim\limits_{\lambda \to 0} (A + \lambda I)^{-1} B$ 存在的充要条件及一些相关性质.

定理 2.2.1　设 $A \in \mathcal{L}(X, Y), B \in L(Y, X)$, 则下列命题等价:

(1) $\lim\limits_{\lambda \to 0} B(\lambda I + AA^\dagger)^{-1}$ 存在;

(2) $\mathcal{R}(B^*) \subset \mathcal{R}(A)$;

(3) $\lim\limits_{\lambda \to 0} B(\lambda I + AA^*)^{-1}$ 存在.

证明　(1) $\Rightarrow$ (2): 利用引理 1.0.3, A 具有 (1.0.5) 的矩阵形式, 得到

$$A^\dagger = \begin{pmatrix} A_1^* D^{-1} & 0 \\ A_2^* D^{-1} & 0 \end{pmatrix} : \begin{pmatrix} \mathcal{R}(A) \\ \mathcal{N}(A^*) \end{pmatrix} \to \begin{pmatrix} \mathcal{R}(A) \\ \mathcal{N}(A^*) \end{pmatrix}. \tag{2.2.1}$$

将 B 分块如下

$$B = \begin{pmatrix} B_1 & B_2 \\ B_3 & B_4 \end{pmatrix} : \begin{pmatrix} \mathcal{R}(A) \\ \mathcal{N}(A^*) \end{pmatrix} \to \begin{pmatrix} \mathcal{R}(A) \\ \mathcal{N}(A^*) \end{pmatrix}. \tag{2.2.2}$$

于是有

$$\begin{aligned}
\lim_{\lambda \to 0} B(\lambda I + AA^\dagger)^{-1} &= \lim_{\lambda \to 0} \begin{pmatrix} B_1 & B_2 \\ B_3 & B_4 \end{pmatrix} \left(\begin{pmatrix} \lambda I & 0 \\ 0 & \lambda I \end{pmatrix} + \begin{pmatrix} I & 0 \\ 0 & 0 \end{pmatrix} \right)^{-1} \\
&= \lim_{\lambda \to 0} \begin{pmatrix} B_1 & B_2 \\ B_3 & B_4 \end{pmatrix} \begin{pmatrix} (1+\lambda)^{-1} I & 0 \\ 0 & \lambda^{-1} I \end{pmatrix} \\
&= \lim_{\lambda \to 0} \begin{pmatrix} (1+\lambda)^{-1} B_1 & B_2 \lambda^{-1} \\ (1+\lambda)^{-1} B_3 & B_4 \lambda^{-1} \end{pmatrix}.
\end{aligned}$$

由 $\lim\limits_{\lambda \to 0} B(\lambda I + AA^\dagger)^{-1}$ 存在, 得到 $B_2 = 0, B_4 = 0$, 于是

$$B^* = \begin{pmatrix} B_1^* & B_3^* \\ 0 & 0 \end{pmatrix} = \begin{pmatrix} A_1 & A_2 \\ 0 & 0 \end{pmatrix} \begin{pmatrix} A_1^* D^{-1} & 0 \\ A_2^* D^{-1} & 0 \end{pmatrix} \begin{pmatrix} B_1^* & B_3^* \\ 0 & 0 \end{pmatrix} = AA^\dagger B^*,$$

则 $\mathcal{R}(B^*) \subset \mathcal{R}(A)$.

(2) $\Rightarrow$ (3): 由 $\mathcal{R}(B^*) \subset \mathcal{R}(A)$, 即 $B^* = AA^\dagger B^*$, 得到

$$\begin{pmatrix} B_1^* & B_3^* \\ B_2^* & B_4^* \end{pmatrix} = \begin{pmatrix} I & 0 \\ 0 & 0 \end{pmatrix} \begin{pmatrix} B_1^* & B_3^* \\ B_2^* & B_4^* \end{pmatrix} = \begin{pmatrix} B_1^* & B_3^* \\ 0 & 0 \end{pmatrix},$$

因此 $B_2 = 0, B_4 = 0$. 所以

$$\lim_{\lambda \to 0} B(\lambda I + AA^*)^{-1} = \lim_{\lambda \to 0} \begin{pmatrix} B_1 & 0 \\ B_3 & 0 \end{pmatrix} \begin{pmatrix} (\lambda I + A_1 A_1^* + A_2 A_2^*)^{-1} & 0 \\ 0 & \lambda^{-1} I \end{pmatrix}$$

$$= \lim_{\lambda \to 0} \begin{pmatrix} (\lambda I + A_1 A_1^* + A_2 A_2^*)^{-1} B_1 & 0 \\ (\lambda I + A_1 A_1^* + A_2 A_2^*)^{-1} B_3 & 0 \end{pmatrix}$$

$$= \begin{pmatrix} (A_1 A_1^* + A_2 A_2^*)^{-1} B_1 & 0 \\ (A_1 A_1^* + A_2 A_2^*)^{-1} B_3 & 0 \end{pmatrix}.$$

因此 $\lim\limits_{\lambda \to 0} B(\lambda I + AA^+)^{-1}$ 存在.

(3) $\Rightarrow$ (1): 将 B 分块成 (2.2.2) 的形式:

$$\lim_{\lambda \to 0} B(\lambda I + AA^*)^{-1} = \lim_{\lambda \to 0} \begin{pmatrix} B_1 & B_2 \\ B_3 & B_4 \end{pmatrix} \begin{pmatrix} (\lambda I + A_1 A_1^* + A_2 A_2^*)^{-1} & 0 \\ 0 & \lambda^{-1} I \end{pmatrix}$$

$$= \lim_{\lambda \to 0} \begin{pmatrix} (\lambda I + A_1 A_1^* + A_2 A_2^*)^{-1} B_1 & \lambda^{-1} B_2 \\ (\lambda I + A_1 A_1^* + A_2 A_2^*)^{-1} B_3 & \lambda^{-1} B_4 \end{pmatrix}.$$

因为 $\lim\limits_{\lambda \to 0} B(\lambda I + AA^*)^{-1}$ 存在, 所以 $B_2 = 0$, $B_4 = 0$, $R(B^*) \subset R(A)$, 于是有

$$\lim_{\lambda \to 0} B(\lambda I + AA^\dagger)^{-1} = \lim_{\lambda \to 0} \begin{pmatrix} B_1 & B_2 \\ B_3 & B_4 \end{pmatrix} \left(\begin{pmatrix} \lambda I & 0 \\ 0 & \lambda I \end{pmatrix} + \begin{pmatrix} I & 0 \\ 0 & 0 \end{pmatrix} \right)^{-1}$$

$$= \lim_{\lambda \to 0} \begin{pmatrix} B_1 & 0 \\ B_3 & 0 \end{pmatrix} \begin{pmatrix} (1+\lambda)^{-1} I & 0 \\ 0 & \lambda^{-1} I \end{pmatrix}$$

$$= \lim_{\lambda \to 0} \begin{pmatrix} (1+\lambda)^{-1} B_1 & 0 \\ (1+\lambda)^{-1} B_3 & 0 \end{pmatrix}.$$

因此 $\lim\limits_{\lambda \to 0} B(\lambda I + AA^\dagger)^{-1}$ 存在.

设 $A \in \mathcal{L}(X, X)$, 如果 $AA^\dagger = A^\dagger A$, 则 A 被称为 EP 算子. 下面利用极限给出 EP 算子的一些等价刻画.

定理 2.2.2 设 $A \in \mathcal{L}(X, X)$, 则下列命题等价:

(1) $\lim\limits_{\lambda \to 0} (A + \lambda I)^{-1} A^*$ 存在, 此时 $\lim\limits_{\lambda \to 0} (A + \lambda I)^{-1} A^* = A^\dagger A^*$;

(2) A 是 EP 算子;

(3) $\lim\limits_{\lambda \to 0} (A + \lambda I)^{-1} A^\dagger$ 存在, 此时 $\lim\limits_{\lambda \to 0} (A + \lambda I)^{-1} A^\dagger = (A^\dagger)^2$.

证明 (1) $\Rightarrow$ (2): 由引理 1.0.3, 将 A 分成具有 (1.0.5) 的形式, 则

$$A^* = \begin{pmatrix} A_1^* & 0 \\ A_2^* & 0 \end{pmatrix} : \begin{pmatrix} \mathcal{R}(A) \\ \mathcal{N}(A^*) \end{pmatrix} \to \begin{pmatrix} \mathcal{R}(A) \\ \mathcal{N}(A^*) \end{pmatrix}. \tag{2.2.3}$$

取 $\mathbb{C}$ 中的任意邻域 K 使得对一些 $\lambda \in K\backslash\{0\}$, $A + \lambda I_n$ 是非奇异. 对于一些 $\lambda \in K\backslash\{0\}$, 有

$$(A + \lambda I)^{-1}A^* = \begin{pmatrix} (A_1 + \lambda I)^{-1} & -\lambda^{-1}(A_1 + \lambda I)^{-1}A_2 \\ 0 & \lambda^{-1}I \end{pmatrix} \begin{pmatrix} A_1^* & 0 \\ A_2^* & 0 \end{pmatrix}$$

$$= \begin{pmatrix} (A_1 + \lambda I)^{-1}A_1^* - \lambda^{-1}(A_1 + \lambda I)^{-1}A_2A_2^* & 0 \\ \lambda^{-1}A_2^* & 0 \end{pmatrix}. \qquad (2.2.4)$$

如果 $\lim_{\lambda \to 0}(A + \lambda I)^{-1}A^*$ 存在, 则 $A_2 = 0$. 此时

$$\lim_{\lambda \to 0}(A_1 + \lambda I)^{-1}A_1^* - \lambda^{-1}(A_1 + \lambda I)^{-1}A_2A_2^* = \lim_{\lambda \to 0}(A_1 + \lambda I)^{-1}A_1^*.$$

因为极限的存在性, 所以 A_1 可逆. 于是有

$$AA^\dagger = \begin{pmatrix} A_1 & 0 \\ 0 & 0 \end{pmatrix} \begin{pmatrix} A_1^{-1} & 0 \\ 0 & 0 \end{pmatrix} = \begin{pmatrix} A_1^{-1} & 0 \\ 0 & 0 \end{pmatrix} \begin{pmatrix} A_1 & 0 \\ 0 & 0 \end{pmatrix} = A^\dagger A.$$

因此 A 是 EP 算子.

(2) $\Rightarrow$ (3): 由 $AA^\dagger = A^\dagger A$, 也就是

$$\begin{pmatrix} I & 0 \\ 0 & 0 \end{pmatrix} = \begin{pmatrix} A_1^* D^{-1} A_1 & A_1^* D^{-1} A_2 \\ A_2^* D^{-1} A_1 & A_2^* D^{-1} A_2 \end{pmatrix},$$

得到 A_1 可逆, $A_2 = 0$. 此时

$$\lim_{\lambda \to 0}(A + \lambda I)^{-1}A^\dagger = \begin{pmatrix} (A_1^{-1})^2 & 0 \\ 0 & 0 \end{pmatrix} = (A^+)^2.$$

(3) $\Rightarrow$ (1): 将 A 分成 (1.0.3) 的形式, 则

$$\lim_{\lambda \to 0}(A + \lambda I)^{-1}A^\dagger = \begin{pmatrix} (A_1 + \lambda I)^{-1} & -\lambda^{-1}(A_1 + \lambda I)^{-1}A_2 \\ 0 & \lambda^{-1}I \end{pmatrix} \begin{pmatrix} D^{-1}A_1^* & D^{-1}A_2^* \\ 0 & 0 \end{pmatrix}$$

$$= \begin{pmatrix} (A_1 + \lambda I)^{-1}D^{-1}A_1^* & -\lambda^{-1}(A_1 + \lambda I)^{-1}A_2D^{-1}A_2^* \\ 0 & 0 \end{pmatrix}.$$

因为 $\lim_{\lambda \to 0}(A + \lambda I)^{-1}A^\dagger$ 存在, 类似于定理 2.2.1 的证明, 知 $\lim_{\lambda \to 0}(A + \lambda I)^{-1}A^*$ 存在, 且

$$\lim_{\lambda \to 0}(A + \lambda I)^{-1}A^* = A^\dagger A^*.$$

下面研究更为一般的情形.

定理 2.2.3 设 $A \in \mathcal{L}(X, Y)$, $B \in \mathcal{L}(X, Y)$, 则存在 $F \in \mathcal{L}(X, X)$ 使得 $B = AF$ 和 $\mathcal{R}(F) \subset \mathcal{R}(A)$, 当且仅当 $\lim\limits_{\lambda \to 0}(A + \lambda I)^{-1}B = F$.

证明 $\Rightarrow$: 由引理 1.0.7, 得出 A 具有 (1.0.11) 的形式. 将 B 和 F 分块如下:

$$B = \begin{pmatrix} B_1 & B_2 \\ B_3 & B_4 \end{pmatrix} : \begin{pmatrix} \mathcal{R}(A^*) \\ \mathcal{N}(A) \end{pmatrix} \to \begin{pmatrix} \mathcal{R}(A) \\ \mathcal{N}(A^*) \end{pmatrix},$$

$$F = \begin{pmatrix} F_1 & F_2 \\ F_3 & F_4 \end{pmatrix} : \begin{pmatrix} \mathcal{R}(A^*) \\ \mathcal{N}(A) \end{pmatrix} \to \begin{pmatrix} \mathcal{R}(A) \\ \mathcal{N}(A^*) \end{pmatrix},$$

所以 $\mathcal{R}(F) \subset \mathcal{R}(A)$, 此时 $AA^\dagger F = F$, 得到

$$\begin{pmatrix} A_1 & 0 \\ 0 & 0 \end{pmatrix} \begin{pmatrix} A_1^{-1} & 0 \\ 0 & 0 \end{pmatrix} \begin{pmatrix} F_1 & F_2 \\ F_3 & F_4 \end{pmatrix} = \begin{pmatrix} F_1 & F_2 \\ 0 & 0 \end{pmatrix} = \begin{pmatrix} F_1 & F_2 \\ F_3 & F_4 \end{pmatrix}.$$

则 $F_3 = 0$, $F_4 = 0$. 由 $B = AF$, 有

$$\begin{pmatrix} B_1 & B_2 \\ B_3 & B_4 \end{pmatrix} = \begin{pmatrix} A_1 & 0 \\ 0 & 0 \end{pmatrix} \begin{pmatrix} F_1 & F_2 \\ 0 & 0 \end{pmatrix} = \begin{pmatrix} A_1 F_1 & A_1 F_2 \\ 0 & 0 \end{pmatrix},$$

于是 $B_3 = 0$, $B_4 = 0$. 由于 $B = \begin{pmatrix} A_1 F_1 & A_1 F_2 \\ 0 & 0 \end{pmatrix}$, 则

$$\lim_{\lambda \to 0}(A + \lambda I)^{-1}B = \lim_{\lambda \to 0} \begin{pmatrix} (A_1 + \lambda I)^{-1} & 0 \\ 0 & \lambda^{-1}I \end{pmatrix} \begin{pmatrix} A_1 F_1 & A_1 F_2 \\ 0 & 0 \end{pmatrix}$$

$$= \begin{pmatrix} A_1^{-1} & 0 \\ 0 & 0 \end{pmatrix} \begin{pmatrix} A_1 F_1 & A_1 F_2 \\ 0 & 0 \end{pmatrix} = F.$$

$\Leftarrow$: 设

$$A = \begin{pmatrix} A_1 & 0 \\ 0 & 0 \end{pmatrix} : \begin{pmatrix} \mathcal{R}(A^*) \\ \mathcal{N}(A) \end{pmatrix} \to \begin{pmatrix} \mathcal{R}(A) \\ \mathcal{N}(A^*) \end{pmatrix}.$$

将 B 分块如下:

$$B = \begin{pmatrix} B_1 & B_2 \\ B_3 & B_4 \end{pmatrix} : \begin{pmatrix} \mathcal{R}(B^*) \\ \mathcal{N}(B) \end{pmatrix} \to \begin{pmatrix} \mathcal{R}(B) \\ \mathcal{N}(B^*) \end{pmatrix}.$$

取 $\lambda \in K \backslash \{0\}$ 使得 $(A + \lambda I)^{-1}$ 可逆, 于是有

$$(A + \lambda I)^{-1}B = \begin{pmatrix} (A_1 + \lambda I)^{-1} & 0 \\ 0 & \lambda^{-1}I \end{pmatrix} \begin{pmatrix} B_1 & B_2 \\ B_3 & B_4 \end{pmatrix}$$

$$= \begin{pmatrix} (A_1 + \lambda I)^{-1}B_1 & (A_1 + \lambda I)^{-1}B_2 \\ \lambda^{-1}B_3 & \lambda^{-1}B_4 \end{pmatrix}.$$

当 $\lambda \to 0$ 时极限 $(A + \lambda I)^{-1}B$ 存在, 得到 $B_3 = 0$, $B_4 = 0$. 因此

$$\lim_{\lambda \to 0}(A + \lambda I)^{-1}B = \begin{pmatrix} A_1^{-1}B_1 & A_1^{-1}B_2 \\ 0 & 0 \end{pmatrix} = F,$$

$$B = \begin{pmatrix} B_1 & B_2 \\ 0 & 0 \end{pmatrix} = \begin{pmatrix} A_1 & 0 \\ 0 & 0 \end{pmatrix}\begin{pmatrix} A_1^{-1}B_1 & A_1^{-1}B_2 \\ 0 & 0 \end{pmatrix} = AF.$$

于是有

$$AA^{\dagger}F = \begin{pmatrix} I & 0 \\ 0 & 0 \end{pmatrix}\begin{pmatrix} A_1^{-1}B_1 & A_1^{-1}B_2 \\ 0 & 0 \end{pmatrix} = \begin{pmatrix} A_1^{-1}B_1 & A_1^{-1}B_2 \\ 0 & 0 \end{pmatrix} = F,$$

则 $R(F) \subset R(A)$.

定理 2.2.4 假设 $A \in L(X, X)$. 如果 A 群可逆, 则下列命题等价:

(1) $\lim\limits_{\lambda \to 0} B(\lambda I + AA^{\#})$ 存在;

(2) $\mathcal{N}(A) \subset \mathcal{N}(B)$;

(3) $\lim\limits_{\lambda \to 0} B(\lambda I + A^2)$ 存在.

证明 $(1) \Rightarrow (2)$: 由引理 1.0.5, A 和 $A^{\#}$ 分别具有 (1.0.9) 和 (1.0.10) 形式. 将 B 分块为

$$B = \begin{pmatrix} B_1 & B_2 \\ B_3 & B_4 \end{pmatrix} : \begin{pmatrix} \mathcal{R}(A) \\ \mathcal{N}(A^*) \end{pmatrix} \to \begin{pmatrix} \mathcal{R}(A) \\ \mathcal{N}(A^*) \end{pmatrix}, \tag{2.2.5}$$

于是有

$$\begin{aligned}
\lim_{\lambda \to 0} B(\lambda I + AA^{\#})^{-1} &= \lim_{\lambda \to 0} \begin{pmatrix} B_1 & B_2 \\ B_3 & B_4 \end{pmatrix}\left(\begin{pmatrix} \lambda I & 0 \\ 0 & \lambda I \end{pmatrix} + \begin{pmatrix} I & 0 \\ 0 & 0 \end{pmatrix}\right)^{-1} \\
&= \lim_{\lambda \to 0} \begin{pmatrix} B_1 & B_2 \\ B_3 & B_4 \end{pmatrix}\begin{pmatrix} (1+\lambda)^{-1}I & 0 \\ 0 & \lambda^{-1}I \end{pmatrix} \\
&= \lim_{\lambda \to 0} \begin{pmatrix} (1+\lambda)^{-1}B_1 & B_2\lambda^{-1} \\ (1+\lambda)^{-1}B_3 & B_4\lambda^{-1} \end{pmatrix}.
\end{aligned}$$

因为 $\lim\limits_{\lambda \to 0} B(\lambda I + AA^{\#})^{-1}$ 存在, 得到 $B_2 = 0$, $B_4 = 0$, 则

$$B = \begin{pmatrix} B_1 & 0 \\ B_3 & 0 \end{pmatrix} = \begin{pmatrix} B_1 & 0 \\ B_3 & 0 \end{pmatrix}\begin{pmatrix} A_1 & 0 \\ 0 & 0 \end{pmatrix}\begin{pmatrix} A_1^{-1} & 0 \\ 0 & 0 \end{pmatrix} = BAA^{\#},$$

则 $\mathcal{N}(A) \subset \mathcal{N}(B)$.

(2) $\Rightarrow$ (3): 由 $\mathcal{N}(A) \subset \mathcal{N}(B)$, 即 $B = BAA^{\#}$, 此时有

$$
\left(\begin{array}{cc} B_1 & B_2 \\ B_3 & B_4 \end{array} \right) = \left(\begin{array}{cc} B_1 & B_2 \\ B_3 & B_4 \end{array} \right) \left(\begin{array}{cc} I & 0 \\ 0 & 0 \end{array} \right) = \left(\begin{array}{cc} B_1 & 0 \\ B_3 & 0 \end{array} \right),
$$

蕴涵 $B_2 = 0, B_4 = 0$. 于是

$$
\begin{aligned}
\lim_{\lambda \to 0} B(\lambda I + A^2)^{-1} &= \lim_{\lambda \to 0} \left(\begin{array}{cc} B_1 & 0 \\ B_3 & 0 \end{array} \right) \left(\begin{array}{cc} (\lambda I + A_1^2)^{-1} & 0 \\ 0 & \lambda^{-1} I \end{array} \right) \\
&= \lim_{\lambda \to 0} \left(\begin{array}{cc} B_1(\lambda I + A_1^2)^{-1} & 0 \\ B_3(\lambda I + A_1^2)^{-1} & 0 \end{array} \right) \\
&= \left(\begin{array}{cc} B_1(A_1^2)^{-1} & 0 \\ B_3(A_1^2)^{-1} & 0 \end{array} \right),
\end{aligned}
$$

则 $\lim\limits_{\lambda \to 0} B(\lambda I + A^2)^{-1}$ 存在.

(3) $\Rightarrow$ (1): 将 A 和 B 分别分成 (1.0.9) 和 (2.2.5) 的形式, 则

$$
\begin{aligned}
\lim_{\lambda \to 0} B(\lambda I + A^2)^{-1} &= \lim_{\lambda \to 0} \left(\begin{array}{cc} B_1 & B_2 \\ B_3 & B_4 \end{array} \right) \left(\begin{array}{cc} (\lambda I + A_1^2)^{-1} & 0 \\ 0 & \lambda^{-1} I \end{array} \right) \\
&= \lim_{\lambda \to 0} \left(\begin{array}{cc} B_1(\lambda I + A_1^2)^{-1} & \lambda^{-1} B_2 \\ B_3(\lambda I + A_1^2)^{-1} & \lambda^{-1} B_4 \end{array} \right).
\end{aligned}
$$

由 $\lim\limits_{\lambda \to 0} B(\lambda I + A^2)$ 存在, 得到 $B_2 = 0, B_4 = 0$. 将 $B_2 = 0, B_4 = 0$ 应用到 (1), 得到 $\lim\limits_{\lambda \to 0} B(\lambda I + AA^{\#})^{-1}$ 存在.

如果在定理 2.2.4(1) 中取 $B = A$, 则 $\lim\limits_{\lambda \to 0} A(\lambda I + A^2)^{-1} = A^{\#}$ 就是群逆的极限表示.

定理 2.2.5 设 $A \in \mathcal{L}(X, X)$ 和 $\mathrm{ind}(A) = k < \infty$, 则 $\lim\limits_{\lambda \to 0}(A + \lambda I)^{-1} A$ 存在当且仅当 A 群可逆, 且 $\lim\limits_{\lambda \to 0}(A + \lambda I)^{-1} A = AA^{\#}$.

证明 利用引理 1.0.4, 设

$$
A = \left(\begin{array}{cc} A_1 & 0 \\ 0 & A_4 \end{array} \right) : \left(\begin{array}{c} \mathcal{R}(A^k) \\ \mathcal{N}(A^k) \end{array} \right) \to \left(\begin{array}{c} \mathcal{R}(A^k) \\ \mathcal{N}(A^k) \end{array} \right),
$$

其中 A_1 可逆, A_4 幂零.

类似定理 2.2.3, 取 $\mathbb{C}$ 中的任意邻域 K 使得对一些 $\lambda \in K \backslash \{0\}$, $A + \lambda I_n$ 非奇异. 因此

$$
(A + \lambda I)^{-1} = \left(\begin{array}{cc} (A_1 + \lambda I)^{-1} & 0 \\ 0 & (A_4 + \lambda I)^{-1} \end{array} \right).
$$

于是有

$$(A + \lambda I)^{-1}A = \begin{pmatrix} (A_1 + \lambda I)^{-1} & 0 \\ 0 & (A_4 + \lambda I)^{-1} \end{pmatrix} \begin{pmatrix} A_1 & 0 \\ 0 & A_4 \end{pmatrix}$$
$$= \begin{pmatrix} (A_1 + \lambda I)^{-1}A_1 & 0 \\ 0 & (A_1 + \lambda I)^{-1}A_4 \end{pmatrix}.$$

设 $\lim\limits_{\lambda \to 0}(A + \lambda I)^{-1}A$ 存在, 则 $(A_1 + \lambda I)^{-1}A_1$ 和 $(A_1 + \lambda I)^{-1}A_2$ 存在, 当 $\lambda \to 0$ 时, 因为 A_4 是幂零, 故 $\lim\limits_{\lambda \to 0}(A_1 + \lambda I)^{-1}A_1$ 存在, 蕴涵着 A_1 可逆; $\lim\limits_{\lambda \to 0}(A_4 + \lambda I)^{-1}A_4$ 存在, 蕴含着 $A_4 = 0$. 所以 A 可简化为

$$A = \begin{pmatrix} A_1 & 0 \\ 0 & 0 \end{pmatrix} : \begin{pmatrix} \mathcal{R}(A^k) \\ \mathcal{N}(A^k) \end{pmatrix} \to \begin{pmatrix} \mathcal{R}(A^k) \\ \mathcal{N}(A^k) \end{pmatrix}, \tag{2.2.6}$$

其中 A_1 可逆. 根据引理 1.0.7, 我们得到 A 群可逆.

如果 A 群可逆, 则 A 有 (2.2.6) 的形式. 因此

$$\lim_{\lambda \to 0}(A + \lambda I)^{-1}A = \lim_{\lambda \to 0}\begin{pmatrix} (A_1 + \lambda I)^{-1} & 0 \\ 0 & \lambda I \end{pmatrix}\begin{pmatrix} A_1 & 0 \\ 0 & 0 \end{pmatrix} = \begin{pmatrix} I & 0 \\ 0 & 0 \end{pmatrix}.$$

则

$$\lim_{\lambda \to 0}(A + \lambda I)^{-1}A = \begin{pmatrix} I & 0 \\ 0 & 0 \end{pmatrix} = \begin{pmatrix} A_1 & 0 \\ 0 & 0 \end{pmatrix}\begin{pmatrix} A_1^{-1} & 0 \\ 0 & 0 \end{pmatrix} = AA^{\#}.$$

定理 2.2.6   设 $A \in \mathcal{L}(X, X)$, 若 A 群可逆, 则

(1) $\lim\limits_{\lambda \to 0}(A + \lambda I)^{-1}A^{\#} = (A^{\#})^2$;

(2) $\lim\limits_{\lambda \to 0}(A + \lambda I)^{-1}B = A^{\#}B$;

(3) 存在 $F \in \mathcal{L}(X, X)$ 使得 $B = AF$ 及 $\mathcal{R}(F) \subset \mathcal{R}(A)$, 则 $\lim\limits_{\lambda \to 0}(A + \lambda I)^{-1}B = F$.

证明   (1) 因为 A 群可逆, 得到

$$A = \begin{pmatrix} A_1 & 0 \\ 0 & 0 \end{pmatrix} : \begin{pmatrix} \mathcal{R}(A) \\ \mathcal{N}(A) \end{pmatrix} \to \begin{pmatrix} \mathcal{R}(A) \\ \mathcal{N}(A) \end{pmatrix},$$

其中 A_1 可逆. 因此

$$A^{\#} = \begin{pmatrix} A_1^{-1} & 0 \\ 0 & 0 \end{pmatrix}.$$

选取 $\mathbb{C}$ 中 0 的任意邻域 K 使得 $A + \lambda I_n$ 对一些 $\lambda \in K \backslash \{0\}$ 非奇异. 于是有

$$\lim_{\lambda \to 0} (A + \lambda I)^{-1} A^{\#} = \begin{pmatrix} (A_1 + \lambda I)^{-1} & 0 \\ 0 & \lambda^{-1} I \end{pmatrix} \begin{pmatrix} A_1^{-1} & 0 \\ 0 & 0 \end{pmatrix}$$

$$= \lim_{\lambda \to 0} \begin{pmatrix} (A_1 + \lambda I)^{-1} A_1^{-1} & 0 \\ 0 & 0 \end{pmatrix} = \begin{pmatrix} (A_1^{-1})^2 & 0 \\ 0 & 0 \end{pmatrix}$$

$$= \begin{pmatrix} A_1^{-1} & 0 \\ 0 & 0 \end{pmatrix} \begin{pmatrix} A_1^{-1} & 0 \\ 0 & 0 \end{pmatrix} = (A^{\#})^2.$$

(2) 利用引理 1.0.5. 因为 A 群可逆, 将 A 分块成 (1.0.9) 的形式. 若

$$B = \begin{pmatrix} B_1 & B_2 \\ B_3 & B_4 \end{pmatrix} : \begin{pmatrix} \mathcal{R}(A) \\ \mathcal{N}(A) \end{pmatrix} \to \begin{pmatrix} \mathcal{R}(A) \\ \mathcal{N}(A) \end{pmatrix},$$

选取 $\lambda \in K \backslash \{0\}$ 使得 $(A + \lambda I)^{-1}$ 非奇异, 则

$$(A + \lambda I)^{-1} B = \begin{pmatrix} (A_1 + \lambda I)^{-1} & 0 \\ 0 & 0 \end{pmatrix} \begin{pmatrix} B_1 & B_2 \\ B_3 & B_4 \end{pmatrix}$$

$$= \begin{pmatrix} (A_1 + \lambda I)^{-1} B_1 & (A_1 + \lambda I)^{-1} B_2 \\ 0 & 0 \end{pmatrix}.$$

于是有

$$\lim_{\lambda \to 0} (A + \lambda I)^{-1} B = \begin{pmatrix} A_1^{-1} B_1 & A_1^{-1} B_2 \\ 0 & 0 \end{pmatrix} = \begin{pmatrix} A_1^{-1} & 0 \\ 0 & 0 \end{pmatrix} \begin{pmatrix} B_1 & B_2 \\ B_3 & B_4 \end{pmatrix} = A^{\#} B.$$

(3) 因为 A 群可逆, 由引理 1.0.5, 得到 A 具有 (1.0.9) 的形式, 将 B 和 F 分块如下:

$$B = \begin{pmatrix} B_1 & B_2 \\ B_3 & B_4 \end{pmatrix} : \begin{pmatrix} \mathcal{R}(A) \\ \mathcal{N}(A) \end{pmatrix} \to \begin{pmatrix} \mathcal{R}(A) \\ \mathcal{N}(A) \end{pmatrix},$$

$$F = \begin{pmatrix} F_1 & F_2 \\ F_3 & F_4 \end{pmatrix} : \begin{pmatrix} \mathcal{R}(A) \\ \mathcal{N}(A) \end{pmatrix} \to \begin{pmatrix} \mathcal{R}(A) \\ \mathcal{N}(A) \end{pmatrix}.$$

因为 $\mathcal{R}(F) \subset \mathcal{R}(A)$, 即 $AA^{\#}F = F$, 得到

$$\begin{pmatrix} A_1 & 0 \\ 0 & 0 \end{pmatrix} \begin{pmatrix} A_1^{-1} & 0 \\ 0 & 0 \end{pmatrix} \begin{pmatrix} F_1 & F_2 \\ F_3 & F_4 \end{pmatrix} = \begin{pmatrix} F_1 & F_2 \\ 0 & 0 \end{pmatrix} = \begin{pmatrix} F_1 & F_2 \\ F_3 & F_4 \end{pmatrix}.$$

从而 $F_3 = 0, F_4 = 0.$ 由 $B = AF$ 有

$$
\begin{pmatrix} B_1 & B_2 \\ B_3 & B_4 \end{pmatrix} = \begin{pmatrix} A_1 & 0 \\ 0 & 0 \end{pmatrix} \begin{pmatrix} F_1 & F_2 \\ 0 & 0 \end{pmatrix} = \begin{pmatrix} A_1 F_1 & A_1 F_2 \\ 0 & 0 \end{pmatrix}.
$$

因此, $B_3 = 0$, $B_4 = 0$. $B = AF$ 等式的两边左乘 $A^{\#}$, 于是 $A^{\#} B = A^{\#} A F = A A^{\#} F = F$. 由 (2) 得到

$$
\lim_{\lambda \to 0} (A + \lambda I)^{-1} B = A^{\#} B = F.
$$

2.3　算子乘积的不变性

算子的不变性有着重要的作用, 如值域不变性[3]、秩不变性[4]、特征值、奇异值和矩阵的范数不变性[5] 吸引了学者相当大的关注. 我们首先给出一些需要的引理.

引理 2.3.1　设 $A \in \mathcal{L}(J, K)$, $B \in \mathcal{L}(H, I)$ 有闭值域, 则 $AWB = 0$ 对任意 $W \in \mathcal{L}(I, J)$ 当且仅当 $A = 0, B = 0$.

证明　若 A 或 B 为 0, 则 $AWB = 0$, 对任意的 $W \in \mathcal{L}(I, J)$.

设 $A, B \neq 0$, 则由引理 1.0.7, A 和 B 形式如下:

$$
A = \begin{pmatrix} A_{11} & 0 \\ 0 & 0 \end{pmatrix} : \begin{pmatrix} \mathcal{R}(A^*) \\ \mathcal{N}(A) \end{pmatrix} \to \begin{pmatrix} \mathcal{R}(A) \\ \mathcal{N}(A^*) \end{pmatrix}
$$

且

$$
B = \begin{pmatrix} B_{11} & 0 \\ 0 & 0 \end{pmatrix} : \begin{pmatrix} \mathcal{R}(B^*) \\ \mathcal{N}(B) \end{pmatrix} \to \begin{pmatrix} \mathcal{R}(B) \\ \mathcal{N}(B^*) \end{pmatrix},
$$

其中 A_{11}, B_{11} 在 $\mathcal{L}(\mathcal{R}(A^*), \mathcal{R}(A))$, $\mathcal{L}(\mathcal{R}(B^*), \mathcal{R}(B))$ 可逆, 则 $0 \neq W_{11} \in \mathcal{L}(\mathcal{R}(B), \mathcal{R}(A^*))$. 因为 $\mathcal{R}(B), \mathcal{R}(A^*) \neq 0$, 于是

$$
W = \begin{pmatrix} W_{11} & 0 \\ 0 & 0 \end{pmatrix} : \begin{pmatrix} \mathcal{R}(B) \\ \mathcal{N}(B^*) \end{pmatrix} \to \begin{pmatrix} \mathcal{R}(A^*) \\ \mathcal{N}(A) \end{pmatrix}.
$$

因此若 $AWB = 0$, 则 $A_{11} W_{11} B_{11} = 0$, 又因为 A_{11} 和 B_{11} 可逆, 所以 $W_{11} = 0$. 因此 $AWB \neq 0$.

引理 2.3.2　设 $A \in \mathcal{L}(H, K)$ 有闭值域, $B \in \mathcal{L}(H, J)$, 则

$$
\mathcal{R}(B^*) \subseteq \mathcal{R}(A^*) \text{ 当且仅当 } B A^{\dagger} A = B.
$$

证明 ⇒: 因为 $\mathcal{R}(A)$ 是封闭的, $A^\dagger$ 存在, 则 $\mathcal{R}(B^*) \subseteq \mathcal{R}(A^*) = \mathcal{R}(A^\dagger A)$. 因此存在 $X \in \mathcal{L}(J,H)$ 使得 $B^* = A^\dagger AX$. 因此 $B = X^*A^\dagger AA^\dagger A = BA^\dagger A$.

⇐: 因为 $B^* = (BA^\dagger A)^* = A^*(BA^\dagger)^*$, 所以 $\mathcal{R}(B^*) \subseteq \mathcal{R}(A^*)$.

在此部分, 我们给出不变性的性质.

定理 2.3.3 设非零算子 $A \in \mathcal{L}(I,H)$, $B \in \mathcal{L}(J,K)$, $C \in \mathcal{L}(I,J)$ 且 $D \in \mathcal{L}(H,K)$ 有闭值域, 则下面陈述 (1), (2) 和 (3) 等价. 此外, 设 $AC^\dagger B^\dagger D$ 有闭值域, 则以下陈述等价:

(1) $AC^{(1)}B^{(1)}D$ 不依赖于 $C^{(1)} \in C\{1\}$ 和 $B^{(1)} \in B\{1\}$;

(2) $\mathcal{R}(A^*) \subseteq \mathcal{R}((BC)^*)$, $\mathcal{N}(B) \subseteq \mathcal{R}(C)$, $\mathcal{R}(D) \subseteq \mathcal{R}(BC)$;

(3) $A(BC)^{(1)}D$ 不依赖于 $(BC)^{(1)} \in (BC)\{1\}$ 和 $C^{(1)}B^{(1)} \in (BC)\{1\}$, 对任意的 $C^{(1)} \in C\{1\}$ 和 $B^{(1)} \in B\{1\}$;

(4) $\mathcal{R}(AC^{(1)}B^{(1)}D)$ 不依赖于 $C^{(1)} \in C\{1\}$ 和 $B^{(1)} \in B\{1\}$.

证明 (1) ⇒ (2): 因为 $AC^{(1)}B^{(1)}D$ 不依赖于 $C^{(1)} \in C\{1\}$ 和 $B^{(1)} \in B\{1\}$, 可得

$$AC^{(1)}B^{(1)}D = AC^\dagger B^\dagger D. \tag{2.3.1}$$

设 $B^{(1)} = B^\dagger + U(I - BB^\dagger)$ 和 $C^{(1)} = C^\dagger + (I - C^\dagger C)V$, 且代入 (2.3.1), 则

$$A[C^\dagger + (I - C^\dagger C)V][B^\dagger + U(I - BB^\dagger)]D = AC^\dagger B^\dagger D,$$

也就是说

$$AC^\dagger U(I - BB^\dagger)D + A(I - C^\dagger C)VB^\dagger D + A(I - C^\dagger C)VU(I - BB^\dagger)D = 0.$$

由 V 和 U 的任意性, 有

$$AC^\dagger U(I - BB^\dagger)D = 0,$$
$$A(I - C^\dagger C)VB^\dagger D = 0,$$
$$A(I - C^\dagger C)VU(I - BB^\dagger)D = 0.$$

根据引理 2.3.1, 有

$$AC^\dagger = 0 \text{ 或 } (I - BB^\dagger)D = 0,$$
$$A(I - C^\dagger C) = 0 \text{ 或 } B^\dagger D = 0,$$
$$A(I - C^\dagger C) = 0 \text{ 或 } (I - BB^\dagger)D = 0.$$

因此若 $(I - BB^\dagger)D \neq 0$, 则

$$AC^\dagger = 0, \quad A(I - C^\dagger C) = 0.$$

因此 $A = 0$, 这与 $A \neq 0$. 类似地, $A(I - C^\dagger C) \neq 0$ 也就是说 $D = 0$, 这也会导致矛盾. 因此

$$A(I - C^\dagger C) = 0, \quad (I - BB^\dagger)D = 0. \tag{2.3.2}$$

设

$$B^{(1)} = B^\dagger + (I - B^\dagger B)U, \quad C^{(1)} = C^\dagger + V(I - CC^\dagger),$$

代入 (2.3.1), 则

$$A[C^\dagger + V(I - CC^\dagger)][B^\dagger + (I - B^\dagger B)U]D = AC^\dagger B^\dagger D,$$

即

$$AC^\dagger(I - B^\dagger B)UD + AV(I - CC^\dagger)B^\dagger D + AV(I - CC^\dagger)(I - B^\dagger B)UD = 0.$$

由 V 和 U 的任意性, 根据引理 2.3.1, 有

$$AC^\dagger(I - B^\dagger B) = 0, \quad (I - CC^\dagger)B^\dagger D = 0, \quad (I - CC^\dagger)(I - B^\dagger B) = 0.$$

根据以上等式和 (2.3.2), 有

$$A = AC^\dagger C = AC^\dagger B^\dagger BC, \quad D = BB^\dagger D = BCC^\dagger B^\dagger D, \quad (I - B^\dagger B) = CC^\dagger(I - B^\dagger B).$$

即 $\mathcal{R}(A^*) \subseteq \mathcal{R}((BC)^*), \mathcal{R}(D) \subseteq \mathcal{R}(BC), \mathcal{N}(B) \subseteq \mathcal{R}(C)$.

$(2) \Rightarrow (3)$: $\mathcal{N}(B) \subseteq \mathcal{R}(C)$ 表明

$$I - B^\dagger B = CC^\dagger(I - B^\dagger B) \quad \text{且} \quad I - B^\dagger B = (I - B^\dagger B)CC^\dagger.$$

由 Moore-Penrose 逆的定义, 上述两等式等价于 $CC^\dagger B^\dagger B = B^\dagger BCC^\dagger$. 因此

$$BCC^\dagger(I - B^\dagger B) = 0 \quad \text{且} \quad (I - CC^\dagger)B^\dagger BC = 0.$$

所以, 对任意的 $C^{(1)} \in C\{1\}$ 和 $B^{(1)} \in B\{1\}$,

$$\begin{aligned}
BCC^{(1)}B^{(1)}BC &= BC[C^\dagger + (I - C^\dagger C)V_1 + V_2(I - CC^\dagger)] \\
&\quad \times [B^\dagger + (I - B^\dagger B)U_1 + U_2(I - BB^\dagger)]BC \\
&= [BCC^\dagger + BCV_2(I - CC^\dagger)][B^\dagger BC + (I - B^\dagger B)U_1 BC] \\
&= BCC^\dagger B^\dagger BC = BC,
\end{aligned}$$

即 $C^{(1)}B^{(1)} \in (BC)\{1\}$.

由于 $\mathcal{R}(A^*) \subseteq \mathcal{R}((BC)^*)$, $\mathcal{R}(D) \subseteq \mathcal{R}(BC)$, 所以 $A = XBC$ 和 $D = BCY$, 则根据引理 1.0.6, 有

$$
\begin{aligned}
A(BC)^{(1)}D &= XBC[C^\dagger B^\dagger + (I - C^\dagger B^\dagger BC)U + V(I - BCC^\dagger B^\dagger)]BCY \\
&= XBCC^\dagger B^\dagger BCY = AC^\dagger B^\dagger D,
\end{aligned}
$$

即 $A(BC)^{(1)}D$ 不依赖于 $(BC)^{(1)} \in (BC)\{1\}$.

(3) $\Rightarrow$ (1): 显然可得.

因为 $AC^\dagger B^\dagger D$ 有闭值域, 则 (1) $\Rightarrow$ (4). 于是证明 (4) $\Rightarrow$ (2).

显然, 对任意的 $C^{(1)} \in C\{1\}$ 和 $B^{(1)} \in B\{1\}$, $\mathcal{R}(AC^{(1)}B^{(1)}D) = \mathcal{R}(AC^\dagger B^\dagger D)$, 则 $AC^{(1)}B^{(1)}D$ 有闭值域, 因此

$$
(AC^\dagger B^\dagger D)(AC^\dagger B^\dagger D)^\dagger = (AC^{(1)}B^{(1)}D)(AC^{(1)}B^{(1)}D)^\dagger. \tag{2.3.3}
$$

把 $C^{(1)} = C^\dagger + (I - C^\dagger C)V$ 和 $B^{(1)} = B^\dagger + U(I - BB^\dagger)$ 代入 (2.3.3) 可得

$$
(AC^\dagger B^\dagger D)(AC^\dagger B^\dagger D)^\dagger = (AC^\dagger B^\dagger D + \Delta_1)(AC^\dagger B^\dagger D + \Delta_1)^\dagger, \tag{2.3.4}
$$

其中

$$
\Delta_1 = AC^\dagger U(I - BB^\dagger)D + A(I - C^\dagger C)VB^\dagger D + A(I - C^\dagger C)VU(I - BB^\dagger)D.
$$

把 $C^{(1)} = C^\dagger + V(I - CC^\dagger)$ 和 $B^{(1)} = B^\dagger + (I - B^\dagger B)U$ 代入 (2.3.3) 可得

$$
(AC^\dagger B^\dagger D)(AC^\dagger B^\dagger D)^\dagger = (AC^\dagger B^\dagger D + \Delta_2)(AC^\dagger B^\dagger D + \Delta_2)^\dagger, \tag{2.3.5}
$$

其中

$$
\Delta_2 = AC^\dagger(I - B^\dagger B)UD + AV(I - CC^\dagger)B^\dagger D + AV(I - CC^\dagger)(I - B^\dagger B)UD.
$$

由于 V 和 U 的任意性, 由 (2.3.4) 和 (2.3.5) 可得 $\Delta_i = 0, i = 1, 2$. 因此 (1) $\Rightarrow$ (2) 可证.

注意到: $AC^\dagger B^\dagger D = 0$ 当且仅当 $\mathcal{R}(B^\dagger D) \subseteq \mathcal{N}(AC^\dagger)$. 因此我们有以下结论.

推论 2.3.4 设非零算子 $A \in \mathcal{L}(I, H)$, $B \in \mathcal{L}(J, K)$, $C \in \mathcal{L}(I, J)$ 和 $D \in \mathcal{L}(H, K)$ 有闭值域. 因此以下陈述等价:

(1) $AC^{(1)}B^{(1)}D = 0$, 对于任意的 $C^{(1)} \in C\{1\}$ 和 $B^{(1)} \in B\{1\}$;

(2) $\mathcal{R}(A^*) \subseteq \mathcal{R}((BC)^*)$, $\mathcal{N}(B) \subseteq \mathcal{R}(C)$, $\mathcal{R}(D) \subseteq \mathcal{R}(BC)$, $\mathcal{R}(B^\dagger D) \subseteq \mathcal{N}(AC^\dagger)$;

(3) $A(BC)^{(1)}D = 0$, 对任意的 $(BC)^{(1)} \in (BC)\{1\}$ 和 $C^{(1)}B^{(1)} \in (BC)\{1\}$, 对任意的 $C^{(1)} \in C\{1\}$ 和 $B^{(1)} \in B\{1\}$.

推论 2.3.5[174]　　设非零算子 $A \in \mathcal{L}(I,H)$, $B \in \mathcal{L}(I,K)$ 和 $C \in \mathcal{L}(H,K)$ 有闭值域, 则以下陈述等价:

(1) $AB^{(1)}C$ 的算子性质不依赖于 $B^{(1)} \in B\{1\}$;

(2) $\mathcal{R}(A^*) \subseteq \mathcal{R}(B^*)$, $\mathcal{R}(C) \subseteq \mathcal{R}(B)$.

当 $A = BC = D$ 时, 在定理 2.3.3 中, 有以下结果.

推论 2.3.6　　设非零算子 $B \in \mathcal{L}(J,K)$ 和 $C \in \mathcal{L}(I,J)$ 为闭值域, 则下述陈述等价:

(1) $BCC^{(1)}B^{(1)}BC$ 不依赖于 $C^{(1)} \in C\{1\}$ 和 $B^{(1)} \in B\{1\}$;

(2) $\mathcal{N}(B) \subseteq \mathcal{R}(C)$;

(3) $C^{(1)}B^{(1)} \in (BC)\{1\}$, 对任意的 $C^{(1)} \in C\{1\}$ 和 $B^{(1)} \in B\{1\}$.

下面将讨论 $\{1,2\}$-逆的情况.

定理 2.3.7　　设非零算子 $A \in \mathcal{L}(I,H)$, $B \in \mathcal{L}(J,K)$, $C \in \mathcal{L}(I,J)$ 和 $D \in \mathcal{L}(H,K)$ 有闭值域, 则下面陈述 (1), (2) 和 (3) 等价. 此外, 设 $AC^\dagger B^\dagger D$ 有闭值域, 则下述陈述等价:

(1) $AC^{(1,2)}B^{(1,2)}D$ 不依赖于 $C^{(1,2)} \in C\{1,2\}$ 和 $B^{(1,2)} \in B\{1,2\}$;

(2) $\mathcal{R}(A^*) \subseteq \mathcal{R}((BC)^*)$, $\mathcal{N}(B) \subseteq \mathcal{R}(C)$, $\mathcal{R}(D) \subseteq \mathcal{R}(BC)$;

(3) $A(BC)^{(1,2)}D$ 不依赖于 $(BC)^{(1,2)} \in (BC)\{1,2\}$ 和 $C^{(1,2)}B^{(1,2)} \in (BC)\{1\}$ 对任意的 $C^{(1,2)} \in C\{1,2\}$ 和 $B^{(1,2)} \in B\{1,2\}$;

(4) $\mathcal{R}(AC^{(1,2)}B^{(1,2)}D)$ 不依赖于 $C^{(1,2)} \in C\{1,2\}$ 和 $B^{(1,2)} \in B\{1,2\}$.

证明　　$(2) \Rightarrow (1)$: $\mathcal{R}(A^*) \subseteq \mathcal{R}((BC)^*)$ 和 $\mathcal{R}(D) \subseteq \mathcal{R}(BC)$, 也就是说 $A = W_1BC$, $D = BCW_2$, 根据引理 1.0.6, $C^{(1,2)} = X_1CX_2$ 和 $B^{(1,2)} = Y_1BY_2$, 其中 $X_i \in C\{1\}, Y_i \in B\{1\}, i = 1,2$. 因此, 根据定理 2.3.3, 有

$$AC^{(1,2)}B^{(1,2)}D = W_1BCX_1CX_2Y_1BY_2BCW_2$$
$$= W_1BCX_2Y_1BCW_2$$
$$= AX_2Y_1D = AC^\dagger B^\dagger D,$$

则 (1) 得证.

$(1) \Rightarrow (2)$: 因为 $AC^{(1,2)}B^{(1,2)}D$ 不依赖于 $C^{(1,2)} \in C\{1,2\}$ 和 $B^{(1,2)} \in B\{1,2\}$, 可得

$$AC^{(1,2)}B^{(1,2)}D = AC^\dagger B^\dagger D. \qquad (2.3.6)$$

首先说明 $AC^\dagger \neq 0$, 否则. 若 $AC^\dagger = 0$. 设

$$C^{(1,2)} = [C^\dagger + (I - C^\dagger C)V_1]C[C^\dagger + V_2(I - CC^\dagger)],$$

则把 $AC^{(1,2)} = AV_1C[C^\dagger + V_2(I - CC^\dagger)]$ 和 $B^{(1,2)} = B^\dagger B[B^\dagger + U_2(I - BB^\dagger)]$ 代入 (2.3.6), 可得

$$AV_1C[C^\dagger + V_2(I - CC^\dagger)]B^\dagger B[B^\dagger + U_2(I - BB^\dagger)]D = 0,$$

即

$$0 = AV_1CC^\dagger B^\dagger D + AV_1CV_2(I - CC^\dagger)B^\dagger D + AV_1CC^\dagger B^\dagger BU_2(I - BB^\dagger)D$$
$$+ AV_1CV_2(I - CC^\dagger)B^\dagger BU_2(I - BB^\dagger)D.$$

由 V_1, V_2 和 U_2 的任意性, $A \neq 0$ 和 $C \neq 0$, 根据引理 2.3.1, 可得

$$CC^\dagger B^\dagger D = 0, \tag{2.3.7}$$

$$(I - CC^\dagger)B^\dagger D = 0, \tag{2.3.8}$$

$$CC^\dagger B^\dagger B = 0 \text{ 或 } (I - BB^\dagger)D = 0, \tag{2.3.9}$$

$$(I - CC^\dagger)B^\dagger B = 0 \text{ 或 } (I - BB^\dagger)D = 0. \tag{2.3.10}$$

根据 (2.3.7) 和 (2.3.8), $B^\dagger D = 0$, 则 $(I - BB^\dagger)D \neq 0$, 因为 $D \neq 0$. 根据 (2.3.9) 和 (2.3.10), $B^\dagger B = 0$, 则 $B = 0$, 与 $B \neq 0$ 矛盾. 因此 $AC^\dagger \neq 0$.

设 $B^{(1,2)} = [B^\dagger + (I - B^\dagger B)U_1]B[B^\dagger + U_2(I - BB^\dagger)]$ 和 $C^{(1,2)} = C^\dagger$, 代入 (2.3.6), 则

$$AC^\dagger B^\dagger BU_2(I - BB^\dagger)D + AC^\dagger(I - B^\dagger B)U_1BB^\dagger D$$
$$+ AC^\dagger(I - B^\dagger B)U_1BU_2(I - BB^\dagger)D = 0.$$

对于任意的 U_1 和 U_2, 根据引理 2.3.1, 有

$$AC^\dagger B^\dagger B = 0 \text{ 或 } (I - BB^\dagger)D = 0,$$
$$AC^\dagger(I - B^\dagger B) = 0 \text{ 或 } BB^\dagger D = 0,$$
$$AC^\dagger(I - B^\dagger B) = 0 \text{ 或 } (I - BB^\dagger)D = 0.$$

因此若 $(I - BB^\dagger)D \neq 0$, 则 $AC^\dagger B^\dagger B = 0$ 和 $AC^\dagger(I - B^\dagger B) = 0$. 因此 $AC^\dagger = 0$, 与 $AC^\dagger \neq 0$ 矛盾. 类似地, $AC^\dagger(I - B^\dagger B) \neq 0$, 即 $D = 0$, 矛盾. 因此

$$AC^\dagger(I - B^\dagger B) = 0, \quad (I - BB^\dagger)D = 0. \tag{2.3.11}$$

设 $B^{(1,2)} = B^\dagger$ 和 $C^{(1,2)} = [C^\dagger + (I - C^\dagger C)V_1]C[C^\dagger + V_2(I - CC^\dagger)]$, 且代入 (2.3.6), 则

$$AC^\dagger CV_2(I - CC^\dagger)B^\dagger D + A(I - C^\dagger C)V_1CC^\dagger B^\dagger D$$
$$+ A(I - C^\dagger C)V_1CV_2(I - CC^\dagger)B^\dagger D = 0.$$

由 V_1 和 V_2 的任意性, 根据引理 2.3.1, 可得

$$AC^\dagger C = 0 \text{ 或 } (I - CC^\dagger)B^\dagger D = 0,$$
$$A(I - C^\dagger C) = 0 \text{ 或 } CC^\dagger B^\dagger D = 0,$$
$$A(I - C^\dagger C) = 0 \text{ 或 } (I - CC^\dagger)B^\dagger D = 0.$$

因此若 $(I - CC^\dagger)B^\dagger D \neq 0$, 则 $AC^\dagger C = 0$ 和 $A(I - C^\dagger C) = 0$. 因此 $A = 0$, 与 $A \neq 0$ 矛盾. 类似地, $A(I - C^\dagger C) \neq 0$, 即 $B^\dagger D = 0$. 但是由 (2.3.11), 有 $B^\dagger D \neq 0$, 因为 $D \neq 0$, 矛盾. 因此

$$(I - CC^\dagger)B^\dagger D = 0, \quad A(I - C^\dagger C) = 0. \tag{2.3.12}$$

相反, 根据 (2.3.11) 和 (2.3.12), 有

$$A = AC^\dagger C = AC^\dagger B^\dagger BC, \quad D = BB^\dagger D = BCC^\dagger B^\dagger D,$$

也就是说 $\mathcal{R}(A^*) \subseteq \mathcal{R}((BC)^*)$ 和 $\mathcal{R}(D) \subseteq \mathcal{R}(BC)$.

设 $B^{(1,2)} = [B^\dagger + (I - B^\dagger B)U]BB^\dagger$ 和 $C^{(1,2)} = C^\dagger C[C^\dagger + V(I - CC^\dagger)]$, 代入 (2.3.6), 则根据 (2.3.11) 和 (2.3.12), 有

$$AC^\dagger CV(I - CC^\dagger)(I - B^\dagger B)UBB^\dagger D = 0.$$

因为 $AC^\dagger C = A \neq 0$ 和 $BB^\dagger D = D \neq 0$, 所以 $(I - CC^\dagger)(I - B^\dagger B) = 0$, 由 U 和 V 的任意性, 根据引理 2.3.1, 有 $\mathcal{N}(B) \subseteq \mathcal{R}(C)$.

(2) $\Rightarrow$ (3): 根据定理 2.3.3, (3) 显然可得.

(3) $\Rightarrow$ (2): 在 (1) 中用 BC, I 取代 C 和 B, 可得 $\mathcal{R}(A^*) \subseteq \mathcal{R}((BC)^*)$ 和 $\mathcal{R}(D) \subseteq \mathcal{R}(BC)$, 则 (1) 和 (3) 等价.

现在证明 $\mathcal{N}(B) \subseteq \mathcal{R}(C)$. 因为 $C^{(1,2)}B^{(1,2)} \in (BC)\{1\}$, 对任意的 $C^{(1,2)} \in C\{1,2\}$ 和 $B^{(1,2)} \in B\{1,2\}$, 根据引理 1.0.6, 有

$$BCC^{(1)}B^{(1)}BC = BCC^{(1)}CC^{(1)}B^{(1)}BB^{(1)}BC = BCC^{(1,2)}B^{(1,2)}BC = BC.$$

根据推论 2.3.6, 可得 $\mathcal{N}(B) \subseteq \mathcal{R}(C)$.

$AC^\dagger B^\dagger D$ 有闭值域. 显然 (1) $\Rightarrow$ (4). 类似于定理 2.3.3(4) $\Rightarrow$ (2), 根据 (1) $\Rightarrow$ (2) 可得 (4) $\Rightarrow$ (2).

注记 2.3.8　显然定理 2.3.3 和定理 2.3.7 等价. 若 B 和 C 为零, 则 $AC^{(1)}B^{(1)}D$ 不依赖于 $C^{(1)} \in C\{1\}$ 和 $B^{(1)} \in B\{1\}$ 是不成立的, 除了 $A = 0$ 或 $D = 0$. 但是 $AC^{(1,2)}B^{(1,2)}D$ 不依赖于 $C^{(1,2)} \in C\{1,2\}$ 和 $B^{(1,2)} \in B\{1,2\}$ 是成立的, 因为 0 为 0 的 $\{1,2\}$-逆.

我们现在探讨 $\{1,3\}$-逆和 $\{1,4\}$-逆的情形.

定理 2.3.9 设非零算子 $A \in \mathcal{L}(I,H)$, $B \in \mathcal{L}(J,K)$, $C \in \mathcal{L}(I,J)$ 和 $D \in \mathcal{L}(H,K)$ 有闭值域, 则前两个陈述是等价的. 设 $AC^\dagger B^\dagger D$ 有闭值域, 则以下陈述是等价的:

(1) $AC^{(1,3)}B^{(1,3)}D$ 不依赖于 $C^{(1,3)} \in C\{1,3\}$ 和 $B^{(1,3)} \in B\{1,3\}$;

(2) $\mathcal{R}(A^*) \subseteq \mathcal{R}(C^*)$ 和 $\mathcal{R}((AC^\dagger)^*) \subseteq \mathcal{R}(B^*)$, 或 $\mathcal{R}(D) \subseteq \mathcal{N}(B^*)$ 和 $\mathcal{N}(B)=0$;

(3) $\mathcal{R}(AC^{(1,3)}B^{(1,3)}D)$ 不依赖于 $C^{(1,3)} \in C\{1,3\}$ 和 $B^{(1,3)} \in B\{1,3\}$.

证明 (1) $\Rightarrow$ (2): 显然

$$AC^{(1,3)}B^{(1,3)}D = AC^\dagger B^\dagger D.$$

把

$$C^{(1,3)} = C^\dagger + (I - C^\dagger C)V \quad \text{和} \quad B^{(1,3)} = B^\dagger + (I - B^\dagger B)U$$

代入方程, 可得

$$A(I - C^\dagger C)VB^\dagger D + AC^\dagger(I - B^\dagger B)UD$$
$$+A(I - C^\dagger C)V(I - B^\dagger B)UD = 0. \tag{2.3.13}$$

由 U 和 V 的任意性, 有

$$A(I - C^\dagger C) = 0 \ \text{或} \ B^\dagger D = 0, \quad AC^\dagger(I - B^\dagger B) = 0,$$
$$A(I - C^\dagger C) = 0 \ \text{或} \ I - B^\dagger B = 0.$$

因此 $AC^\dagger = AC^\dagger B^\dagger B$ 和 $A = AC^\dagger C$, 或 $B^\dagger D = 0$ 和 $B^\dagger B = I$. 因此 (2) 可得证.

(2) $\Rightarrow$ (1): 根据引理 2.3.2, (2) 也就是说 $AC^\dagger B^\dagger B = AC^\dagger$ 和 $AC^\dagger C = A$, 或 $B^*D = 0$, 因此 $B^\dagger D = 0$. 因为 $\mathcal{N}(B) = 0$ 和 $B(I - B^\dagger B) = 0$, 所以 $B^\dagger B = I$. 根据引理 1.0.6, 有

$$AC^{(1,3)}B^{(1,3)}D = A(C^\dagger + (I - C^\dagger C)V)(B^\dagger + (I - B^\dagger B)U)D$$
$$= AC^\dagger(B^\dagger + (I - B^\dagger B)U)D = AC^\dagger B^\dagger D,$$

即 (1) 是正确的.

现在考虑 $AC^\dagger B^\dagger D$ 有闭值域. 显然, (1) 即 (3). 可知 (3) $\Rightarrow$ (2).

显然, $\mathcal{R}(AC^{(1,3)}B^{(1,3)}D) = \mathcal{R}(AC^\dagger B^\dagger D)$ 包含对任意的 $C^{(1,3)} \in C\{1,3\}$ 和 $B^{(1,3)} \in B\{1,3\}$, 则 $AC^{(1,3)}B^{(1,3)}D$ 有闭值, 因此

$$(AC^\dagger B^\dagger D)(AC^\dagger B^\dagger D)^\dagger = (AC^{(1,3)}B^{(1,3)}D)(AC^{(1,3)}B^{(1,3)}D)^\dagger.$$

类似于上述证明, 代入

$$C^{(1,3)} = C^\dagger + (I - C^\dagger C)V \quad \text{和} \quad B^{(1,3)} = B^\dagger + (I - B^\dagger B)U,$$

上述方程可化为

$$A(I - C^\dagger C)V B^\dagger D + AC^\dagger(I - B^\dagger B)UD + A(I - C^\dagger C)V(I - B^\dagger B)UD = 0,$$

则 (2) 可得证.

推论 2.3.10　设非零算子 $A \in \mathcal{L}(I, H), B \in \mathcal{L}(J, K), C \in \mathcal{L}(I, J)$ 和 $D \in \mathcal{L}(H, K)$ 有闭值域, 则 $AC^{(1,3)}B^{(1,3)}D = 0$, 对任意的 $C^{(1,3)} \in C\{1, 3\}$ 和 $B^{(1,3)} \in B\{1, 3\}$ 当且仅当 $\mathcal{R}(A^*) \subseteq \mathcal{R}(C^*), \mathcal{R}((AC^\dagger)^*) \subseteq \mathcal{R}(B^*)$ 和 $\mathcal{R}(B^\dagger D) \subseteq \mathcal{N}(AC^\dagger)$, 或 $\mathcal{R}(D) \subseteq \mathcal{N}(B^*)$ 和 $\mathcal{N}(B) = 0$.

推论 2.3.11[174]　设非零算子 $A \in \mathcal{L}(I, H), B \in \mathcal{L}(I, K)$ 和 $C \in \mathcal{L}(H, K)$ 有闭值域, 则以下陈述等价:

(1) 算子 $AB^{(1,3)}C$ 不依赖于 $B^{(1,3)} \in B\{1, 3\}$;

(2) $\mathcal{R}(A^*) \subseteq \mathcal{R}(B^*)$.

$X \in A\{1, 3\}$ 当且仅当 $X^* \in A^*\{1, 4\}$. 因此有下述定理和结论.

定理 2.3.12　设非零算子 $A \in \mathcal{L}(I, H), B \in \mathcal{L}(J, K), C \in \mathcal{L}(I, J)$ 和 $D \in \mathcal{L}(H, K)$ 有闭值域, 则下面陈述 (1) 和 (2) 等价. 设 $AC^\dagger B^\dagger D$ 有闭值域, 则下述陈述是等价的:

(1) $AC^{(1,4)}B^{(1,4)}D$ 不依赖于 $C^{(1,4)} \in C\{1, 4\}$ 和 $B^{(1,4)} \in B\{1, 4\}$;

(2) $\mathcal{R}(D) \subseteq \mathcal{R}(B)$ 和 $\mathcal{R}(B^\dagger D) \subseteq \mathcal{R}(C)$, 或 $\mathcal{R}(C^*) \subseteq \mathcal{N}(A)$ 和 $\mathcal{N}(C^*) = 0$;

(3) $\mathcal{R}(AC^{(1,4)}B^{(1,4)}D)$ 不依赖于 $C^{(1,4)} \in C\{1, 4\}$ 和 $B^{(1,4)} \in B\{1, 4\}$.

推论 2.3.13　非零算子 $A \in \mathcal{L}(I, H), B \in \mathcal{L}(J, K), C \in \mathcal{L}(I, J)$ 和 $D \in \mathcal{L}(H, K)$ 有闭值域, 则 $AC^{(1,4)}B^{(1,4)}D = 0$, 对任意的 $C^{(1,4)} \in C\{1, 4\}$ 和 $B^{(1,4)} \in B\{1, 4\}$ 当且仅当 $\mathcal{R}(D) \subseteq \mathcal{R}(B), \mathcal{R}(B^\dagger D) \subseteq \mathcal{R}(C)$ 和 $\mathcal{R}(B^\dagger D) \subseteq \mathcal{N}(AC^\dagger)$, 或 $\mathcal{R}(C^*) \subseteq \mathcal{N}(A)$ 和 $\mathcal{N}(C^*) = 0$.

推论 2.3.14[174]　设非零算子 $A \in \mathcal{L}(I, H), B \in \mathcal{L}(I, K)$ 和 $C \in \mathcal{L}(H, K)$ 有闭值域, 则下述陈述是等价的:

(1) 算子 $AB^{(1,4)}C$ 不依赖于 $B^{(1,4)} \in B\{1, 4\}$;

(2) $\mathcal{R}(C) \subseteq \mathcal{R}(B)$.

定理 2.3.15　设非零算子 $A \in \mathcal{L}(H, K), B \in \mathcal{L}(M, N), C \in \mathcal{L}(H, M)$ 和 $D \in \mathcal{L}(K, N)$ 都有闭值域, 那么下面陈述 (1) 和 (2) 等价. 如果 $AC^\dagger B^\dagger D$ 有闭值域, 则下面三个陈述等价:

(1) 对任意 $C^{(1,2,3)} \in C\{1, 2, 3\}$ 和 $B^{(1,2,3)} \in B\{1, 2, 3\}, AC^{(1,2,3)}B^{(1,2,3)}D$ 不变;

(2) $\mathcal{R}((AC^\dagger)^*) \subseteq \mathcal{R}(B^*)$ 且 $\mathcal{R}(A^*) \subseteq \mathcal{R}(C^*)$, 或者 $\mathcal{R}(D) \subseteq \mathcal{N}(B^*)$, 或者 $\mathcal{R}((C^*)^\dagger) \subseteq \mathcal{R}(B^*)$ 且 $\mathcal{R}(D) \subseteq \mathcal{N}(B^\dagger C^\dagger)$;

(3) 对任意 $C^{(1,2,3)} \in C\{1,2,3\}$ 和 $B^{(1,2,3)} \in B\{1,2,3\}$, $\mathcal{R}(AC^{(1,2,3)}B^{(1,2,3)}D)$ 不变.

证明 (1) $\Rightarrow$ (2): 由于对任意 $C^{(1,2,3)} \in C\{1,2,3\}$ 和 $B^{(1,2,3)} \in B\{1,2,3\}$, $AC^{(1,2,3)}B^{(1,2,3)}D$ 保持不变, 则有

$$AC^{(1,2,3)}B^{(1,2,3)}D = AC^\dagger B^\dagger D.$$

根据引理 1.0.6, 设

$$C^{(1,2,3)} = C^\dagger + (I - C^\dagger C)VC^\dagger \quad \text{和} \quad B^{(1,2,3)} = B^\dagger + (I - B^\dagger B)UB^\dagger,$$

且把这两个式子代入 $AC^{(1,2,3)}B^{(1,2,3)}D = AC^\dagger B^\dagger D$ 中, 则

$$A(C^\dagger + (I - C^\dagger C)VC^\dagger)(B^\dagger + (I - B^\dagger B)UB^\dagger)D = AC^\dagger B^\dagger D,$$

即

$$A(I - C^\dagger C)VC^\dagger B^\dagger D + AC^\dagger(I - B^\dagger B)UB^\dagger D + A(I - C^\dagger C)VC^\dagger(I - B^\dagger B)UB^\dagger D = 0.$$

因为 V 和 U 的任意性, 所以

$$A(I - C^\dagger C)VC^\dagger B^\dagger D = 0,$$

$$AC^\dagger(I - B^\dagger B)UB^\dagger D = 0$$

和

$$A(I - C^\dagger C)VC^\dagger(I - B^\dagger B)UB^\dagger D = 0.$$

又根据引理 2.3.1, 有 $A(I - C^\dagger C) = 0$; 或者 $C^\dagger B^\dagger D = 0$; $AC^\dagger(I - B^\dagger B) = 0$; 或者 $B^\dagger D = 0$, $A(I - C^\dagger C) = 0$; 或者 $C^\dagger(I - B^\dagger B) = 0$; 或者 $B^\dagger D = 0$. 因此, $A(I - C^\dagger C) = 0$ 且 $AC^\dagger(I - B^\dagger B) = 0$; 或者 $B^\dagger D = 0$; 或者 $C^\dagger B^\dagger D = 0$ 且 $C^\dagger(I - B^\dagger B) = 0$. 所以, $A = AC^\dagger C$ 且 $AC^\dagger = AC^\dagger B^\dagger B$; 或者 $B^\dagger D = 0$; 或者 $C^\dagger B^\dagger D = 0$ 且 $C^\dagger = C^\dagger B^\dagger B$. 即 $\mathcal{R}((AC^\dagger)^*) \subseteq \mathcal{R}(B^*)$ 且 $\mathcal{R}(A^*) \subseteq \mathcal{R}(C^*)$; 或者 $\mathcal{R}(D) \subseteq \mathcal{N}(B^*)$; 或者 $\mathcal{R}((C^*)^\dagger) \subseteq \mathcal{R}(B^*)$ 和 $\mathcal{R}(D) \subseteq \mathcal{N}(B^\dagger C^\dagger)$.

(2) $\Rightarrow$ (1): 根据引理 2.3.2, 由 (2) 可以得到 $A = AC^\dagger C$ 和 $AC^\dagger = AC^\dagger B^\dagger B$; 或者 $B^*D = 0$, 因此 $B^\dagger D = 0$; 或者 $C^\dagger B^\dagger D = 0$ 和 $C^\dagger = C^\dagger B^\dagger B$. 根据引理 1.0.6, 有

$$AC^{(1,2,3)}B^{(1,2,3)}D = A(C^\dagger + (I - C^\dagger C)VC^\dagger)(B^\dagger + (I - B^\dagger B)UB^\dagger)D$$

$$= AC^\dagger(B^\dagger + (I - B^\dagger B)UB^\dagger)D = AC^\dagger B^\dagger D,$$

显然, 结论 (1) 是正确的.

现在, 在 $AC^\dagger B^\dagger D$ 有闭值域的情况下, 显然 (1) $\Rightarrow$ (3). 下面将证明 (3) $\Rightarrow$ (2).

由于对任意 $C^{(1,2,3)} \in C\{1,2,3\}$ 和 $B^{(1,2,3)} \in B\{1,2,3\}$, $\mathcal{R}(AC^{(1,2,3)}B^{(1,2,3)}D) = \mathcal{R}(AC^\dagger B^\dagger D)$ 成立, 则 $AC^{(1,2,3)}B^{(1,2,3)}D$ 有闭值域, 且有

$$(AC^\dagger B^\dagger D)(AC^\dagger B^\dagger D)^\dagger = (AC^{(1,2,3)}B^{(1,2,3)}D)(AC^{(1,2,3)}B^{(1,2,3)}D)^\dagger.$$

把 $C^{(1,2,3)} = C^\dagger + (I - C^\dagger C)VC^\dagger$ 和 $B^{(1,2,3)} = B^\dagger + (I - B^\dagger B)UB^\dagger$ 代入到上面的等式中, 可以得到

$$(AC^\dagger B^\dagger D)(AC^\dagger B^\dagger D)^\dagger = (AC^\dagger B^\dagger D + \Delta)(AC^\dagger B^\dagger D + \Delta)^\dagger,$$

其中

$$\Delta = A(I - C^\dagger C)VC^\dagger B^\dagger D + AC^\dagger(I - B^\dagger B)UB^\dagger D + A(I - C^\dagger C)VC^\dagger(I - B^\dagger B)UB^\dagger.$$

由于 V 和 U 的任意性, 上面的式子可以推出 $\Delta = 0$, 因此, 陈述 (2) 成立.

推论 2.3.16   设非零线性算子 $A \in \mathcal{L}(H,K)$, $B \in \mathcal{L}(M,N)$, $C \in \mathcal{L}(H,M)$ 和 $D \in \mathcal{L}(K,N)$ 都有闭值域, 则对任意 $C^{(1,2,3)} \in C\{1,2,3\}$ 和 $B^{(1,2,3)} \in B\{1,2,3\}$, $AC^{(1,2,3)}B^{(1,2,3)} \times D = 0$ 成立当且仅当 $\mathcal{R}((AC^\dagger)^*) \subseteq \mathcal{R}(B^*)$, $\mathcal{R}(A^*) \subseteq \mathcal{R}(C^*)$ 和 $\mathcal{R}(B^\dagger D) \subseteq \mathcal{R}(AC^\dagger)$; 或者 $\mathcal{R}(D) \subseteq \mathcal{N}(B^*)$; 或者 $\mathcal{R}((C^*)^\dagger) \subseteq \mathcal{R}(B^*)$ 且 $\mathcal{R}(D) \subseteq \mathcal{N}(B^\dagger C^\dagger)$.

推论 2.3.17   设非零线性算子 $A \in \mathcal{L}(H,K)$, $B \in \mathcal{L}(M,N)$ 和 $C \in \mathcal{L}(H,M)$ 都有闭值域, 那么下面的结论等价:

(1) 对任意 $B^{(1,2,3)} \in B\{1,2,3\}$, $AB^{(1,2,3)}C$ 不变.

(2) $\mathcal{R}(A^*) \subseteq \mathcal{R}(B^*)$; 或者 $\mathcal{R}(C) \subseteq \mathcal{N}(B^*)$.

因 $X \in A\{1,2,3\}$ 当且仅当 $X^* \in A^*\{1,2,4\}$, 则根据定理 2.3.15可得到下面的定理和推论.

定理 2.3.18   设非零算子 $A \in \mathcal{L}(H,K)$, $B \in \mathcal{L}(M,N)$, $C \in \mathcal{L}(H,M)$ 和 $D \in \mathcal{L}(K,N)$ 都有闭值域, 那么下面陈述 (1) 和 (2) 等价. 如果 $AC^\dagger B^\dagger D$ 有闭值域, 则下面三个陈述等价:

(1) 对任意 $C^{(1,2,4)} \in C\{1,2,4\}$ 和 $B^{(1,2,4)} \in B\{1,2,4\}$, $AC^{(1,2,4)}B^{(1,2,4)}D$ 不变.

(2) $\mathcal{R}(B^\dagger C^\dagger) \subseteq \mathcal{N}(A)$ 且 $\mathcal{R}(B^*) \subseteq \mathcal{R}(C)$; 或者 $\mathcal{R}(D) \subseteq \mathcal{R}(B)$ 且 $\mathcal{R}(B^\dagger D) \subseteq \mathcal{R}(C)$; 或者 $\mathcal{R}(C^*) \subseteq \mathcal{N}(A)$.

(3) 对任意 $C^{(1,2,4)} \in C\{1,2,4\}$ 和 $B^{(1,2,4)} \in B\{1,2,4\}$, $\mathcal{R}(AC^{(1,2,4)}B^{(1,2,4)}D)$ 不变.

推论 2.3.19 设非零线性算子 $A \in \mathcal{L}(H, K)$, $B \in \mathcal{L}(M, N)$, $C \in \mathcal{L}(H, M)$ 和 $D \in \mathcal{L}(K, N)$ 都有闭值域, 则对任意 $C^{(1,2,4)} \in C\{1,2,4\}$ 和 $B^{(1,2,4)} \in B\{1,2,4\}$, $AC^{(1,2,4)}B^{(1,2,4)}D = 0$ 成立当且仅当 $\mathcal{R}(B^\dagger C^\dagger) \subseteq \mathcal{N}(A)$ 和 $\mathcal{R}(B^*) \subseteq \mathcal{R}(C)$; 或者 $\mathcal{R}(D) \subseteq \mathcal{R}(B)$, $\mathcal{R}(B^\dagger D) \subseteq \mathcal{R}(C)$ 和 $\mathcal{R}(B^\dagger D) \subseteq \mathcal{N}(AC^\dagger)$; 或者 $\mathcal{R}(C^*) \subseteq \mathcal{N}(A)$.

推论 2.3.20 设非零线性算子 $A \in \mathcal{L}(H, K)$, $B \in \mathcal{L}(M, N)$ 和 $C \in \mathcal{L}(H, M)$ 都有闭值域, 那么下面的陈述等价:

(1) 对任意 $B^{(1,2,4)} \in B\{1,2,4\}$, $AB^{(1,2,4)}C$ 不变.

(2) $\mathcal{R}(B^*) \subseteq \mathcal{N}(A)$; 或者 $\mathcal{R}(C) \subseteq \mathcal{R}(B)$.

定理 2.3.21 设非零算子 $A \in \mathcal{L}(H, K)$, $B \in \mathcal{L}(M, N)$, $C \in \mathcal{L}(H, M)$ 和 $D \in \mathcal{L}(K, N)$ 都有闭值域, 那么下面陈述 (1) 和 (2) 等价. 如果 $AC^\dagger B^\dagger D$ 有闭值域, 则下面三个结论等价:

(1) 对任意 $C^{(1,3,4)} \in C\{1,3,4\}$ 和 $B^{(1,3,4)} \in B\{1,3,4\}$, $AC^{(1,3,4)}B^{(1,3,4)}D$ 不变.

(2) $\mathcal{R}((AC^\dagger)^*) \subseteq \mathcal{R}(B^*)$ 和 $\mathcal{R}(A^*) \subseteq \mathcal{R}(C^*)$; 或者 $\mathcal{R}(B^\dagger D) \subseteq \mathcal{R}(C)$, $\mathcal{N}(B) \subseteq \mathcal{R}(C)$ 和 $\mathcal{R}((AC^\dagger)^*) \subseteq \mathcal{R}(B^*)$; 或者 $\mathcal{R}(B^\dagger D) \subseteq \mathcal{R}(C)$ 和 $\mathcal{R}(D) \subseteq \mathcal{R}(B)$.

(3) 对任意 $C^{(1,3,4)} \in C\{1,3,4\}$ 和 $B^{(1,3,4)} \in B\{1,3,4\}$, $\mathcal{R}(AC^{(1,3,4)}B^{(1,3,4)}D)$ 不变.

证明 (1) $\Rightarrow$ (2): 显然, 对任意 $C^{(1,3,4)} \in C\{1,3,4\}$ 和 $B^{(1,3,4)} \in B\{1,3,4\}$, $AC^{(1,3,4)}B^{(1,3,4)}D$ 保持不变, 有

$$AC^{(1,3,4)}B^{(1,3,4)}D = AC^\dagger B^\dagger D. \tag{2.3.14}$$

根据引理 1.0.6, 设

$$C^{(1,3,4)} = C^\dagger + (I - C^\dagger C)V(I - CC^\dagger)$$

和

$$B^{(1,3,4)} = B^\dagger + (I - B^\dagger B)U(I - BB^\dagger),$$

并且把其代入等式 (2.3.14) 中, 则

$$A(C^\dagger + (I - C^\dagger C)V(I - CC^\dagger))(B^\dagger + (I - B^\dagger B)U(I - BB^\dagger))D = AC^\dagger B^\dagger D,$$

即可得到

$$A(I - C^\dagger C)V(I - CC^\dagger)B^\dagger D + AC^\dagger(I - B^\dagger B)U(I - B^\dagger B)D$$

$$+ A(I - C^\dagger C)V(I - CC^\dagger)(I - B^\dagger B)U(I - BB^\dagger)D = 0,$$

其中 V 和 U 是任意有界线性算子, 那么

$$A(I - C^\dagger C)V(I - CC^\dagger)B^\dagger D = 0,$$

$$AC^\dagger(I - B^\dagger B)U(I - B^\dagger B)D = 0,$$

$$A(I - C^\dagger C)V(I - CC^\dagger)(I - B^\dagger B)U(I - BB^\dagger)D = 0.$$

根据引理 2.3.1, 有 $A(I - C^\dagger C) = 0$; 或者 $(I - CC^\dagger)B^\dagger D = 0$, $AC^\dagger(I - B^\dagger B) = 0$; 或者 $(I - BB^\dagger)D = 0$, $A(I - C^\dagger C) = 0$; 或者 $(I - CC^\dagger)(I - B^\dagger B) = 0$; 或者 $(I - BB^\dagger)D = 0$. 因此, $A(I - C^\dagger C) = 0$ 和 $AC^\dagger(I - B^\dagger B) = 0$; 或者 $(I - BB^\dagger)D = 0$ 和 $(I - CC^\dagger)B^\dagger D = 0$; 或者 $(I - CC^\dagger)B^\dagger D = 0$, $(I - CC^\dagger)(I - B^\dagger B) = 0$ 和 $AC^\dagger(I - B^\dagger B) = 0$. 所以, $A = AC^\dagger C$ 和 $AC^\dagger = AC^\dagger B^\dagger B$; 或者 $D = BB^\dagger D$ 和 $(I - CC^\dagger)B^\dagger D = 0$; 或者 $AC^\dagger = AC^\dagger B^\dagger B$, $(I - CC^\dagger)B^\dagger D = 0$ 和 $(I - CC^\dagger)(I - B^\dagger B) = 0$. 即 $\mathcal{R}((AC^\dagger)^*) \subseteq \mathcal{R}(B^*)$ 和 $\mathcal{R}(A^*) \subseteq \mathcal{R}(C^*)$; 或者 $\mathcal{R}(D) \subseteq \mathcal{R}(B)$ 和 $\mathcal{R}(B^\dagger D) \subseteq \mathcal{R}(C)$; 或者 $\mathcal{R}(B^\dagger D) \subseteq \mathcal{R}(C)$, $\mathcal{N}(B) \subseteq \mathcal{R}(C)$ 和 $\mathcal{R}((AC^\dagger)^*) \subseteq \mathcal{R}(B^*)$. 因此, 结论 (2) 成立.

(2)⇒(1): 根据引理 2.3.2, 由陈述 (2) 可知 $A = AC^\dagger C$ 和 $AC^\dagger = AC^\dagger B^\dagger B$. 由于 $\mathcal{N}(I - CC^\dagger) = \mathcal{R}(C)$ 和 $\mathcal{R}(I - B^\dagger B) = \mathcal{N}(B)$, 所以 $(I - CC^\dagger)B^\dagger D = 0$ 和 $(I - CC^\dagger)(I - B^\dagger B) = 0$; 或者 $D = BB^\dagger D$ 和 $(I - CC^\dagger)B^\dagger D = 0$. 根据引理 1.0.6, 有

$$\begin{aligned}
AC^{(1,3,4)}B^{(1,3,4)}D &= A(C^\dagger + (I - C^\dagger C)V(I - CC^\dagger))(B^\dagger + (I - B^\dagger B)U(I - BB^\dagger))D \\
&= AC^\dagger(B^\dagger + (I - B^\dagger B)U(I - BB^\dagger))D \\
&= AC^\dagger B^\dagger D,
\end{aligned}$$

立即得到陈述 (1).

现在, 在 $AC^\dagger B^\dagger D$ 有闭值域的情况下, 显然 (1)⇒(3). 下面证明 (3)⇒(2).

对任意 $C^{(1,3,4)} \in C\{1,3,4\}$ 和 $B^{(1,3,4)} \in B\{1,3,4\}$, $\mathcal{R}(AC^{(1,3,4)}B^{(1,3,4)}D) = \mathcal{R}(AC^\dagger B^\dagger D)$ 成立, 则 $AC^{(1,3,4)}B^{(1,3,4)}D$ 有闭值域, 且

$$(AC^\dagger B^\dagger D)(AC^\dagger B^\dagger D)^\dagger = (AC^{(1,3,4)}B^{(1,3,4)}D)(AC^{(1,3,4)}B^{(1,3,4)}D)^\dagger.$$

类似地, 设

$$C^{(1,3,4)} = C^\dagger + (I - C^\dagger C)V(I - CC^\dagger), \quad B^{(1,3,4)} = B^\dagger + (I - B^\dagger B)U(I - BB^\dagger),$$

把其代入到上面的等式可得到

$$A(I - C^\dagger C)V(I - CC^\dagger)B^\dagger D + AC^\dagger(I - B^\dagger B)U(I - B^\dagger B)D$$
$$+ A(I - C^\dagger C)V(I - CC^\dagger)(I - B^\dagger B)U(I - BB^\dagger)D = 0.$$

显然, 由于 U 和 V 的任意性, 可得到 (2).

推论 2.3.22 设非零线性算子 $A \in \mathcal{L}(H,K)$, $B \in \mathcal{L}(M,N)$, $C \in \mathcal{L}(H,M)$ 和 $D \in \mathcal{L}(K,N)$ 都有闭值域, 则对任意 $C^{(1,3,4)} \in C\{1,3,4\}$ 和 $B^{(1,3,4)} \in B\{1,3,4\}$, $AC^{(1,3,4)}B^{(1,3,4)}D = 0$ 成立当且仅当 $\mathcal{R}((AC^\dagger)^*) \subseteq \mathcal{R}(B^*)$, $\mathcal{R}(A^*) \subseteq \mathcal{R}(C^*)$ 和 $\mathcal{R}(B^\dagger D) \subseteq \mathcal{N}(AC^\dagger)$; 或者 $\mathcal{R}(B^\dagger D) \subseteq \mathcal{R}(C)$, $\mathcal{N}(B) \subseteq \mathcal{R}(C)$, $\mathcal{R}((AC^\dagger)^*) \subseteq \mathcal{R}(B^*)$ 和 $\mathcal{R}(B^\dagger D) \subseteq \mathcal{N}(AC^\dagger)$; 或者 $\mathcal{R}(B^\dagger D) \subseteq \mathcal{R}(C)$, $\mathcal{R}(D) \subseteq \mathcal{R}(B)$ 和 $\mathcal{R}(B^\dagger D) \subseteq \mathcal{N}(AC^\dagger)$.

推论 2.3.23 设非零线性算子 $A \in \mathcal{L}(H,K)$, $B \in \mathcal{L}(M,N)$ 和 $C \in \mathcal{L}(H,M)$ 都有闭值域, 那么下面的陈述等价:

(1) 对任意 $B^{(1,3,4)} \in B\{1,3,4\}$, $AB^{(1,3,4)}C$ 不变.

(2) $\mathcal{N}(B) \subseteq \mathcal{N}(A)$; 或者 $\mathcal{R}(C) \subseteq \mathcal{R}(B)$.

2.4 算子乘积值域的不变性

定理 2.4.1 设非零算子 $A \in \mathcal{L}(J,K)$, $B \in \mathcal{L}(J,I)$, $C \in \mathcal{L}(H,I)$ 和 $D \in \mathcal{L}(M,K)$ 有闭值域, 则以下陈述等价:

(1) $\mathcal{R}(AB^{(1)}C) \subseteq \mathcal{R}(D)$, 对任意的 $B^{(1)} \in B\{1\}$.

(2) $\mathcal{R}(AB^{(1,2)}C) \subseteq \mathcal{R}(D)$, 对任意的 $B^{(1,2)} \in B\{1,2\}$.

(3) $\mathcal{R}(A) \subseteq \mathcal{R}(D)$; 或者 $\mathcal{R}(C) \subseteq \mathcal{R}(B)$, $\mathcal{R}(AB^\dagger C) \subseteq \mathcal{R}(D)$ 和 $\mathcal{R}(A(I-B^\dagger B)) \subseteq \mathcal{R}(D)$.

证明 (1) $\Rightarrow$ (2): 显然.

(2) $\Rightarrow$ (3): 根据引理 1.0.3, 有以下矩阵形式:

$$A = \begin{pmatrix} A_{11} & A_{12} \\ 0 & 0 \end{pmatrix} : \begin{pmatrix} \mathcal{R}(B^*) \\ \mathcal{N}(B) \end{pmatrix} \to \begin{pmatrix} \mathcal{R}(A) \\ \mathcal{N}(A^*) \end{pmatrix},$$

$$B = \begin{pmatrix} B_{11} & 0 \\ 0 & 0 \end{pmatrix} : \begin{pmatrix} \mathcal{R}(B^*) \\ \mathcal{N}(B) \end{pmatrix} \to \begin{pmatrix} \mathcal{R}(B) \\ \mathcal{N}(B^*) \end{pmatrix},$$

$$C = \begin{pmatrix} C_{11} & 0 \\ C_{21} & 0 \end{pmatrix} : \begin{pmatrix} \mathcal{R}(C^*) \\ \mathcal{N}(C) \end{pmatrix} \to \begin{pmatrix} \mathcal{R}(B) \\ \mathcal{N}(B^*) \end{pmatrix},$$

$$D = \begin{pmatrix} D_{11} & 0 \\ D_{21} & 0 \end{pmatrix} : \begin{pmatrix} \mathcal{R}(D^*) \\ \mathcal{N}(D) \end{pmatrix} \to \begin{pmatrix} \mathcal{R}(A) \\ \mathcal{N}(A^*) \end{pmatrix},$$

且

$$B^\dagger = \begin{pmatrix} B_{11}^{-1} & 0 \\ 0 & 0 \end{pmatrix} : \begin{pmatrix} \mathcal{R}(B) \\ \mathcal{N}(B^*) \end{pmatrix} \to \begin{pmatrix} \mathcal{R}(B^*) \\ \mathcal{N}(B) \end{pmatrix},$$

$$D^\dagger = \begin{pmatrix} F^{-1}D_{11}^* & F^{-1}D_{21}^* \\ 0 & 0 \end{pmatrix} : \begin{pmatrix} \mathcal{R}(A) \\ \mathcal{N}(A^*) \end{pmatrix} \to \begin{pmatrix} \mathcal{R}(D^*) \\ \mathcal{N}(D) \end{pmatrix},$$

其中 B_{11} 和 $F = D_{11}^* D_{11} + D_{21}^* D_{21}$ 在 $\mathcal{L}(\mathcal{R}(B^*), \mathcal{R}(B))$ 和 $\mathcal{L}(\mathcal{R}(D^*))$ 可逆, 因此根据引理 1.0.6, 有

$$B^{(1,2)} = [B^\dagger + (I - B^\dagger B)X]B[B^\dagger + Y(I - BB^\dagger)] = \begin{pmatrix} B_{11}^{-1} & Y_{12} \\ X_{21} & X_{21}B_{11}Y_{12} \end{pmatrix},$$

其中 $X = (X_{ij})$, $Y = (Y_{ij})$, $i, j = 1, 2$.

$\mathcal{R}(AB^{(1,2)}C) \subseteq \mathcal{R}(D)$ 等价于 $(I - DD^\dagger)AB^{(1,2)}C = 0$, 即

$$(I - D_{11}F^{-1}D_{11}^*)A_{11}B_{11}^{-1}C_{11} + (I - D_{11}F^{-1}D_{11}^*)A_{11}Y_{12}C_{21}$$
$$+(I - D_{11}F^{-1}D_{11}^*)A_{12}X_{21}C_{11} + (I - D_{11}F^{-1}D_{11}^*)A_{12}X_{21}B_{11}Y_{12}C_{21} = 0$$

和

$$D_{21}F^{-1}D_{11}^*A_{11}B_{11}^{-1}C_{11} + D_{21}F^{-1}D_{11}^*A_{11}Y_{12}C_{21}$$
$$+D_{21}F^{-1}D_{11}^*A_{12}X_{21}C_{11} + D_{21}F^{-1}D_{11}^*A_{12}X_{21}B_{11}Y_{12}C_{21} = 0.$$

因此, 由以上方程及 X_{ij} 和 Y_{ij} 的任意性, 有

$$(I - D_{11}F^{-1}D_{11}^*)A_{12}X_{21}C_{11} = 0, \tag{2.4.1}$$

$$\begin{cases} (I - D_{11}F^{-1}D_{11}^*)A_{11}Y_{12}C_{21} = 0, \\ (I - D_{11}F^{-1}D_{11}^*)A_{12}X_{21}B_{11}Y_{12}C_{21} = 0 \end{cases} \tag{2.4.2}$$

和

$$D_{21}F^{-1}D_{11}^*A_{12}X_{21}C_{11} = 0, \tag{2.4.3}$$

$$\begin{cases} D_{21}F^{-1}D_{11}^*A_{11}Y_{12}C_{21} = 0, \\ D_{21}F^{-1}D_{11}^*A_{12}X_{21}B_{11}Y_{12}C_{21} = 0. \end{cases} \tag{2.4.4}$$

若 $C_{21} \neq 0$, 则根据 (2.4.2) 和 (2.4.4), 有

$$(I - D_{11}F^{-1}D_{11}^*)A_{1j} = 0, \quad D_{21}F^{-1}D_{11}^*A_{1j} = 0, \quad j = 1, 2,$$

也就是说

$$(I - DD^\dagger)A = \begin{pmatrix} (I - D_{11}F^{-1}D_{11}^*)A_{11} & (I - D_{11}F^{-1}D_{11}^*)A_{12} \\ -D_{21}F^{-1}D_{11}^*A_{11} & -D_{21}F^{-1}D_{11}^*A_{12} \end{pmatrix} = 0,$$

则 $\mathcal{R}(A) \subseteq \mathcal{R}(D)$.

若 $C_{21} = 0$, 则 $(I - BB^\dagger)C = 0$ 和 $C_{11} \neq 0$. 因此前者说明 $\mathcal{R}(C) \subseteq \mathcal{R}(B)$, 后者根据 (2.4.1) 和 (2.4.3), 可得

$$(I - D_{11}F^{-1}D_{11}^*)A_{12} = 0, \quad D_{21}F^{-1}D_{11}^*A_{12} = 0,$$

也就是说, $(I - DD^\dagger)A(I - B^\dagger B) = 0$, 即 $\mathcal{R}(A(I - B^\dagger B)) \subseteq \mathcal{R}(D)$.

显然 $\mathcal{R}(AB^\dagger C) \subseteq \mathcal{R}(D)$. 可得 (3).

(3) $\Rightarrow$ (1): 若 $\mathcal{R}(A) \subseteq \mathcal{R}(D)$, 则 $\mathcal{R}(AB^{(1)}C) \subseteq \mathcal{R}(A) \subseteq \mathcal{R}(D)$. 因为 $\mathcal{R}(C) \subseteq \mathcal{R}(B)$, 所以 $(I - BB^\dagger)C = 0$. 因为 $\mathcal{R}(AB^\dagger C) \subseteq \mathcal{R}(D)$ 和 $\mathcal{R}(A(I - B^\dagger B)) \subseteq \mathcal{R}(D)$, $AB^\dagger C = DX$ 对于 X, $A(I - B^\dagger B) = DY$ 对于 Y, 则

$$\begin{aligned}
AB^{(1)}C &= A(B^\dagger + (I - B^\dagger B)U + V(I - BB^\dagger))C \\
&= AB^\dagger C + A(I - B^\dagger B)UC + AV(I - BB^\dagger)C \\
&= D(X + YUC),
\end{aligned}$$

因此 $\mathcal{R}(AB^{(1)}C) \subseteq \mathcal{R}(D)$.

注记 2.4.2 当

$$\begin{aligned}
\mathcal{R}(A^*D^\perp) \subseteq \mathcal{R}(B^*) &\Leftrightarrow D^{*\perp}A(I - B^\dagger B) = 0 \\
&\Leftrightarrow \mathcal{R}(A(I - B^\dagger B)) \subseteq \mathcal{N}(D^{*\perp}) = \mathcal{R}(D^\perp)^\perp = \mathcal{R}(D).
\end{aligned}$$

下面的定理, 我们给出 $\{1,3\}$-逆和 $\{1,4\}$-逆值域的不变性.

定理 2.4.3 设非零算子 $A \in \mathcal{L}(J,K), B \in \mathcal{L}(J,I), C \in \mathcal{L}(H,I)$ 和 $D \in \mathcal{L}(M,K)$ 有闭值域, 则以下陈述等价:

(1) $\mathcal{R}(AB^{(1,3)}C) \subseteq \mathcal{R}(D)$, 对任意的 $B^{(1,3)} \in B\{1,3\}$;

(2) $\mathcal{R}(AB^\dagger C) \subseteq \mathcal{R}(D)$, $\mathcal{R}(A(I - B^\dagger B)) \subseteq \mathcal{R}(D)$.

证明 (1) $\Rightarrow$ (2): 根据引理 1.0.6, 可得

$$B^{(1,3)} = B^\dagger + (I - B^\dagger B)X = \begin{pmatrix} B_{11}^{-1} & 0 \\ X_{21} & X_{22} \end{pmatrix}, \quad 其中 \ X = (X_{ij}), \ i = 1, 2.$$

$\mathcal{R}(AB^{(1,3)}C) \subseteq \mathcal{R}(D)$ 等价于 $(I - DD^\dagger)AB^{(1,3)}C = 0$, 也就是说

$$\begin{aligned}
(I - D_{11}F^{-1}D_{11}^*)(A_{11}B_{11}^{-1}C_{11} + A_{12}X_{21}C_{11} + A_{12}X_{22}C_{21}) &= 0, \\
D_{21}F^{-1}D_{11}^*(A_{11}B_{11}^{-1}C_{11} + A_{12}X_{21}C_{11} + A_{12}X_{22}C_{21}) &= 0.
\end{aligned}$$

因此, 由以下方程和任意的 X_{ij}, 有

$$(I - D_{11}F^{-1}D_{11}^*)A_{12}X_{21}C_{11} = 0, \quad D_{21}F^{-1}D_{11}^*A_{12}X_{21}C_{11} = 0, \tag{2.4.5}$$

$$(I - D_{11}F^{-1}D_{11}^*)A_{12}X_{22}C_{21} = 0, \quad D_{21}F^{-1}D_{11}^*A_{12}X_{22}C_{21} = 0. \tag{2.4.6}$$

若 $C_{21} \neq 0$, 则根据 (2.4.6), 有

$$(I - D_{11}F^{-1}D_{11}^*)A_{12} = 0, \quad D_{21}F^{-1}D_{11}^*A_{12} = 0. \tag{2.4.7}$$

若 $C_{21} = 0$, 则 $C_{11} \neq 0$, 因此根据 (2.4.5) 可得 (2.4.7). 因此, 由 (2.4.7), 有 $(I - DD^\dagger)A(I - B^\dagger B) = 0$, 也就是说, $\mathcal{R}(A(I - B^\dagger B)) \subseteq \mathcal{R}(D)$.

显然 $\mathcal{R}(AB^\dagger C) \subseteq \mathcal{R}(D)$. 相反, (2) 可得.

(2) $\Rightarrow$ (1): 因为 $\mathcal{R}(AB^\dagger C) \subseteq \mathcal{R}(D)$ 和 $\mathcal{R}(A(I - B^\dagger B)) \subseteq \mathcal{R}(D)$, $AB^\dagger C = DX$ 对于 X, $A(I - B^\dagger B) = DY$ 对于 Y, 则

$$AB^{(1,3)}C = A(B^\dagger + (I - B^\dagger B)U)C = AB^\dagger C + A(I - B^\dagger B)UC = D(X + YUC),$$

因此 $\mathcal{R}(AB^{(1,3)}C) \subseteq \mathcal{R}(D)$.

考虑 $\{1,4\}$-逆, 有以下结果.

定理 2.4.4　设非零算子 $A \in \mathcal{L}(J,K), B \in \mathcal{L}(J,I), C \in \mathcal{L}(H,I)$ 和 $D \in \mathcal{L}(M,K)$ 有闭值域, 则下述陈述等价:

(1) $\mathcal{R}(AB^{(1,4)}C) \subseteq \mathcal{R}(D)$, 对任意的 $B^{(1,4)} \in B\{1,4\}$.

(2) $\mathcal{R}(A) \subseteq \mathcal{R}(D)$; 或者 $\mathcal{R}(C) \subseteq \mathcal{R}(B)$ 和 $\mathcal{R}(AB^\dagger C) \subseteq \mathcal{R}(D)$.

证明　(1) $\Rightarrow$ (2): 根据引理 1.0.6, 有

$$B^{(1,4)} = B^\dagger + X(I - BB^\dagger) = \begin{pmatrix} B_{11}^{-1} & X_{12} \\ 0 & X_{22} \end{pmatrix},$$

其中 $X = (X_{ij}), i = 1, 2$. $\mathcal{R}(AB^{(1,4)}C) \subseteq \mathcal{R}(D)$ 等价于 $(I - DD^\dagger)AB^{(1,4)}C = 0$, 也就是说,

$$(I - D_{11}F^{-1}D_{11}^*)(A_{11}B_{11}^{-1}C_{11} + A_{11}X_{12}C_{21} + A_{12}X_{22}C_{21}) = 0,$$
$$D_{21}F^{-1}D_{11}^*(A_{11}B_{11}^{-1}C_{11} + A_{11}X_{12}C_{21} + A_{12}X_{22}C_{21}) = 0.$$

因此, 从以上两个方程和任意的 X_{ij}, 有

$$(I - D_{11}F^{-1}D_{11}^*)A_{1i}X_{i2}C_{21} = 0, \quad D_{21}F^{-1}D_{11}^*A_{1i}X_{i2}C_{21} = 0, \quad i = 1, 2.$$

若 $C_{21} \neq 0$, 则根据上述四个方程, 有

$$(I - D_{11}F^{-1}D_{11}^*)A_{1i} = 0, \quad D_{21}F^{-1}D_{11}^*A_{1i} = 0, \quad i = 1, 2.$$

因此 $(I - DD^\dagger)A = 0$, 也就是说, $\mathcal{R}(A) \subseteq \mathcal{R}(D)$.

若 $C_{21} = 0$, 则 $(I - BB^\dagger)C = 0$ 和 $\mathcal{R}(C) \subseteq \mathcal{R}(B)$.

显然 $\mathcal{R}(AB^{\dagger}C) \subseteq \mathcal{R}(D)$.

(2) $\Rightarrow$ (1): 因为 $\mathcal{R}(AB^{\dagger}C) \subseteq \mathcal{R}(D)$ 和 $\mathcal{R}(C) \subseteq \mathcal{R}(B)$, $AB^{\dagger}C = DX$ 对于 X, $C = BY$ 对于 Y, 则

$$AB^{(1,4)}C = A(B^{\dagger} + U(I - BB^{\dagger}))C = AB^{\dagger}C + AU(I - BB^{\dagger})C = DX.$$

因此, $\mathcal{R}(AB^{(1,4)}C) \subseteq \mathcal{R}(D)$.

若 $\mathcal{R}(A) \subseteq \mathcal{R}(D)$, 则显然 $\mathcal{R}(AB^{(1,4)}C) \subseteq \mathcal{R}(D)$.

定理 2.4.5 设非零线性算子 $A \in \mathcal{L}(H, K)$, $B \in \mathcal{L}(H, M)$, $C \in \mathcal{L}(N, M)$ 和 $D \in \mathcal{L}(G, K)$ 有闭值域, 那么下面的结论等价:

(1) 对任意 $B^{(1,2,3)} \in B\{1, 2, 3\}$, $\mathcal{R}(AB^{(1,2,3)}C) \subseteq \mathcal{R}(D)$ 成立.

(2) $\mathcal{R}(A(I - BB^{\dagger})) \subseteq \mathcal{R}(D)$ 和 $\mathcal{R}(AB^{\dagger}C) \subseteq \mathcal{R}(D)$; 或者 $\mathcal{R}(C) \subseteq \mathcal{N}(B^*)$.

证明 (1) $\Rightarrow$ (2): 根据引理 1.0.7, 可以得到下面的矩阵形式:

$$A = \begin{pmatrix} A_1 & A_2 \\ 0 & 0 \end{pmatrix} : \begin{pmatrix} \mathcal{R}(B^*) \\ \mathcal{N}(B) \end{pmatrix} \to \begin{pmatrix} \mathcal{R}(A) \\ \mathcal{N}(A^*) \end{pmatrix},$$

$$B = \begin{pmatrix} B_1 & 0 \\ 0 & 0 \end{pmatrix} : \begin{pmatrix} \mathcal{R}(B^*) \\ \mathcal{N}(B) \end{pmatrix} \to \begin{pmatrix} \mathcal{R}(B) \\ \mathcal{N}(B^*) \end{pmatrix},$$

$$C = \begin{pmatrix} C_1 & 0 \\ C_2 & 0 \end{pmatrix} : \begin{pmatrix} \mathcal{R}(C^*) \\ \mathcal{N}(C) \end{pmatrix} \to \begin{pmatrix} \mathcal{R}(B) \\ \mathcal{N}(B^*) \end{pmatrix},$$

$$D = \begin{pmatrix} D_1 & 0 \\ D_2 & 0 \end{pmatrix} : \begin{pmatrix} \mathcal{R}(D^*) \\ \mathcal{N}(D) \end{pmatrix} \to \begin{pmatrix} \mathcal{R}(A) \\ \mathcal{N}(A^*) \end{pmatrix},$$

$$B^{\dagger} = \begin{pmatrix} B_1^{-1} & 0 \\ 0 & 0 \end{pmatrix} : \begin{pmatrix} \mathcal{R}(B) \\ \mathcal{N}(B^*) \end{pmatrix} \to \begin{pmatrix} \mathcal{R}(B^*) \\ \mathcal{N}(B) \end{pmatrix},$$

$$D^{\dagger} = \begin{pmatrix} F^{-1}D_1^* & F^{-1}D_2^* \\ 0 & 0 \end{pmatrix} : \begin{pmatrix} \mathcal{R}(A) \\ \mathcal{N}(A^*) \end{pmatrix} \to \begin{pmatrix} \mathcal{R}(D^*) \\ \mathcal{N}(D) \end{pmatrix},$$

其中 B_1 和 $F = D_1^*D_1 + D_2^*D_2$ 分别在 $\mathcal{L}(\mathcal{R}(B^*), \mathcal{R}(B))$ 和 $\mathcal{L}(\mathcal{R}(D^*))$ 上可逆. 根据引理 1.0.6, 可知

$$B^{(1,2,3)} = B^{\dagger} + (I - B^{\dagger}B)XB^{\dagger} = \begin{pmatrix} B_1^{-1} & 0 \\ X_{21}B_1^{-1} & 0 \end{pmatrix},$$

其中 $X = (X_{ij})$.

从 $\mathcal{R}(AB^{(1,2,3)}C) \subseteq \mathcal{R}(D)$ 中知 $(I - DD^{\dagger})AB^{(1,2,3)}C = 0$, 即

$$(I - D_1F^{-1}D_1^*)(A_1B_1^{-1}C_1 + A_2X_{21}B_1^{-1}C_1) = 0,$$
$$D_2F^{-1}D_1^*(A_1B_1^{-1}C_1 + A_2X_{21}B_1^{-1}C_1) = 0.$$

因此, 从上面这两个等式以及 X_{ij} 的任意性可知

$$(I - D_1 F^{-1} D_1^*) A_2 X_{21} B_1^{-1} C_1 = 0, \quad D_2 F^{-1} D_1^* A_2 X_{21} B_1^{-1} C_1 = 0.$$

如果 $B_1^{-1} C_1 \neq 0$, 则

$$(I - D_1 F^{-1} D_1^*) A_2 = 0, \quad D_2 F^{-1} D_1^* A_2 = 0.$$

因此, $(I - DD^\dagger) A (I - BB^\dagger) = 0$, 即 $\mathcal{R}(A(I - BB^\dagger)) \subseteq \mathcal{R}(D)$.

如果 $B_1^{-1} C_1 = 0$, 那么 $B^\dagger C = 0$, 即 $\mathcal{R}(C) \subseteq \mathcal{N}(B^*)$.

显然有 $\mathcal{R}(AB^\dagger C) \subseteq \mathcal{R}(D)$. 所以, 结论 (2) 成立.

$(2) \Rightarrow (1)$: 由于 $\mathcal{R}(A(I - BB^\dagger)) \subseteq \mathcal{R}(D)$ 和 $\mathcal{R}(AB^\dagger C) \subseteq \mathcal{R}(D)$, 则存在 Y 使得 $A(I - BB^\dagger) = DY$, 存在 X 使得 $AB^\dagger C = DX$. 那么

$$\begin{aligned}
AB^{(1,2,3)} C &= A(B^\dagger + (I - B^\dagger B) U B^\dagger) C \\
&= AB^\dagger C + A(I - B^\dagger B) U B^\dagger C \\
&= D(X + YUB^\dagger C).
\end{aligned}$$

因此, $\mathcal{R}(AB^{(1,2,3)} C) \subseteq \mathcal{R}(D)$.

如果 $\mathcal{R}(C) \subseteq \mathcal{N}(B^*)$, 则 $B^\dagger C = 0$, 即 $AB^{(1,2,3)} C = 0$, 显然, $\mathcal{R}(AB^{(1,2,3)} C) \subseteq \mathcal{R}(D)$.

定理 2.4.6　设非零线性算子 $A \in \mathcal{L}(H, K)$, $B \in \mathcal{L}(H, M)$, $C \in \mathcal{L}(N, M)$ 和 $D \in \mathcal{L}(G, K)$ 有闭值域, 则下面的结论等价:

(1) 对任意 $B^{(1,2,4)} \in B\{1,2,4\}$, $\mathcal{R}(AB^{(1,2,4)} C) \subseteq \mathcal{R}(D)$ 成立.

(2) $\mathcal{R}(C) \subseteq \mathcal{R}(B)$ 和 $\mathcal{R}(AB^\dagger C) \subseteq \mathcal{R}(D)$; 或者 $\mathcal{R}(AB^\dagger) \subseteq \mathcal{R}(D)$.

证明　$(1) \Rightarrow (2)$: 根据引理 1.0.6 和引理 1.0.7, 得

$$B^{(1,2,4)} = B^\dagger + B^\dagger X (I - BB^\dagger) = \begin{pmatrix} B_1^{-1} & B_1^{-1} X_{12} \\ 0 & 0 \end{pmatrix},$$

其中 $X = (X_{ij})$.

因 $\mathcal{R}(AB^{(1,2,4)} C) \subseteq \mathcal{R}(D)$ 等价于 $(I - DD^\dagger) AB^{(1,2,4)} C = 0$, 即

$$(I - D_1 F^{-1} D_1^*)(A_1 B_1^{-1} C_1 + A_1 B_1^{-1} X_{12} C_2) = 0,$$

$$D_2 F^{-1} D_1^*(A_1 B_1^{-1} C_1 + A_1 B_1^{-1} X_{12} C_2) = 0,$$

所以, 从上面的两个等式以及 X_{ij} 的任意性可知

$$(I - D_1 F^{-1} D_1^*) A_1 B_1^{-1} X_{12} C_2 = 0, \quad D_2 F^{-1} D_1^* A_1 B_1^{-1} X_{12} C_2 = 0.$$

如果 $C_2 \neq 0$, 那么

$$(I - D_1 F^{-1} D_1^*) A_1 B_1^{-1} = 0, \quad D_2 F^{-1} D_1^* A_1 B_1^{-1} = 0.$$

因此, $(I - DD^\dagger)AB^\dagger = 0$, 即 $\mathcal{R}(AB^\dagger) \subseteq \mathcal{R}(D)$.

如果 $C_2 = 0$, 那么 $(I - BB^\dagger)C = 0$, 所以 $\mathcal{R}(C) \subseteq \mathcal{R}(B)$.

显然, $\mathcal{R}(AB^\dagger C) \subseteq \mathcal{R}(D)$.

$(2) \Rightarrow (1)$: 由于 $\mathcal{R}(AB^\dagger C) \subseteq \mathcal{R}(D)$ 和 $\mathcal{R}(C) \subseteq \mathcal{R}(B)$, 则存在 X 使得 $AB^\dagger C = DX$, 存在 Y 使得 $C = BY$. 那么

$$\begin{aligned}
AB^{(1,2,4)}C &= A(B^\dagger + B^\dagger U(I - BB^\dagger))C \\
&= AB^\dagger C + AB^\dagger U(I - BB^\dagger)C \\
&= DX.
\end{aligned}$$

因此, $\mathcal{R}(AB^{(1,2,4)}C) \subseteq \mathcal{R}(D)$.

若 $\mathcal{R}(AB^\dagger) \subseteq \mathcal{R}(D)$, 则存在 X 使得 $AB^\dagger = DX$, 那么

$$\begin{aligned}
AB^{(1,2,4)}C &= A(B^\dagger + B^\dagger U(I - BB^\dagger))C \\
&= AB^\dagger C + AB^\dagger U(I - BB^\dagger)C \\
&= D(XC + XU(I - BB^\dagger)C).
\end{aligned}$$

所以, $\mathcal{R}(AB^{(1,2,4)}C) \subseteq \mathcal{R}(D)$.

定理 2.4.7 设非零线性算子 $A \in \mathcal{L}(H, K)$, $B \in \mathcal{L}(H, M)$, $C \in \mathcal{L}(N, M)$ 和 $D \in \mathcal{L}(G, K)$ 有闭值域, 则下面的结论等价:

(1) 对任意 $B^{(1,3,4)} \in B\{1,3,4\}$, $\mathcal{R}(AB^{(1,3,4)}C) \subseteq \mathcal{R}(D)$ 成立.

(2) $\mathcal{R}(C) \subseteq \mathcal{R}(B)$ 和 $\mathcal{R}(AB^\dagger C) \subseteq \mathcal{R}(D)$; 或者 $\mathcal{R}(A(I - BB^\dagger)) \subseteq \mathcal{R}(D)$ 和 $\mathcal{R}(AB^\dagger C) \subseteq \mathcal{R}(D)$.

证明 $(1) \Rightarrow (2)$: 根据引理 1.0.6 和引理 1.0.7, 有

$$B^{(1,3,4)} = B^\dagger + (I - B^\dagger B)X(I - BB^\dagger) = \begin{pmatrix} B_1^{-1} & 0 \\ 0 & X_{22} \end{pmatrix},$$

其中 $X = (X_{ij})$.

因 $\mathcal{R}(AB^{(1,3,4)}C) \subseteq \mathcal{R}(D)$ 等价于 $(I - DD^\dagger)AB^{(1,3,4)}C = 0$, 即

$$(I - D_1 F^{-1} D_1^*)(A_1 B_1^{-1} C_1 + A_2 X_{22} C_2) = 0,$$
$$D_2 F^{-1} D_1^*(A_1 B_1^{-1} C_1 + A_2 X_{22} C_2) = 0,$$

所以, 由上面两个等式和 X_{ij} 的任意性可知

$$(I - D_1 F^{-1} D_1^*) A_2 X_{22} C_2 = 0, \quad D_2 F^{-1} D_1^* A_2 X_{22} C_2 = 0.$$

若 $C_2 \neq 0$, 则

$$(I - D_1 F^{-1} D_1^*) A_2 = 0, \quad D_2 F^{-1} D_1^* A_2 = 0.$$

因此, $(I - DD^\dagger) A (I - BB^\dagger) = 0$, 即 $\mathcal{R}(A(I - BB^\dagger)) \subseteq \mathcal{R}(D)$.

若 $C_2 = 0$, 那么 $(I - BB^\dagger) C = 0$, 所以 $\mathcal{R}(C) \subseteq \mathcal{R}(B)$.

显然, $\mathcal{R}(AB^\dagger C) \subseteq \mathcal{R}(D)$.

(2) $\Rightarrow$ (1): 由于 $\mathcal{R}(AB^\dagger C) \subseteq \mathcal{R}(D)$ 和 $\mathcal{R}(C) \subseteq \mathcal{R}(B)$, 则存在 X 使得 $AB^\dagger C = DX$, 存在 Y 使得 $C = BY$, 那么

$$\begin{aligned}
AB^{(1,3,4)} C &= A(B^\dagger + (I - B^\dagger B) U (I - BB^\dagger)) C \\
&= AB^\dagger C + A(I - B^\dagger B) U (I - BB^\dagger) C \\
&= DX.
\end{aligned}$$

所以, $\mathcal{R}(AB^{(1,3,4)} C) \subseteq \mathcal{R}(D)$.

若 $\mathcal{R}(A(I - BB^\dagger)) \subseteq \mathcal{R}(D)$ 和 $\mathcal{R}(AB^\dagger C) \subseteq \mathcal{R}(D)$, 则存在 X 使得 $A(I - BB^\dagger) = DX$, 存在 Y 使得 $AB^\dagger C = DY$, 那么

$$\begin{aligned}
AB^{(1,3,4)} C &= A(B^\dagger + (I - B^\dagger B) U (I - BB^\dagger)) C \\
&= AB^\dagger C + A(I - B^\dagger B) U (I - BB^\dagger) C \\
&= D(Y + XU(I - BB^\dagger) C).
\end{aligned}$$

所以, $\mathcal{R}(AB^{(1,3,4)} C) \subseteq \mathcal{R}(D)$.

第3章　算子广义逆的表示

Drazin 逆在研究奇异微分和差分方程、马尔可夫链、迭代法和数值分析等问题中起着重要的作用 (见 [7], [24], [70], [144]). 近年来, 矩阵和算子的 Drazin 逆和 W-加权 Drazin 逆的研究得到了国内外众多学者的关注, 他们对此做了大量的研究 (见 [40], [62], [77], [132], [152], [155], [158], [159]).

3.1　算子 W-加权 Drazin 逆的刻画

本节主要考察 Hilbert 空间上线性算子的 W-加权 Drazin 逆, 利用 Hilbert 空间上线性算子的矩阵分块表示以及求解算子方程, 给出了 W-加权 Drazin 逆的一些刻画及表示, 所获结果将文献 [158] 的结果推广到 Hilbert 空间上线性算子的情形, 同时我们的结果也覆盖了文献 [62] 和 [152] 的相关结果. 值得指出的是我们所用的方法和思想都不同于文献 [158].

引理 3.1.1　令 $A \in \mathcal{B}(H,K)$, $W \in \mathcal{B}(K,H)$. 如果对某个正整数 k, 存在算子 $X \in \mathcal{B}(H,K)$ 满足 $(AW)^{k+1}XW = (AW)^k, XWAWX = X, AWX = XWA$, 则 $\mathcal{R}[(AW)^k] = \mathcal{R}[(AW)^{k+1}]$ 且 $\mathcal{R}[(AW)^k]$ 是闭的.

证明　首先, 容易得到 $\mathcal{R}[(AW)^{k+1}] \subseteq \mathcal{R}[(AW)^k]$, 而 $(AW)^{k+1}XW = (AW)^k$ 蕴涵了 $\mathcal{R}[(AW)^k] \subseteq \mathcal{R}[(AW)^{k+1}]$. 于是, $\mathcal{R}[(AW)^k] = \mathcal{R}[(AW)^{k+1}]$.

由 $XWAWX = X$ 和 $AWX = XWA$, 有

$$
\begin{aligned}
(AW)^k &= (AW)^{k+1}XW = (AW)^k AWXW = (AW)^k AWXWAWXW \\
&= (AW)^k XWAWXWAW = (AW)^k XWXWAWAW \\
&= (AW)^k (XW)^2(AW)^2 = \cdots = (AW)^k (XW)^k (AW)^k.
\end{aligned}
$$

从而由引理 1.0.2 知, $\mathcal{R}[(AW)^k]$ 是闭的.

引理 3.1.2 [158]　令 $A \in \mathcal{B}(H,K)$, $W \in \mathcal{B}(K,H)$. 若 $\mathrm{ind}(AW) = k_1$ 且 $\mathrm{ind}(WA) = k_2$, 则

(1) $A^{\mathrm{D},W} = [(AW)^{\mathrm{D}}]^2 A = A[(WA)^{\mathrm{D}}]^2$;

(2) $A^{\mathrm{D},W}W = (AW)^{\mathrm{D}}$, $WA^{\mathrm{D},W} = (WA)^{\mathrm{D}}$;

(3) $\mathcal{R}(A^{\mathrm{D},W}) = \mathcal{R}[(AW)^{\mathrm{D}}] = \mathcal{R}[(AW)^{k_1}]$,
$\quad \mathcal{N}(A^{\mathrm{D},W}) = \mathcal{N}[(WA)^{\mathrm{D}}] = \mathcal{N}[(WA)^{k_2}]$;

(4) $WAWA^{\mathrm{D},W} = (WA)(WA)^{\mathrm{D}} = P_{\mathcal{R}[(WA)^{k_2}],\mathcal{N}[(WA)^{k_2}]}$,

$\quad A^{\mathrm{D},W}WAW = (AW)^{\mathrm{D}}(AW) = P_{\mathcal{R}[(AW)^{k_1}],\mathcal{N}[(AW)^{k_1}]}$.

文献 [62] 利用 Hilbert 空间上算子在空间分解下的分块矩阵表示, 给出了 Drazin 逆的刻画及表示, 即若 $A \in \mathcal{B}(H)$ 具有指标 $\mathrm{ind}(A) = k$, 则 A 关于空间分解 $H = \mathcal{R}(A^k) \oplus \mathcal{R}(A^k)^{\perp}$ 具有分块矩阵表示

$$A = \begin{pmatrix} A_{11} & A_{12} \\ 0 & A_{22} \end{pmatrix} : \begin{pmatrix} \mathcal{R}(A^k) \\ \mathcal{R}(A^k)^{\perp} \end{pmatrix} \to \begin{pmatrix} \mathcal{R}(A^k) \\ \mathcal{R}(A^k)^{\perp} \end{pmatrix}. \tag{3.1.1}$$

此时, A 的 Drazin 逆 A^{D} 在相应的空间分解下具有表示

$$A^{\mathrm{D}} = \begin{pmatrix} A_{11}^{-1} & \sum_{i=0}^{k-1} A_{11}^{i-k-1} A_{12} A_{22}^{k-1-i} \\ 0 & 0 \end{pmatrix} \tag{3.1.2}$$

事实上, (3.1.1) 中 A_{11} 是一个从 $\mathcal{R}(A^k)$ 到 $\mathcal{R}(A^k)$ 的算子, 于是可以写为 $A_{11} = A|_{\mathcal{R}(A^k)}$, 即 A_{11} 是算子 A 在子空间 $\mathcal{R}(A^k)$ 上的限制. 下面证明 A_{11} 是一个可逆算子.

令 $x \in \mathcal{R}(A^k)$ 满足 $A_{11}x = 0$, 则存在某个向量 $y \in H$ 使得 $x = A^k y$. 于是

$$A^{k+1}y = AA^k y = A_{11}A^k y = A_{11}x = 0.$$

所以 $y \in \mathcal{N}(A^{k+1}) = \mathcal{N}(A^k)$. 从而 $x = A^k y = 0$, 即 A_{11} 是一个单射算子.

另一方面, 对任意的 $z \in \mathcal{R}(A^k)$, 由于 $\mathcal{R}(A^k) = \mathcal{R}(A^{k+1})$, 于是存在向量 $y \in H$ 使得 $z = A^{k+1}y = AA^k y$. 令 $x = A^k y$, 显然, $x \in \mathcal{R}(A^k)$ 且 $z = Ax = A_{11}x$, 即 A_{11} 是一个满射算子. 这就证明了 A_{11} 是一个可逆算子.

记 Hilbert 空间 H 和 K 中的所有可逆算子的集合为 $\mathcal{I}(H)$ 和 $\mathcal{I}(K)$.

定理 3.1.3 令 $A \in \mathcal{B}(H,K)$, $W \in \mathcal{B}(K,H)$ 且 $\mathrm{ind}(AW) = k_1$, $\mathrm{ind}(WA) = k_2$, 则存在唯一的算子 $X \in \mathcal{B}(K)$ 使得

$$(AW)^{k_1}X = 0, \quad X(AW)^{k_1} = 0, \quad X^2 = X, \quad (AW)^{k_1} + X \in \mathcal{I}(K) \tag{3.1.3}$$

和唯一的算子 $Y \in \mathcal{B}(H)$ 使得

$$(WA)^{k_2}Y = 0, \quad Y(WA)^{k_2} = 0, \quad Y^2 = Y, \quad (WA)^{k_2} + Y \in \mathcal{I}(H). \tag{3.1.4}$$

此外, 有

$$X = I - A^{\mathrm{D},W}WAW \tag{3.1.5}$$

和

$$Y = I - WAWA^{\mathrm{D},W}. \tag{3.1.6}$$

证明   因为 $A \in \mathcal{B}(H, K)$, $W \in \mathcal{B}(K, H)$ 满足 $\mathrm{ind}(AW) = k_1$, 则算子 $AW \in$ $\mathcal{B}(K)$ 关于空间分解 $\mathcal{R}[(AW)^{k_1}] \oplus \mathcal{R}[(AW)^{k_1}]^\perp = K$ 具有表示

$$AW = \begin{pmatrix} T_{11} & T_{12} \\ 0 & T_{22} \end{pmatrix}, \tag{3.1.7}$$

其中 $T_{11} \in \mathcal{B}(\mathcal{R}[(AW)^{k_1}])$ 可逆.

注意到

$$(AW)^{k_1} = \begin{pmatrix} T_{11}^{k_1} & D \\ 0 & T_{22}^{k_1} \end{pmatrix}, \quad (AW)^{\mathrm{D}} = \begin{pmatrix} T_{11}^{-1} & F \\ 0 & 0 \end{pmatrix},$$

其中

$$D = \sum_{i=0}^{k_1-1} T_{11}^i T_{12} T_{22}^{k_1-1-i}, \quad F = \sum_{i=0}^{k_1-1} T_{11}^{i-k_1-1} T_{12} T_{22}^{k_1-1-i}$$

且

$$\mathcal{R}[(AW)^{k_1+1}] = \mathcal{R}[(AW)^{k_1}].$$

于是 $\mathcal{R}(T_{22}^{k_1}) = \{0\}$, 即 $T_{22}^{k_1} = 0$.

容易证明算子 $X \in \mathcal{B}(K)$ 具有如下表示:

$$\begin{pmatrix} 0 & -\sum_{i=0}^{k_1-1} T_{11}^{i-k_1} T_{12} T_{22}^{k_1-1-i} \\ 0 & I \end{pmatrix} \tag{3.1.8}$$

满足 (3.1.3) 和 (3.1.5), 这就证明了算子 X 的存在性.

下面我们证明唯一性. 设 $X_0 \in \mathcal{B}(K)$ 是满足 (3.1.3) 的一个算子且将 X_0 关于 $\mathcal{R}[(AW)^{k_1}] \oplus \mathcal{R}[(AW)^{k_1}]^\perp = K$ 作如下分块:

$$X_0 = \begin{pmatrix} X_{11} & X_{12} \\ X_{21} & X_{22} \end{pmatrix}.$$

由 $X_0(AW)^{k_1} = 0$, 有

$$0 = X_0(AW)^{k_1} = \begin{pmatrix} X_{11} & X_{12} \\ X_{21} & X_{22} \end{pmatrix} \begin{pmatrix} T_{11}^{k_1} & D \\ 0 & 0 \end{pmatrix} = \begin{pmatrix} X_{11}T_{11}^{k_1} & X_{11}D \\ X_{21}T_{11}^{k_1} & X_{21}D \end{pmatrix},$$

所以 $X_{11}T_{11}^{k_1} = 0$ 且 $X_{21}T_{11}^{k_1} = 0$. 因为 T_{11} 可逆, 所以得到 $X_{11} = 0$ 和 $X_{21} = 0$.

因为

$$(AW)^{k_1} + X_0 = \begin{pmatrix} T_{11}^{k_1} & D \\ 0 & 0 \end{pmatrix} + \begin{pmatrix} 0 & X_{12} \\ 0 & X_{22} \end{pmatrix} = \begin{pmatrix} T_{11}^{k_1} & D + X_{12} \\ 0 & X_{22} \end{pmatrix}$$

可逆, 从而 X_{22} 可逆. 由假设条件 $X_0^2 = X_0$, 有 $X_{22}^2 = X_{22}$, 即 $(X_{22} - I)X_{22} = 0$.
所以 $X_{22} - I = 0$, 即 $X_{22} = I$.

又因为

$$(AW)^{k_1} X_0 = \begin{pmatrix} T_{11}^{k_1} & D \\ 0 & 0 \end{pmatrix} \begin{pmatrix} 0 & X_{12} \\ 0 & I \end{pmatrix} = \begin{pmatrix} 0 & T_{11}^{k_1} X_{12} + D \\ 0 & 0 \end{pmatrix} = 0,$$

所以 $T_{11}^{k_1} X_{12} + D = 0$, 即

$$X_{12} = -T_{11}^{-k_1} D = -T_{11}^{-k_1} \sum_{i=0}^{k_1-1} T_{11}^i T_{12} T_{22}^{k_1-1-i} = -\sum_{i=0}^{k_1-1} T_{11}^{i-k_1} T_{12} T_{22}^{k_1-1-i}.$$

于是得到

$$X_0 = \begin{pmatrix} 0 & -\sum_{i=0}^{k_1-1} T_{11}^{i-k_1} T_{12} T_{22}^{k_1-1-i} \\ 0 & I \end{pmatrix}.$$

从而由 (3.1.8), 我们得到 $X_0 = X$, 这就证明了算子 X 唯一存在.

此外, 直接计算可得

$$I - A^{D,W} W A W = I - (AW)^D (AW)$$

$$= I - \begin{pmatrix} T_{11}^{-1} & \sum_{i=0}^{k_1-1} T_{11}^{i-k_1-1} T_{12} T_{22}^{k_1-1-i} \\ 0 & 0 \end{pmatrix} \begin{pmatrix} T_{11} & T_{12} \\ 0 & T_{22} \end{pmatrix}$$

$$= I - \begin{pmatrix} I & \sum_{i=0}^{k_1-1} T_{11}^{i-k_1} T_{12} T_{22}^{k_1-1-i} \\ 0 & 0 \end{pmatrix}$$

$$= \begin{pmatrix} 0 & -\sum_{i=0}^{k_1-1} T_{11}^{i-k_1} T_{12} T_{22}^{k_1-1-i} \\ 0 & I \end{pmatrix} = X.$$

第二个论断类似可得, 这样我们就完成了证明.

定理 3.1.4 在定理 3.1.3 的条件下, 仍用其记号, 则有

$$A^{D,W} = \{[(AW)^{k_1+1} + X]^{-1}(AW)^{k_1}\}^2 A$$
$$= A\{(WA)^{k_2}[(WA)^{k_2+1} + Y]^{-1}\}^2.$$

证明 由定理 3.1.3, 有

$$AW = \begin{pmatrix} T_{11} & T_{12} \\ 0 & T_{22} \end{pmatrix}, \quad X = \begin{pmatrix} 0 & E \\ 0 & I \end{pmatrix},$$

$$(AW)^{k_1} = \begin{pmatrix} T_{11}^{k_1} & D \\ 0 & 0 \end{pmatrix}, \quad (AW)^{\mathrm{D}} = \begin{pmatrix} T_{11}^{-1} & F \\ 0 & 0 \end{pmatrix},$$

$$(AW)^{k_1+1} = (AW)(AW)^{k_1} = \begin{pmatrix} T_{11} & T_{12} \\ 0 & T_{22} \end{pmatrix} \begin{pmatrix} T_{11}^{k_1} & D \\ 0 & 0 \end{pmatrix} = \begin{pmatrix} T_{11}^{k_1+1} & G \\ 0 & 0 \end{pmatrix},$$

其中

$$D = \sum_{i=0}^{k_1-1} T_{11}^{i} T_{12} T_{22}^{k_1-1-i}, \qquad E = -\sum_{i=0}^{k_1-1} T_{11}^{i-k_1} T_{12} T_{22}^{k_1-1-i},$$

$$F = \sum_{i=0}^{k_1-1} T_{11}^{i-k_1-1} T_{12} T_{22}^{k_1-1-i}, \quad G = \sum_{i=0}^{k_1-1} T_{11}^{i+1} T_{12} T_{22}^{k_1-1-i}.$$

因为 T_{11} 可逆, 则算子

$$(AW)^{k_1+1} + X = \begin{pmatrix} T_{11}^{k_1+1} & G \\ 0 & 0 \end{pmatrix} + \begin{pmatrix} 0 & E \\ 0 & I \end{pmatrix} = \begin{pmatrix} T_{11}^{k_1+1} & G+E \\ 0 & I \end{pmatrix}$$

也是可逆的, 且

$$[(AW)^{k_1+1} + X]^{-1} = \begin{pmatrix} T_{11}^{-(k_1+1)} & T_{11}^{-(k_1+1)}(G+E) \\ 0 & I \end{pmatrix},$$

所以

$$[(AW)^{k_1+1} + X]^{-1}(AW)^{k_1} = \begin{pmatrix} T_{11}^{-(k_1+1)} & T_{11}^{-(k_1+1)}(G+E) \\ 0 & I \end{pmatrix} \begin{pmatrix} T_{11}^{k_1} & D \\ 0 & 0 \end{pmatrix}$$

$$= \begin{pmatrix} T_{11}^{-1} & T_{11}^{-(k_1+1)}D \\ 0 & 0 \end{pmatrix} = \begin{pmatrix} T_{11}^{-1} & F \\ 0 & 0 \end{pmatrix} = (AW)^{\mathrm{D}}.$$

从而由引理 3.1.2(1), 定理 3.1.4 中第一个等式成立且用同样的方法不难验证第二个等式也是成立的.

注记 3.1.5 事实上, 如果 (3.1.3) 和 (3.1.4) 成立, 则算子 $(AW)^{k_1} - X$ 和 $(WA)^{k_2} - Y$ 也是可逆的, 且不难发现有

$$A^{\mathrm{D},W} = \{[(AW)^{k_1+1} - X]^{-1}(AW)^{k_1}\}^2 A \tag{3.1.9}$$

和

$$A^{\mathrm{D},W} = A\{(WA)^{k_2}[(WA)^{k_2+1} - Y]^{-1}\}^2 \tag{3.1.10}$$

成立.

结合定理 3.1.3 和定理 3.1.4, 有如下推论.

推论 3.1.6 在定理 3.1.3 的条件下, 仍用其记号, 如果 (3.1.3) 和 (3.1.4) 成立, 则有

(1) $A^{\mathrm{D},W} = \{(I - X)[(AW)^{k_1+1} + X]^{-1}(AW)^{k_1}\}^2 A$;

(2) $A^{\mathrm{D},W} = \{(I - X)[(AW)^{k_1+1} - X]^{-1}(AW)^{k_1}\}^2 A$;

(3) $A^{\mathrm{D},W} = A\{(I - Y)(WA)^{k_2}[(WA)^{k_2+1} + Y]^{-1}\}^2$;

(4) $A^{\mathrm{D},W} = A\{(I - Y)(WA)^{k_2}[(WA)^{k_2+1} - Y]^{-1}\}^2$.

推论 3.1.7 令 $A \in \mathcal{B}(H)$ 满足 $\mathcal{R}(A^{k+1}) = \mathcal{R}(A^k)$ 和 $\mathrm{ind}(A) = k$, 则存在唯一的算子 $X \in \mathcal{B}(H)$ 使得

$$A^k X = 0, \quad XA^k = 0, \quad X^2 = X, \quad A^k + X \in \mathcal{I}(\mathcal{H}).$$

此外, 有 $X = I - AA^{\mathrm{D}} = I - A^{\mathrm{D}}A$ 和

$$A^{\mathrm{D}} = (A^{k+1} + X)^{-1}A^k = A^k(A^{k+1} + X)^{-1}. \tag{3.1.11}$$

最后给出 W-加权 Drazin 逆关于算子 $(AW)^{k_1+1}$ 和 $(WA)^{k_2+1}$ 的群逆的表示.

定理 3.1.8 令 $A \in \mathcal{B}(H, K)$, $W \in \mathcal{B}(K, H)$ 满足 $\mathrm{ind}(AW) = k_1$ 和 $\mathrm{ind}(WA) = k_2$. 如果 A 是 W-加权 Drazin 可逆的, 即算子 A 和 W 满足定义 1.0.2, 则

(1) $A^{\mathrm{D},W} = \{[(AW)^{k_1+1}]^{\#}(AW)^{k_1}\}^2 A = \{(AW)^{k_1}[(AW)^{k_1+1}]^{\#}\}^2 A$;

(2) $A^{\mathrm{D},W} = A\{[(WA)^{k_2+1}]^{\#}(WA)^{k_2}\}^2 = A\{(WA)^{k_2}[(WA)^{k_2+1}]^{\#}\}^2$.

证明 首先证明算子 $[(AW)^{k_1+1}]^{\#}$ 和 $[(WA)^{k_2+1}]^{\#}$ 的存在性.

显然有

$$\mathcal{R}[(AW)^{k_1+2}] \subseteq \mathcal{R}[(AW)^{k_1+1}] \quad \text{和} \quad \mathcal{N}[(AW)^{k_1+1}] \subseteq \mathcal{N}[(AW)^{k_1+2}].$$

再由 (1.0.2), $(AW)^{k_1} = (AW)^{k_1+1}XW$, 于是 $(AW)^{k_1+1} = (AW)^{k_1+2}XW$, 这蕴涵了

$$\mathcal{R}[(AW)^{k_1+1}] \subseteq \mathcal{R}[(AW)^{k_1+2}] \quad \text{和} \quad \mathcal{N}[(AW)^{k_1+2}] \subseteq \mathcal{N}[(AW)^{k_1+1}].$$

所以

$$\mathcal{R}[(AW)^{k_1+1}] = \mathcal{R}[(AW)^{k_1+2}] \quad \text{和} \quad \mathcal{N}[(AW)^{k_1+1}] = \mathcal{N}[(AW)^{k_1+2}]$$

成立, 即 $[(AW)^{k_1+1}]^{\#}$ 存在. 同样地, 可证明 $\mathrm{ind}[(WA)^{k_2+1}] = 1$, 于是 $[(WA)^{k_2+1}]^{\#}$ 存在.

由定理 3.1.4, 有

$$(AW)^{k_1} = \begin{pmatrix} T_{11}^{k_1} & D \\ 0 & 0 \end{pmatrix}, \quad (AW)^{k_1+1} = \begin{pmatrix} T_{11}^{k_1+1} & G \\ 0 & 0 \end{pmatrix},$$

其中

$$D = \sum_{i=0}^{k_1-1} T_{11}^i T_{12} T_{22}^{k_1-1-i}, \quad G = \sum_{i=0}^{k_1-1} T_{11}^{i+1} T_{12} T_{22}^{k_1-1-i}.$$

直接计算可得

$$[(AW)^{k_1+1}]^{\#} = \begin{pmatrix} T_{11}^{-(k_1+1)} & T_{11}^{-2(k_1+1)}G \\ 0 & 0 \end{pmatrix},$$

所以

$$
\begin{aligned}
[(AW)^{k_1+1}]^{\#}(AW)^{k_1} &= \begin{pmatrix} T_{11}^{-(k_1+1)} & T_{11}^{-2(k_1+1)}G \\ 0 & 0 \end{pmatrix} \begin{pmatrix} T_{11}^{k_1} & D \\ 0 & 0 \end{pmatrix} \\
&= \begin{pmatrix} T_{11}^{-1} & T_{11}^{-(k_1+1)}D \\ 0 & 0 \end{pmatrix} \\
&= \begin{pmatrix} T_{11}^{-1} & \sum_{i=0}^{k_1-1} T_{11}^{i-k_1-1} T_{12} T_{22}^{k_1-1-i} \\ 0 & 0 \end{pmatrix} = (AW)^{\mathrm{D}}.
\end{aligned}
$$

由引理 3.1.2, 用同样的方法可以证明等式 (2) 也成立.

推论 3.1.9 令 $A \in \mathcal{B}(H)$ 具有指标 $\mathrm{ind}(A) = k$, 则

$$A^{\mathrm{D}} = (A^{k+1})^{\#} A^k = A^k (A^{k+1})^{\#}.$$

特别地, 如果 $\mathrm{ind}(A) = 1$, 则

$$A^{\#} = (A^2)^{\#} A = A(A^2)^{\#}.$$

3.2 算子 W-加权 Drazin 逆的积分表示

本节利用算子矩阵块, 研究 W-加权 Drazin 逆 Banach 空间算子的积分表示. 若 $A \in \mathbb{C}^{n \times n}$ 的特征值在右半平面, 则 A 表示如下

$$A^{-1} = \int_0^\infty \exp(-tA)\mathrm{d}t, \tag{3.2.1}$$

在文献 [159] 中给出许多不同的积分表示广义逆.

近年来, 许多学者诸如魏益民、Djordjević 和 González 等相继给出了多种广义逆的积分表示.

Goretsch[70] 给出了 Hilbert 空间上具有闭值域的有界线性算子 $T \in \mathcal{B}(H_1, H_2)$ 的 Moore-Penrose 逆 $T^\dagger$ 的积分表示

$$T^\dagger = \int_0^\infty \exp(-T^*Tt)T^*\mathrm{d}t, \tag{3.2.2}$$

其中 H_1, H_2 是 Hilbert 空间.

González, Koliha 和 Wei[67] 在 Banach 代数上给出了 Drazin 逆 a^D 的一个简单积分表示

$$a^\mathrm{D} = \int_0^\infty \exp(-a^{m+1}t)a^m\mathrm{d}t. \tag{3.2.3}$$

最近, Dajić 和 Koliha[45] 得到了 Banach 空间上算子加 W-加权 Drazin 逆 $A^{\mathrm{D},W}$ 的积分表示

$$A^{\mathrm{D},W} = -\int_0^\infty \exp(t(AW)^{m+1})(AW)^{m-1}\mathrm{d}t. \tag{3.2.4}$$

关于复数域上矩阵的加权 Moore-Penrose 逆的相关结果

$$A^\dagger_{M,N} = \int_0^\infty \exp(-A^\# At)A^\#\mathrm{d}t, \tag{3.2.5}$$

其中 $A^\# = N^{-1}A^*M$ 是 A 的加权共轭转置矩阵, M 和 N 分别是阶数为 m 和 n 的 Hermite 正定矩阵, 并且 Benítez, Liu 和 Zhu[17] 还得到了复数域上矩阵的 $A^{(2)}_{T,S}$ 的积分表示: 如果矩阵 GA 的谱位于右半开平面, 则

$$A^{(2)}_{T,S} = \int_0^\infty \exp(-GAt)G\mathrm{d}t. \tag{3.2.6}$$

定理 3.2.1　设 $A \in \mathcal{B}(H, K), W \in \mathcal{B}(K, H), \mathrm{ind}(AW) = k(k \geqslant 1), \sigma[(AW)^{l+2}]\backslash\{0\}$ 位于在半平面, 则

$$A^{\mathrm{D},W} = \int_0^\infty \exp[-(AW)^{l+2}t](AW)^l A\mathrm{d}t, \tag{3.2.7}$$

其中 $l \geqslant k$.

证明　因为 AW Drazin 可逆, 根据 (3.1.1), AW 有以下矩阵形式:

$$AW = \begin{pmatrix} T_{11} & T_{12} \\ 0 & T_{22} \end{pmatrix}. \tag{3.2.8}$$

关于空间分解 $\mathcal{K} = \mathcal{R}(AW)^k \oplus \mathcal{R}((AW)^k)^\perp$, 则 $(AW)^D$, $(AW)^l$, $(AW)^{l+2}$ 有以下形式:

$$(AW)^D = \begin{pmatrix} T_{11}^{-1} & D \\ 0 & 0 \end{pmatrix}, \quad [(AW)^D]^2 = \begin{pmatrix} T_{11}^{-2} & T_{11}^{-1}D \\ 0 & 0 \end{pmatrix},$$

$$(AW)^l = \begin{pmatrix} T_{11}^l & E \\ 0 & 0 \end{pmatrix}, \quad (AW)^{l+2} = \begin{pmatrix} T_{11}^{l+2} & F \\ 0 & 0 \end{pmatrix},$$

其中

$$D = \sum_{i=0}^{k-1} T_{11}^{i-k-1} T_{12} T_{22}^{k-1-i},$$

$$E = \sum_{i=0}^{k-1} T_{11}^{i+l-k} T_{12} T_{22}^{k-1-i},$$

$$F = \sum_{i=0}^{k-1} T_{11}^{i+l+2-k} T_{12} T_{22}^{k-1-i}.$$

由于 $\sigma(T_{11}^{l+2}) > 0$, 则

$$\int_0^\infty \exp[-(AW)^{l+2}t](AW)^l A \mathrm{d}t$$

$$= \begin{pmatrix} \displaystyle\int_0^\infty \exp(-T_{11}^{l+2}t)\mathrm{d}t & \displaystyle\int_0^\infty \exp(-Ft)\mathrm{d}t \\ 0 & 0 \end{pmatrix} \begin{pmatrix} T_{11}^l & E \\ 0 & 0 \end{pmatrix} A$$

$$= \begin{pmatrix} T_{11}^{-(l+2)} & \displaystyle\int_0^\infty \exp(-Ft)\mathrm{d}t \\ 0 & 0 \end{pmatrix} \begin{pmatrix} T_{11}^l & E \\ 0 & 0 \end{pmatrix} A$$

$$= \begin{pmatrix} T_{11}^{-2} & T_{11}^{-(l+2)}E \\ 0 & 0 \end{pmatrix} A = [(AW)^D]^2 A = A^{D,W}.$$

推论 3.2.2 设 $A \in \mathcal{B}(H, K)$, $W \in \mathcal{B}(K, H)$, $\mathrm{ind}(WA) = k(k \geqslant 1)$, $\sigma[(WA)^{l+2}]\backslash\{0\}$ 在右半平面, 则

$$A^{D,W} = A(WA)^l \int_0^\infty \exp[-(WA)^{l+2}t]\mathrm{d}t. \tag{3.2.9}$$

定理 3.2.3　设 $A \in \mathcal{B}(H, K)$, $W \in \mathcal{B}(K, H)$, $k = \max\{\mathrm{ind}(AW), \mathrm{ind}(WA)\}$, 则

$$A = \begin{pmatrix} A_{11} & A_{12} \\ 0 & A_{22} \end{pmatrix}, \quad W = \begin{pmatrix} W_{11} & W_{12} \\ 0 & W_{22} \end{pmatrix},$$

$$A^{\mathrm{D},W} = \begin{pmatrix} (W_{11}A_{11}W_{11})^{-1} & (A_{11}W_{11})^{-1}[(A_{11}W_{11})^{-1}A_{12} + GA_{22}] \\ 0 & 0 \end{pmatrix}$$

$$= \begin{pmatrix} (W_{11}A_{11}W_{11})^{-1} & W_{11}^{-1}H \\ 0 & 0 \end{pmatrix}.$$

对空间分解

$$\mathcal{H} = \mathcal{R}(WA)^k \oplus \mathcal{R}((WA)^k)^{\perp}, \quad \mathcal{K} = \mathcal{R}(AW)^k \oplus \mathcal{R}((AW)^k)^{\perp},$$

其中 A_{11}, W_{11} 是可逆算子,

$$G = \sum_{i=0}^{k-1} (A_{11}W_{11})^{i-k-1}(A_{11}W_{12} + A_{12}W_{22})(A_{22}W_{22})^{k-1-i},$$

$$H = \sum_{i=0}^{k-1} (W_{11}A_{11})^{i-k-1}(W_{11}A_{12} + W_{12}A_{22})(W_{22}A_{22})^{k-1-i}.$$

证明　因为 $\mathcal{R}(AW)^k, \mathcal{R}(WA)^k$ 是 $\mathcal{K}$ 和 $\mathcal{H}$ 闭子空间, 则有空间分解

$$\mathcal{H} = \mathcal{R}(WA)^k \oplus \mathcal{R}((WA)^k)^{\perp}, \quad \mathcal{K} = \mathcal{R}(AW)^k \oplus \mathcal{R}((AW)^k)^{\perp},$$

AW 和 WA 的表示形式为

$$AW = \begin{pmatrix} P_{11} & P_{12} \\ 0 & P_{22} \end{pmatrix} : \begin{pmatrix} \mathcal{R}(AW)^k \\ \mathcal{R}((AW)^k)^{\perp} \end{pmatrix} \to \begin{pmatrix} \mathcal{R}(AW)^k \\ \mathcal{R}((AW)^k)^{\perp} \end{pmatrix} \qquad (3.2.10)$$

且

$$WA = \begin{pmatrix} Q_{11} & Q_{12} \\ 0 & Q_{22} \end{pmatrix} : \begin{pmatrix} \mathcal{R}(WA)^k \\ \mathcal{R}((WA)^k)^{\perp} \end{pmatrix} \to \begin{pmatrix} \mathcal{R}(WA)^k \\ \mathcal{R}((WA)^k)^{\perp} \end{pmatrix}, \quad (3.2.11)$$

其中 $P_{11} \in \mathcal{B}(\mathcal{R}(AW)^k)$, $Q_{11} \in \mathcal{B}(\mathcal{R}(WA)^k)$ 是可逆的, 且 $P_{22} \in \mathcal{B}(\mathcal{R}(AW)^k)^{\perp}$, $Q_{22} \in \mathcal{B}(\mathcal{R}(WA)^k)^{\perp}$, $P_{22}^k = 0$ 和 $Q_{22}^k = 0$ 是幂零的.

设 A, W 为

$$A = \begin{pmatrix} A_{11} & A_{12} \\ A_{21} & A_{22} \end{pmatrix} : \begin{pmatrix} \mathcal{R}(WA)^k \\ \mathcal{R}((WA)^k)^{\perp} \end{pmatrix} \to \begin{pmatrix} \mathcal{R}(AW)^k \\ \mathcal{R}((AW)^k)^{\perp} \end{pmatrix}$$

且

$$W = \begin{pmatrix} W_{11} & W_{12} \\ W_{21} & W_{22} \end{pmatrix} : \begin{pmatrix} \mathcal{R}(AW)^k \\ \mathcal{R}((AW)^k)^\perp \end{pmatrix} \to \begin{pmatrix} \mathcal{R}(WA)^k \\ \mathcal{R}((WA)^k)^\perp \end{pmatrix},$$

易得

$$(AW)^k A = \begin{pmatrix} P_{11}^k & M \\ 0 & 0 \end{pmatrix} \begin{pmatrix} A_{11} & A_{12} \\ A_{21} & A_{22} \end{pmatrix} = \begin{pmatrix} P_{11}^k A_{11} + MA_{21} & P_{11}^k A_{12} + MA_{22} \\ 0 & 0 \end{pmatrix},$$

$$A(WA)^k = \begin{pmatrix} A_{11} & A_{12} \\ A_{21} & A_{22} \end{pmatrix} \begin{pmatrix} Q_{11}^k & N \\ 0 & 0 \end{pmatrix} = \begin{pmatrix} A_{11} Q_{11}^k & A_{11}N \\ A_{21} Q_{11}^k & A_{21}N \end{pmatrix},$$

其中

$$M = \sum_{i=0}^{k-1} P_{11}^i P_{12} P_{22}^{k-1-i}, \quad N = \sum_{i=0}^{k-1} Q_{11}^i Q_{12} Q_{22}^{k-1-i}.$$

因为 $(AW)^k A = A(WA)^k$, 故有 $A_{21} Q_{11}^k = 0$, 即 $A_{21} = 0$. 类似地, 根据 $W(AW)^k = (WA)^k W$, 可得 $W_{21} = 0$. 因此, A, W 的形式为 (3.2.4). 则计算可得

$$AW = \begin{pmatrix} A_{11}W_{11} & A_{11}W_{12} + A_{12}W_{22} \\ 0 & A_{22}W_{22} \end{pmatrix} = \begin{pmatrix} P_{11} & P_{12} \\ 0 & P_{22} \end{pmatrix},$$

且

$$WA = \begin{pmatrix} W_{11}A_{11} & W_{11}A_{12} + W_{12}A_{22} \\ 0 & W_{22}A_{22} \end{pmatrix} = \begin{pmatrix} Q_{11} & Q_{12} \\ 0 & Q_{22} \end{pmatrix}.$$

因此, 可得

$$A_{11}W_{11} = P_{11}(可逆), \quad W_{11}A_{11} = Q_{11}(可逆),$$

也就是说 A_{11} 和 W_{11} 是可逆算子.

由 $A^{D,W} = [(AW)^D]^2 A = A[(WA)^D]^2$, 可得

$$A^{D,W} = \begin{pmatrix} P_{11}^{-2} & P_{11}^{-1}R \\ 0 & 0 \end{pmatrix} \begin{pmatrix} A_{11} & A_{12} \\ 0 & A_{22} \end{pmatrix}$$

$$= \begin{pmatrix} P_{11}^{-2}A_{11} & P_{11}^{-2}A_{12} + P_{11}^{-1}RA_{22} \\ 0 & 0 \end{pmatrix}$$

$$= \begin{pmatrix} A_{11} & A_{12} \\ 0 & A_{22} \end{pmatrix} \begin{pmatrix} Q_{11}^{-2} & Q_{11}^{-1}S \\ 0 & 0 \end{pmatrix}$$

$$= \begin{pmatrix} A_{11}Q_{11}^{-2} & A_{11}Q_{11}^{-1}S \\ 0 & 0 \end{pmatrix}$$

其中

$$R = \sum_{i=0}^{k-1} P_{11}^{i-k-1} P_{12} P_{22}^{k-1-i} = G,$$

$$S = \sum_{i=0}^{k-1} Q_{11}^{i-k-1} Q_{12} Q_{22}^{k-1-i} = H.$$

因此, $A^{\mathrm{D},W}$ 形式为 (3.2.5) 和 (3.2.6).

现在, 我们给出 W-加权 Drazin 逆 $A^{\mathrm{D},W}$ 的积分表示.

定理 3.2.4　设 $A \in \mathcal{B}(H,K)$, $W \in \mathcal{B}(K,H)$, $k = \max\{\mathrm{ind}(AW), \mathrm{ind}(WA)\}$, 则

$$A^{\mathrm{D},W} = \int_0^\infty \exp(-(AW)^k A[(AW)^{2k+2}A]^*(AW)^{k+2}t)$$

$$\times (AW)^k A[(AW)^{2k+2}A]^*(AW)^k A\mathrm{d}t. \tag{3.2.12}$$

证明　由定理 3.2.3 可得

$$(AW)^{\mathrm{D}} = \begin{pmatrix} P_{11}^{-1} & \zeta \\ 0 & 0 \end{pmatrix}, \qquad (AW)^k = \begin{pmatrix} P_{11}^k & \varepsilon \\ 0 & 0 \end{pmatrix}$$

$$(AW)^{k+2} = \begin{pmatrix} P_{11}^{k+2} & \eta \\ 0 & 0 \end{pmatrix}, \quad (AW)^{2k+2} = \begin{pmatrix} P_{11}^{2k+2} & \rho \\ 0 & 0 \end{pmatrix},$$

其中

$$\zeta = \sum_{i=0}^{k-1} P_{11}^{i-k-1} P_{12} P_{22}^{k-1-i},$$

$$\varepsilon = \sum_{i=0}^{k-1} P_{11}^i P_{12} P_{22}^{k-1-i},$$

$$\eta = \sum_{i=0}^{k-1} P_{11}^{i+2} P_{12} P_{22}^{k-1-i},$$

$$\rho = \sum_{i=0}^{k-1} P_{11}^{i+k+2} P_{12} P_{22}^{k-1-i}.$$

经过计算可得

$$(AW)^k A[(AW)^{2k+2}A]^*(AW)^k A = \begin{pmatrix} \mu P_{11}^k A_{11} & \mu(P_{11}^k A_{12} + \varepsilon A_{22}) \\ 0 & 0 \end{pmatrix},$$

且

$$(AW)^k A[(AW)^{2k+2}A]^*(AW)^{k+2} = \begin{pmatrix} \mu P_{11}^{k+2} & \mu\eta \\ 0 & 0 \end{pmatrix},$$

其中 $\mu = P_{11}^k A_{11}(P_{11}^{2k+2}A_{11})^* + (P_{11}^k A_{12} + \varepsilon A_{22})(P_{11}^{2k+2}A_{12} + \rho A_{22})^*$.

因为

$$\sigma(\mu P_{11}^{k+2}) = \sigma(P_{11}^{k+2}\mu)$$

$$= \sigma[P_{11}^{2k+2}A_{11}(P_{11}^{2k+2}A_{11})^* + (P_{11}^{2k+2}A_{12} + \rho A_{22})(P_{11}^{2k+2}A_{12} + \rho A_{22})^*],$$

算子 $P_{11}^{2k+2}A_{11}(P_{11}^{2k+2}A_{11})^*$ 是正定的且 $(P_{11}^{2k+2}A_{12} + \rho A_{22})(P_{11}^{2k+2}A_{12} + \rho A_{22})^*$ 是半正定的, 所以可得 $\sigma(\mu P_{11}^{k+2}) > 0$, 则有

$$\int_0^\infty \exp(-(AW)^k A[(AW)^{2k+2}A]^*(AW)^{k+2}t)(AW)^k A[(AW)^{2k+2}A]^*(AW)^k A\,dt$$

$$= \begin{pmatrix} \int_0^\infty \exp(-\mu P_{11}^{k+2}t)dt & * \\ 0 & 0 \end{pmatrix} \begin{pmatrix} \mu P_{11}^k A_{11} & \mu(P_{11}^k A_{12} + \varepsilon A_{22}) \\ 0 & 0 \end{pmatrix}$$

$$= \begin{pmatrix} (\mu P_{11}^{k+2})^{-1} & * \\ 0 & 0 \end{pmatrix} \begin{pmatrix} \mu P_{11}^k A_{11} & \mu(P_{11}^k A_{12} + \varepsilon A_{22}) \\ 0 & 0 \end{pmatrix}$$

$$= \begin{pmatrix} P_{11}^{-2} A_{11} & P_{11}^{-2} A_{12} + P_{11}^{-(k+2)}\varepsilon A_{22} \\ 0 & 0 \end{pmatrix}$$

$$= \begin{pmatrix} P_{11}^{-2} A_{11} & P_{11}^{-2} A_{12} + P_{11}^{-1} R A_{22} \\ 0 & 0 \end{pmatrix}$$

$$= A^{D,W}.$$

推论 3.2.5 设 $A \in \mathcal{B}(H)$, $\text{ind}(A) = k$, 则

$$A^D = \int_0^\infty \exp[-A^k(A^{2k+1})^* A^{k+1}t]A^k(A^{2k+1})^* A^k\,dt.$$

接下来, 其他的积分表示 W-加权 Drazin 逆类似可得.

定理 3.2.6 设 $A \in \mathcal{B}(H,K)$ 为 W-加权 Drazin 逆使得 $\sigma(AW)\backslash\{0\}$ 在右半平面, $W \in \mathcal{B}(K,H)$, 则

$$A^{D,W} = \int_0^\infty \exp(-AWt)(AW)^D A\,dt. \tag{3.2.13}$$

证明 由定理 3.2.3 以及定理 3.2.4, 可得

$$A = \begin{pmatrix} A_{11} & A_{12} \\ 0 & A_{22} \end{pmatrix}, \quad AW = \begin{pmatrix} P_{11} & P_{12} \\ 0 & P_{22} \end{pmatrix}, \quad (AW)^D = \begin{pmatrix} P_{11}^{-1} & \zeta \\ 0 & 0 \end{pmatrix}$$

计算可得

$$\int_0^\infty \exp(-AWt)(AW)^{\mathrm{D}} A\,\mathrm{d}t$$

$$= \begin{pmatrix} \int_0^\infty \exp(-P_{11}t)\mathrm{d}t & \int_0^\infty \exp(-P_{12}t)\mathrm{d}t \\ 0 & \int_0^\infty \exp(-P_{22}t)\mathrm{d}t \end{pmatrix} \begin{pmatrix} P_{11}^{-1} & \zeta \\ 0 & 0 \end{pmatrix} \begin{pmatrix} A_{11} & A_{12} \\ 0 & A_{22} \end{pmatrix}$$

$$= \begin{pmatrix} p_{11}^{-1} & \int_0^\infty \exp(-P_{12}t)\mathrm{d}t \\ 0 & \int_0^\infty \exp(-P_{22}t)\mathrm{d}t \end{pmatrix} \begin{pmatrix} P_{11}^{-1}A_{11} & P_{11}^{-1}A_{12} + \zeta A_{22} \\ 0 & 0 \end{pmatrix}$$

$$= \begin{pmatrix} P_{11}^{-2}A_{11} & P_{11}^{-1}\zeta A_{22} \\ 0 & 0 \end{pmatrix}$$

$$= A^{\mathrm{D},W}.$$

定理 3.2.7   设 $A \in \mathcal{B}(H, K)$ 为 W-加权 Drazin 逆使得 $\sigma(WA)\backslash\{0\}$ 在右半平面, $W \in \mathcal{B}(K, H)$, 则

$$A^{\mathrm{D},W} = A(WA)^{\mathrm{D}} \int_0^\infty \exp(-WAt)\mathrm{d}t. \tag{3.2.14}$$

3.3   算子 W-加权 Drazin 逆的表示

定义 3.3.1[28]   设 $A \in \mathcal{B}(X, Y)$ 有闭值域. 若存在两个投影 $P : X \to \mathcal{N}(A)$ 和 $Q : Y \to \mathcal{R}(A)$, 则 A 有唯一的广义逆 $A^\dagger = A^\dagger_{P,Q}$ 满足

$$A^\dagger AA^\dagger = A^\dagger, \quad AA^\dagger A = A, \quad A^\dagger A = I - P, \quad AA^\dagger = Q. \tag{3.3.1}$$

引理 3.3.1[150]   设 X 是一个 Banach 空间, $T \in \mathcal{B}(X)$ 且 $\mathrm{ind}(T) = k(k \geqslant 1)$, 那么存在算子 T^{k+} 使得 $D(T^{k+}) = X$ 和

$$T^{k\dagger}T^k = T^k T^{k\dagger}, \quad \mathcal{R}(T^{k\dagger}) = \mathcal{R}(T^k), \quad \mathcal{N}(T^{k\dagger}) = \mathcal{N}(T^k). \tag{3.3.2}$$

此时, 若 $\mathcal{R}(T^k)$ 是 X 的一个闭子空间, 则 T^{k+} 是线性且有界的. 在这种情况下, $T^{k\dagger} = (T^k)^\dagger$ 满足 (3.3.1), 同理, $T^{k\dagger} = (T^k)^\dagger = (T^k)^{\mathrm{D}}$ (见文献 [156]).

利用引理 1.0.2, 我们很容易得到下列结果.

引理 3.3.2   设 $T \in \mathcal{B}(X, Y), W \in \mathcal{B}(Y, X)$ 且 $\mathrm{ind}(WT) = k_1$ 及 $\mathrm{ind}(TW) = k_2$, 则 X 和 Y 分别有下列分解式:

$$X = \mathcal{R}((WT)^{k_1}) \oplus \mathcal{N}((WT)^{k_1}), \tag{3.3.3}$$

$$Y = \mathcal{R}((TW)^{k_2}) \oplus \mathcal{N}((TW)^{k_2}). \tag{3.3.4}$$

引理 3.3.3 设 X 和 Y 是 Banach 空间, $T \in \mathcal{B}(X,Y)$, $W \in \mathcal{B}(Y,X)$ 且 $k = \max\{\mathrm{ind}(WT), \mathrm{ind}(TW)\}$, 则

(1) $\mathcal{R}(T(WT)^k) = \mathcal{R}((TW)^{k+1})$;

(2) $\mathcal{N}(T(WT)^k) = \mathcal{N}((TW)^k)$.

证明 (1) 首先

$$\mathcal{R}((TW)^{k+1}) = \mathcal{R}((TW)^k TW) = \mathcal{R}(T(WT)^k W) \subseteq \mathcal{R}(T(WT)^k).$$

另一方面,

$$\begin{aligned}
\mathcal{R}(T(WT)^k) &= T\mathcal{R}((WT)^k) = T\mathcal{R}((WT)^{k+1}) \\
&= \mathcal{R}(T(WT)^{k+1}) = \mathcal{R}((TW)^{k+1}T) \\
&\subseteq \mathcal{R}([(TW)^{k+1}).
\end{aligned}$$

因此, $\mathcal{R}(T(WT)^k) = \mathcal{R}((TW)^{k+1})$.

(2) 显然

$$\mathcal{N}((WT)^{k+1}) \supseteq \mathcal{N}(T(WT)^k) \supseteq \mathcal{N}((WT)^k).$$

设 X 是一个 Banach 空间, $T \in \mathcal{B}(X)$. 若 $\psi(T)$ 是复平面上开集合 $\Omega \supseteq \sigma(T)$ 的一个解析函数,

$$\varphi(T) = \frac{1}{2\pi i} \oint_S \varphi(\lambda)(\lambda I - T)^{-1} d\lambda, \tag{3.3.5}$$

此时, S 是围绕着 $\sigma(T)$ 在 Ω 上的任意一个闭包.

下面的这个引理是从文献 [151] 的定理 10.27 中得到的.

引理 3.3.4 设 X 是一个 Banach 空间, $T \in \mathcal{B}(X)$ 是可逆的. Ω 是一个开集使得 $\Omega \supseteq \sigma(T)$, 且 $\{S_n(\lambda)\}$ 是复平面上除了 0 的 Ω 上解析函数的一个序列, 并且在 $\sigma(T)$ 上有 $\lim\limits_{n\to\infty} S_n(\lambda) = \dfrac{1}{\lambda}$, 则在 $\mathcal{B}(X)$ 上 $\lim\limits_{n\to\infty} S_n(T) = T^{-1}$ 成立.

引理 3.3.5[140] 设 X 是一个具有一致收敛性的 Banach 空间, $T \in \mathcal{B}(X)$ 可逆, 则存在一个开集 $\Omega \supseteq \sigma(T)$ 和 0 的一个 V 邻域使得 $V \cap \Omega = \varnothing$.

定理 3.3.6 设 X, Y 是 Banach 空间, $T \in \mathcal{B}(X,Y)$, $W \in \mathcal{B}(Y,X)$ 且 $k = \max\{\mathrm{ind}(WT), \mathrm{ind}(TW)\} \geqslant 1$, 以及 l 是任意的非负整数且 $k + l \geqslant 2$, 则

$$T^{\mathrm{D},W} = \hat{T}^{-1}(TW)^{k+}(TW)^{k-2+l}T, \tag{3.3.6}$$

其中, $\hat{T} = (TW)^l |_{\mathcal{R}(T(WT)^k)}$ 是 $(TW)^l$ 在 $\mathcal{R}(T(WT)^k)$ 上的限制. 此时, 若 $\mathcal{R}((TW)^k)$ 是闭的, 则 $T^{\mathrm{D},W} \in \mathcal{B}(X,Y)$.

证明　　因 $k = \max\{\mathrm{ind}(TW), \mathrm{ind}(WT)\}$，则根据引理 3.3.2，$X$ 和 Y 分别有下列分解式：

$$X = \mathcal{R}((WT)^k) \oplus \mathcal{N}((WT)^k), \quad Y = \mathcal{R}((TW)^k) \oplus \mathcal{N}((TW)^k). \tag{3.3.7}$$

由定义 3.3.1 可知，$(WT)^k$ 有广义逆 $(WT)^{k+} : X \to X$ 且

$$\mathcal{R}((WT)^{k+}) = \mathcal{R}((WT)^k), \quad \mathcal{N}((WT)^{k+}) = \mathcal{N}((WT)^k),$$

$$Q = (WT)^{k+}(WT)^k = (WT)^k(WT)^{k+}$$

是 $\mathcal{N}((WT)^k)$ 到 $\mathcal{R}((WT)^k)$ 上的斜投影.

现在我们证明 $\hat{T} : \mathcal{R}(T(WT)^k) \to \mathcal{R}(T(WT)^k)$ 是一一映射.

显然，当 $l = 0$ 时，结论成立. 对于 $l \geqslant 1$，设 $x \in \mathcal{R}(T(WT)^k)$ 使得 $\hat{T}x = 0$，则对于 $l \geqslant 1$，存在 $y \in X$ 使得 $x = T(WT)^k y$，因此

$$T(WT)^{k+l}y = T(WT)^l(WT)^k y = (TW)^l T(WT)^k y = \hat{T}T(WT)^k y = \hat{T}x = 0.$$

于是

$$y \in \mathcal{N}(T(WT)^{k+l}) = \mathcal{N}((WT)^{k+l}) = \mathcal{N}((WT)^k),$$

则可推出 $(WT)^k y = 0$，那么 $x = T(WT)^k y = 0$，即 $\hat{T}$ 是一一映射.

对任意

$$z \in \mathcal{R}(T(WT)^k) = T\mathcal{R}((WT)^k) = T\mathcal{R}((WT)^{k+l}) = \mathcal{R}(T(WT)^{k+l}),$$

存在 $y \in X$ 使得

$$z = T(WT)^{k+l}y = (TW)^l T(WT)^k y,$$

设 $x = T(WT)^k y \in \mathcal{R}(T(WT)^k)$，则 $z = (TW)^l x = \hat{T}x$，即 $\hat{T}$ 是一一映射. 因此，算子 $\hat{T}^{-1} : \mathcal{R}(T(WT)^k) \to \mathcal{R}(T(WT)^k)$ 存在. 定义 $X := \hat{T}^{-1}(TW)^{k+}(TW)^{k-2+l}T$. 我们将给出

$$T^{\mathrm{D},W} = \hat{T}^{-1}(TW)^{k+}(TW)^{k-2+l}T, \tag{3.3.8}$$

即我们将证明 X 满足式 (1.0.2).

事实上，对任意 $x \in X$ 和 $y \in Y$，从式 (3.3.7) 可知，x 和 y 有下列唯一分解式：

$$x = x_0 + x_1, \quad y = y_0 + y_1. \tag{3.3.9}$$

此时, $x_0 \in \mathcal{R}((WT)^k)$, $x_1 \in \mathcal{N}((WT)^k)$, $y_0 \in \mathcal{R}((TW)^k)$ 和 $y_1 \in \mathcal{N}((TW)^k)$. 而且注意到

$$
\begin{aligned}
X(WT)^{k+l+2} &= \hat{T}^{-1}(TW)^{k+}(TW)^{k-2+l}T(WT)^{k+l+2} \\
&= \hat{T}^{-1}(TW)^{k+}(TW)^k(TW)^k(TW)^l(TW)^lT \\
&= \hat{T}^{-1}(TW)^k(TW)^l(TW)^lT \\
&= \hat{T}^{-1}(TW)^lT(WT)^k(WT)^l \\
&= T(WT)^k(WT)^l \\
&= (TW)^{k+l}T.
\end{aligned}
$$

因对任意 $l \geqslant 0$, 有 $\mathcal{R}((TW)^{k+l+2}) = \mathcal{R}((TW)^k)$ 和 $\mathcal{R}((WT)^{k+l+2}) = \mathcal{R}((WT)^k)$, 因此, 存在 $\xi \in X$ 使得 $x_0 = (WT)^{k+l+2}\xi$, 且 $\zeta \in Y$ 使得 $y_0 = (TW)^{k+l+2}\zeta$. 注意到 $Q = (TW)^{k+}(TW)^k = (TW)^k(TW)^{k+}$ 是沿着 $\mathcal{R}((TW)^k)$ 的投影, 则

$$
\begin{aligned}
(TW)^{k+1}XWy &= (TW)^{k+1}XW(y_0 + y_1) \\
&= (TW)^{k+1}XWy_0 \\
&= (TW)^{k+1}XW(TW)^{k+l+2}\zeta \\
&= (TW)^{k+1}(TW)^{k+l}TW\zeta \\
&= (TW)^k(TW)^{k+l+2}\zeta \\
&= (TW)^ky,
\end{aligned}
$$

$$
\begin{aligned}
XWTWXx &= XWTWXx_0 \\
&= XWTWX(WT)^{k+l+2}\xi \\
&= XWTW(TW)^{k+l}T\xi \\
&= X(WT)^{k+l+2}\xi \\
&= Xx
\end{aligned}
$$

和

$$
\begin{aligned}
TWXx &= TW(TW)^{k+l}T\xi \\
&= (TW)^{k+l}TWT\xi \\
&= X(WT)^{k+l+2}WT\xi \\
&= XWTx.
\end{aligned}
$$

因此, $X = T^{\mathrm{D},W}$.

进一步, 若 $\mathcal{R}((TW)^k)$ 是闭的, 则根据 Banach 可逆算子理论, $\hat{T}^{-1} : \mathcal{R}(T(WT)^k)$ $\to \mathcal{R}(T(WT)^k)$ 是线性有界的, 且 $(TW)^{\mathrm{D}} \in \mathcal{B}(Y)$. 由于 $(WT)^{\mathrm{D}} = W(TW)^{\mathrm{D}}T \in$ $\mathcal{B}(X)$, 所以 $T^{\mathrm{D},W} = T((WT)^{\mathrm{D}})^2 \in \mathcal{B}(X, Y)$.

当式 (3.3.6) 中 $W = I$ 时, 限制条件 $k + l \geqslant 2$ 可改进为 $k + l \geqslant 1$, 即在 $W = I$ 的情况下, 当 $l = 0$ 和 $k = 1$ 时, 式 (3.3.6) 成立. 事实上, 当 $l = 0$ 时, $T^{\mathrm{D},W} = T^{\mathrm{D}} = T^{k+}T^{k-2}T$ 成立. 其至由于 $T\mid_{\mathcal{R}(T)}$ 是可逆的, 则 $k = 1$.

推论 3.3.7[150]　设 X 是 Banach 空间, $T \in \mathcal{B}(X)$ 且 $\mathrm{ind}(T) = k(k \geqslant 1)$, 则 T^{D} 存在且有下列表示:

$$T^{\mathrm{D}} = \hat{T}^{-1}T^{k+}T^{k-1+l}. \tag{3.3.10}$$

此时, l 是任意非负整数, $\hat{T} = T^l\mid_{\mathcal{R}(T^k)}$ 是 T^l 在 $\mathcal{R}(T^k)$ 上的限制, T^{k+} 是 T^k 的线性斜投影广义逆. 进一步, 若 $\mathcal{R}(T^k)$ 是闭的, 那么 $T^{\mathrm{D}} \in \mathcal{B}(X)$.

推论 3.3.8　设 X, Y 是 Banach 空间, $T \in \mathcal{B}(X, Y)$, $W \in \mathcal{B}(Y, X)$ 且 $k = \max\{\mathrm{ind}(WT), \mathrm{ind}(TW)\} \geqslant 1$, 那么 $T^{\mathrm{D},W}$ 存在. 特别地, 分别取 $l = 0, 1, k+2$, 则

$$T^{\mathrm{D},W} = (TW)^{k+}(TW)^{k-2}T, \quad k \geqslant 2; \tag{3.3.11}$$

$$T^{\mathrm{D},W} = \{(TW)\mid_{\mathcal{R}[T(WT)^k]}\}^{-1}(TW)^{k+}(TW)^{k-1}T; \tag{3.3.12}$$

$$T^{\mathrm{D},W} = \{(TW)^{k+2}\mid_{\mathcal{R}[T(WT)^k]}\}^{-1}(TW)^kT. \tag{3.3.13}$$

3.4　算子广义逆 $A_{T,S}^{(2)}$ 的积分和极限表示

引理 3.4.1 [60,节4]　设 $A \in \mathcal{B}(X, Y)$, T 和 S 分别是 X 和 Y 的闭子空间, 则下列陈述等价:

(1) A 有一个 {2}-逆 $X \in \mathcal{B}(Y, X)$ 使得 $\mathcal{R}(X) = T$ 和 $\mathcal{N}(X) = S$;

(2) T 是 X 的补子空间, $A\mid_T : T \to A(T)$ 是可逆的且 $A(T) \oplus S = Y$.

在这种情况下, (1) 或者 (2) 成立, X 唯一且被定义为 $A_{T,S}^{(2)}$.

注记 3.4.2　$A\mid_T : T \to A(T)$ 是可逆的当且仅当 $\mathcal{N}(A) \cap T = \{0\}$.

若 $A_{T,S}^{(2)}$ 存在, 那么根据引理 3.4.1, 对一些 X 的子空间 T_1, 有 $X = T \oplus T_1$ 且我们将 A 写成如下矩阵形式:

$$A = \begin{pmatrix} A_1 & A_2 \\ 0 & A_3 \end{pmatrix} : \begin{pmatrix} T \\ T_1 \end{pmatrix} \to \begin{pmatrix} A(T) \\ S \end{pmatrix}, \tag{3.4.1}$$

其中 $A_1 \in \mathcal{B}(T, A(T))$ 可逆. 因此 $A_{T,S}^{(2)}$ 的矩阵形式是

$$A_{T,S}^{(2)} = \begin{pmatrix} A_1^{-1} & 0 \\ 0 & 0 \end{pmatrix} : \begin{pmatrix} A(T) \\ S \end{pmatrix} \to \begin{pmatrix} T \\ T_1 \end{pmatrix}. \tag{3.4.2}$$

根据 $\mathcal{R}(G) = T$ 和 $\mathcal{N}(G) = S$, G 有以下矩阵形式:

$$G = \begin{pmatrix} G_1 & 0 \\ 0 & 0 \end{pmatrix} : \begin{pmatrix} A(T) \\ S \end{pmatrix} \to \begin{pmatrix} T \\ T_1 \end{pmatrix}, \tag{3.4.3}$$

其中 $G_1 : A(T) \to T$ 可逆.

在文献 [77] 中, 对于 Banach 代数上的一个元素 a, 文献给出了一个积分式

$$a^{-1} = -\int_0^\infty \exp(at) \mathrm{d}t, \tag{3.4.4}$$

且 a 的非零谱位于左开半复平面, 当 $t \to \infty$ 时, $\exp(at)$ 收敛.

如下定理给出了一个简单的方法来判断 $A \in \mathcal{B}(X,Y)$ 广义逆 $A_{\mathcal{R}(G), \mathcal{N}(G)}^{(2)}$ 的存在性.

定理 3.4.3　设 $A \in \mathcal{B}(X, Y)$ 和 $G \in \mathcal{B}(Y, X)$ 且有闭值域 $\mathcal{R}(G)$ 和零空间 $\mathcal{N}(G)$, 则下列陈述等价:

(1) $A_{\mathcal{R}(G), \mathcal{N}(G)}^{(2)}$ 存在;

(2) $(AG)^{(1,5)}$ 存在且 $\mathcal{N}(A) \cap \mathcal{R}(G) = \{0\}$;

(3) $(GA)^{(1,5)}$ 存在且 $\mathcal{R}(G) = \mathcal{R}(GA)$.

在这种情况下, GAG 的 $\{1\}$-逆存在, 且

$$A_{\mathcal{R}(G), \mathcal{N}(G)}^{(2)} = G(AG)^{(1,5)} = (GA)^{(1,5)}G \tag{3.4.5}$$

$$= G(GAG)^{(1)}G. \tag{3.4.6}$$

证明　(1) $\Rightarrow$ (2): 根据 [60], $(AG)^{\#}$ 存在, 则 $(AG)^{(1,5)}$ 存在. 根据引理 3.4.1 和注记 3.4.2, 我们有 $\mathcal{N}(A) \cap \mathcal{R}(G) = \{0\}$.

(2) $\Rightarrow$ (3): 由于 $(AG)^{(1,5)}$ 存在, $A(GAG(AG)^{(1,5)} - G) = 0$, 则有

$$\mathcal{R}(GAG(AG)^{(1,5)} - G) \subset \mathcal{N}(A) \cap \mathcal{R}(G) = \{0\}.$$

因此

$$G = GAG(AG)^{(1,5)}. \tag{3.4.7}$$

于是 $\mathcal{R}(G) = \mathcal{R}(GAG(AG)^{(1,5)}) \subset \mathcal{R}(GA) \subset \mathcal{R}(G)$, 则 $\mathcal{R}(G) = \mathcal{R}(GA)$.

根据 (3.4.7), 显然 $G[(AG)^{(1,5)}]^2 A$ 是 GA 的 $\{1, 5\}$-逆.

(3) ⇒ (1): 因 $(GA)^{(1,5)}$ 存在, $GA(GA(GA)^{(1,5)}G - G) = 0$, 则

$$\mathcal{R}(GA(GA)^{(1,5)}G - G) \subset \mathcal{N}(GA) \cap \mathcal{R}(G) = \mathcal{N}(GA) \cap \mathcal{R}(GA).$$

显然可得 $\mathcal{N}(GA) \cap \mathcal{R}(GA) = \{0\}$. 即, 对所有 $x \in \mathcal{N}(GA) \cap \mathcal{R}(GA)$, $GAx = 0$ 和对一些 $y \in X$, 有 $x = GAy$. 因此

$$x = GAy = (GA)^{(1,5)}(GA)^2 y = (GA)^{(1,5)}(GA)x = 0.$$

于是

$$G = GA(GA)^{(1,5)}G. \tag{3.4.8}$$

设 $W = (GA)^{(1,5)}G$. 我们很容易证明引理 3.4.1(2) 是满足的. 显然, $WAW = W$. 利用 (3.4.8), 有

$$\begin{aligned}
\mathcal{R}(G) &= \mathcal{R}(GA(GA)^{(1,5)}G) \\
&= \mathcal{R}((GA)^{(1,5)}GAG) \subset \mathcal{R}((GA)^{(1,5)}G) \\
&= \mathcal{R}(GA((GA)^{(1,5)})^2 G) \subset \mathcal{R}(G)
\end{aligned}$$

和

$$\mathcal{N}(G) \subset \mathcal{N}((GA)^{(1,5)}G) \subset \mathcal{N}((GA)(GA)^{(1,5)}G) = \mathcal{N}(G).$$

因此, 我们得到 $\mathcal{R}(G) = \mathcal{R}(W)$ 和 $\mathcal{N}(G) = \mathcal{N}(W)$. 于是引理 3.4.1 的陈述 (1) 成立. 因此, $A^{(2)}_{\mathcal{R}(G),\mathcal{N}(G)}$ 存在且 $A^{(2)}_{\mathcal{R}(G),\mathcal{N}(G)} = (GA)^{(1,5)}G$.

由于

$$\begin{aligned}
G(AG)^{(1,5)} &= (GA)^{(1,5)}GAG(AG)^{(1,5)} \\
&= [(GA)^{(1,5)}]^2 (GA)^2 G(AG)^{(1,5)} \\
&= [(GA)^{(1,5)}]^2 GAG = (GA)^{(1,5)}G,
\end{aligned}$$

所以 (3.4.5) 成立.

接下来我们要证明 (3.4.6). 因 $(GA)^{(1,5)}$ 存在, $A[(GA)^{(1,5)}]^2$ 是 GAG 的 {1}-逆, 那么 GAG 是正则的. 因此, 有

$$AG(GAG)^{(1)}GAG = (AG)^{(1,5)}A(GAG(GAG)^{(1)}GAG) = (AG)^{(1,5)}AGAG = AG.$$

于是

$$\mathcal{R}(G(GAG)^{(1)}GAG - G) \subset \mathcal{N}(A) \cap \mathcal{R}(G) = \{0\}.$$

那么

$$G(GAG)^{(1)}GAG = G. \tag{3.4.9}$$

设 $W = G(GAG)^{(1)}G$. 显然, $WAW = W$. 利用 (3.4.7) 和 (3.4.9), 有

$$\mathcal{R}(W) \subset \mathcal{R}(G) = \mathcal{R}(G(GAG)^{(1)}GAG) \subset \mathcal{R}(W)$$

和

$$\begin{aligned}
\mathcal{N}(W) &= \mathcal{N}(G(GAG)^{(1)}GAG(AG)^{(1,5)}) \\
&\subset \mathcal{N}(GAG(GAG)^{(1)}GAG(AG)^{(1,5)}) \\
&= \mathcal{N}(G) \subset \mathcal{N}(W),
\end{aligned}$$

于是 $\mathcal{R}(W) = \mathcal{R}(G)$ 和 $\mathcal{N}(W) = \mathcal{N}(G)$. 因此, 根据引理 3.4.1 可知 (3.4.6) 成立.

注记 3.4.4 上述结果改进了文献 [153], 即, $A_{T,S}^{(2)} = (GA)^{\#}G = G(AG)^{\#}$, 这去掉了 GA 或者 AG 群可逆的存在性.

定理 3.4.5 设 $A \in \mathcal{B}(X,Y)$, T 和 S 分别是 X 和 Y 的闭子空间. 假设 $U \in \mathcal{B}(Z,X)$ 且 $\mathcal{R}(U) = T$ 和 $V \in \mathcal{B}(Y,Z)$ 且 $\mathcal{N}(V) = S$, 那么下列陈述等价:

(1) $A_{T,S}^{(2)}$ 存在且 $\mathcal{N}(U) \cap \mathcal{R}(V) = \{0\}$;

(2) $(VAU)|_{\mathcal{R}(V)}$ 可逆.

在这种情况下,

$$A_{T,S}^{(2)} = U(VAU)^{-1}V. \tag{3.4.10}$$

证明 (1) $\Rightarrow$ (2): 假设 $x \in \mathcal{R}(V)$, 假设 $VAUx = 0$, 那么 $x = Vy$. 根据引理 3.4.1, 有

$$AUx \in \mathcal{R}(AU) \cap \mathcal{N}(V) = A\mathcal{R}(U) \cap S = A(T) \cap S = \{0\},$$

则 $AUx = 0$. 因 $A|_T$ 是可逆的且 $\mathcal{R}(U) = T$, 所以有 $UVy = Ux = 0$, 因 $\mathcal{N}(U) \cap \mathcal{R}(V) = \{0\}$, 则 $y = 0$. 因此, (2) 成立.

(2) $\Rightarrow$ (1): 假设 $x \in \mathcal{N}(U) \cap \mathcal{R}(V)$, 那么 $Ux = 0$ 和 $x \in \mathcal{R}(V)$, 于是 $x = (VAU)^{-1}VAUx = 0$, 即 $\mathcal{N}(U) \cap \mathcal{R}(V) = \{0\}$.

定义 $X = U(VAU)^{-1}V$. 显然, $XAX = X$. 由于

$$\mathcal{R}(X) \subseteq \mathcal{R}(U) = \mathcal{R}(U(VAU)^{-1}VAU) \subseteq \mathcal{R}(X),$$

$$\mathcal{N}(X) \subseteq \mathcal{N}(VAX) = \mathcal{N}(V) \subseteq \mathcal{N}(X),$$

所以有 $\mathcal{R}(X) = \mathcal{R}(U) = T$ 和 $\mathcal{N}(X) = \mathcal{N}(V) = S$. 因此, 根据引理 3.4.1, 可知 $X = A_{T,S}^{(2)}$.

因此 (1) 成立.

注记 3.4.6 当 $Z = T$, $U = I|_T$ 和 $V = G$ 且 $\mathcal{R}(G) = T$ 时, 我们有 $A_{T,S}^{(2)} = (GA)^{-1}G$, 即有 [60] 中的相应结果.

我们考虑广义逆 $A_{T,S}^{(2)}$ 在 Banach 空间上的积分表达式.

定理 3.4.7　　设 $A \in \mathcal{B}(X,Y)$, T 和 S 分别是 X 和 Y 的闭子空间. 假设 $U \in \mathcal{B}(Z,X)$ 且 $\mathcal{R}(U) = T$ 和 $V \in \mathcal{B}(Y,Z)$ 且 $\mathcal{N}(V) = S$. 假设 $(VAU)\big|_{\mathcal{R}(V)}$ 是可逆的且 VAU 的非零谱位于左开半平面, 则

$$A^{(2)}_{T,S} = -\int_0^\infty U \exp(VAUt)V\,\mathrm{d}t. \tag{3.4.11}$$

证明　　根据定理 3.4.5 和 (3.4.4), 有

$$A^{(2)}_{T,S} = U(VAU)^{-1}V = -\int_0^\infty U \exp(VAUt)V\mathrm{d}t.$$

利用注记 3.4.6, 我们有下列推论.

推论 3.4.8　　设 $A \in \mathcal{B}(X,Y)$ 和 $G \in \mathcal{B}(Y,X)$ 且有闭值域 $\mathcal{R}(G)$ 和零空间 $\mathcal{N}(G)$. 假设广义逆 $A^{(2)}_{\mathcal{R}(G),\mathcal{N}(G)}$ 存在. 若 GA 的非零谱位于左开半平面, 则

$$A^{(2)}_{T,S} = -\int_0^\infty \exp(GAt)G\mathrm{d}t. \tag{3.4.12}$$

注记 3.4.9　　设 $G = A^*$ 是 Hilbert 空间, 有 (3.4.1). 取 $G = A^k$, $k = \mathrm{ind}(A)$, 得到 (3.4.2); 选择 $G = T(WT)^k$, $k = \max\{\mathrm{ind}(WT), \mathrm{ind}(TW)\}$, 且用 WTW 代替 A, 由于 $T^{\mathrm{D},W} = (WTW)^{(2)}_{\mathcal{R}(T(WT)^k),\mathcal{N}(T(WT)^k)}$, 得到 (3.4.3).

现在, 我们将考虑广义逆 $A^{(2)}_{T,S}$ 的另外一个积分表示. 首先, 需要以下引理.

引理 3.4.10(见 [133], 引理 10.24)　　假设 $\mathcal{A}$ 是 Banach 代数, $x \in \mathcal{A}, \alpha \in \mathbb{C}, \alpha \notin \sigma(x), \Omega$ 是 $\mathbb{C}$ 上 α 的补, 且在 Ω 上, Γ 围绕着 $\sigma(x)$, 那么

$$\frac{1}{2\pi\mathrm{i}}\int_\Gamma (\alpha - \lambda)^n (\lambda e - x)^{-1}\mathrm{d}\lambda = (\alpha e - x)^n \quad (n \in \mathbb{Z}), \tag{3.4.13}$$

其中 e 是 $\mathcal{A}$ 上的单位元素且 $\mathrm{i} = \sqrt{-1}$.

根据引理 3.4.10 和定理 3.4.5, 有下列定理.

定理 3.4.11　　设 $A \in \mathcal{B}(X,Y)$, T 和 S 分别是 X 和 Y 的闭子空间. 假设 $U \in \mathcal{B}(Z,X)$ 且 $\mathcal{R}(U) = T$ 和 $V \in \mathcal{B}(Y,Z)$ 且 $\mathcal{N}(V) = S$. 假设 $(VAU)\big|_{\mathcal{R}(V)}$ 可逆, 那么

$$A^{(2)}_{T,S} = \frac{1}{2\pi\mathrm{i}}\int_\Gamma \frac{1}{\lambda}U(\lambda I - VAU)^{-1}V\mathrm{d}\lambda, \tag{3.4.14}$$

其中 Γ 是一条 VAU 包含非零点的谱的封闭轮廓曲线, 但并没有包含 VAU 的谱的零点.

定理 3.4.12 设 $A \in \mathcal{B}(X, Y)$, T 和 S 分别是 X 和 Y 的闭子空间. 设 $G \in \mathcal{B}(Y, X)$ 且 $\mathcal{R}(G) = T$ 和 $\mathcal{N}(G) = S$. 假设广义逆 $A_{T,S}^{(2)}$ 存在, 那么

$$A_{T,S}^{(2)} = \frac{1}{2\pi i} \int_{\Gamma} \frac{1}{\lambda} (\lambda I - GA)^{-1} G d\lambda \tag{3.4.15}$$

$$= \frac{1}{2\pi i} \int_{\Gamma'} \frac{1}{\lambda} G(\lambda I - AG)^{-1} d\lambda, \tag{3.4.16}$$

其中 Γ 和 Γ' 分别是 GA 和 AG 包含非零点的谱的封闭轮廓曲线, 但并没有包含 GA 和 AG 的谱的零点.

证明 在定理 3.4.11 中, 设 $Z = T, U = I \in \mathcal{B}(T, X)$ 和 $V = G$, 有

$$\mathcal{N}(U) \cap \mathcal{R}(V) = \mathcal{N}(I) \cap \mathcal{R}(G) = \{0\}.$$

因此, 根据定理 3.4.3 和定理 3.4.6, 则 (3.4.15) 成立.

在定理 3.4.11 中取 $Z = Y, U = G$ 和 $V \in \mathcal{B}(Y, Y)$ 且 $V\big|_{A(T)} = I$ 和 $V|_S = 0$, 根据引理 3.4.1, 有

$$\mathcal{N}(U) \cap \mathcal{R}(V) = \mathcal{N}(G) \cap A(T) = S \cap A(T) = \{0\},$$

因此 (3.4.16) 成立.

注记 3.4.13 若 $G = A^*$ 或者 A^k, 那么分别得到了文献 [25] 中 Moore-Penrose 逆和文献 [26] 中 Drazin 逆的特殊例子.

$$A^D = \frac{1}{2\pi i} \int_{\Gamma} \frac{1}{\lambda} (\lambda I - A)^{-1} d\lambda,$$

其中 0 是 $(\lambda I - A)^{-1}$ 的 k 阶极点, $k = \mathrm{ind}(A)$.

定理 3.4.12 和推论 3.4.8 是利用谱限制得到的结论. 我们希望找到没有谱限制的积分表达式. 利用 [162] 和 [179], 我们在 Hilbert 空间上导出了没有这种限制的定理.

定理 3.4.14 设 $A \in \mathcal{B}(H_1, H_2)$ 和 $G \in \mathcal{B}(H_2, H_1)$ 且有闭值域 $\mathcal{R}(G)$. 假设广义逆 $A_{\mathcal{R}(G), \mathcal{N}(G)}^{(2)}$ 存在, 则

$$A_{T,S}^{(2)} = -\int_0^\infty \exp[G(GAG)^* GAt] G(GAG)^* G dt. \tag{3.4.17}$$

证明 根据文献 [179, 定理 2], 有

$$A_{\mathcal{R}(G), \mathcal{N}(G)}^{(2)} = \widetilde{A}^{-1} G(GAG)^* G,$$

其中 $\widetilde{A} = [G(GAG)^* GA]\big|_{\mathcal{R}(G)}$.

根据文献 [6, 定理 3], $\sigma(G(GAG)^*GA)\backslash\{0\} = \sigma((GAG)^*GAG)\backslash\{0\}$. 因此 $\sigma(G(GAG)^*GA)$ 是非负的. 于是, 由于 $\widetilde{A}$ 是非奇异, 所以它的谱是正的. 因此有

$$A_{T,S}^{(2)} = \widetilde{A}^{-1}G(GAG)^*G = -\int_0^\infty \exp(G(GAG)^*GAt)G(GAG)^*G\mathrm{d}t.$$

注记 3.4.15 上述定理延伸了文献 [162, 定理 2.2] 的结论.

下面将证明广义逆 $A_{T,S}^{(2)}$ 在 Banach 空间上的极限表达式. 我们需要下列的标记和引理.

设 $\mathcal{A}$ 是 Banach 代数. $a \in \mathcal{A}$, iso $\sigma(a)$ 和 acc $\sigma(a)$ 分别定义为 a 的所有孤立谱点的集合和 $\sigma(a)$ 的所有聚点的集合.

引理 3.4.16[77] 设 $0 \in$ iso $\sigma(a)$, 那么在这 $0 < |\lambda| < r$ 上,

$$(\lambda e + a)^{-1} = \sum_{n=1}^\infty (-1)^{n-1}\lambda^{-n}a^{n-1}(e - ab) + \sum_{n=0}^\infty (-1)^n \lambda^n b^{n+1}, \qquad (3.4.18)$$

其中 $b = (a + p)^{-1}(e - p)$.

引理 3.4.17 设 $\mathcal{A}$ 是 Banach 代数, 那么 $a \in \mathcal{A}$ 是可逆的当且仅当 $0 \notin$ acc $\sigma(a)$ 和 $\lim_{\lambda \to 0}(\lambda e + a)^{-1}$ 存在.

在这种情况下, $\lim_{\lambda \to 0}(\lambda e + a)^{-1} = a^{-1}$.

证明 假设 a 是可逆的, 则

$$(\lambda e + a)^{-1} = (e + \lambda a^{-1})^{-1}a^{-1} = \sum_{n=0}^\infty (-1)^n \lambda^n a^{-n-1}$$

和 $0 \in \rho(a)$. 因 $\sigma(a)$ 是闭的, 故有 $0 \notin$ acc $\sigma(a)$, 那么

$$\lim_{\lambda \to 0}(\lambda e + a)^{-1} = a^{-1}.$$

相反地, 假设 $\lim_{\lambda \to 0}(\lambda e + a)^{-1}$ 存在且 $0 \notin$ acc $\sigma(a)$. 由于 $\sigma(a)$ 是闭的, $0 \in \rho(a)$ 或 $0 \in$ iso $\sigma(a)$. 假设 a 是不可逆的, 那么 $0 \in$ iso $\sigma(a)$. 因此, 根据引理 3.4.16 和 [77, 定理 4.2], 有

$$(\lambda e + a)^{-1} = \sum_{n=1}^\infty (-1)^{n-1}\lambda^{-n}a^{n-1}(e - ab) + \sum_{n=0}^\infty (-1)^n \lambda^n b^{n+1},$$

其中 $b = (a + p)^{-1}(e - p)$ 是 a 的 Drazin 逆. 于是, $\lim_{\lambda \to 0}(\lambda e + a)^{-1}$ 存在当且仅当 $e = ab$. 因此, $ba = e$, 即 b 是 a 的逆, 与题设相矛盾.

定理 3.4.18 设 $A \in \mathcal{B}(X,Y)$, T 和 S 分别是 X 和 Y 的闭子空间. 假设 $U \in \mathcal{B}(Z,X)$ 且 $\mathcal{R}(U) = T$ 和 $V \in \mathcal{B}(Y,Z)$ 且 $\mathcal{N}(V) = S$, 那么下列陈述等价:

(1) $A_{T,S}^{(2)}$ 存在且 $\mathcal{N}(U) \cap \mathcal{R}(V) = \{0\}$;

(2) $\lim_{\lambda \to 0} (\lambda I + VAU)^{-1}$ 存在且 $0 \notin \mathrm{acc}\,\sigma(VAU)$.

在这种情况下,

$$A_{T,S}^{(2)} = \lim_{\lambda \to 0} U(\lambda I + VAU)^{-1}V. \tag{3.4.19}$$

在定理 3.4.18 中, 选择 $U = I_T$ 和 $V = G$ 且 $\mathcal{R}(G) = T$, 有下列推论.

推论 3.4.19 设 $A \in \mathcal{B}(X,Y)$, T 和 S 分别是 X 和 Y 的闭子空间. 假设 $G \in \mathcal{B}(Y,X)$ 且 $\mathcal{R}(G) = T$ 和 $\mathcal{N}(G) = S$, 那么下列陈述等价:

(1) $A_{T,S}^{(2)}$ 存在;

(2) $\lim_{\lambda \to 0} (\lambda I + GA)^{-1}$ 存在且 $0 \notin \mathrm{acc}\,\sigma(GA)$.

在这种情况下,

$$A_{T,S}^{(2)} = \lim_{\lambda \to 0} (\lambda I + GA)^{-1}G. \tag{3.4.20}$$

定理 3.4.20 设 $A \in \mathcal{B}(X,Y)$. 假设 T 和 S 分别是 X 和 Y 的子空间, 使得 $A_{T,S}^{(2)}$ 存在. 若 $G \in \mathcal{B}(Y,X)$ 且 $\mathcal{R}(G) = T$ 和 $\mathcal{N}(G) = S$, 那么存在唯一的算子 $W \in \mathcal{B}(X)$ 使得

$$GAW = 0, \quad WGA = 0, \quad W^2 = W, \quad GA + W \text{ 可逆} \tag{3.4.21}$$

和唯一的算子 $F \in \mathcal{B}(Y)$ 使得

$$FAG = 0, \quad AGF = 0, \quad F^2 = F, \quad AG + F \text{ 可逆}. \tag{3.4.22}$$

进一步, 有

$$W = I - A_{T,S}^{(2)}A, \quad F = I - AA_{T,S}^{(2)} \tag{3.4.23}$$

和

$$A_{T,S}^{(2)} = (GA + W)^{-1}G = G(AG + F)^{-1}.$$

证明 为了找到 W 满足这个定理, 我们将 W 写成如下形式:

$$W = \begin{pmatrix} W_{11} & W_{12} \\ W_{21} & W_{22} \end{pmatrix}.$$

若 $A_{T,S}^{(2)}$ 存在, 则利用 (3.4.1) 和 (3.4.2), 计算

$$0 = WGA = \begin{pmatrix} W_{11} & W_{12} \\ W_{21} & W_{22} \end{pmatrix} \begin{pmatrix} G_1 & 0 \\ 0 & 0 \end{pmatrix} \begin{pmatrix} A_1 & A_2 \\ 0 & A_3 \end{pmatrix} = \begin{pmatrix} W_{11}G_1A_1 & W_{11}G_1A_2 \\ W_{21}G_1A_1 & W_{21}G_1A_2 \end{pmatrix}.$$

因此可得到 $W_{11} = 0$ 和 $W_{21} = 0$. 因为

$$0 = GAW = \begin{pmatrix} G_1 & 0 \\ 0 & 0 \end{pmatrix} \begin{pmatrix} A_1 & A_2 \\ 0 & A_3 \end{pmatrix} \begin{pmatrix} 0 & W_{12} \\ 0 & W_{22} \end{pmatrix} = \begin{pmatrix} 0 & G_1 A_1 W_{12} + G_1 A_2 W_{22} \\ 0 & 0 \end{pmatrix},$$

所以 $W_{12} = A_1^{-1} A_2 W_{22}$. 根据 $W^2 = W$, 有 $W_{22}^2 = W_{22}$, 因为

$$GA + W = \begin{pmatrix} G_1 A_1 & G_1 A_2 + W_{12} \\ 0 & W_{22} \end{pmatrix}$$

是可逆的, 那么 $W_{22} = I$. 因此, $W_{12} = -A_1^{-1} A_2$ 和

$$W = \begin{pmatrix} 0 & -A_1^{-1} A_2 \\ 0 & I \end{pmatrix}$$

是根据 A 确定的唯一算子, 且

$$(GA + W)^{-1} = \begin{pmatrix} (G_1 A_1)^{-1} & -(G_1 A_1)^{-1}(G_1 A_2 - A_1^{-1} A_2) \\ 0 & I \end{pmatrix}.$$

根据上述讨论, 显然, $W = I - A_{T,S}^{(2)} A$ 和 $A_{T,S}^{(2)} = (GA + W)^{-1} G$.

利用相同的方法, 有

$$F = \begin{pmatrix} 0 & 0 \\ 0 & I \end{pmatrix},$$

$F = I - A A_{T,S}^{(2)}$ 和 $A_{T,S}^{(2)} = G(AG + F)^{-1}$.

事实上, 若 (3.4.21) 和 (3.4.22) 成立, 那么 $GA - W$ 和 $AG - F$ 也是可逆的, 且相反地, 有

$$A_{T,S}^{(2)} = (GA - W)^{-1} G = G(AG - F)^{-1}.$$

推论 3.4.21 若定理 3.4.20 中的 (3.4.21) 和 (3.4.22) 成立, 那么

(1) $A_{T,S}^{(2)} = (GA + W)^{-1} G(I - F)$;

(2) $A_{T,S}^{(2)} = (GA - W)^{-1} G(I - F)$;

(3) $A_{T,S}^{(2)} = (I - W) G(AG + F)^{-1}$;

(4) $A_{T,S}^{(2)} = (I - W) G(AG - F)^{-1}$.

推论 3.4.22 设 $A \in \mathcal{B}(X)$ 且 $\mathrm{ind}(A) = k$, 那么存在唯一的算子 $W \in \mathcal{B}(X)$ 使得

$$A^k W = 0, \quad W A^k = 0, \quad W^2 = W, \quad A^k + W \text{ 可逆}.$$

进一步, 有 $W = I - A A^{\mathrm{D}}$ 和

$$A^{\mathrm{D}} = (A^{k+1} + W)^{-1} A^k = A^k (A^{k+1} + W)^{-1}.$$

推论 3.4.23 设 H_1 和 H_2 是 Hilbert 空间. 假设 $A \in \mathcal{B}(H_1, H_2)$ 是一个闭值域算子, 那么存在唯一算子 $W \in \mathcal{B}(H_1)$ 使得

$$AW = 0, \quad W^* = W, \quad W^2 = W, \quad A^*A + W \text{ 可逆}$$

和唯一算子 $F \in \mathcal{B}(H_2)$ 使得

$$FA = 0, \quad F^* = F, \quad F^2 = F, \quad AA^* + F \text{ 可逆}.$$

进一步, 有

$$W = I - A^\dagger A, \quad F = I - AA^\dagger$$

和

$$A^\dagger = (A^*A + W)^{-1}A^* = A^*(AA^* + F)^{-1}.$$

{1}-逆的情况类似. 众所周知, A 是正则的当且仅当 $\mathcal{R}(A)$ 和 $\mathcal{N}(A)$ 是闭的且分别是 Y 和 X 的补子空间 (见文献 [28]). 在这种情况下, AB 是从 Y 到 $\mathcal{R}(A)$ 的投影和 $I - BA$ 是从 X 到 $\mathcal{N}(A)$ 的投影. 定义 $T = \mathcal{R}(BA)$ 和 $S = \mathcal{N}(AB)$. 现在, 我们有分解式 $X = T \oplus \mathcal{N}(A)$ 和 $Y = \mathcal{R}(A) \oplus S$, 且相反地, A 有下列矩阵形式:

$$A = \begin{pmatrix} A_1 & 0 \\ 0 & 0 \end{pmatrix} : \begin{pmatrix} T \\ \mathcal{N}(A) \end{pmatrix} \to \begin{pmatrix} \mathcal{R}(A) \\ S \end{pmatrix}, \tag{3.4.24}$$

其中 $A_1 \in \mathcal{B}(T, \mathcal{R}(A))$ 是可逆的. 因 AB 是使与 S 平行从 Y 到 $\mathcal{R}(A)$ 的投影, 且 BA 是使与 T 平行从 X 到 $\mathcal{N}(A)$ 的投影. 对任意 $M \in \mathcal{B}(S, \mathcal{N}(A))$, 得到 B 一定有下列矩阵表示:

$$B = A_{T,S,M}^{(1)} = \begin{pmatrix} A_1^{-1} & 0 \\ 0 & M \end{pmatrix} : \begin{pmatrix} \mathcal{R}(A) \\ S \end{pmatrix} \to \begin{pmatrix} T \\ \mathcal{N}(A) \end{pmatrix}. \tag{3.4.25}$$

显然, $A_{T,S,M}^{(1)}$ 是根据子空间 T, S 和 $M \in \mathcal{B}(S, \mathcal{N}(A))$ 唯一确定的. 进一步, 当 $M = 0$ 时, B 也是 A 的 {2}-逆, 即 $A_{T,S,0}^{(1)} = A_{T,S}^{(1,2)}$ (见文献 [56]).

众所周知, 对于子空间 T 和 S 的特别选择, $A^\dagger$ 是 A 的特殊 {1}-逆且因在 Hilbert 空间上 $M = 0$.

定理 3.4.24 设 $A \in \mathcal{B}(X, Y)$ 是一个正则算子, 且 $B \in \mathcal{B}(Y, X)$ 是 A 的 {1}-逆. 假设 T 和 S 分别是 X 和 Y 的子空间, 使得 $T = \mathcal{R}(BA)$ 和 $S = \mathcal{N}(AB)$. 若 $G \in \mathcal{B}(Y, X)$ 且 $\mathcal{R}(G) = T$ 和 $\mathcal{N}(G) = S$, 那么存在唯一的算子 $W \in \mathcal{B}(X)$ 使得

$$GAW = 0, \quad WGA = 0, \quad W^2 = W, \quad GA + W \text{ 可逆}, \tag{3.4.26}$$

唯一的算子 $F \in \mathcal{B}(Y)$ 使得

$$FAG = 0, \quad AGF = 0, \quad F^2 = F, \quad AG + F \text{ 可逆}. \tag{3.4.27}$$

进一步, 有

$$W = I - A_{T,S,M}^{(1)}A, \quad F = I - AA_{T,S,M}^{(1)} \tag{3.4.28}$$

和

$$A_{T,S,M}^{(1)} = (GA + W)^{-1}G = G(AG + F)^{-1}.$$

例 3.4.25　设

$$A = \begin{pmatrix} 1 & 0 & 3 & 0 \\ 0 & -2 & 0 & 1 \\ 1 & 0 & 2 & 0 \\ 0 & 0 & -1 & 0 \end{pmatrix} \in \mathbb{R}_3^{4 \times 4},$$

$S = \mathcal{R}((-6, 11, -9, 4)^{\mathrm{T}}) \subset \mathbb{R}^4, T = \mathcal{R}(H) \subset \mathbb{R}^4,$ 其中, $H = \begin{pmatrix} 2 & 3 & 5 \\ 3 & 4 & 6 \\ 3 & 1 & 1 \\ 1 & 1 & 1 \end{pmatrix}.$

取

$$U = \begin{pmatrix} 6 & 0 & -6 \\ 7 & 2 & -1 \\ 4 & 5 & 0 \\ 1 & 2 & 5 \end{pmatrix}, \quad V = \begin{pmatrix} 2 & 3 & 5 & 6 \\ 3 & 1 & 1 & 4 \\ 1 & 1 & 1 & 1 \end{pmatrix},$$

且 $\mathcal{N}(U) = \{0\}, \mathcal{R}(U) = T$ 和 $\mathcal{N}(V) = S$, 那么

$$VAU = \begin{pmatrix} 43 & 44 & -21 \\ 39 & 33 & -17 \\ 15 & 18 & -5 \end{pmatrix}$$

和

$$\mathrm{rank}(VAU) = 3.$$

因此, 根据定理 3.4.5, $A_{T,S}^{(2)}$ 存在. 我们计算

$$\lambda I - VAU = \begin{pmatrix} \lambda - 43 & -44 & 21 \\ -39 & \lambda - 33 & 17 \\ -15 & -18 & \lambda + 5 \end{pmatrix},$$

$$\lambda I + VAU = \begin{pmatrix} \lambda + 43 & 44 & -21 \\ 39 & \lambda + 33 & -17 \\ 15 & 18 & \lambda - 5 \end{pmatrix}.$$

于是

$$(\lambda I - VAU)^{-1}$$

$$= \begin{pmatrix} \dfrac{141 - 28\lambda + \lambda^2}{924 - 56\lambda - 71\lambda^2 + \lambda^3} & \dfrac{-158 + 44\lambda}{924 - 56\lambda - 71\lambda^2 + \lambda^3} & \dfrac{55 + 21\lambda}{924 - 56\lambda - 71\lambda^2 + \lambda^3} \\[3mm] \dfrac{-60\lambda + 39\lambda}{924 - 56\lambda - 71\lambda^2 + \lambda^3} & \dfrac{100 - 38\lambda + \lambda^2}{924 - 56\lambda - 71\lambda^2 + \lambda^3} & \dfrac{88 + 17\lambda}{924 - 56\lambda - 71\lambda^2 + \lambda^3} \\[3mm] \dfrac{207 + 15\lambda}{924 - 56\lambda - 71\lambda^2 + \lambda^3} & \dfrac{-114 + 18\lambda}{924 - 56\lambda - 71\lambda^2 + \lambda^3} & \dfrac{-297 - 76\lambda + \lambda^2}{924 - 56\lambda - 71\lambda^2 + \lambda^3} \end{pmatrix}$$

和

$$(\lambda I + VAU)^{-1}$$

$$= \begin{pmatrix} \dfrac{141 + 28\lambda + \lambda^2}{-924 - 56\lambda + 71\lambda^2 + \lambda^3} & \dfrac{-158 - 44\lambda}{-924 - 56\lambda + 71\lambda^2 + \lambda^3} & \dfrac{-55 + 21\lambda}{-924 - 56\lambda + 71\lambda^2 + \lambda^3} \\[3mm] \dfrac{60\lambda + 39\lambda}{-924 - 56\lambda + 71\lambda^2 + \lambda^3} & \dfrac{100 + 38\lambda + \lambda^2}{-924 - 56\lambda + 71\lambda^2 + \lambda^3} & \dfrac{-88 + 17\lambda}{-924 - 56\lambda + 71\lambda^2 + \lambda^3} \\[3mm] \dfrac{207 - 15\lambda}{-924 - 56\lambda + 71\lambda^2 + \lambda^3} & \dfrac{-114 - 18\lambda}{-924 - 56\lambda + 71\lambda^2 + \lambda^3} & \dfrac{-297 + 76\lambda + \lambda^2}{-924 - 56\lambda + 71\lambda^2 + \lambda^3} \end{pmatrix}.$$

根据定理 3.4.11, 有

$$A_{T,S}^{(2)} = \frac{1}{2\pi\mathrm{i}} \int_\Gamma \frac{1}{\lambda} U(\lambda I - VAU)^{-1} V \mathrm{d}\lambda$$

$$= \frac{1}{2\pi\mathrm{i}} \int_\Gamma \frac{1}{\lambda} \left(\begin{array}{cccc} \dfrac{-132 + 282\lambda + 6\lambda^2}{924 - 56\lambda - 71\lambda^2 + \lambda^3} & \dfrac{-288\lambda + 12\lambda^2}{924 - 56\lambda - 71\lambda^2 + \lambda^3} \\[3mm] \dfrac{-1320 + 271\lambda + 19\lambda^2}{924 - 56\lambda - 71\lambda^2 + \lambda^3} & \dfrac{924 - 290\lambda + 22\lambda^2}{924 - 56\lambda - 71\lambda^2 + \lambda^3} \\[3mm] \dfrac{-528 - 45\lambda + 23\lambda^2}{924 - 56\lambda - 71\lambda^2 + \lambda^3} & \dfrac{66\lambda + 17\lambda^2}{924 - 56\lambda - 71\lambda^2 + \lambda^3} \\[3mm] \dfrac{-1188 - 11\lambda + 13\lambda^2}{924 - 56\lambda - 71\lambda^2 + \lambda^3} & \dfrac{924 - 2\lambda + 10\lambda^2}{924 - 56\lambda - 71\lambda^2 + \lambda^3} \end{array} \right.$$

$$\left. \begin{array}{cc} \dfrac{-792 - 804\lambda + 24\lambda^2}{924 - 56\lambda - 71\lambda^2 + \lambda^3} & \dfrac{-1980 - 594\lambda + 30\lambda^2}{924 - 56\lambda - 71\lambda^2 + \lambda^3} \\[3mm] \dfrac{2244 - 556\lambda + 36\lambda^2}{924 - 56\lambda - 71\lambda^2 + \lambda^3} & \dfrac{528 - 47\lambda + 49\lambda^2}{924 - 56\lambda - 71\lambda^2 + \lambda^3} \\[3mm] \dfrac{528 + 232\lambda + 25\lambda^2}{924 - 56\lambda - 71\lambda^2 + \lambda^3} & \dfrac{396 + 273\lambda + 44\lambda^2}{924 - 56\lambda - 71\lambda^2 + \lambda^3} \\[3mm] \dfrac{3036 + 248\lambda + 12\lambda^2}{924 - 56\lambda - 71\lambda^2 + \lambda^3} & \dfrac{2508 + 547\lambda + 19\lambda^2}{924 - 56\lambda - 71\lambda^2 + \lambda^3} \end{array} \right) \mathrm{d}\lambda$$

$$
= \frac{1}{2\pi i}
\begin{pmatrix}
\displaystyle\int_\Gamma \frac{1}{\lambda}\frac{-132}{924-56\lambda-71\lambda^2+\lambda^3}\mathrm{d}\lambda & 0 & \displaystyle\int_\Gamma \frac{1}{\lambda}\frac{-792}{924-56\lambda-71\lambda^2+\lambda^3}\mathrm{d}\lambda & \displaystyle\int_\Gamma \frac{1}{\lambda}\frac{-1980}{924-56\lambda-71\lambda^2+\lambda^3}\mathrm{d}\lambda \\[4mm]
\displaystyle\int_\Gamma \frac{1}{\lambda}\frac{-1320}{924-56\lambda-71\lambda^2+\lambda^3}\mathrm{d}\lambda & \displaystyle\int_\Gamma \frac{1}{\lambda}\frac{924}{924-56\lambda-71\lambda^2+\lambda^3}\mathrm{d}\lambda & \displaystyle\int_\Gamma \frac{1}{\lambda}\frac{2244}{924-56\lambda-71\lambda^2+\lambda^3}\mathrm{d}\lambda & \displaystyle\int_\Gamma \frac{1}{\lambda}\frac{-528}{924-56\lambda-71\lambda^2+\lambda^3}\mathrm{d}\lambda \\[4mm]
\displaystyle\int_\Gamma \frac{1}{\lambda}\frac{-528}{924-56\lambda-71\lambda^2+\lambda^3}\mathrm{d}\lambda & 0 & \displaystyle\int_\Gamma \frac{1}{\lambda}\frac{528}{924-56\lambda-71\lambda^2+\lambda^3}\mathrm{d}\lambda & \displaystyle\int_\Gamma \frac{1}{\lambda}\frac{396}{924-56\lambda-71\lambda^2+\lambda^3}\mathrm{d}\lambda \\[4mm]
\displaystyle\int_\Gamma \frac{1}{\lambda}\frac{-1188}{924-56\lambda-71\lambda^2+\lambda^3}\mathrm{d}\lambda & \displaystyle\int_\Gamma \frac{1}{\lambda}\frac{924}{924-56\lambda-71\lambda^2+\lambda^3}\mathrm{d}\lambda & \displaystyle\int_\Gamma \frac{1}{\lambda}\frac{3036}{924-56\lambda-71\lambda^2+\lambda^3}\mathrm{d}\lambda & \displaystyle\int_\Gamma \frac{1}{\lambda}\frac{2508}{924-56\lambda-71\lambda^2+\lambda^3}\mathrm{d}\lambda
\end{pmatrix}
$$

$$
= \frac{1}{2\pi i}
\begin{pmatrix}
\displaystyle\int_\Gamma \frac{-1}{7}\left(\frac{1}{\lambda}+\frac{56+71\lambda-\lambda^2}{924-56\lambda-71\lambda^2+\lambda^3}\right)\mathrm{d}\lambda & 0 & \displaystyle\int_\Gamma \frac{-6}{7}\left(\frac{1}{\lambda}+\frac{56+71\lambda-\lambda^2}{924-56\lambda-71\lambda^2+\lambda^3}\right)\mathrm{d}\lambda & \displaystyle\int_\Gamma \frac{-15}{7}\left(\frac{1}{\lambda}+\frac{56+71\lambda-\lambda^2}{924-56\lambda-71\lambda^2+\lambda^3}\right)\mathrm{d}\lambda \\[4mm]
\displaystyle\int_\Gamma \frac{-10}{7}\left(\frac{1}{\lambda}+\frac{56+71\lambda-\lambda^2}{924-56\lambda-71\lambda^2+\lambda^3}\right)\mathrm{d}\lambda & \displaystyle\int_\Gamma \left(\frac{1}{\lambda}+\frac{56+71\lambda-\lambda^2}{924-56\lambda-71\lambda^2+\lambda^3}\right)\mathrm{d}\lambda & \displaystyle\int_\Gamma \frac{17}{7}\left(\frac{1}{\lambda}+\frac{56+71\lambda-\lambda^2}{924-56\lambda-71\lambda^2+\lambda^3}\right)\mathrm{d}\lambda & \displaystyle\int_\Gamma \frac{4}{7}\left(\frac{1}{\lambda}+\frac{56+71\lambda-\lambda^2}{924-56\lambda-71\lambda^2+\lambda^3}\right)\mathrm{d}\lambda \\[4mm]
\displaystyle\int_\Gamma \frac{-4}{7}\left(\frac{1}{\lambda}+\frac{56+71\lambda-\lambda^2}{924-56\lambda-71\lambda^2+\lambda^3}\right)\mathrm{d}\lambda & 0 & \displaystyle\int_\Gamma \frac{4}{7}\left(\frac{1}{\lambda}+\frac{56+71\lambda-\lambda^2}{924-56\lambda-71\lambda^2+\lambda^3}\right)\mathrm{d}\lambda & \displaystyle\int_\Gamma \frac{3}{7}\left(\frac{1}{\lambda}+\frac{56+71\lambda-\lambda^2}{924-56\lambda-71\lambda^2+\lambda^3}\right)\mathrm{d}\lambda \\[4mm]
\displaystyle\int_\Gamma \frac{-9}{7}\left(\frac{1}{\lambda}+\frac{56+71\lambda-\lambda^2}{924-56\lambda-71\lambda^2+\lambda^3}\right)\mathrm{d}\lambda & \displaystyle\int_\Gamma \left(\frac{1}{\lambda}+\frac{56+71\lambda-\lambda^2}{924-56\lambda-71\lambda^2+\lambda^3}\right)\mathrm{d}\lambda & \displaystyle\int_\Gamma \frac{23}{7}\left(\frac{1}{\lambda}+\frac{56+71\lambda-\lambda^2}{924-56\lambda-71\lambda^2+\lambda^3}\right)\mathrm{d}\lambda & \displaystyle\int_\Gamma \frac{19}{7}\left(\frac{1}{\lambda}+\frac{56+71\lambda-\lambda^2}{924-56\lambda-71\lambda^2+\lambda^3}\right)\mathrm{d}\lambda
\end{pmatrix}
$$

$$= \frac{1}{2\pi\mathrm{i}} \begin{pmatrix} \dfrac{-1}{7}\int_{\Gamma}\dfrac{1}{\lambda}\mathrm{d}\lambda & 0 & \dfrac{-6}{7}\int_{\Gamma}\dfrac{1}{\lambda}\mathrm{d}\lambda & \dfrac{-15}{7}\int_{\Gamma}\dfrac{1}{\lambda}\mathrm{d}\lambda \\[4mm] \dfrac{-10}{7}\int_{\Gamma}\dfrac{1}{\lambda}\mathrm{d}\lambda & \int_{\Gamma}\dfrac{1}{\lambda}\mathrm{d}\lambda & \dfrac{17}{7}\int_{\Gamma}\dfrac{1}{\lambda}\mathrm{d}\lambda & \dfrac{4}{7}\int_{\Gamma}\dfrac{1}{\lambda}\mathrm{d}\lambda \\[4mm] \dfrac{-4}{7}\int_{\Gamma}\dfrac{1}{\lambda}\mathrm{d}\lambda & 0 & \dfrac{4}{7}\int_{\Gamma}\dfrac{1}{\lambda}\mathrm{d}\lambda & \dfrac{3}{7}\int_{\Gamma}\dfrac{1}{\lambda}\mathrm{d}\lambda \\[4mm] \dfrac{-9}{7}\int_{\Gamma}\mathrm{d}\lambda & \int_{\Gamma}\dfrac{1}{\lambda}\mathrm{d}\lambda & \dfrac{23}{7}\int_{\Gamma}\dfrac{1}{\lambda}\mathrm{d}\lambda & \dfrac{19}{7}\int_{\Gamma}\dfrac{1}{\lambda}\mathrm{d}\lambda \end{pmatrix}$$

$$= \begin{pmatrix} \dfrac{1}{7} & 0 & \dfrac{6}{7} & \dfrac{15}{7} \\[4mm] \dfrac{10}{7} & -1 & -\dfrac{17}{7} & -\dfrac{4}{7} \\[4mm] \dfrac{4}{7} & 0 & -\dfrac{4}{7} & -\dfrac{3}{7} \\[4mm] \dfrac{9}{7} & -1 & -\dfrac{23}{7} & -\dfrac{19}{7} \end{pmatrix}.$$

根据定理 3.4.18, 有

$$A_{T,S}^{(2)} = \lim_{\lambda \to 0} U(\lambda I + VAU)^{-1}V$$

$$= \lim_{\lambda \to 0} \left(\begin{array}{cc} \dfrac{-132 - 282\lambda + 6\lambda^2}{-924 - 56\lambda + 71\lambda^2 + \lambda^3} & \dfrac{288\lambda + 12\lambda^2}{-924 - 56\lambda + 71\lambda^2 + \lambda^3} \\[4mm] \dfrac{-1320 - 271\lambda + 19\lambda^2}{-924 - 56\lambda + 71\lambda^2 + \lambda^3} & \dfrac{924 + 290\lambda + 22\lambda^2}{-924 - 56\lambda + 71\lambda^2 + \lambda^3} \\[4mm] \dfrac{-528 + 45\lambda + 23\lambda^2}{-924 - 56\lambda + 71\lambda^2 + \lambda^3} & \dfrac{-66\lambda + 17\lambda^2}{-924 - 56\lambda + 71\lambda^2 + \lambda^3} \\[4mm] \dfrac{-1188 + 11\lambda + 13\lambda^2}{-924 - 56\lambda + 71\lambda^2 + \lambda^3} & \dfrac{924 + 2\lambda + 10\lambda^2}{-924 - 56\lambda + 71\lambda^2 + \lambda^3} \end{array} \right.$$

$$\left. \begin{array}{cc} \dfrac{-792 + 804\lambda + 24\lambda^2}{-924 - 56\lambda + 71\lambda^2 + \lambda^3} & \dfrac{-1980 + 594\lambda + 30\lambda^2}{-924 - 56\lambda + 71\lambda^2 + \lambda^3} \\[4mm] \dfrac{2244 + 556\lambda + 36\lambda^2}{-924 - 56\lambda + 71\lambda^2 + \lambda^3} & \dfrac{528 + 47\lambda + 49\lambda^2}{-924 - 56\lambda + 71\lambda^2 + \lambda^3} \\[4mm] \dfrac{528 - 232\lambda + 25\lambda^2}{-924 - 56\lambda + 71\lambda^2 + \lambda^3} & \dfrac{396 - 273\lambda + 44\lambda^2}{-924 - 56\lambda + 71\lambda^2 + \lambda^3} \\[4mm] \dfrac{3036 - 248\lambda + 12\lambda^2}{-924 - 56\lambda + 71\lambda^2 + \lambda^3} & \dfrac{2508 - 547\lambda + 19\lambda^2}{-924 - 56\lambda + 71\lambda^2 + \lambda^3} \end{array} \right)$$

$$= \begin{pmatrix} \dfrac{1}{7} & 0 & \dfrac{6}{7} & \dfrac{15}{7} \\ \dfrac{10}{7} & -1 & -\dfrac{17}{7} & -\dfrac{4}{7} \\ \dfrac{4}{7} & 0 & -\dfrac{4}{7} & -\dfrac{3}{7} \\ \dfrac{9}{7} & -1 & -\dfrac{23}{7} & -\dfrac{19}{7} \end{pmatrix}.$$

利用这两种不同的方法, 我们得到与文献 [178] 的相同结果.

第 4 章　有界算子广义逆的反序律

4.1　有界算子 $\{1,2,3\}$-逆和 $\{1,2,4\}$-逆反序律的结果

两个算子的反序律已经被研究 (见 [53], [54], [72], [74], [141], [149], [171]). 对矩阵 A 和 B, Greville[63] 证明了 $(AB)^\dagger = B^\dagger A^\dagger$ 当且仅当 $\mathcal{R}(A^*AB) \subseteq \mathcal{R}(B)$ 和 $\mathcal{R}(BB^*A^*) \subseteq \mathcal{R}(A^*)$. 这个结果在文献 [74] 中被拓展到 Hilbert 空间的有界线性算子. 随后, Moore-Penrose 逆的反序律在对环中也被进行研究 (见 [78]).

Xiong 和 Zheng[173] 用广义 Schur 补极秩的方法研究了两个矩阵乘积 $\{1, 2, 3\}$-广义逆和 $\{1,2,4\}$-广义逆的反序律. 在文献 [41] 中, 作者考虑了 C^*-代数元素 K-逆反序律的情况, 其中 $K \in \{\{1,3\},\{1,4\},\{1,2,3\},\{1,2,4\}\}$.

在本节中, 利用分块算子矩阵方法, 考虑了 Hilbert 空间有界算子 $\{1,2,3\}$-逆和 $\{1,2,4\}$-逆的反序律. 我们给出了

$$B\{1,2,3\} \cdot A\{1,2,3\} \subseteq (AB)\{1,2,3\},$$

$$B\{1,2,4\} \cdot A\{1,2,4\} \subseteq (AB)\{1,2,4\}$$

成立的充要条件且改进了文献 [41] 的结果. 进一步, 我们给出了 Moore-Penrose 逆反序律成立新的等价条件.

引理 4.1.1　设 H, K 是 Hilbert 空间且设 $A \in \mathcal{B}(H,K)$ 是 (1.0.5) 式给定的. 若 $A \in \mathcal{B}(H,K)$ 有闭值域, 那么

$$A\{1,2,3\} = \left\{ \begin{pmatrix} A_1^{-1} & 0 \\ X_3 & 0 \end{pmatrix} : \begin{pmatrix} \mathcal{R}(A) \\ \mathcal{N}(A^*) \end{pmatrix} \to \begin{pmatrix} \mathcal{R}(A^*) \\ \mathcal{N}(A) \end{pmatrix} : X_3 \in \mathcal{B}(\mathcal{R}(A), \mathcal{N}(A)) \right\}$$

和

$$A\{1,2,4\} = \left\{ \begin{pmatrix} A_1^{-1} & X_2 \\ 0 & 0 \end{pmatrix} : \begin{pmatrix} \mathcal{R}(A) \\ \mathcal{N}(A^*) \end{pmatrix} \to \begin{pmatrix} \mathcal{R}(A^*) \\ \mathcal{N}(A) \end{pmatrix} : X_2 \in \mathcal{B}(\mathcal{N}(A^*), \mathcal{R}(A^*)) \right\}.$$

引理 4.1.2　设 H, K 和 L 是 Hilbert 空间. 设 $A \in \mathcal{B}(H,K)$ 和 $B \in \mathcal{B}(L,H)$ 使得 $\mathcal{R}(A), \mathcal{R}(B)$ 和 $\mathcal{R}(AB)$ 是闭的, 那么 $\mathcal{R}(B^*) \cap \mathcal{N}(AB) = \{0\}$ 当且仅当 $\mathcal{R}(B) \cap \mathcal{N}(A) = \{0\}$.

证明　首先, 注意到

$$B|_{\mathcal{R}(B^*)} : \mathcal{R}(B^*) \to \mathcal{R}(B) \text{ 是可逆算子.} \tag{4.1.1}$$

⇒: 假设 $\mathcal{R}(B^*) \cap \mathcal{N}(AB) = \{0\}$ 和 $x \in \mathcal{R}(B) \cap \mathcal{N}(A)$. 根据 (4.1.1), 存在 $y \in \mathcal{R}(B^*)$ 使得 $By = x$. 现在, $y \in \mathcal{R}(B^*) \cap \mathcal{N}(AB)$, 即 $y = 0$, 于是 $x = By = 0$.

⇐: 若假设 $\mathcal{R}(B) \cap \mathcal{N}(A) = \{0\}$ 和取 $u \in \mathcal{R}(B^*) \cap \mathcal{N}(AB)$, 得到 $Bu \in \mathcal{R}(B) \cap \mathcal{N}(A)$, 即 $Bu = 0$. 利用 (4.1.1) 可知 $u = 0$.

先介绍下列符号: 若 Hilbert 空间 H 被表示成 $H = \mathcal{U}_1 \oplus \cdots \oplus \mathcal{U}_k$, 其中对于 $i \neq j, \mathcal{U}_i \perp \mathcal{U}_j$, 那么定义 $H = \mathcal{U}_1 \oplus^\perp \cdots \oplus^\perp \mathcal{U}_k$. 若 $\mathcal{U}$ 是 Hilbert 空间 H 的补子空间, 根据 $H \ominus^\perp \mathcal{U}$ 定义 H 的唯一子空间 $\mathcal{V}$ 使得 $H = \mathcal{U} \oplus^\perp \mathcal{V}$.

引理 4.1.3　设 H, K 和 L 是 Hilbert 空间且设 $A \in \mathcal{B}(H, K), B \in \mathcal{B}(L, H)$ 使得 $\mathcal{R}(A), \mathcal{R}(B), \mathcal{R}(AB)$ 是闭的. 定义

$$
\begin{cases}
H_1 = \mathcal{R}(B) \cap \mathcal{N}(A), \\
H_2 = \mathcal{R}(B) \ominus^\perp H_1, \\
H_3 = \mathcal{N}(B^*) \cap \mathcal{N}(A), \\
H_4 = \mathcal{N}(B^*) \ominus^\perp H_3,
\end{cases}
\quad
\begin{cases}
K_1 = \mathcal{R}(AB), \\
K_2 = \mathcal{R}(A) \ominus^\perp \mathcal{R}(AB),
\end{cases}
\quad
\begin{cases}
L_1 = B^\dagger H_1, \\
L_2 = \mathcal{R}(B^*) \ominus^\perp B^\dagger H_1.
\end{cases}
$$

(1) 若 $AB \neq 0$ 和 $\mathcal{N}(AB) \neq \mathcal{N}(B)$, 那么 A 和 B 有下列算子矩阵形式:

$$
A = \begin{pmatrix} 0 & A_{12} & 0 & A_{14} \\ 0 & 0 & 0 & A_{24} \\ 0 & 0 & 0 & 0 \end{pmatrix} : \begin{pmatrix} H_1 \\ H_2 \\ H_3 \\ H_4 \end{pmatrix} \to \begin{pmatrix} K_1 \\ K_2 \\ \mathcal{N}(A^*) \end{pmatrix} \tag{4.1.2}
$$

和

$$
B = \begin{pmatrix} B_{11} & B_{12} & 0 \\ 0 & B_{22} & 0 \\ 0 & 0 & 0 \\ 0 & 0 & 0 \end{pmatrix} : \begin{pmatrix} L_1 \\ L_2 \\ \mathcal{N}(B) \end{pmatrix} \to \begin{pmatrix} H_1 \\ H_2 \\ H_3 \\ H_4 \end{pmatrix}, \tag{4.1.3}
$$

其中 A_{12}, B_{11}, B_{22} 是可逆算子且 A_{24} 是一个满射.

(2) 若 $AB \neq 0$ 和 $\mathcal{N}(AB) = \mathcal{N}(B)$, 那么 A 和 B 有下列算子矩阵形式:

$$
A = \begin{pmatrix} A_{12} & 0 & A_{14} \\ 0 & 0 & A_{24} \\ 0 & 0 & 0 \end{pmatrix} : \begin{pmatrix} \mathcal{R}(B) \\ H_3 \\ H_4 \end{pmatrix} \to \begin{pmatrix} K_1 \\ K_2 \\ \mathcal{N}(A^*) \end{pmatrix} \tag{4.1.4}
$$

和

$$
B = \begin{pmatrix} B_{22} & 0 \\ 0 & 0 \\ 0 & 0 \end{pmatrix} : \begin{pmatrix} \mathcal{R}(B^*) \\ \mathcal{N}(B) \end{pmatrix} \to \begin{pmatrix} \mathcal{R}(B) \\ H_3 \\ H_4 \end{pmatrix}, \tag{4.1.5}
$$

其中 A_{12}, B_{22} 是可逆算子且 A_{24} 是一个满射.

(3) 若 $AB = 0$ 和 $\mathcal{N}(AB) \neq \mathcal{N}(B)$, 那么 A 和 B 有下列算子矩阵形式:

$$A = \begin{pmatrix} 0 & 0 & A_{24} \\ 0 & 0 & 0 \end{pmatrix} : \begin{pmatrix} \mathcal{R}(B) \\ H_3 \\ H_4 \end{pmatrix} \to \begin{pmatrix} \mathcal{R}(A) \\ \mathcal{N}(A^*) \end{pmatrix} \tag{4.1.6}$$

和

$$B = \begin{pmatrix} B_{11} & 0 \\ 0 & 0 \\ 0 & 0 \end{pmatrix} : \begin{pmatrix} \mathcal{R}(B^*) \\ \mathcal{N}(B) \end{pmatrix} \to \begin{pmatrix} \mathcal{R}(B) \\ H_3 \\ H_4 \end{pmatrix}, \tag{4.1.7}$$

其中 B_{11} 是可逆算子且 A_{24} 是可逆的.

证明 设 Hilbert 空间 H, K 和 L 可被分解成

$$H = \mathcal{R}(B) \oplus^{\perp} \mathcal{N}(B^*), \quad K = \mathcal{R}(A) \oplus^{\perp} \mathcal{N}(A^*), \quad L = \mathcal{R}(B^*) \oplus^{\perp} \mathcal{N}(B),$$

其中

$$\mathcal{R}(B) = H_1 \oplus^{\perp} H_2, \quad \mathcal{N}(B^* = H_3 \oplus^{\perp} H_4,$$
$$\mathcal{R}(A) = K_1 \oplus^{\perp} K_2, \quad \mathcal{R}(B^*) = L_1 \oplus^{\perp} L_2.$$

在这些条件的情况下, 我们证明

$$B^{\dagger}(\mathcal{R}(B) \cap \mathcal{N}(A)) = \mathcal{R}(B^*) \cap \mathcal{N}(AB).$$

设 $x \in \mathcal{R}(B^*) \cap \mathcal{N}(AB)$, 则

$$x \in \mathcal{R}(B^{\dagger}) = \mathcal{R}(B^{\dagger}B) = B^{\dagger}\mathcal{R}(B) \quad \text{和} \quad ABx = 0,$$

即 $Bx \in \mathcal{N}(A)$. 因此, $x = B^{\dagger}Bx \in B^{\dagger}\mathcal{N}(A)$. 最后, $x \in B^{\dagger}(\mathcal{R}(B) \cap \mathcal{N}(A))$. 另一方面, 设 $y \in B^{\dagger}(\mathcal{R}(B) \cap \mathcal{N}(A))$, 即 $y \in \mathcal{R}(B^{\dagger}B) = \mathcal{R}(B^*)$ 且存在一个 $z \in \mathcal{R}(B) \cap \mathcal{N}(A)$ 使得 $y = B^{\dagger}z$, 那么 $ABy = ABB^{\dagger}z = Az = 0$, 即 $y \in \mathcal{N}(AB)$.

因此, 根据引理 4.1.2, 得到 $H_2 = \mathcal{R}(B) \Leftrightarrow H_1 = \{0\} \Leftrightarrow \mathcal{N}(AB) = \mathcal{N}(B) \Leftrightarrow L_1 = \{0\} \Leftrightarrow L_2 = \mathcal{R}(B^*)$. 更多地, $H_2 = \{0\} \Leftrightarrow H_1 = \mathcal{R}(B) \Leftrightarrow \mathcal{R}(B) \subset \mathcal{N}(A) \Leftrightarrow AB = 0 \Leftrightarrow L_1 = \mathcal{R}(B^*) \Leftrightarrow L_2 = \{0\} \Leftrightarrow K_1 = \{0\} \Leftrightarrow K_2 = \mathcal{R}(A)$.

(1) 假设 $AB \neq 0$ 和 $\mathcal{N}(AB) \neq \mathcal{N}(B)$. 我们可将 B 表示成

$$B = \begin{pmatrix} B_{11} & B_{12} & 0 \\ B_{21} & B_{22} & 0 \\ 0 & 0 & 0 \\ 0 & 0 & 0 \end{pmatrix} : \begin{pmatrix} L_1 \\ L_2 \\ \mathcal{N}(B) \end{pmatrix} \to \begin{pmatrix} H_1 \\ H_2 \\ H_3 \\ H_4 \end{pmatrix},$$

其中 $\widehat{B} = \begin{pmatrix} B_{11} & B_{12} \\ B_{12} & B_{22} \end{pmatrix} : \begin{pmatrix} L_1 \\ L_2 \end{pmatrix} \to \begin{pmatrix} H_1 \\ H_2 \end{pmatrix}$ 是可逆的.

由于 $BL_1 \subset H_1$, 则 $B_{21} = 0$. 现在, 要证 $B_{11} : L_1 \to H_1$ 和 $B_{22} : L_2 \to K_2$ 是可逆的. 因 $\widehat{B}$ 是一个可逆算子, 这是证明算子 B_{11} 和 B_{22} 是可逆的条件. 为了证明 $\mathcal{N}(B_{22}) = \{0\}$, 选取任意 $x \in L_2$ 使得 $B_{22}x = 0$, 那么 $Bx = B_{12}x \in H_1$. 由于 $x \in L_2$, 得到 $u \in H$ 使得 $B^*u = x$ 和 $x \in (B^\dagger H_1)^\perp$. 因 $x = B^*u = B^\dagger Bx \in B^\dagger H_1$, 所以 $x = 0$.

为了证明 $B_{22} : L_2 \to H_2$ 是一个满射, 取任意 $y \in H_2$. 因 $\widehat{B}$ 是可逆的, 则存在 $x \in L_1 \oplus^\perp L_2$ 使得 $\widehat{B}x = y$. 分解 $x = x_1 + x_2$, 其中对 $i = 1, 2$, $x_i \in L_i$. 显然 $B_{22}x_2 = y$.

因此, B_{22} 为可逆算子, 则可推出 B_{11} 的可逆性.

现在, 我们将证明 A 是 (4.2.1) 给定的矩阵形式. 假设

$$A = \begin{pmatrix} A_{11} & A_{12} & A_{13} & A_{14} \\ A_{21} & A_{22} & A_{23} & A_{24} \\ A_{31} & A_{32} & A_{33} & A_{34} \end{pmatrix} : \begin{pmatrix} H_1 \\ H_2 \\ H_3 \\ H_4 \end{pmatrix} \to \begin{pmatrix} K_1 \\ K_2 \\ \mathcal{N}(A^*) \end{pmatrix}.$$

对 $i = 1, 2, 3$, 限制 A_{i1} 是零算子 A_{i3}, 因为 $H_1, H_3 \subset \mathcal{N}(A)$. 限制 $A_{3j}(j = 1, 2, 3, 4)$ 的值域是 $\mathcal{N}(A^*)$, 则 $A_{3j} = 0$.

现在要证明 $A_{22} = 0$: 对任意 $x \in H_2 \subset \mathcal{R}(B)$, 存在 $y \in K$ 使得 $By = x$. 现在, $Ax = ABy \in \mathcal{K}_1$ 和 $Ax = A_{12}x + A_{22}x$. 由于 $A_{12}x \in \mathcal{K}_1$, 所以有 $A_{22}x = 0$.

为了证明 A_{12} 是双射, 首先, 将证明 $\mathcal{N}(A_{12}) = \{0\}$: 设 $u \in H_2$ 使得 $A_{12}u = 0$, 那么 $u \in \mathcal{N}(A)$, 则可推出 $u \in H_1 \cap H_2 = \{0\}$.

为了证明 $A_{12} : H_2 \to K_1$ 是满射, 取任意 $k \in K_1 = \mathcal{R}(AB)$, 则存在 $k' \in K$ 使得 $ABk' = k$. 由于 $Bk' \in \mathcal{R}(B) = H_1 \oplus^\perp H_2$, 存在 $h_1 \in H_1$ 和 $h_2 \in H_2$ 使得 $Bk' = h_1 + h_2$. 现在, $Ah_2 = A(Bk' - h_1) = k$, 即 $A_{12}h_2 = k$.

A_{24} 的满射性质: $H_4 \to K_2$ 遵循这个事实, 即对任意 $u \in K_2$, 存在 $v \in H$ 使得 $Av = u$. 现在设分解 $v = \sum_{i=1}^{4} v_i$, 其中 $v_i \in H_i$. 显然, $A_{24}v_4 = u$.

(2) 和 (3) 的证明是类似的.

Xiong 和 Zheng[173] 在 A 和 B 都是矩阵的情况下给出了

$$B\{1,2,3\}A\{1,2,3\} \subseteq (AB)\{1,2,3\} \tag{4.1.8}$$

成立的充要条件. 这里我们利用与文献 [173] 不同的方法给出了 Hilbert 空间上有界线性算子 (4.1.8) 成立的另一种表征.

定理 4.1.4 设 H, K, L 是 Hilbert 空间且设 $A \in \mathcal{B}(H, K), B \in \mathcal{B}(L, H)$ 使得 $\mathcal{R}(A), \mathcal{R}(B)$ 和 $\mathcal{R}(AB)$ 是闭的且 $AB \neq 0$, 那么下列陈述等价:

(1) $B\{1, 2, 3\}A\{1, 2, 3\} \subseteq (AB)\{1, 2, 3\}$;

(2) $\mathcal{R}(B) = \mathcal{R}(A^*AB) \oplus^{\perp} [\mathcal{R}(B) \cap \mathcal{N}(A)], \quad \mathcal{R}(AB) = \mathcal{R}(A)$.

证明 利用空间 H, K 和 L 的分解及引理 4.1.1 给的算子进行 A, B 的矩阵分解. 我们将其分为两种情况.

（Ⅰ）首先, 假设 $\mathcal{N}(AB) \neq \mathcal{N}(B)$. 我们有算子 A 和 B 被分别表示成 (4.1.2) 和 (4.1.3) 的形式.

根据引理 4.1.2, $X \in B\{1, 2, 3\}$ 当且仅当存在算子 F_{11} 和 F_{12} 使得

$$X = \begin{pmatrix} B_{11}^{-1} & -B_{11}^{-1}B_{12}B_{22}^{-1} & 0 & 0 \\ 0 & B_{22}^{-1} & 0 & 0 \\ F_{11} & F_{12} & 0 & 0 \end{pmatrix} : \begin{pmatrix} H_1 \\ H_2 \\ H_3 \\ H_4 \end{pmatrix} \to \begin{pmatrix} L_1 \\ L_2 \\ \mathcal{N}(B) \end{pmatrix}. \quad (4.1.9)$$

同样地, $Y \in A\{1, 2, 3\}$ 当且仅当

$$Y = \begin{pmatrix} Y_{11} & Y_{12} & 0 \\ Y_{21} & Y_{22} & 0 \\ Y_{31} & Y_{32} & 0 \\ Y_{41} & Y_{42} & 0 \end{pmatrix} : \begin{pmatrix} K_1 \\ K_2 \\ \mathcal{N}(A^*) \end{pmatrix} \to \begin{pmatrix} H_1 \\ H_2 \\ H_3 \\ H_4 \end{pmatrix}, \quad (4.1.10)$$

其中 Y_{ij} 满足下列等式

$$\begin{cases} Y_{i2}A_{24}Y_{42} = Y_{i2}, \quad i = 1, 2, 3, 4 \\ A_{12}Y_{21} + A_{14}Y_{41} = I, \\ A_{12}Y_{22} + A_{14}Y_{42} = 0, \\ A_{24}Y_{42}A_{24} = A_{24}, \quad A_{24}Y_{41} = 0. \end{cases} \quad (4.1.11)$$

由于

$$AB = \begin{pmatrix} 0 & A_{12}B_{22} & 0 \\ 0 & 0 & 0 \\ 0 & 0 & 0 \end{pmatrix} : \begin{pmatrix} L_1 \\ L_2 \\ \mathcal{N}(B) \end{pmatrix} \to \begin{pmatrix} \mathcal{K}_1 \\ K_2 \\ \mathcal{N}(A^*) \end{pmatrix}, \quad (4.1.12)$$

所以 $Z \in (AB)\{1, 2, 3\}$ 当且仅当存在算子 N_1 和 N_2 使得

$$Z = \begin{pmatrix} N_1 & 0 & 0 \\ B_{22}^{-1}A_{12}^{-1} & 0 & 0 \\ N_2 & 0 & 0 \end{pmatrix} \begin{pmatrix} K_1 \\ K_2 \\ \mathcal{N}(A^*) \end{pmatrix} \to \begin{pmatrix} L_1 \\ L_2 \\ \mathcal{N}(B) \end{pmatrix}. \quad (4.1.13)$$

(1) ⇒ (2)：设任意 $X \in B\{1,2,3\}$ 和 $Y \in A\{1,2,3\}$ 分别是 (4.1.9) 和 (4.1.10) 给定的, 那么

$$XY = \begin{pmatrix} M_1 & M_2 & 0 \\ B_{22}^{-1}Y_{21} & B_{22}^{-1}Y_{22} & 0 \\ F_{11}Y_{11} + F_{12}Y_{21} & F_{11}Y_{12} + F_{12}Y_{22} & 0 \end{pmatrix} : \begin{pmatrix} K_1 \\ K_2 \\ \mathcal{N}(A^*) \end{pmatrix} \to \begin{pmatrix} L_1 \\ L_2 \\ \mathcal{N}(B) \end{pmatrix}, (4.1.14)$$

其中

$$M_1 = B_{11}^{-1}Y_{11} - B_{11}^{-1}B_{12}B_{22}^{-1}Y_{21}, \quad M_2 = B_{11}^{-1}Y_{12} - B_{11}^{-1}B_{12}B_{22}^{-1}Y_{22}.$$

由于 $XY \in (AB)\{1,2,3\}$, 我们得到对某些算子 N_1 和 N_2, XY 一定是 (4.1.13) 给定的 Z 的形式. 若对比 (4.1.14) 和 (4.1.13), 可知 $Y_{12} = 0$, $Y_{22} = 0$ 和 $Y_{21} = A_{12}^{-1}$. 因此, 算子方程 (4.1.11) 中的 Y_{12}, Y_{22} 和 Y_{21} 被唯一确定. 由 A_{24} 是满射且 $A_{24}Y_{42} = I_{\mathcal{K}_2}$, 可知 $Y_{12} = 0$ 当且仅当 $\mathcal{K}_2 = \{0\}$, 即 $A_{24} = 0$. 若不成立, 那么 Y_{12} 是适当子空间的任意算子, 这不是我们要的情况. 现在根据 (4.1.11) 的第一个式子, 得到 $Y_{i2} = 0$, $i = 1,2,3,4$. 由于 Y_{41} 可以是任意的且避免有 $Y_{21} = A_{12}^{-1}$, 则一定有 $A_{14} = 0$. 显然, $A_{24} = 0$ 等价于 $\mathcal{R}(AB) = \mathcal{R}(A)$.

现在, 简单计算如下:

$$A^*AB = \begin{pmatrix} 0 & 0 & 0 \\ 0 & A_{12}^*A_{12}B_{22} & 0 \\ 0 & 0 & 0 \\ 0 & 0 & 0 \end{pmatrix} : \begin{pmatrix} L_1 \\ L_2 \\ \mathcal{N}(B) \end{pmatrix} \to \begin{pmatrix} H_1 \\ H_2 \\ H_3 \\ H_4 \end{pmatrix},$$

且最后有 $\mathcal{R}(A^*AB) = \mathcal{R}(B) \ominus^{\perp} [\mathcal{R}(B) \cap \mathcal{N}(A)]$.

(2) ⇒ (1)：假设 $\mathcal{R}(A^*AB) = \mathcal{R}(B) \ominus^{\perp} [\mathcal{R}(B) \cap \mathcal{N}(A)]$ 和 $\mathcal{R}(AB) = \mathcal{R}(A)$. 对任意 $X \in B\{1,2,3\}$ 和 $Y \in A\{1,2,3\}$, 有 $Z \in (AB)\{1,2,3\}$ 使得 $XY = Z$.

由 $\mathcal{R}(AB) = \mathcal{R}(A)$ 可知, $\mathcal{K}_2 = \{0\}$, 即 $A_{24} = 0$. 根据

$$\mathcal{R}(A^*AB) = \mathcal{R}(B) \ominus^{\perp} [\mathcal{R}(B) \cap \mathcal{N}(A)]$$

和

$$A^*AB = \begin{pmatrix} 0 & 0 & 0 \\ 0 & A_{12}^*A_{12}B_{22} & 0 \\ 0 & 0 & 0 \\ 0 & A_{14}^*A_{12}B_{22} & 0 \end{pmatrix} : \begin{pmatrix} L_1 \\ L_2 \\ \mathcal{N}(B) \end{pmatrix} \longrightarrow \begin{pmatrix} H_1 \\ H_2 \\ H_3 \\ H_4 \end{pmatrix},$$

其中 A_{12} 和 B_{22} 是可逆的, 有 $A_{14} = 0$.

现在, 我们得到 $Y \in A\{1,2,3\}$ 当且仅当

$$Y = \begin{pmatrix} Y_{11} & 0 & 0 \\ A_{12}^{-1} & 0 & 0 \\ Y_{31} & 0 & 0 \\ Y_{41} & 0 & 0 \end{pmatrix} : \begin{pmatrix} K_1 \\ K_2 \\ \mathcal{N}(A^*) \end{pmatrix} \rightarrow \begin{pmatrix} H_1 \\ H_2 \\ H_3 \\ H_4 \end{pmatrix}, \tag{4.1.15}$$

其中 Y_{11}, Y_{31}, Y_{41} 是任意的. 显然, 对任意 $X \in B\{1,2,3\}$ 和 $Y \in A\{1,2,3\}$, 存在 $Z \in (AB)\{1,2,3\}$ 使得 $XY = Z$, 即 $B\{1,2,3\}A\{1,2,3\} \subseteq (AB)\{1,2,3\}$.

（Ⅱ）当 $\mathcal{N}(AB) = \mathcal{N}(B)$ 时, 算子 A 和 B 分别是 (4.1.4) 和 (4.1.5) 给定的且其证明类似于 (Ⅰ).

注记 4.1.5 若 $AB = 0$, 则 $(AB)\{1,2,3\} = \{0\}$. 在这种情况下, 当 $A = 0$ 或 $B = 0$ 时, 显然 $B\{1,2,3\}A\{1,2,3\} \subseteq (AB)\{1,2,3\}$. 若不是这种情况, 我们有 $AB = 0 \Leftrightarrow H_2 = \{0\} \Leftrightarrow H_1 = \mathcal{R}(B) \Leftrightarrow L_2 = \{0\} \Leftrightarrow L_1 = \mathcal{R}(B^*) \Leftrightarrow K_1 = \{0\} \Leftrightarrow K_2 = \mathcal{R}(A)$. 同样地, A 和 B 可分别表示成 (4.1.6) 和 (4.1.7). 因此, 对某些算子 F_1, F_2 和 F_3, 任意 $X \in B\{1,2,3\}$ 和 $Y \in A\{1,2,3\}$ 可表示成

$$X = \begin{pmatrix} B_{11}^{-1} & 0 & 0 \\ F_1 & 0 & 0 \end{pmatrix} : \begin{pmatrix} H_1 \\ H_3 \\ H_4 \end{pmatrix} \rightarrow \begin{pmatrix} L_1 \\ \mathcal{N}(B) \end{pmatrix}$$

和

$$Y = \begin{pmatrix} F_2 & 0 \\ F_3 & 0 \\ A_{24}^{-1} & 0 \end{pmatrix} : \begin{pmatrix} K_2 \\ \mathcal{N}(A^*) \end{pmatrix} \rightarrow \begin{pmatrix} H_1 \\ H_3 \\ H_4 \end{pmatrix},$$

通过简单计算, 有

$$XY = \begin{pmatrix} B_{11}F_2 & 0 \\ F_1F_2 & 0 \end{pmatrix} : \begin{pmatrix} L_1 \\ \mathcal{N}(B) \end{pmatrix} \rightarrow \begin{pmatrix} K_2 \\ \mathcal{N}(A^*) \end{pmatrix} \neq 0,$$

即 $B\{1,2,3\}A\{1,2,3\} \neq \{0\}$.

因此

$$AB = 0, A \neq 0, B \neq 0 \Rightarrow B\{1,2,3\}A\{1,2,3\} \nsubseteq (AB)\{1,2,3\}.$$

注记 4.1.6 根据定理 4.1.4 可得到条件

$$(ABB^\dagger)^\dagger ABB^\dagger = BB^\dagger \quad \text{或} \quad (AB)(AB)^\dagger = AA^\dagger,$$

文献 [41] 的定理 3.3 可被条件 $(AB)(AB)^\dagger = AA^\dagger$, 即 $\mathcal{R}(AB) = \mathcal{R}(A)$ 所代替.

根据定理 4.1.4 可知 $K = \{1, 2, 4\}$ 的情况有类似的结果.

定理 4.1.7 设 H, K 和 L 是 Hilbert 空间且设 $A \in \mathcal{B}(H, K)$, $B \in \mathcal{B}(L, H)$ 使得 $\mathcal{R}(A), \mathcal{R}(B)$ 和 $\mathcal{R}(AB)$ 是闭的且 $AB \neq 0$, 那么下列陈述等价:

(1) $B\{1, 2, 4\}A\{1, 2, 4\} \subseteq (AB)\{1, 2, 4\}$;

(2) $\mathcal{R}(A^*) = \mathcal{R}(BB^*A^*) \oplus^\perp [\mathcal{R}(A^*) \cap \mathcal{N}(B^*)]$, $\mathcal{N}(AB) = \mathcal{N}(B)$.

进一步, 我们得到下列结论.

定理 4.1.8 设 H, K 和 L 是 Hilbert 空间且设 $A \in \mathcal{B}(H, K)$, $B \in \mathcal{B}(L, H)$ 使得 $\mathcal{R}(A), \mathcal{R}(B), \mathcal{R}(AB)$ 是闭的且 $AB \neq 0$, 那么下列陈述等价:

(1) $B^\dagger A^\dagger \in (AB)\{1, 2, 3\}$;

(2) $B\{1, 2, 3\}A^\dagger \subseteq (AB)\{1, 2, 3\}$;

(3) $\mathcal{R}(A^*AB) = \mathcal{R}(B) \ominus^\perp [\mathcal{R}(B) \cap \mathcal{N}(A)]$.

证明 类似定理 4.1.4. 同样地, 我们分为下列两种情况.

（Ⅰ）设 $\mathcal{N}(AB) \neq \mathcal{N}(B)$. 算子 A 和 B 的表示分别是 (4.2.1) 和 (4.2.2) 给定的, 因此

$$B^\dagger = \begin{pmatrix} B_{11}^{-1} & -B_{11}^{-1}B_{12}B_{22}^{-1} & 0 & 0 \\ 0 & B_{22}^{-1} & 0 & 0 \\ 0 & 0 & 0 & 0 \end{pmatrix} : \begin{pmatrix} H_1 \\ H_2 \\ H_3 \\ H_4 \end{pmatrix} \to \begin{pmatrix} L_1 \\ L_2 \\ \mathcal{N}(B) \end{pmatrix} \quad (4.1.16)$$

和

$$A^\dagger = \begin{pmatrix} 0 & Y_{12} & 0 \\ Y_{21} & Y_{22} & 0 \\ 0 & Y_{32} & 0 \\ Y_{41} & Y_{42} & 0 \end{pmatrix} : \begin{pmatrix} K_1 \\ K_2 \\ \mathcal{N}(A^*) \end{pmatrix} \to \begin{pmatrix} H_1 \\ H_2 \\ H_3 \\ H_4 \end{pmatrix}, \quad (4.1.17)$$

其中

$$\begin{cases} Y_{i2}A_{24}Y_{42} = Y_{i2}, \quad i = 1, 2, 3, 4, \\ A_{12}Y_{21} + A_{14}Y_{41} = I, \quad A_{12}Y_{22} + A_{14}Y_{42} = 0, \\ (Y_{41}A_{14} + Y_{42}A_{24})^* = Y_{41}A_{14} + Y_{42}A_{24}, \\ A_{24}Y_{42}A_{24} = A_{24}, \quad A_{24}Y_{41} = 0, \\ Y_{12}A_{24} = 0, \quad Y_{32}A_{24} = 0, \quad (Y_{21}A_{12})^* = Y_{21}A_{12}. \end{cases} \quad (4.1.18)$$

简单计算如下:

$$B^\dagger A^\dagger = \begin{pmatrix} -B_{11}^{-1}B_{12}B_{22}^{-1}Y_{21} & M_3 & 0 \\ B_{22}^{-1}Y_{21} & B_{22}^{-1}Y_{22} & 0 \\ 0 & 0 & 0 \end{pmatrix} : \begin{pmatrix} K_1 \\ K_2 \\ \mathcal{N}(A^*) \end{pmatrix} \to \begin{pmatrix} L_1 \\ L_2 \\ \mathcal{N}(B) \end{pmatrix}, \quad (4.1.19)$$

其中 $M_3 = B_{11}^{-1}Y_{12} - B_{11}^{-1}B_{12}B_{22}^{-1}Y_{22}$.

(1) $\Rightarrow$ (3): 若 $B^{\dagger}A^{\dagger} \in (AB)\{1,2,3\}$, 那么存在算子 $Z \in (AB)\{1,2,3\}$ 使得 $B^{\dagger}A^{\dagger} = Z$, 其中 Z 可表示成 (4.1.13). 对比 (4.1.13) 和 (4.1.19), 得到 $Y_{21} = A_{12}^{-1}$, $Y_{22} = 0$, $Y_{12} = 0$.

由 (4.1.18) 可知 $Y_{21} = A_{12}^{-1}$, 则一定有 $A_{14} = 0$, 这可推出 A_{24} 的可逆性. 因此

$$A = \begin{pmatrix} 0 & A_{12} & 0 & 0 \\ 0 & 0 & 0 & A_{24} \\ 0 & 0 & 0 & 0 \end{pmatrix} : \begin{pmatrix} H_1 \\ H_2 \\ H_3 \\ H_4 \end{pmatrix} \longrightarrow \begin{pmatrix} K_1 \\ K_2 \\ \mathcal{N}(A^*) \end{pmatrix}.$$

显然可知 $\mathcal{R}(A^*AB) = \mathcal{R}(B) \ominus^{\perp} [\mathcal{R}(B) \cap \mathcal{N}(A)]$.

(3) $\Rightarrow$ (1): 因 $\mathcal{R}(A^*AB) = \mathcal{R}(B) \ominus^{\perp} [\mathcal{R}(B) \cap \mathcal{N}(A)]$ 等价于 $A_{14} = 0$, 由 (4.1.18) 可知 $Y_{21} = A_{12}^{-1}$, $Y_{22} = 0$, $Y_{12} = 0$. 因此, $B^{\dagger}A^{\dagger} \in (AB)\{1,2,3\}$.

(1) $\Leftrightarrow$ (2): 利用 (4.1.9) 给定任意 $X \in B\{1,2,3\}$ 的表示, 则 $XA^{\dagger} \in (AB)\{1,2,3\}$ 当且仅当 $B^{\dagger}A^{\dagger} \in (AB)\{1,2,3\}$.

(II) 若 $\mathcal{N}(AB) = \mathcal{N}(B)$, 证明类似 (1) 的情况.

对于 $K = \{1,2,4\}$ 的情况是类似的.

定理 4.1.9 设 H, K 和 L 是 Hilbert 空间且 $A \in \mathcal{B}(H,K)$, $B \in \mathcal{B}(L,H)$ 使得 $\mathcal{R}(A)$, $\mathcal{R}(B)$, $\mathcal{R}(AB)$ 是闭的且 $AB \neq 0$, 那么下列陈述等价:

(1) $B^{\dagger}A^{\dagger} \in (AB)\{1,2,4\}$;

(2) $B^{\dagger}A\{1,2,4\} \subseteq (AB)\{1,2,4\}$;

(3) $\mathcal{R}(BB^*A^*) = \mathcal{R}(A^*) \ominus^{\perp} [\mathcal{R}(A^*) \cap \mathcal{N}(B^*)]$.

根据上述两个定理, 我们得到了下面这个 Moore-Penrose 逆反序律的等价条件.

定理 4.1.10 设 H, K 和 L 是 Hilbert 空间且设 $A \in \mathcal{B}(H,K)$, $B \in \mathcal{B}(L,H)$ 使得 $\mathcal{R}(A)$, $\mathcal{R}(B)$, $\mathcal{R}(AB)$ 是闭的且 $AB \neq 0$, 那么下列陈述等价:

(1) $(AB)^{\dagger} = B^{\dagger}A^{\dagger}$;

(2) $\mathcal{R}(A^*AB) = \mathcal{R}(B) \ominus^{\perp} [\mathcal{R}(B) \cap \mathcal{N}(A)]$,

　　$\mathcal{R}(BB^*A^*) = \mathcal{R}(A^*) \ominus^{\perp} [\mathcal{R}(A^*) \cap \mathcal{N}(B^*)]$.

注记 4.1.11 定理 4.1.10 的条件 (2) 等价于文献 [63] 给定的矩阵条件 $R(A^*AB) \subseteq \mathcal{R}(B)$ 和 $R(BB^*A^*) \subseteq \mathcal{R}(A^*)$. 它们也等价于文献 [54] 的定理 2.2 给出的 Hilbert 空间有界算子的等价性.

4.2 算子 $\{1,3,4\}$-逆的混合反序律

若 $A \in \mathcal{L}(H,K)$ 有闭值域, 那么可以根据给定的 (1.0.7), 利用 A 的表示来描述

$A\{1,3\}$, $A\{1,4\}$, $A\{1,2,3\}$, $A\{1,2,4\}$ 和 $A\{1,3,4\}$ 的集合.

引理 4.2.1　设 H, K 是 Hilbert 空间且设 $A \in L(H, K)$ 是 (1.0.7) 给定的. 若 $A \in L(H, K)$ 有闭值域, 那么

$$A\{1,3\} = \left\{ \begin{pmatrix} A_1^{-1} & 0 \\ X_3 & X_4 \end{pmatrix} : \begin{pmatrix} \mathcal{R}(A) \\ \mathcal{N}(A^*) \end{pmatrix} \to \begin{pmatrix} \mathcal{R}(A^*) \\ \mathcal{N}(A) \end{pmatrix} \right\},$$

$$A\{1,4\} = \left\{ \begin{pmatrix} A_1^{-1} & X_2 \\ 0 & X_4 \end{pmatrix} : \begin{pmatrix} \mathcal{R}(A) \\ \mathcal{N}(A^*) \end{pmatrix} \to \begin{pmatrix} \mathcal{R}(A^*) \\ \mathcal{N}(A) \end{pmatrix} \right\},$$

$$A\{1,2,3\} = \left\{ \begin{pmatrix} A_1^{-1} & 0 \\ X_3 & 0 \end{pmatrix} : \begin{pmatrix} \mathcal{R}(A) \\ \mathcal{N}(A^*) \end{pmatrix} \to \begin{pmatrix} \mathcal{R}(A^*) \\ \mathcal{N}(A) \end{pmatrix} \right\},$$

$$A\{1,2,4\} = \left\{ \begin{pmatrix} A_1^{-1} & X_2 \\ 0 & 0 \end{pmatrix} : \begin{pmatrix} \mathcal{R}(A) \\ \mathcal{N}(A^*) \end{pmatrix} \to \begin{pmatrix} \mathcal{R}(A^*) \\ \mathcal{N}(A) \end{pmatrix} \right\}$$

和

$$A\{1,3,4\} = \left\{ \begin{pmatrix} A_1^{-1} & 0 \\ 0 & X_4 \end{pmatrix} : \begin{pmatrix} \mathcal{R}(A) \\ \mathcal{N}(A^*) \end{pmatrix} \to \begin{pmatrix} \mathcal{R}(A^*) \\ \mathcal{N}(A) \end{pmatrix} \right\},$$

此时 X_2, X_3 和 X_4 是适当子空间的任意有界线性算子.

下列这个引理在文献 [149] 中被证明, 我们得到了两个算子 $A \in L(H, K)$ 和 $B \in L(K, H)$ 的有用表达式.

引理 4.2.2[149]　设 H 和 K 是 Hilbert 空间且设 $A \in \mathcal{L}(H, K)$, $B \in \mathcal{L}(K, H)$ 使得 $\mathcal{R}(A), \mathcal{R}(B), \mathcal{R}(AB)$ 是闭的. 设

$$\begin{cases} H_1 = \mathcal{R}(B) \cap \mathcal{N}(A), \\ H_2 = \mathcal{R}(B) \ominus^{\perp} H_1, \\ H_3 = \mathcal{N}(B^*) \cap \mathcal{N}(A), \\ H_4 = \mathcal{N}(B^*) \ominus^{\perp} H_3, \end{cases} \quad \begin{cases} K_1 = \mathcal{R}(AB), \\ K_2 = \mathcal{R}(A) \ominus^{\perp} \mathcal{R}(AB), \end{cases} \quad \begin{cases} \mathcal{J}_1 = B^{\dagger} H_1, \\ \mathcal{J}_2 = \mathcal{R}(B^*) \ominus^{\perp} B^{\dagger} H_1, \end{cases}$$

那么 A 和 B 有下列算子矩阵形式

$$A = \begin{pmatrix} 0 & A_{12} & 0 & A_{14} \\ 0 & 0 & 0 & A_{24} \\ 0 & 0 & 0 & 0 \end{pmatrix} : \begin{pmatrix} H_1 \\ H_2 \\ H_3 \\ H_4 \end{pmatrix} \to \begin{pmatrix} K_1 \\ K_2 \\ \mathcal{N}(A^*) \end{pmatrix} \quad (4.2.1)$$

和

$$B = \begin{pmatrix} B_{11} & B_{12} & 0 \\ 0 & B_{22} & 0 \\ 0 & 0 & 0 \\ 0 & 0 & 0 \end{pmatrix} : \begin{pmatrix} \mathcal{J}_1 \\ \mathcal{J}_2 \\ \mathcal{N}(B) \end{pmatrix} \to \begin{pmatrix} H_1 \\ H_2 \\ H_3 \\ H_4 \end{pmatrix}, \quad (4.2.2)$$

此时, A_{12}, B_{11}, B_{22} 是可逆的且 A_{24} 是一个满射.

引理 4.2.3 设 H 和 K 是 Hilbert 空间且设 $A \in \mathcal{L}(H,K)$, $B \in \mathcal{L}(K,H)$ 使得 $\mathcal{R}(A)$, $\mathcal{R}(B)$, 和 $\mathcal{R}(AB)$ 是闭的. 若 A 和 B 分别是 (4.2.1) 和 (4.2.2) 中给定的, 那么集合 $A\{1,3,4\}$ 组成的所有算子矩阵 X 可表示为

$$
X = \begin{pmatrix} 0 & 0 & X_{13} \\ X_{21} & X_{22} & X_{23} \\ 0 & 0 & X_{33} \\ X_{41} & X_{42} & X_{43} \end{pmatrix} : \begin{pmatrix} K_1 \\ K_2 \\ \mathcal{N}(A^*) \end{pmatrix} \to \begin{pmatrix} H_1 \\ H_2 \\ H_3 \\ H_4 \end{pmatrix}, \tag{4.2.3}
$$

其中

$$
\begin{aligned}
A_{12}X_{21} + A_{14}X_{41} &= I, \\
A_{24}X_{41} = 0, \quad A_{24}X_{43} &= 0 \\
A_{12}X_{23} + A_{14}X_{43} &= 0, \\
A_{12}X_{22} + A_{14}X_{42} &= 0, \\
A_{24}X_{42} &= I, \\
(X_{21}A_{14} + X_{22}A_{24})^* &= X_{41}A_{12}
\end{aligned} \tag{4.2.4}
$$

和

$$
X_{21}A_{12}, \quad X_{41}A_{14} + X_{42}A_{24} \ \text{自伴随}. \tag{4.2.5}
$$

同样地, 设 $B\{1,3,4\}$ 组成的所有 Y 可表示为

$$
Y = \begin{pmatrix} B_{11}^{-1} & -B_{11}^{-1}B_{12}B_{22}^{-1} & 0 & 0 \\ 0 & B_{22}^{-1} & 0 & 0 \\ 0 & 0 & F_1 & F_2 \end{pmatrix} : \begin{pmatrix} H_1 \\ H_2 \\ H_3 \\ H_4 \end{pmatrix} \to \begin{pmatrix} \mathcal{J}_1 \\ \mathcal{J}_2 \\ \mathcal{N}(B) \end{pmatrix}, \tag{4.2.6}
$$

其中, F_1, F_2 是适当子空间的任意算子.

证明 关于 B 这部分结果从引理 1.0.7 和引理 4.2.1 可得. 设任意 $X \in A\{1,3,4\}$ 有下列表示:

$$
X = \begin{pmatrix} X_{11} & X_{12} & X_{13} \\ X_{21} & X_{22} & X_{23} \\ X_{31} & X_{32} & X_{33} \\ X_{41} & X_{42} & X_{43} \end{pmatrix} : \begin{pmatrix} K_1 \\ K_2 \\ \mathcal{N}(A^*) \end{pmatrix} \to \begin{pmatrix} H_1 \\ H_2 \\ H_3 \\ H_4 \end{pmatrix}. \tag{4.2.7}
$$

根据 $XA = (XA)^*$ 和 A_{12} 的可逆性可知, $X_{11} = 0$, $X_{31} = 0$, $X_{12} = 0$ 和 $X_{32} = 0$. 我们也可得到 $(X_{21}A_{14} + X_{22}A_{24})^* = X_{41}A_{12}$, 那么 $X_{21}A_{12}$, $X_{41}A_{14} + X_{42}A_{24}$ 是自伴的.

根据 $AXA = A$ 可知, $A_{12}X_{21} + A_{14}X_{41} = I$, $A_{24}X_{41} = 0$ 且 $A_{24}X_{42} = I$. 现在利用 $(AX)^* = AX$, 得到 $A_{12}X_{22} + A_{14}X_{42} = 0$, $A_{12}X_{23} + A_{14}X_{43} = 0$ 和 $A_{24}X_{43} = 0$.

于是, 我们有 $Z \in (AB)\{1,3,4\}$ 当且仅当存在 $M_1 \in L(K_2, \mathcal{J}_1)$, $M_2 \in L(\mathcal{N}(A^*), \mathcal{J}_1)$, $M_3 \in L(K_2, \mathcal{N}(B))$ 和 $M_4 \in L(\mathcal{N}(A^*), \mathcal{N}(B))$ 使得

$$Z = \begin{pmatrix} 0 & M_1 & M_2 \\ B_{22}^{-1}A_{12}^{-1} & 0 & 0 \\ 0 & M_3 & M_4 \end{pmatrix} : \begin{pmatrix} K_1 \\ K_2 \\ \mathcal{N}(A^*) \end{pmatrix} \to \begin{pmatrix} \mathcal{J}_1 \\ \mathcal{J}_2 \\ \mathcal{N}(B) \end{pmatrix}. \tag{4.2.8}$$

引理 4.2.4　设 H 和 K 是 Hilbert 空间且设 $A \in \mathcal{L}(H, K)$, $B \in \mathcal{L}(K, H)$ 使得 $\mathcal{R}(A)$, $\mathcal{R}(B)$ 和 $\mathcal{R}(AB)$ 是闭的. 若 B 是 (4.2.2) 中给定的, 那么 $B_{12} = 0$ 当且仅当 $B^*(\mathcal{R}(B) \cap \mathcal{N}(A)) \subset B^\dagger(\mathcal{R}(B) \cap \mathcal{N}(A))$.

证明　首先, 注意到

$$B^* = \begin{pmatrix} B_{11}^* & 0 & 0 & 0 \\ B_{12}^* & B_{22}^* & 0 & 0 \\ 0 & 0 & 0 & 0 \end{pmatrix} : \begin{pmatrix} H_1 \\ H_2 \\ H_3 \\ H_4 \end{pmatrix} \to \begin{pmatrix} \mathcal{J}_1 \\ \mathcal{J}_2 \\ \mathcal{N}(B) \end{pmatrix}.$$

现在, 我们有

$$B_{12} = 0 \Leftrightarrow B_{12}^* = 0 \Leftrightarrow B^* H_1 \subset \mathcal{J}_1.$$

根据 H_1 和 $\mathcal{J}_1$ 的定义可知, $B_{12} = 0$ 当且仅当

$$B^*(\mathcal{R}(B) \cap \mathcal{N}(A)) \subset B^\dagger(\mathcal{R}(B) \cap \mathcal{N}(A)).$$

本节中, 对任意 $B^{1,3,4} \in \{1,3,4\}$, 我们将给出

$$B\{1,3,4\}(ABB^{\{1,3,4\}})\{1,3,4\} \subseteq (AB)\{1,3,4\}$$

和

$$B\{1,3,4\}A\{1,3,4\} = (AB)\{1,3,4\}$$

成立的充要条件.

定理 4.2.5 设 H 和 K 是 Hilbert 空间且设 $A \in \mathcal{L}(H, K)$, $B \in \mathcal{L}(K, H)$ 使得 $\mathcal{R}(A)$, $\mathcal{R}(B)$ 和 $\mathcal{R}(AB)$ 是闭的,则下列陈述等价:

(1) $B\{1,3,4\}(ABB\{1,3,4\})\{1,3,4\} \subseteq (AB)\{1,3,4\}$;

(2) $B^*(R(B) \cap N(A)) \subseteq B^{\dagger}(R(B) \cap N(A))$.

证明 假设算子 A 和 B 分别是 (4.2.1) 和 (4.2.2) 给定的. 我们假设对于 $i = 1,2,3,4$, $j = 1,2$ 时, $H_i, K_j, \mathcal{J}_j \neq 0$. 在其他情况下, 这证明是类似的.

(1) $\Rightarrow$ (2): 设 $Y \in L(H, K)$ 被定义为

$$Y = \begin{pmatrix} B_{11}^{-1} & -B_{11}^{-1} B_{12} B_{22}^{-1} & 0 & 0 \\ 0 & B_{22}^{-1} & 0 & 0 \\ 0 & 0 & 0 & 0 \end{pmatrix} : \begin{pmatrix} H_1 \\ H_2 \\ H_3 \\ H_4 \end{pmatrix} \to \begin{pmatrix} \mathcal{J}_1 \\ \mathcal{J}_2 \\ \mathcal{N}(B) \end{pmatrix}. \quad (4.2.9)$$

根据引理 4.2.3 可知, $Y \in B^{\{1,3,4\}}$. 通过简单计算可得

$$ABY = \begin{pmatrix} 0 & A_{12} & 0 & 0 \\ 0 & 0 & 0 & 0 \\ 0 & 0 & 0 & 0 \end{pmatrix} : \begin{pmatrix} H_1 \\ H_2 \\ H_3 \\ H_4 \end{pmatrix} \to \begin{pmatrix} K_1 \\ K_2 \\ \mathcal{N}(A^*) \end{pmatrix}. \quad (4.2.10)$$

由于算子 Z 被定义为

$$Z = \begin{pmatrix} 0 & 0 & 0 \\ A_{12}^{-1} & 0 & 0 \\ 0 & 0 & 0 \\ 0 & 0 & 0 \end{pmatrix} : \begin{pmatrix} K_1 \\ K_2 \\ \mathcal{N}(A^*) \end{pmatrix} \to \begin{pmatrix} H_1 \\ H_2 \\ H_3 \\ H_4 \end{pmatrix} \quad (4.2.11)$$

属于 $(ABY)\{1,3,4\}$, 根据 (1), 我们有 $YZ \in (AB)\{1,3,4\}$. 因

$$YZ = \begin{pmatrix} -B_{11}^{-1} B_{12} B_{22}^{-1} A_{12}^{-1} & 0 & 0 \\ B_{22}^{-1} A_{12}^{-1} & 0 & 0 \\ 0 & 0 & 0 \end{pmatrix} : \begin{pmatrix} K_1 \\ K_2 \\ \mathcal{N}(A^*) \end{pmatrix} \to \begin{pmatrix} \mathcal{J}_1 \\ \mathcal{J}_2 \\ \mathcal{N}(B) \end{pmatrix}, \quad (4.2.12)$$

利用 (4.2.8), 得到 $B_{12} = 0$, 即根据引理 4.2.4 可知 (2) 成立.

(2)$\Rightarrow$(1): 假设 (2) 成立, 那么

$$B = \begin{pmatrix} B_{11} & 0 & 0 \\ 0 & B_{22} & 0 \\ 0 & 0 & 0 \\ 0 & 0 & 0 \end{pmatrix} : \begin{pmatrix} \mathcal{J}_1 \\ \mathcal{J}_2 \\ \mathcal{N}(B) \end{pmatrix} \to \begin{pmatrix} H_1 \\ H_2 \\ H_3 \\ H_4 \end{pmatrix}. \quad (4.2.13)$$

设 $S \in B\{1,3,4\}(ABB\{1,3,4\})\{1,3,4\}$ 是任意的, 则存在 $Y_1, Y_2 \in B\{1,3,4\}$ 使得 $S \in Y_1(ABY_2)\{1,3,4\}$. 根据引理 4.2.3 可知, 对一些算子 $F_{1i}, F_{2i},\ i = 1, 2$, Y_1, Y_2 有下列形式:

$$
Y_i = \begin{pmatrix} B_{11}^{-1} & 0 & 0 & 0 \\ 0 & B_{22}^{-1} & 0 & 0 \\ 0 & 0 & F_{1i} & F_{2i} \end{pmatrix} : \begin{pmatrix} H_1 \\ H_2 \\ H_3 \\ H_4 \end{pmatrix} \to \begin{pmatrix} \mathcal{J}_1 \\ \mathcal{J}_2 \\ \mathcal{N}(B) \end{pmatrix}, \quad i = 1, 2, \quad (4.2.14)
$$

接下来,

$$
ABY_2 = \begin{pmatrix} 0 & A_{12} & 0 & 0 \\ 0 & 0 & 0 & 0 \\ 0 & 0 & 0 & 0 \end{pmatrix} : \begin{pmatrix} H_1 \\ H_2 \\ H_3 \\ H_4 \end{pmatrix} \to \begin{pmatrix} K_1 \\ K_2 \\ \mathcal{N}(A^*) \end{pmatrix}
$$

和 $Z \in (ABY_2)\{1,3,4\}$ 当且仅当存在算子 $K_1, \cdots, K_6$ 使得

$$
Z = \begin{pmatrix} 0 & K_1 & K_2 \\ A_{12}^{-1} & 0 & 0 \\ 0 & K_3 & K_4 \\ 0 & K_5 & K_6 \end{pmatrix} : \begin{pmatrix} K_1 \\ K_2 \\ \mathcal{N}(A^*) \end{pmatrix} \to \begin{pmatrix} H_1 \\ H_2 \\ H_3 \\ H_4 \end{pmatrix}. \quad (4.2.15)
$$

因此, 对一些算子 $K_1, \cdots, K_6$, $S \in Y_1(ABY_2)\{1,3,4\}$ 有下列形式:

$$
S = \begin{pmatrix} 0 & B_{11}^{-1}K_1 & B_{11}^{-1}K_2 \\ B_{22}^{-1}A_{12}^{-1} & 0 & 0 \\ 0 & F_{11}K_3 + F_{21}K_5 & F_{11}K_4 + F_{21}K_6 \end{pmatrix} : \begin{pmatrix} K_1 \\ K_2 \\ \mathcal{N}(A^*) \end{pmatrix} \to \begin{pmatrix} \mathcal{J}_1 \\ \mathcal{J}_2 \\ \mathcal{N}(B) \end{pmatrix},
$$

现在, 根据 (4.2.8), 得到 $S \in (AB)\{1,3,4\}$.

定理 4.2.6   设 H 和 K 是 Hilbert 空间且设 $A \in \mathcal{L}(H, K)$, $B \in \mathcal{L}(K, H)$ 使得 $\mathcal{R}(A)$, $\mathcal{R}(B)$ 和 $\mathcal{R}(AB)$ 是闭的, 则下列陈述等价:

(1) $ABB\{1,3,4\}A\{1,3,4\}AB = AB$;

(2) $B^*A\{1,3,4\}AB = B^*(ABB\{1,3,4\})^\dagger AB$.

证明   假设算子 A 和 B 分别是 (4.2.1) 和 (4.2.2) 给定的. 对 $i = 1, 2, 3, 4$, $j = 1, 2$, 设 $H_i, K_j, \mathcal{J}_J \neq 0$. 在其他情况下, 这个证明是类似的.

选取任意 $X \in A\{1,3,4\}$, $Y \in B\{1,3,4\}$. 根据引理 4.2.3, 从 (1) 中可知

$$
ABYXAB = AB.
$$

因

$$ABYXAB = \begin{pmatrix} 0 & A_{12}X_{21}A_{12}B_{22} & 0 \\ 0 & 0 & 0 \\ 0 & 0 & 0 \end{pmatrix} \quad (4.2.16)$$

和

$$AB = \begin{pmatrix} 0 & A_{12}B_{22} & 0 \\ 0 & 0 & 0 \\ 0 & 0 & 0 \end{pmatrix} : \begin{pmatrix} \mathcal{J}_1 \\ \mathcal{J}_2 \\ \mathcal{N}(B) \end{pmatrix} \to \begin{pmatrix} K_1 \\ K_2 \\ \mathcal{N}(A^*) \end{pmatrix}, \quad (4.2.17)$$

根据 (4.2.16), (4.2.17) 和 A_{12}, B_{22} 的可逆性, 得到 $ABB\{1,3,4\}A\{1,3,4\}AB = AB$ 当且仅当 $X_{21} = A_{12}^{-1}$.

另一方面,

$$B^*XAB = \begin{pmatrix} 0 & 0 & 0 \\ 0 & B_{22}^*X_{21}A_{12}B_{22} & 0 \\ 0 & 0 & 0 \end{pmatrix}. \quad (4.2.18)$$

由于

$$B^*(ABB\{1,3,4\})^\dagger AB = B^*(ABB\{1,3,4\})^\dagger ABB\{1,3,4\}B,$$

从 (4.2.10) 可知

$$(ABB\{1,3,4\})^\dagger ABB\{1,3,4\}$$

$$= \begin{pmatrix} 0 & 0 & 0 \\ A_{12}^{-1} & 0 & 0 \\ 0 & 0 & 0 \\ 0 & 0 & 0 \end{pmatrix} \begin{pmatrix} 0 & A_{12} & 0 & 0 \\ 0 & 0 & 0 & 0 \\ 0 & 0 & 0 & 0 \end{pmatrix} = \begin{pmatrix} 0 & 0 & 0 & 0 \\ 0 & I & 0 & 0 \\ 0 & 0 & 0 & 0 \\ 0 & 0 & 0 & 0 \end{pmatrix}.$$

因此

$$B^*(ABB\{1,3,4\})^\dagger AB = \begin{pmatrix} 0 & 0 & 0 \\ 0 & B_{22}^*B_{22} & 0 \\ 0 & 0 & 0 \end{pmatrix}. \quad (4.2.19)$$

根据 (4.2.18), (4.2.19) 和 B_{22} 的可逆性, 有 $B^*XAB = B^*(ABB\{1,3,4\})^\dagger AB$ 当且仅当 $X_{21} = A_{12}^{-1}$. 因此, (1) $\Leftrightarrow$ (2).

定理 4.2.7 设 H 和 K 是 Hilbert 空间且设 $A \in \mathcal{L}(H,K)$, $B \in \mathcal{L}(K,H)$ 使得 $\mathcal{R}(A)$, $\mathcal{R}(B)$ 和 $\mathcal{R}(AB)$ 是闭的, 则下列陈述等价:

(1) $(AB)\{1,3,4\}AB = B\{1,3,4\}A\{1,3,4\}AB$;

(2) $\mathcal{R}((AB)\{1,3,4\}AB) = \mathcal{R}(B\{1,3,4\}A\{1,3,4\}AB)$,

　　　$ABB^*BB\{1,3,4\} = ABB^*A\{1,3,4\}ABB\{1,3,4\}$.

证明　假设算子 A 和 B 分别是 (4.2.1) 和 (4.2.2) 给定的. 对于 $i = 1, 2, 3, 4$, $j = 1, 2$, 假设 $H_i, K_j, \mathcal{J}_j \neq 0$. 在其他情况下, 这证明是类似的. 选取 $X \in A\{1,3,4\}$, $Y \in B\{1,3,4\}$ 和 $Z \in (AB)\{1,3,4\}$. 通过计算可知

$$ZAB = \begin{pmatrix} 0 & 0 & 0 \\ 0 & I & 0 \\ 0 & 0 & 0 \end{pmatrix}, \quad YXAB = \begin{pmatrix} 0 & -B_{11}^{-1}B_{12}B_{22}^{-1}X_{21}A_{12}B_{22} & 0 \\ 0 & B_{22}^{-1}X_{21}A_{12}B_{22} & 0 \\ 0 & F_2X_{41}A_{12}B_{22} & 0 \end{pmatrix}. \quad (4.2.20)$$

同样地,

$$ABB^*BY = \begin{pmatrix} A_{12}B_{22}B_{12}^* & A_{12}B_{22}B_{22}^* & 0 & 0 \\ 0 & 0 & 0 & 0 \\ 0 & 0 & 0 & 0 \end{pmatrix}$$

和

$$ABB^*XABY = \begin{pmatrix} 0 & A_{12}B_{22}B_{22}^*X_{21}A_{12} & 0 & 0 \\ 0 & 0 & 0 & 0 \\ 0 & 0 & 0 & 0 \end{pmatrix}.$$

(1) $\Rightarrow$ (2): 若 (1) 成立, 那么根据 (4.2.20), 有 $B_{12} = 0, X_{21} = A_{12}^{-1}$ 和 $X_{41} = 0$. 因此 (2) 成立.

(2) $\Rightarrow$ (1): 根据 $ABB^*BB\{1,3,4\} = ABB^*A\{1,3,4\}ABB\{1,3,4\}$ 可知, $B_{12} = 0, X_{21} = A_{12}^{-1}$.

根据 $\mathcal{R}((AB)\{1,3,4\}AB) = \mathcal{R}(B\{1,3,4\}A\{1,3,4\}AB)$ 可知, $F_2X_{41} = 0$. 因 F_2 是任意的, 即有 $X_{41} = 0$. 因此 (1) 成立.

定理 4.2.8　设 H 和 K 是 Hilbert 空间且设 $A \in \mathcal{L}(H, K), B \in \mathcal{L}(K, H)$ 使得 $\mathcal{R}(A), \mathcal{R}(B)$ 和 $\mathcal{R}(AB)$ 是闭的, 则下列陈述等价:

(1) $B^\dagger A\{1,3,4\} = (AB)^\dagger$;

(2) $B^\dagger X \in B^\dagger(ABY)\{1,3,4\} \subset (AB)\{1,3,4\}, \mathcal{R}(BB^\dagger X) = \mathcal{R}((ABY)^*)$, 其中, $X \in A\{1,3,4\}, Y \in B\{1,3,4\}$.

证明　选取任意 $X \in A\{1,3,4\}, Y \in B\{1,3,4\}$. 根据引理 4.2.3, 因

$$ABY = \begin{pmatrix} 0 & A_{12} & 0 & 0 \\ 0 & 0 & 0 & 0 \\ 0 & 0 & 0 & 0 \end{pmatrix}$$

任意 $Z_1 \in (ABY)\{1,3,4\}$, Z_1 有下列矩阵形式

$$Z_1 = \begin{pmatrix} 0 & K_1 & K_2 \\ A_{12}^{-1} & 0 & 0 \\ 0 & K_3 & K_4 \\ 0 & K_5 & K_6 \end{pmatrix},$$

其中 $K_i, i = 1, 2, \cdots, 6$ 是任意算子.

根据引理 4.2.3, 我们有

$$B^\dagger (ABY)\{1,3,4\} = \begin{pmatrix} -B_{11}^{-1}B_{12}B_{22}^{-1}A_{12}^{-1} & B_{11}^{-1}K_1 & B_{11}^{-1}K_2 \\ B_{22}^{-1}A_{12}^{-1} & 0 & 0 \\ 0 & 0 & 0 \end{pmatrix} \quad (4.2.21)$$

且对任意 $X \in A\{1,3,4\}$,

$$B^\dagger X = \begin{pmatrix} -B_{11}^{-1}B_{12}B_{22}^{-1}X_{21} & -B_{11}^{-1}B_{12}B_{22}^{-1}X_{22} & B_{11}^{-1}X_{13} - B_{11}^{-1}B_{12}B_{22}^{-1}X_{23} \\ B_{22}^{-1}X_{21} & B_{22}^{-1}X_{22} & B_{22}^{-1}X_{23} \\ 0 & 0 & 0 \end{pmatrix}.$$

$$(4.2.22)$$

$(1) \Rightarrow (2)$: 根据 $B^\dagger A\{1,3,4\} = (AB)^\dagger$ 可知, $X_{21} = A_{12}^{-1}$, $X_{13} = 0$, $X_{22} = 0$, $X_{23} = 0$ 和 $B_{12} = 0$. 因此, 由于 (4.2.21), 则 (2) 成立.

$(2) \Rightarrow (1)$: 若 (2) 成立, 我们有 $X_{21} = A_{12}^{-1}$, $X_{22} = 0$, $X_{23} = 0$ 和 $B_{12} = 0$. 因此, 得到

$$B^\dagger X = \begin{pmatrix} 0 & 0 & B_{11}^{-1}X_{13} \\ B_{22}^{-1}A_{12}^{-1} & 0 & 0 \\ 0 & 0 & 0 \end{pmatrix}. \quad (4.2.23)$$

根据

$$BB^\dagger X = \begin{pmatrix} 0 & 0 & X_{13} \\ A_{12}^{-1} & 0 & 0 \\ 0 & 0 & 0 \\ 0 & 0 & 0 \end{pmatrix}, \quad (ABY)^* = \begin{pmatrix} 0 & 0 & 0 \\ A_{12}^* & 0 & 0 \\ 0 & 0 & 0 \\ 0 & 0 & 0 \end{pmatrix} \quad (4.2.24)$$

和 $\mathcal{R}(BB^\dagger X) = \mathcal{R}((ABY)^*)$, 有 $X_{13} = 0$. 事实上,

$$X_{13} : N(A^*) \longrightarrow H_1; \quad A_{12}^{-1} : K_1 \longrightarrow H_2$$

和 $\mathcal{R}((ABY)^*) = \mathcal{R}(A_{12}^*) = H_2, \mathcal{R}(BB^\dagger X) = H_2 \oplus H_1$.

因此 (1) 成立.

定理 4.2.9   设 H 和 K 是 Hilbert 空间且设 $A \in \mathcal{L}(H, K), B \in \mathcal{L}(K, H)$ 使得 $\mathcal{R}(A), \mathcal{R}(B), \mathcal{R}(AB)$ 是闭值域, 则下列陈述等价:

(1) $(AB)^\dagger B\{1, 3, 4\} \in (BAB)\{1, 3, 4\}$;

(2) $B^*(\mathcal{R}(B) \cap \mathcal{N}(A)) \subseteq B^\dagger(\mathcal{R}(B) \cap \mathcal{N}(A))$.

证明   假设算子 A 和 B 分别是 (4.2.1) 和 (4.2.2) 给定的. 我们假设对于 $i = 1, 2, 3, 4, j = 1, 2, H_i, K_j, \mathcal{J}_j \neq 0$. 在其他情况下, 这证明是类似的.

根据 (4.2.6) 和 (4.2.8), 我们有

$$
(AB)^\dagger B\{1, 3, 4\} = \begin{pmatrix} 0 & 0 & 0 \\ B_{22}^{-1} A_{12}^{-1} & 0 & 0 \\ 0 & 0 & 0 \end{pmatrix} \begin{pmatrix} B_{11}^{-1} & -B_{11}^{-1} B_{12} B_{22}^{-1} & 0 & 0 \\ 0 & B_{22}^{-1} & 0 & 0 \\ 0 & 0 & F_1 & F_2 \end{pmatrix}
$$

$$
= \begin{pmatrix} 0 & 0 & 0 & 0 \\ B_{22}^{-1} A_{12}^{-1} B_{11}^{-1} & -B_{22}^{-1} A_{12}^{-1} B_{11}^{-1} B_{12} B_{22}^{-1} & 0 & 0 \\ 0 & 0 & 0 & 0 \end{pmatrix}. \qquad (4.2.25)
$$

根据 (4.2.1) 和 (4.2.2), 有

$$
BAB = \begin{pmatrix} 0 & B_{11} A_{12} B_{22} & 0 \\ 0 & 0 & 0 \\ 0 & 0 & 0 \\ 0 & 0 & 0 \end{pmatrix}. \qquad (4.2.26)
$$

因此

$$
(BAB)\{1, 3, 4\} = \begin{pmatrix} 0 & L_1 & L_2 & L_3 \\ B_{22}^{-1} A_{12}^{-1} B_{11}^{-1} & 0 & 0 & 0 \\ 0 & L_4 & L_5 & L_6 \end{pmatrix}, \qquad (4.2.27)
$$

其中 $L_i, i = 1, \cdots, 6$ 是任意算子.

因此, 由 (4.2.25), (4.2.27) 和引理 4.2.4 可知, $(AB)^\dagger B\{1, 3, 4\} \in (BAB)\{1, 3, 4\}$ 当且仅当 $B_{12} = 0$ 当且仅当 $B^*(\mathcal{R}(B) \cap \mathcal{N}(A)) \subset B^\dagger(\mathcal{R}(B) \cap \mathcal{N}(A))$.

接下来, 根据定理 4.2.5 和定理 4.2.9 可得到下列推论.

推论 4.2.10   设 H 和 K 是 Hilbert 空间且设 $A \in \mathcal{L}(H, K), B \in \mathcal{L}(K, H)$ 使得 $\mathcal{R}(A), \mathcal{R}(B)$ 和 $\mathcal{R}(AB)$ 是闭的, 则下列陈述等价:

(1) $B\{1, 3, 4\}(ABB\{1, 3, 4\})\{1, 3, 4\} \subseteq (AB)\{1, 3, 4\}$;

(2) $(AB)^\dagger B\{1, 3, 4\} \in (BAB)\{1, 3, 4\}$.

4.3 三个算子 Moore-Penrose 逆的反序律

我们研究了 Hilbert 空间三个有界线性算子乘积 Moore-Penrose 逆的反序律. 首先给出了反序 $(ABC)^\dagger = C^\dagger B^\dagger A^\dagger$ 存在的等价条件. 进一步, 根据算子理论, $\mathcal{R}(AA^*(ABC)) = \mathcal{R}(ABC)$ 和 $\mathcal{R}(C^*C(ABC)^*) = \mathcal{R}((ABC)^*)$ 的一些等价结论也被推导出来.

现在, 我们给出一些标记. 若 $P, Q \in \mathcal{L}(X)$, 那么符号 $[P, Q]$ 代表 P 和 Q 的交换子, 即, $[P, Q] \overset{\text{def}}{=} PQ - QP$. 同样地, 对于 $A \in \mathcal{L}(X, Y)$, 有符号 $A^{-*} \overset{\text{def}}{=} (A^*)^{-1}$ 和 $A^{*\dagger} \overset{\text{def}}{=} (A^*)^\dagger$. 我们总是假设 $A \in \mathcal{L}(X_2, X_1), B \in \mathcal{L}(X_3, X_2), C \in \mathcal{L}(X_4, X_3)$, 其中 $X_i, i = 1, \cdots, 4$, 被定义为任意 Hilbert 空间.

引理 4.3.1[51]   设 X, Y 是 Hilbert 空间, 设 $B \in \mathcal{L}(X, Y)$ 有闭值域和 $H \in \mathcal{L}(Y)$ 是 Hermitian 算子且可逆, 那么 $\mathcal{R}(HB) = \mathcal{R}(B)$ 当且仅当 $[H, BB^\dagger] = 0$.

接下来, 下面这个引理是保证多个算子的 Moore-Penrose 逆的存在性.

引理 4.3.2   设 A, C 和 ABC 有闭值域, 那么 $(A^*A)^\dagger$, $(CC^*)^\dagger$, $(A^\dagger ABC)^\dagger$, $(A^*ABC)^\dagger$, $(ABCC^\dagger)^\dagger$, $(ABCC^*)^\dagger$, $(A^\dagger ABCC^*)^\dagger$, $(A^*ABCC^\dagger)^\dagger$, $(A^*ABCC^*)^\dagger$ 和 $(A^\dagger ABCC^\dagger)^\dagger$ 存在.

证明   因

$$\mathcal{R}(C) = \mathcal{R}(CC^\dagger) = \mathcal{R}(CC^*), \quad \mathcal{R}(ABCC^\dagger) = \mathcal{R}(ABCC^*) = \mathcal{R}(ABC),$$

所以 $(CC^*)^\dagger$ 存在. 由于 C 和 ABC 有闭值域, 则 $(ABCC^\dagger)^\dagger$ 和 $(ABCC^*)^\dagger$ 存在, 且 $\mathcal{R}(A^\dagger ABCC^*)$ 是闭的当且仅当 $\mathcal{R}(CC^*B^*A^*A^{\dagger *}) = \mathcal{R}(CC^*B^*A^*)$ 是闭的当且仅当 $\mathcal{R}(ABCC^*) = \mathcal{R}(ABC)$ 是闭的. 这里 $(A^\dagger ABCC^*)^\dagger$ 存在.

类似地, 其他情况也存在.

最后, 这两个引理为下一个的证明做好准备.

引理 4.3.3   设 A, C 是可逆的且 B 有闭值域, 那么 $(AB)^\dagger$, $(BC)^\dagger$ 和 $(ABC)^\dagger$ 存在, 且

(1) $(AB)^\dagger = B^\dagger A^{-1}$ 当且仅当 $[A^*A, BB^\dagger] = 0$ 当且仅当 $[(A^*A)^{-1}, BB^\dagger] = 0$ 当且仅当 $[AA^*, AB(AB)^\dagger] = 0$;

(2) $(BC)^\dagger = C^{-1}B^\dagger$ 当且仅当 $[CC^*, B^\dagger B] = 0$ 当且仅当 $[(CC^*)^{-1}, B^\dagger B] = 0$ 当且仅当 $[C^*C, BC(BC)^\dagger] = 0$;

(3) $(ABC)^\dagger = C^{-1}B^\dagger A^{-1}$ 当且仅当 $[A^*A, BB^\dagger] = 0$ 和 $[CC^*, B^\dagger B] = 0$ 当且仅当 $[(A^*A)^{-1}, BB^\dagger] = 0$ 和 $[(CC^*)^{-1}, B^\dagger B] = 0$.

证明   因为 C 的可逆性, 显然, $\mathcal{R}(BC) = \mathcal{R}(B)$. 由 $\mathcal{R}(B)$ 是闭的可知 BC 是闭值域, 因此 $(BC)^\dagger$ 存在, 则 $(AB)^*$ 也是一样的, 那么 $(AB)^\dagger$ 存在. 类似地,

$(ABC)^\dagger$ 存在.

(1) 显然 $B^\dagger A^{-1}(AB)B^\dagger A^{-1} = B^\dagger A^{-1}$, $(AB)B^\dagger A^{-1}(AB) = AB$ 和 $B^\dagger A^{-1}(AB) = (B^\dagger A^{-1}(AB))^*$.

注意到 $(ABB^\dagger A^{-1})^* = ABB^\dagger A^{-1}$ 当且仅当 $BB^\dagger A^*A = A^*ABB^\dagger$, 即, $[A^*A, BB^\dagger] = 0$, 这显然等价于 $[(A^*A)^{-1}, BB^\dagger] = 0$. 因此, 根据 Moore-Penrose 逆的定义可知该命题成立.

(2) 和 (3) 类似可得.

引理 4.3.4　设 A, C 是 Hermitian 算子且可逆和 B 有闭值域. 对任意合适的数 n 和 p, 那么

(1) $[A, (A^{n+p}B)(A^{n+p}B)^\dagger] = 0$ 当且仅当 $[A, (A^nB)(A^nB)^\dagger] = 0$;

(2) $[C, (BC^{n+p})^\dagger(BC^{n+p})] = 0$ 当且仅当 $[C, (BC^n)^\dagger(BC^n)] = 0$;

(3) $[A, BB^\dagger] = 0$ 推出 $[A^2, BB^\dagger] = 0$;

(4) $[C, B^\dagger B] = 0$ 推出 $[C^2, B^\dagger B] = 0$.

证明　对任意数 k, 根据引理 4.3.2 可知 $(A^kB)^\dagger$ 和 $(BC^k)^\dagger$ 存在, 因 A^k 和 C^k 显然是可逆的.

(1) 根据引理 4.3.1, $[A, (A^{n+p}B)(A^{n+p}B)^\dagger] = 0$ 当且仅当 $\mathcal{R}(A^{n+p}B) = \mathcal{R}(A(A^{n+p}B))$ 当且仅当 $A^{-p}\mathcal{R}(A^{n+p}B) = A^{-p}\mathcal{R}(A(A^{n+p}B))$, 即,

$$\mathcal{R}(A^nB) = \mathcal{R}(A(A^nB)) \text{ 当且仅当 } [A, (A^nB)^\dagger(A^nB)] = 0.$$

(3) 根据引理 4.3.1, $[A, BB^\dagger] = 0$ 可导出 $\mathcal{R}(AB) = \mathcal{R}(B)$. 于是 $\mathcal{R}(A^2B) = A\mathcal{R}(B) = \mathcal{R}(B)$, 那么 $[A^2, BB^\dagger] = 0$.

(2) 和 (4) 类似.

定理 4.3.5　设 A, B, C 和 ABC 有闭值域, 那么下列陈述等价:

(1) $(ABC)^\dagger = C^\dagger B^\dagger A^\dagger$;

(2) $(A^\dagger ABCC^\dagger)^\dagger = CC^\dagger B^\dagger A^\dagger A$ 和 $A^*ABCC^\dagger B^\dagger A^\dagger A$ 且 $CC^\dagger B^\dagger A^\dagger ABCC^*$ 是 Hermitian 算子;

(3) $(A^*ABCC^\dagger)^\dagger = CC^\dagger B^\dagger A^\dagger A^{*\dagger}$ 和 $A^*ABCC^\dagger B^\dagger A^\dagger A$ 且 $CC^\dagger B^\dagger A^\dagger ABCC^*$ 是 Hermitian 算子;

(4) $(A^\dagger ABCC^*)^\dagger = C^{*\dagger}C^\dagger B^\dagger A^\dagger A$ 和 $A^*ABCC^\dagger B^\dagger A^\dagger A$ 且 $CC^\dagger B^\dagger A^\dagger ABCC^*$ 是 Hermitian 算子;

(5) $(A^*ABCC^*)^\dagger = C^{*\dagger}C^\dagger B^\dagger A^\dagger A^{*\dagger}$ 和 $A^*ABCC^\dagger B^\dagger A^\dagger A$ 且 $CC^\dagger B^\dagger A^\dagger ABCC^*$ 是 Hermitian 算子

证明　根据引理 4.3.2, 证明这些 Moore-Penrose 逆的存在性.

在引理 1.0.3 中,

$$CC^\dagger = \begin{pmatrix} C_1 D_C^{-1} C_1^* & C_1 D_C^{-1} C_2^* \\ C_2 D_C^{-1} C_1^* & C_2 D_C^{-1} C_2^* \end{pmatrix}, \quad C^\dagger C = \begin{pmatrix} I & 0 \\ 0 & 0 \end{pmatrix}, \tag{4.3.1}$$

即

$$ABC = \begin{pmatrix} A_1 B_1 C_1 & 0 \\ 0 & 0 \end{pmatrix}, \quad (ABC)^\dagger = \begin{pmatrix} (A_1 B_1 C_1)^\dagger & 0 \\ 0 & 0 \end{pmatrix} \tag{4.3.2}$$

和

$$A^\dagger ABCC^* = \begin{pmatrix} B_1 C_1 C_1^* & B_1 C_1 C_2^* \\ 0 & 0 \end{pmatrix}.$$

由于 $A^\dagger ABCC^*$ 有闭值域, 根据引理 1.0.3, 知

$$D = B_1 C_1 C_1^* (B_1 C_1 C_1^*)^* + B_1 C_1 C_2^* (B_1 C_1 C_2^*)^*$$
$$= B_1 C_1 D_C C_1^* B_1^*$$
$$= (B_1 C_1 D_C^{1/2})(B_1 C_1 D_C^{1/2})^*$$

是可逆的且

$$(B_1 C_1)^* D^{-1} = (D_C^{-1/2})^* (B_1 C_1 D_C^{1/2})^* D^{-1} = D_C^{-1/2} (B_1 C_1 D_C^{1/2})^\dagger,$$

那么

$$(A^\dagger ABCC^*)^\dagger = \begin{pmatrix} (B_1 C_1 C_1^*)^* D^{-1} & 0 \\ (B_1 C_1 C_2^*)^* D^{-1} & 0 \end{pmatrix} = \begin{pmatrix} C_1 D_C^{-1/2}(B_1 C_1 D_C^{1/2})^\dagger & 0 \\ C_2 D_C^{-1/2}(B_1 C_1 D_C^{1/2})^\dagger & 0 \end{pmatrix}. \tag{4.3.3}$$

类似地, 可得到

$$(A^\dagger ABCC^\dagger)^\dagger = \begin{pmatrix} C_1 D_C^{-1/2}(B_1 C_1 D_C^{-1/2})^\dagger & 0 \\ C_2 D_C^{-1/2}(B_1 C_1 D_C^{-1/2})^\dagger & 0 \end{pmatrix}, \tag{4.3.4}$$

$$(A^* ABCC^\dagger)^\dagger = \begin{pmatrix} C_1 D_C^{-1/2}(A_1^* A_1 B_1 C_1 D_C^{-1/2})^\dagger & 0 \\ C_2 D_C^{-1/2}(A_1^* A_1 B_1 C_1 D_C^{-1/2})^\dagger & 0 \end{pmatrix}, \tag{4.3.5}$$

$$(A^* ABCC^*)^\dagger = \begin{pmatrix} C_1 D_C^{-1/2}(A_1^* A_1 B_1 C_1 D_C^{1/2})^\dagger & 0 \\ C_2 D_C^{-1/2}(A_1^* A_1 B_1 C_1 D_C^{1/2})^\dagger & 0 \end{pmatrix}. \tag{4.3.6}$$

此外, 因

$$A^* ABCC^\dagger B^\dagger A^\dagger A = \begin{pmatrix} A_1^* A_1 B_1 & 0 \\ 0 & 0 \end{pmatrix} \begin{pmatrix} C_1 D_C^{-1} C_1^* D_B^{-1} B_1^* & 0 \\ C_2 D_C^{-1} C_1^* D_B^{-1} B_1^* & 0 \end{pmatrix}$$
$$= \begin{pmatrix} A_1^* A_1 B_1 C_1 D_C^{-1} C_1^* D_B^{-1} B_1^* & 0 \\ 0 & 0 \end{pmatrix}$$

是 Hermitian 算子, 则

$$A_1^* A_1 B_1 C_1 D_C^{-1} C_1^* D_B^{-1} B_1^* = (B_1 C_1 D_C^{-1} C_1^* D_B^{-1} B_1^*)^* A^* A. \tag{4.3.7}$$

因 $CC^\dagger B^\dagger A^\dagger ABCC^*$ 是 Hermitian 算子, 有

$$\begin{pmatrix} C_1 D_C^{-1} C_1^* D_B^{-1} B_1^* B_1 C_1 C_1^* & C_1 D_C^{-1} C_1^* D_B^{-1} B_1^* B_1 C_1 C_2^* \\ C_2 D_C^{-1} C_1^* D_B^{-1} B_1^* B_1 C_1 C_1^* & C_2 D_C^{-1} C_1^* D_B^{-1} B_1^* B_1 C_1 C_2^* \end{pmatrix}$$
$$= \begin{pmatrix} C_1 C_1^* B_1^* B_1 D_B^{-1} C_1 D_C^{-1} C_1^* & C_1 C_1^* B_1^* B_1 D_B^{-1} C_1 D_C^{-1} C_2^* \\ C_2 C_1^* B_1^* B_1 D_B^{-1} C_1 D_C^{-1} C_1^* & C_2 C_1^* B_1^* B_1 D_B^{-1} C_1 D_C^{-1} C_2^* \end{pmatrix}. \tag{4.3.8}$$

在上面等式的左边和右边分别乘以 C^* 和 C, 则有

$$D_C^{-1} C_1^* D_B^{-1} B_1^* B_1 C_1 = (C_1^* D_B^{-1} B_1^* B_1 C_1)^* D_C^{-1}. \tag{4.3.9}$$

(1) $\Leftrightarrow$ (2): 类似文献 [72, 定理 1] 的证明.

(2) $\Rightarrow$ (3): 根据 (4.3.1), 有

$$CC^\dagger B^\dagger A^\dagger A = \begin{pmatrix} C_1 D_C^{-1} C_1^* & C_1 D_C^{-1} C_2^* \\ C_2 D_C^{-1} C_1^* & C_2 D_C^{-1} C_2^* \end{pmatrix} \begin{pmatrix} D_B^{-1} B_1^* & D_B^{-1} B_2^* \\ 0 & 0 \end{pmatrix} \begin{pmatrix} I & 0 \\ 0 & 0 \end{pmatrix}$$
$$= \begin{pmatrix} C_1 D_C^{-1} C_1^* D_B^{-1} B_1^* & 0 \\ C_2 D_C^{-1} C_1^* D_B^{-1} B_1^* & 0 \end{pmatrix}, \tag{4.3.10}$$

那么由 $(A^\dagger ABCC^\dagger)^\dagger = CC^\dagger B^\dagger A^\dagger A$ 可推出 $C^*(A^\dagger ABCC^\dagger)^\dagger = C^* CC^\dagger B^\dagger A^\dagger A$, 因此, 根据 (4.3.4) 和 (4.3.10) 可知

$$(B_1 C_1 D_C^{-1/2})^\dagger = D_C^{-1/2} C_1^* D_B^{-1} B_1^*. \tag{4.3.11}$$

由 (4.3.11) 和 (4.3.7) 可知

$$(A_1^* A_1) B_1 C_1 D_C^{-1/2} (B_1 C_1 D_C^{-1/2})^\dagger$$
$$= (A_1^* A_1) B_1 C_1 D_C^{-1} C_1^* D_B^{-1} B_1^*$$
$$= (B_1 C_1 D_C^{-1} C_1^* D_B^{-1} B_1^*)^* (A_1^* A_1)$$
$$= (B_1 C_1 D_C^{-1/2} (B_1 C_1 D_C^{-1/2})^\dagger)^* (A_1^* A_1),$$

那么

$$(A_1^* A_1)^2 B_1 C_1 D_C^{-1/2} (B_1 C_1 D_C^{-1/2})^\dagger = B_1 C_1 D_C^{-1/2} (B_1 C_1 D_C^{-1/2})^\dagger (A_1^* A_1)^2.$$

根据引理 4.3.3(1), 有

$$(A_1^* A_1 B_1 C_1 D_C^{-1/2})^\dagger = (B_1 C_1 D_C^{-1/2})^\dagger (A_1^* A_1)^{-1}. \tag{4.3.12}$$

因此, 由 (4.3.5), (4.3.11) 和 (4.3.12) 可得

$$
(A^*ABCC^\dagger)^\dagger = \begin{pmatrix} C_1 D_C^{-1/2}(B_1C_1D_C^{-1/2})^\dagger(A_1^*A_1)^{-1} & 0 \\ C_2 D_C^{-1/2}(B_1C_1D_C^{-1/2})^\dagger(A_1^*A_1)^{-1} & 0 \end{pmatrix}
$$

$$
= \begin{pmatrix} C_1 D_C^{-1}C_1^*D_B^{-1}B_1^*(A_1^*A_1)^{-1} & 0 \\ C_2 D_C^{-1}C_1^*D_B^{-1}B_1^*(A_1^*A_1)^{-1} & 0 \end{pmatrix}
$$

$$
= \begin{pmatrix} C_1 D_C^{-1}C_1^* & C_1 D_C^{-1}C_2^* \\ C_2 D_C^{-1}C_1^* & C_2 D_C^{-1}C_2^* \end{pmatrix} \begin{pmatrix} D_B^{-1}B_1^* & D_B^{-1}B_2^* \\ 0 & 0 \end{pmatrix} \begin{pmatrix} (A_1^*A_1)^{-1} & 0 \\ 0 & 0 \end{pmatrix}
$$

$$
= CC^\dagger B^\dagger A^\dagger A^{*\dagger},
$$

故 (3) 成立.

(3) $\Rightarrow$ (5): 因

$$
CC^\dagger B^\dagger A^\dagger A^{*\dagger} = \begin{pmatrix} C_1 D_C^{-1}C_1^*D_B^{-1}B_1^*(A_1^*A_1)^{-1} & 0 \\ C_2 D_C^{-1}C_1^*D_B^{-1}B_1^*(A_1^*A_1)^{-1} & 0 \end{pmatrix},
$$

根据 (4.3.5) 和 $(A^*ABCC^\dagger)^\dagger = CC^\dagger B^\dagger A^\dagger A^{*\dagger}$ 可推出

$$
(A_1^*A_1B_1C_1D_C^{-1/2})^\dagger = D_C^{-1/2}C_1^*D_B^{-1}B_1^*(A_1^*A_1)^{-1}. \tag{4.3.13}
$$

根据 (4.3.13) 和 (4.3.9), 有

$$
D_C^{-1}(A_1^*A_1B_1C_1D_C^{-1/2})^\dagger A_1^*A_1B_1C_1D_C^{-1/2}
$$

$$
= D_C^{-3/2}C_1^*D_B^{-1}B_1^*B_1C_1D_C^{-1/2}
$$

$$
= D_C^{-1/2}(C_1^*D_B^{-1}B_1^*B_1C_1)^*D_C^{-3/2}
$$

$$
= ((A_1^*A_1B_1C_1D_C^{-1/2})^\dagger A_1^*A_1B_1C_1D_C^{-1/2})^*D_C^{-1}.
$$

因此

$$
[D_C^{-2}, (A_1^*A_1B_1C_1D_C^{-1/2})^\dagger A_1^*A_1B_1C_1D_C^{-1/2}] = 0.
$$

结果根据引理 4.3.3(2), 有

$$
(A_1^*A_1B_1C_1D_C^{1/2})^\dagger = D_C^{-1}(A_1^*A_1B_1C_1D_C^{-1/2})^\dagger. \tag{4.3.14}
$$

那么根据 (4.3.6), (4.3.13) 和 (4.3.14), 有

$$
\begin{aligned}
&(A^*ABCC^*)^\dagger \\
&= \begin{pmatrix} C_1 D_C^{-1/2} D_C^{-3/2} C_1^* D_B^{-1} B_1^* (A_1^* A_1)^{-1} & 0 \\ C_2 D_C^{-1/2} D_C^{-3/2} C_1^* D_B^{-1} B_1^* (A_1^* A_1)^{-1} & 0 \end{pmatrix} \\
&= \begin{pmatrix} C_1 D_C^{-1} & 0 \\ C_2 D_C^{-1} & 0 \end{pmatrix} \begin{pmatrix} D_C^{-1} C_1^* & D_C^{-1} C_2^* \\ 0 & 0 \end{pmatrix} \begin{pmatrix} D_B^{-1} B_1^* & D_B^{-1} B_2^* \\ 0 & 0 \end{pmatrix} \begin{pmatrix} (A_1^* A_1)^{-1} & 0 \\ 0 & 0 \end{pmatrix} \\
&= C^{*\dagger} C^\dagger B^\dagger A^\dagger A^{*\dagger}.
\end{aligned}
$$

故 (5) 成立.

(5) ⇒ (4): 因

$$
C^{*\dagger} C^\dagger B^\dagger A^\dagger A^{*\dagger} = \begin{pmatrix} C_1 D_C^{-2} C_1^* D_B^{-1} B_1^* (A_1^* A_1)^{-1} & 0 \\ C_2 D_C^{-2} C_1^* D_B^{-1} B_1^* (A_1^* A_1)^{-1} & 0 \end{pmatrix},
$$

根据 (4.3.6), $(A^*ABCC^*)^\dagger = C^{*\dagger} C^\dagger B^\dagger A^\dagger A^{*\dagger}$ 可推出

$$
(A_1^* A_1 B_1 C_1 D_C^{1/2})^\dagger = D_C^{-3/2} C_1^* D_B^{-1} B_1^* (A_1^* A_1)^{-1}. \tag{4.3.15}
$$

根据 (4.3.7) 和 (4.3.15), 有

$$
\begin{aligned}
&(A_1^* A_1)^{-1} A_1^* A_1 B_1 C_1 D_C^{1/2} (A_1^* A_1 B_1 C_1 D_C^{1/2})^\dagger \\
&= B_1 C_1 D_C^{-1} C_1^* D_B^{-1} B_1^* (A_1^* A_1)^{-1} \\
&= (A_1^* A_1)^{-1} (B_1 C_1 D_C^{-1} C_1^* D_B^{-1} B_1^*)^* \\
&= (A_1^* A_1 B_1 C_1 D_C^{1/2} (A_1^* A_1 B_1 C_1 D_C^{1/2})^\dagger)^* (A_1^* A_1)^{-1},
\end{aligned}
$$

那么 $[(A_1^* A_1)^{-2}, A_1^* A_1 B_1 C_1 D_C^{1/2} (A_1^* A_1 B_1 C_1 D_C^{1/2})^\dagger] = 0$. 因此, 根据引理 4.3.3(1), 有

$$
(A_1^* A_1 B_1 C_1 D_C^{1/2})^\dagger = (B_1 C_1 D_C^{1/2})^\dagger (A_1^* A_1)^{-1}. \tag{4.3.16}
$$

因此, 根据 (4.3.3), (4.3.16) 和 (4.3.15), 有

$$
\begin{aligned}
(A^\dagger ABCC^*)^\dagger &= \begin{pmatrix} C_1 D_2^{-1/2} (A_1^* A_1 B_1 C_1 D_C^{1/2})^\dagger (A_1^* A_1) & 0 \\ C_2 D_2^{-1/2} (A_1^* A_1 B_1 C_1 D_C^{1/2})^\dagger (A_1^* A_1) & 0 \end{pmatrix} \\
&= \begin{pmatrix} C_1 D_C^{-2} C_1^* D_B^{-1} B_1^* & 0 \\ C_2 D_C^{-2} C_1^* D_B^{-1} B_1^* & 0 \end{pmatrix} \\
&= \begin{pmatrix} C_1 D_C^{-1} & 0 \\ C_2 D_C^{-1} & 0 \end{pmatrix} \begin{pmatrix} D_C^{-1} C_1^* & D_C^{-1} C_2^* \\ 0 & 0 \end{pmatrix} \begin{pmatrix} D_B^{-1} B_1^* & D_B^{-1} B_2^* \\ 0 & 0 \end{pmatrix} \begin{pmatrix} I & 0 \\ 0 & 0 \end{pmatrix} \\
&= C^{*\dagger} C^\dagger B^\dagger A^\dagger A.
\end{aligned}
$$

故 (4) 成立.

(4) $\Rightarrow$ (2): 由于

$$C^{*\dagger}C^{\dagger}B^{\dagger}A^{\dagger}A = \left(\begin{array}{cc} C_1 D_C^{-2} C_1^* D_B^{-1} B_1^* & 0 \\ C_2 D_C^{-2} C_1^* D_B^{-1} B_1^* & 0 \end{array} \right),$$

根据 (4.3.3), $(A^{\dagger}ABCC^*)^{\dagger} = C^{*\dagger}C^{\dagger}B^{\dagger}A^{\dagger}A$ 可推出

$$(B_1 C_1 D_C^{1/2})^{\dagger} = D_C^{-3/2} C_1^* D_B^{-1} B_1^*. \tag{4.3.17}$$

由 (4.3.9) 和 (4.3.17) 可知

$$\begin{aligned}
& D_C (B_1 C_1 D_C^{1/2})^{\dagger} B_1 C_1 D_C^{1/2} \\
&= D_C^{-1/2} C_1^* D_B^{-1} B_1^* B_1 C_1 D_C^{1/2} \\
&= D_C^{1/2} (C_1^* D_B^{-1} B_1^* B_1 C_1)^* D_C^{-1/2} \\
&= [(B_1 C_1 D_C^{1/2})^{\dagger} B_1 C_1 D_C^{1/2}]^* D_C.
\end{aligned}$$

那么, 根据引理 4.3.3(2), 有

$$(B_1 C_1 D_C^{-1/2})^{\dagger} = D_C (B_1 C_1 D_C^{1/2})^{\dagger}. \tag{4.3.18}$$

相应地, 根据 (4.3.4), (4.3.17) 和 (4.3.18), 有

$$\begin{aligned}
(A^{\dagger}ABCC^{\dagger})^{\dagger} &= \left(\begin{array}{cc} C_1 D_C^{1/2}(B_1 C_1 D_C^{1/2})^{\dagger} & 0 \\ C_2 D_C^{1/2}(B_1 C_1 D_C^{1/2})^{\dagger} & 0 \end{array} \right) = \left(\begin{array}{cc} C_1 D_C^{-1} C_1^* D_B^{-1} B_1^* & 0 \\ C_2 D_C^{-1} C_1^* D_B^{-1} B_1^* & 0 \end{array} \right) \\
&= \left(\begin{array}{cc} C_1 D_C^{-1} C_1^* & C_1 D_C^{-1} C_2^* \\ C_2 D_C^{-1} C_1^* & C_2 D_C^{-1} C_2^* \end{array} \right) \left(\begin{array}{cc} D_B^{-1} B_1^* & D_B^{-1} B_2^* \\ 0 & 0 \end{array} \right) \left(\begin{array}{cc} I & 0 \\ 0 & 0 \end{array} \right) \\
&= CC^{\dagger}B^{\dagger}A^{\dagger}A.
\end{aligned}$$

故 (2) 成立.

在文献 [51] 中, 作者给出了 $\mathcal{R}[AA^*(ABC)] = \mathcal{R}(ABC)$ 和 $\mathcal{R}[C^*C(ABC)^*] = \mathcal{R}((ABC)^*)$ 的等价陈述. 这里我们给出其他的等价条件.

定理 4.3.6 设 A, C, ABC 有闭值域, 那么下列陈述等价:

(1) $(A^{\dagger}ABCC^*)^{\dagger} = C^{*\dagger}(ABC)^{\dagger}A$;

(2) $(A^*ABCC^{\dagger})^{\dagger} = C(ABC)^{\dagger}A^{*\dagger}$;

(3) $C^{\dagger}(A^{\dagger}ABCC^*)^{\dagger}A^* = (C^*C)^{\dagger}(ABC)^{\dagger}AA^*$;

(4) $C^*(A^*ABCC^{\dagger})^{\dagger}A^{\dagger} = C^*C(ABC)^{\dagger}(AA^*)^{\dagger}$;

(5) $(ABC)^{\dagger} = C^*(A^{\dagger}ABCC^*)^{\dagger}A^{\dagger}$;

(6) $(ABC)^{\dagger} = C^{\dagger}(A^*ABCC^{\dagger})^{\dagger}A^*$;

(7) $\mathcal{R}[AA^*(ABC)] = \mathcal{R}(ABC)$ 和 $\mathcal{R}[C^*C(ABC)^*] = \mathcal{R}((ABC)^*)$.

证明　根据引理 4.3.2, 证明这些 Moore-Penrose 逆的存在.

(1) ⇒ (3): 由于 $(C^*C)^\dagger = C^\dagger C^{*\dagger}$, 所以分别用 $C^\dagger$ 和 A^* 乘以 (1) 的左边和右边, 有

$$C^\dagger (A^\dagger ABCC^*)^\dagger A^* = (C^*C)^\dagger (ABC)^\dagger AA^*.$$

(3) ⇒ (5): 分别用 C^*C 和 $(AA^*)^\dagger$ 乘以 (3) 的左边和右边可得

$$C^*CC^\dagger (A^\dagger ABCC^*)^\dagger A^*(AA^*)^\dagger = C^*C(C^*C)^\dagger (ABC)^\dagger AA^*(AA^*)^\dagger,$$

即

$$C^*(A^\dagger ABCC^*)^\dagger A^\dagger = C^\dagger C(ABC)^\dagger AA^\dagger.$$

因此, 根据 (4.3.1), (5) 显然成立.

(5) ⇒ (1): 分别用 $C^{*\dagger}$ 和 A 乘以 (5) 的左边和右边可得

$$C^{*\dagger}(ABC)^\dagger A = CC^\dagger (A^\dagger ABCC^*)^\dagger A^\dagger A.$$

根据 (4.3.1) 和 (4.3.3) 可知 $CC^\dagger (A^\dagger ABCC^*)^\dagger = (A^\dagger ABCC^*)^\dagger$, 那么 (1) 也成立.

(5) ⇔ (7): 通过 (4.3.3), 有

$$C^*(A^\dagger ABCC^*)^\dagger A^\dagger = \begin{pmatrix} D_C^{1/2}(B_1C_1D_C^{1/2})^\dagger A_1^{-1} & 0 \\ 0 & 0 \end{pmatrix}.$$

因此, (5) 成立当且仅当

$$(B_1C_1D_C^{1/2})^\dagger = [A_1^{-1}(A_1B_1C_1)D_C^{1/2}]^\dagger = D_C^{-1/2}(A_1B_1C_1)^\dagger A_1 \tag{4.3.19}$$

成立当且仅当, 根据引理 4.3.3(3) 可知

$$(A_1B_1C_1)(A_1B_1C_1)^\dagger A_1A_1^* = A_1A_1^*(A_1B_1C_1)(A_1B_1C_1)^\dagger,$$
$$D_C(A_1B_1C_1)^\dagger (A_1B_1C_1) = (A_1B_1C_1)^\dagger (A_1B_1C_1)D_C.$$

即根据引理 4.3.1 有

$$[AA^*, (ABC)(ABC)^\dagger] = 0, \quad [C^*C, (ABC)^\dagger (ABC)] = 0 \tag{4.3.20}$$

当且仅当 (7) 成立.

(6) ⇔ (7): 等式 $(A_1^*A_1B_1C_1D_C^{-1/2})^\dagger = D_C^{1/2}(A_1B_1C_1)^\dagger A_1^{-*}$ 可被推导出来, 那么 (6) 和 (7) 的等价性证明是类似的.

此外, 类似 (4.3.3), 我们可推导出一个关键式, 因此可得到 (2), (4), (6) 的等价性.

根据 [51] 的定理 2.1 和 2.2, 类似定理 4.3.6 的证明, 我们证明了如下定理.

定理 4.3.7 设 A, C, ABC 有闭值域, 那么下列陈述等价:

(1) $(A^*ABCC^*)^\dagger = C^{*\dagger}(ABC)^\dagger A^{*\dagger}$;

(2) $(A^\dagger ABCC^\dagger)^\dagger = C(ABC)^\dagger A$;

(3) $C^\dagger(A^*ABCC^*)^\dagger A^\dagger = (C^*C)^\dagger(ABC)^\dagger(AA^*)^\dagger$;

(4) $C^*(A^\dagger ABCC^\dagger)^\dagger A^* = C^*C(ABC)^\dagger AA^*$;

(5) $(ABC)^\dagger = C^\dagger(A^\dagger ABCC^\dagger)^\dagger A^\dagger$;

(6) $(ABC)^\dagger = C^*(A^*ABCC^*)^\dagger A^*$;

(7) $\mathcal{R}[AA^*(ABC)] = \mathcal{R}(ABC)$ 和 $\mathcal{R}[C^*C(ABC)^*] = \mathcal{R}((ABC)^*)$.

接下来, 我们要推导出更多的结论, 这里每一个都等价于

$$\mathcal{R}[AA^*(ABC)] = \mathcal{R}(ABC) \quad \text{和} \quad \mathcal{R}[C^*C(ABC)^*] = \mathcal{R}((ABC)^*).$$

定理 4.3.8 设 A, C, ABC 有闭值域, 那么下列陈述等价:

(1) $(A^\dagger ABC)^\dagger A^\dagger = C^\dagger(ABCC^\dagger)^\dagger$;

(2) $(A^\dagger ABC)^\dagger A^* = C^\dagger(A^{\dagger*}BCC^\dagger)^\dagger$;

(3) $(A^\dagger ABC)^\dagger A^\dagger = C^*(ABCC^*)^\dagger$;

(4) $(A^*ABC)^\dagger A^* = C^\dagger(ABCC^\dagger)^\dagger$;

(5) $(A^\dagger ABC^{*\dagger})^\dagger A^\dagger = C^\dagger(ABCC^\dagger)^\dagger$;

(6) $(A^*ABC^{*\dagger})^\dagger A^* = C^\dagger(AB(CC^*)^\dagger)^\dagger$;

(7) $[(A^*A)^\dagger BC]^\dagger A^\dagger = C^*(A^{\dagger*}BCC^*)^\dagger$;

(8) $\mathcal{R}[AA^*(ABC)] = \mathcal{R}(ABC)$ 和 $\mathcal{R}[C^*C(ABC)^*] = \mathcal{R}((ABC)^*)$.

证明 由于这些 Moore-Penrose 逆的存在, 根据 (4.3.1) 可知

$$ABCC^\dagger = \begin{pmatrix} A_1B_1C_1D_C^{-1}C_1^* & A_1B_1C_1D_C^{-1}C_2^* \\ 0 & 0 \end{pmatrix}.$$

由于 $ABCC^\dagger$ 有闭值域, 根据引理 1.0.3, 有

$$D = A_1B_1C_1D_C^{-1}C_1^*(A_1B_1C_1D_C^{-1}C_1^*)^* + A_1B_1C_1D_C^{-1}C_2^*(A_1B_1C_1D_C^{-1}C_2^*)^*$$
$$= A_1B_1C_1D_C^{-1}C_1^*B_1^*A_1^*$$
$$= (A_1B_1C_1D_C^{-1/2})(A_1B_1C_1D_C^{-1/2})^*$$

是可逆的且

$$(A_1B_1C_1D_C^{-1})^*D^{-1} = (D_C^{-1/2})^*(A_1B_1C_1D_C^{-1/2})^*D^{-1} = D_C^{-1/2}(A_1B_1C_1D_C^{-1/2})^\dagger,$$

那么

$$(ABCC^\dagger)^\dagger = \begin{pmatrix} C_1D_C^{-1/2}(A_1B_1C_1D_C^{-1/2})^\dagger & 0 \\ C_2D_C^{-1/2}(A_1B_1C_1D_C^{-1/2})^\dagger & 0 \end{pmatrix}. \tag{4.3.21}$$

类似地, 可得

$$(A^{*\dagger}BCC^{\dagger})^{\dagger} = \begin{pmatrix} C_1 D_C^{1/2}(A_1^{-*}B_1C_1D_C^{-1/2})^{\dagger} & 0 \\ C_2 D_C^{1/2}(A_1^{-*}B_1C_1D_C^{-1/2})^{\dagger} & 0 \end{pmatrix}, \tag{4.3.22}$$

$$(ABCC^*)^{\dagger} = \begin{pmatrix} C_1 D_C^{-1/2}(A_1B_1C_1D_C^{1/2})^{\dagger} & 0 \\ C_2 D_C^{-1/2}(A_1B_1C_1D_C^{1/2})^{\dagger} & 0 \end{pmatrix}, \tag{4.3.23}$$

$$(AB(CC^*)^{\dagger})^{\dagger} = \begin{pmatrix} C_1 D_C^{-1/2}(A_1B_1C_1D_C^{-3/2})^{\dagger} & 0 \\ C_2 D_C^{-1/2}(A_1B_1C_1D_C^{-3/2})^{\dagger} & 0 \end{pmatrix}, \tag{4.3.24}$$

$$(A^{*\dagger}BCC^*)^{\dagger} = \begin{pmatrix} C_1 D_C^{-1/2}(A_1^{-*}B_1C_1D_C^{1/2})^{\dagger} & 0 \\ C_1 D_C^{-1/2}(A_1^{-*}B_1C_1D_C^{1/2})^{\dagger} & 0 \end{pmatrix}, \tag{4.3.25}$$

$$(A^{\dagger}ABC)^{\dagger} = \begin{pmatrix} (B_1C_1)^{\dagger} & 0 \\ 0 & 0 \end{pmatrix}, \tag{4.3.26}$$

$$(A^*ABC)^{\dagger} = \begin{pmatrix} (A_1^*A_1B_1C_1)^{\dagger} & 0 \\ 0 & 0 \end{pmatrix}, \tag{4.3.27}$$

$$(A^{\dagger}ABC^{*\dagger})^{\dagger} = \begin{pmatrix} (B_1C_1D_C^{-1})^{\dagger} & 0 \\ 0 & 0 \end{pmatrix}, \tag{4.3.28}$$

$$(A^*ABC^{*\dagger})^{\dagger} = \begin{pmatrix} (A_1^*A_1B_1C_1D_C^{-1})^{\dagger} & 0 \\ 0 & 0 \end{pmatrix}, \tag{4.3.29}$$

$$((A^*A)^{\dagger}BC)^{\dagger} = \begin{pmatrix} [(A_1^*A_1)^{-1}B_1C_1]^{\dagger} & 0 \\ 0 & 0 \end{pmatrix}. \tag{4.3.30}$$

(1) $\Rightarrow$ (8): 分别利用 (4.3.26) 和 (4.3.21), 有

$$(A^{\dagger}ABC)^{\dagger}A^{\dagger} = \begin{pmatrix} (B_1C_1)^{\dagger}A_1^{-1} & 0 \\ 0 & 0 \end{pmatrix},$$

$$C^{\dagger}(ABCC^{\dagger})^{\dagger} = \begin{pmatrix} D_C^{-1/2}(A_1B_1C_1D_C^{-1/2})^{\dagger} & 0 \\ 0 & 0 \end{pmatrix}.$$

现在, (1) 成立, 即 $(A^{\dagger}ABC)^{\dagger}A^{\dagger} = C^{\dagger}(ABCC^{\dagger})^{\dagger}$ 当且仅当

$$(A_1B_1C_1D_C^{-1/2})^{\dagger} = D_C^{1/2}(B_1C_1)^{\dagger}A_1^{-1}$$

根据引理 4.3.3 可知

$$[A_1^*A_1, (B_1C_1)(B_1C_1)^{\dagger}] = 0 \quad \text{和} \quad [D_C, (B_1C_1)^{\dagger}(B_1C_1)] = 0. \tag{4.3.31}$$

由于 A_1 是可逆的, 根据引理 4.3.3, $[A_1^*A_1, (B_1C_1)(B_1C_1)^\dagger] = 0$ 当且仅当 $(B_1C_1)^\dagger = (A_1B_1C_1)^\dagger A_1$ 当且仅当 $[A_1A_1^*, (AB_1C_1)(AB_1C_1)^\dagger] = 0$. 此外, 每当 $(B_1C_1)^\dagger A_1^{-1} = (A_1B_1C_1)^\dagger$, $[D_C, (B_1C_1)^\dagger(B_1C_1)] = 0$ 等价于 $[D_C, (A_1B_1C_1)^\dagger(A_1B_1C_1)] = 0$ 时, 根据这些可知 (4.3.31) 成立当且仅当

$$[A_1A_1^*, (A_1B_1C_1)(A_1B_1C_1)^\dagger] = 0 \quad \text{和} \quad [D_C, (A_1B_1C_1)^\dagger(A_1B_1C_1)] = 0,$$

即

$$[AA^*, (ABC)(ABC)^\dagger] = 0 \quad \text{和} \quad [C^*C, (ABC)^\dagger(ABC)] = 0$$

当且仅当 (8) 成立.

(8) $\Rightarrow$ (7): 由陈述 (8) 可推出

$$[AA^*, ABC(ABC)^\dagger] = 0 \quad \text{和} \quad [C^*C, (ABC)^\dagger ABC] = 0,$$

那么

$$[A_1A_1^*, A_1B_1C_1(A_1B_1C_1)^\dagger] = 0 \quad \text{和} \quad [D_C, (A_1B_1C_1)^\dagger A_1B_1C_1] = 0.$$

于是

$$[(A_1A_1^*)^{-1}, A_1B_1C_1(A_1B_1C_1)^\dagger] = 0 \quad \text{和} \quad [D_C, (A_1B_1C_1)^\dagger A_1B_1C_1] = 0. \quad (4.3.32)$$

那么在 (4.3.32) 的左边可推出

$$[(A_1A_1^*)^{-1}, A_1^{-*}B_1C_1(A_1^{-*}B_1C_1)^\dagger] = 0, \quad (4.3.33)$$

则根据引理 4.3.4 可知

$$[(A_1A_1^*)^2, A_1^{-*}B_1C_1(A_1^{-*}B_1C_1)^\dagger] = 0.$$

因此, 根据引理 4.3.3 可得

$$(A_1B_1C_1)^\dagger = (A_1^{-*}B_1C_1)^\dagger(A_1A_1^*)^{-1}.$$

根据这些, 等式 (4.3.32) 的右边变成 $[D_C, (A_1^{-*}B_1C_1)^\dagger A_1^{-*}B_1C_1] = 0$, 那么

$$[D_C^{-1}, (A_1^{-*}B_1C_1D_C^{1/2})^\dagger A_1^{-*}B_1C_1D_C^{1/2}] = 0. \quad (4.3.34)$$

因此

$$(A_1^{-*}B_1C_1)^\dagger = D_C^{1/2}(A_1^{-*}B_1C_1D_C^{1/2})^\dagger.$$

结果, (4.3.33) 变为

$$[(A_1A_1^*)^2, A_1^{-*}B_1C_1D_C^{1/2}(A_1^{-*}B_1C_1D_C^{1/2})^\dagger] = 0.$$

因此, 根据引理 4.3.3, (4.3.34) 和上述等式可得

$$((A_1^*A_1)^{-1}B_1C_1)^\dagger = D_C^{1/2}(A_1^{-*}B_1C_1D_C^{1/2})^\dagger A_1.$$

(7) ⇒ (6): 根据 (4.3.25) 和 (4.3.30) 可知, (7) 成立当且仅当

$$((A_1^*A_1)^{-1}B_1C_1)^\dagger = D_C^{1/2}(A_1^{-*}B_1C_1D_C^{1/2})^\dagger A_1$$

当且仅当

$$[(A_1^*A_1)^{-1}, A_1^{-*}B_1C_1D_C^{1/2}(A_1^{-*}B_1C_1D_C^{1/2})^\dagger] = 0$$

和

$$[D_C^{-1}, (A_1^{-*}B_1C_1D_C^{1/2})^\dagger A_1^{-*}B_1C_1D_C^{1/2}] = 0. \tag{4.3.35}$$

根据引理 4.3.3 和引理 4.3.4, 在 (4.3.35) 中的第一个等式可等价于

$$[A_1A_1^*, A_1^{-*}B_1C_1D_C^{1/2}(A_1^{-*}B_1C_1D_C^{1/2})^\dagger] = 0$$

当且仅当 $[A_1A_1^*, A_1B_1C_1D_C^{1/2}(A_1B_1C_1D_C^{1/2})^\dagger] = 0$. 因此

$$[(A_1A_1^*)^2, A_1B_1C_1D_C^{1/2}(A_1B_1C_1D_C^{1/2})^\dagger] = 0,$$

那么

$$(A_1^{-*}B_1C_1D_C^{1/2})^\dagger = (A_1B_1C_1D_C^{1/2})^\dagger A_1A_1^*.$$

根据这些, 在 (4.3.35) 中的第二个等式可得到

$$[D_C^{-1}, (A_1B_1C_1D_C^{1/2})^\dagger A_1B_1C_1D_C^{1/2}] = 0,$$

那么

$$[D_C^{-1}, (A_1B_1C_1D_C^{-3/2})^\dagger A_1B_1C_1D_C^{-3/2}] = 0.$$

则

$$[D_C^2, (A_1B_1C_1D_C^{-3/2})^\dagger A_1B_1C_1D_C^{-3/2}] = 0,$$

那么

$$(A_1B_1C_1D_C^{1/2})^\dagger = D_C^{-2}(A_1B_1C_1D_C^{-3/2})^\dagger.$$

结果, (4.3.35) 变为

$$[A_1A_1^*, A_1B_1C_1D_C^{-3/2}(A_1B_1C_1D_C^{-3/2})^\dagger] = 0$$

和

$$[D_C, (A_1 B_1 C_1 D_C^{-3/2})^\dagger A_1 B_1 C_1 D_C^{-3/2}] = 0,$$

那么

$$(A_1^* A_1 B_1 C_1 D_C^{-1})^\dagger = D_C^{-1/2}(A_1 B_1 C_1 D_C^{-3/2})^\dagger A_1^{-*},$$

即 (6) 成立.

(6) $\Rightarrow$ (5): 根据 (4.3.24) 和 (4.3.29), (6) 成立当且仅当

$$(A_1^* A_1 B_1 C_1 D_C^{-1})^\dagger = D_C^{-1/2}(A_1 B_1 C_1 D_C^{-3/2})^\dagger A_1^{-*}$$

当且仅当

$$[A_1 A_1^*, A_1 B_1 C_1 D_C^{-3/2}(A_1 B_1 C_1 D_C^{-3/2})^\dagger] = 0 \tag{4.3.36}$$

和

$$[D_C, (A_1 B_1 C_1 D_C^{-3/2})^\dagger A_1 B_1 C_1 D_C^{-3/2}] = 0. \tag{4.3.37}$$

根据引理 4.3.4, (4.3.37) 的右边等价于

$$[D_C, (A_1 B_1 C_1 D_C^{-1})^\dagger A_1 B_1 C_1 D_C^{-1}] = 0$$

当且仅当, 根据引理 4.3.3, $(A_1 B_1 C_1 D_C^{-3/2})^\dagger = D_C^{1/2}(A_1 B_1 C_1 D_C^{-1}))^\dagger$. 因此, (4.3.37) 的右边等价于 $[A_1 A_1^*, A_1 B_1 C_1 D_C^{-1}(A_1 B_1 C_1 D_C^{-1})^\dagger] = 0$ 当且仅当, 根据引理 4.3.4, $[A_1^* A_1, B_1 C_1 D_C^{-1}(B_1 C_1 D_C^{-1})^\dagger] = 0$ 当且仅当, 根据引理 4.3.3, $(A_1 B_1 C_1 D_C^{-1})^\dagger = (B_1 C_1 D_C^{-1})^\dagger A_1^{-1}$, 即 (4.3.37) 等价于

$$[A_1 A_1^*, B_1 C_1 D_C^{-1}(B_1 C_1 D_C^{-1})^\dagger] = 0, \quad [D_C, (B_1 C_1 D_C^{-1})^\dagger B_1 C_1 D_C^{-1}] = 0$$

当且仅当 $(A_1 B_1 C_1 D_C^{-1/2})^\dagger = D_C^{-1/2}(B_1 C_1 D_C^{-1})^\dagger A^{-1}$, 即 (5) 成立.

(5) $\Rightarrow$ (4): 由 (4.3.21) 和 (4.3.28) 可知, (5) 成立当且仅当

$$(A_1 B_1 C_1 D_C^{-1/2})^\dagger = D_C^{-1/2}(B_1 C_1 D_C^{-1})^\dagger A^{-1}.$$

于是根据引理 4.3.3, 有

$$[A_1^* A_1, (B_1 C_1 D_C^{-1})(B_1 C_1 D_C^{-1})^\dagger] = 0,$$
$$[D_C, (B_1 C_1 D_C^{-1})^\dagger (B_1 C_1 D_C^{-1})] = 0. \tag{4.3.38}$$

根据引理 4.3.4, (4.3.38) 的右边等价于 $[D_C, (B_1 C_1)^\dagger (B_1 C_1)] = 0$ 且可推出 $[D_C^2, (B_1 C_1)^\dagger (B_1 C_1)] = 0$. 因此, 根据引理 4.3.3, 有

$$(B_1 C_1 D_C^{-1})^\dagger = D_C(B_1 C_1)^\dagger.$$

因此, (4.3.38) 变为

$$[A_1^*A_1, (B_1C_1)(B_1C_1)^\dagger] = 0, \quad [D_C^{-1}, (B_1C_1)^\dagger(B_1C_1)] = 0. \tag{4.3.39}$$

类似地, 根据引理 4.3.3 和引理 4.3.4 以及 (4.3.39) 的左边可知

$$(B_1C_1)^\dagger = (A_1^*A_1B_1C_1)^\dagger A_1^*A_1,$$

则 (4.3.39) 变为

$$[(A_1^*A_1)^{-1}, A_1^*A_1B_1C_1(A_1^*A_1B_1C_1)^\dagger] = 0,$$
$$[D_C^{-1}, (A_1^*A_1B_1C_1)^\dagger A_1^*A_1B_1C_1] = 0$$

当且仅当 $(A_1B_1C_1D_C^{-1/2})^\dagger = D_C^{1/2}(A_1^*A_1B_1C_1)^\dagger A_1^*$, 即 (4) 成立.

(4) $\Rightarrow$ (3): 根据 (4.3.21) 和 (4.3.27) 可知, (4) 成立当且仅当

$$(A_1B_1C_1D_C^{-1/2})^\dagger = D_C^{1/2}(A_1^*A_1B_1C_1)^\dagger A_1^*$$

当且仅当

$$[A_1^*A_1, A_1^*A_1B_1C_1(A_1^*A_1B_1C_1)^\dagger] = 0 \tag{4.3.40}$$

和

$$[D_C, (A_1^*A_1B_1C_1)^\dagger A_1^*A_1B_1C_1] = 0. \tag{4.3.41}$$

根据引理 4.3.4, 注意到 (4.3.41) 的左边成立, 根据引理 4.3.3 可知 $(A_1^*A_1B_1C_1)^\dagger = (B_1C_1)^\dagger(A_1^*A_1)^{-1}$, 则 (4.3.41) 变为

$$[A_1^*A_1, (B_1C_1)(B_1C_1)^\dagger] = 0 \quad \text{和} \quad [D_C, (B_1C_1)^\dagger(B_1C_1)] = 0.$$

因此 $(A_1B_1C_1D_C^{1/2})^\dagger = D_C^{-1/2}(B_1C_1)^\dagger A_1^{-1}$, 那么 (3) 成立.

(3) $\Rightarrow$ (2): 由 (4.3.26) 和 (4.3.23) 可知, (3) 成立当且仅当

$$(A_1B_1C_1D_C^{1/2})^\dagger = D_C^{-1/2}(B_1C_1)^\dagger A_1^{-1}$$

当且仅当 $[A_1^*A_1, (B_1C_1)(B_1C_1)^\dagger] = 0$ 和 $[D_C, (B_1C_1)^\dagger(B_1C_1)] = 0$ 当且仅当 $[(A_1^*A_1)^{-1}, (B_1C_1)(B_1C_1)^\dagger] = 0$ 和 $[D_C^{-1}, (B_1C_1)^\dagger(B_1C_1)] = 0$ 当且仅当

$$(A_1^{*-1}B_1C_1D_C^{-1/2})^\dagger = D_C^{1/2}(B_1C_1)^\dagger A_1^*$$

当且仅当 (2) 成立.

(2) $\Rightarrow$ (1): 由 (4.3.26) 和 (4.3.22) 可知, (2) 等价于

$$(A_1^{*-1} B_1 C_1 D_C^{-1/2})^\dagger = D_C^{1/2}(B_1 C_1)^\dagger A_1^*$$

当且仅当, 根据引理 4.3.3,

$$[A_1^* A_1, (B_1 C_1)(B_1 C_1)^\dagger] = 0 \quad 和 \quad [D_C, (B_1 C_1)^\dagger(B_1 C_1)] = 0$$

当且仅当 $(A_1 B_1 C_1 D_C^{-1/2})^\dagger = D_C^{1/2}(B_1 C_1)^\dagger A_1^{-1}$, 即 (1) 成立.

根据定理 4.3.6, 定理 4.3.7 和定理 4.3.8, 可得到如下定理.

定理 4.3.9 设 A, C 和 ABC 有闭值域, 那么下列陈述等价:

(1) $(ABC)^\dagger = C^\dagger B^\dagger A^\dagger$;

(2) $(A^{*\dagger} BC)^\dagger = C^\dagger B^\dagger A^*$;

(3) $(ABC^{*\dagger})^\dagger = C^* B^\dagger A^\dagger$;

(4) $(ABC)^\dagger = C^\dagger(A^\dagger ABCC^\dagger)^\dagger A^\dagger$ 和 $(A^\dagger ABCC^\dagger)^\dagger = CC^\dagger B^\dagger A^\dagger A$;

(5) $(ABC)^\dagger = C^\dagger(A^* ABCC^\dagger)^\dagger A^*$ 和 $(A^* ABCC^\dagger)^\dagger = CC^\dagger B^\dagger A^\dagger A^{*\dagger}$;

(6) $(ABC)^\dagger = C^*(A^\dagger ABCC^*)^\dagger A^\dagger$ 和 $(A^\dagger ABCC^*)^\dagger = C^{*\dagger} C^\dagger B^\dagger A^\dagger A$;

(7) $(ABC)^\dagger = C^*(A^* ABCC^*)^\dagger A^*$ 和 $(A^* ABCC^*)^\dagger = C^{*\dagger} C^\dagger B^\dagger A^\dagger A^{*\dagger}$;

(8) $(ABC)^\dagger = (A^\dagger ABC)^\dagger A^\dagger$ 和 $(A^\dagger ABC)^\dagger = C^\dagger B^\dagger A^\dagger A$;

(9) $(ABC)^\dagger = C^\dagger(ABCC^\dagger)^\dagger$ 和 $(ABCC^\dagger)^\dagger = CC^\dagger B^\dagger A^\dagger$;

(10) $(ABC)^\dagger = (A^* ABC)^\dagger A^*$ 和 $(A^* ABC)^\dagger = C^\dagger B^\dagger A^\dagger A^{*\dagger}$;

(11) $(ABC)^\dagger = C^*(ABCC^*)^\dagger$ 和 $(ABCC^*)^\dagger = C^{*\dagger} C^\dagger B^\dagger A^\dagger$;

(12) $(ABCC^\dagger)^\dagger = CC^\dagger B^\dagger A^\dagger$ 和 $(A^\dagger ABC)^\dagger = C^\dagger B^\dagger A^\dagger A$;

(13) $(ABCC^*)^\dagger = C^{*\dagger} C^\dagger B^\dagger A^\dagger$ 和 $(A^* ABC)^\dagger = C^\dagger B^\dagger A^\dagger A^{*\dagger}$.

证明 根据引理 4.3.2, 证明这些 Moore-Penrose 逆的存在性.

(1) $\Leftrightarrow$ (2): 若 (1) 成立, 则

$$(C^\dagger B^\dagger A^*)(A^{*\dagger} BC) = C^\dagger B^\dagger A^\dagger ABC = (ABC)^\dagger ABC,$$

那么

$$(C^\dagger B^\dagger A^*)(A^{*\dagger} BC)(C^\dagger B^\dagger A^*) = (ABC)^\dagger ABC(ABC)^\dagger AA^*$$
$$= C^\dagger B^\dagger A^\dagger AA^* = C^\dagger B^\dagger A^*.$$

另一种 Penrose 等式类似证明. 因此 (2) 成立.

相反地, 这证明一样.

(1) $\Leftrightarrow$ (3): 类似上述证明.

(1) ⇒ (4): 根据定理 4.3.5, 有 $(A^\dagger ABCC^\dagger)^\dagger = CC^\dagger B^\dagger A^\dagger A$, 则

$$C^\dagger (A^\dagger ABCC^\dagger)^\dagger A^\dagger = C^\dagger CC^\dagger B^\dagger A^\dagger AA^\dagger = C^\dagger B^\dagger A^\dagger = (ABC)^\dagger.$$

(4) ⇒ (5): 根据定理 4.3.6 和定理 4.3.7, 有

$$(ABC)^\dagger = C^\dagger (A^* ABCC^\dagger)^\dagger A^*$$

和

$$(A^* ABCC^\dagger)^\dagger = C(ABC)^\dagger A^{*\dagger} = C(ABC)^\dagger AA^\dagger A^{*\dagger}$$
$$= (A^\dagger ABCC^\dagger)^\dagger A^\dagger A^{*\dagger} = CC^\dagger B^\dagger A^\dagger AA^\dagger A^{*\dagger}$$
$$= CC^\dagger B^\dagger A^\dagger A^{*\dagger}.$$

(5) ⇒ (6) 和 (6) ⇒ (7): 类似 "(4) ⇒ (5)" 的证明.

(7) ⇒ (1): 显然.

(1) ⇔ (8): 若 (1) 成立, 那么根据 (4.3.2),

$$A^\dagger ABCC^\dagger B^\dagger A^\dagger A = A^\dagger ABC(ABC)^\dagger A = \begin{pmatrix} I & 0 \\ 0 & 0 \end{pmatrix}$$

是 Hermitian 算子. 因此, 根据 Moore-Penrose 逆的定义, 我们易证得 $(A^\dagger ABC)^\dagger = C^\dagger B^\dagger A^\dagger A$ 成立. 那么

$$(A^\dagger ABC)^\dagger A^\dagger = C^\dagger B^\dagger A^\dagger AA^\dagger = (ABC)^\dagger.$$

相反地, 证明如下.

(1) ⇔ (9), (1) ⇔ (10) 和 (1) ⇔ (11): 类似上述证明.

(1) ⇔ (12): 由于 (1), (8) 和 (9) 是等价的, (1) 可以推出 (12).

相反地, $(ABC)(C^\dagger B^\dagger A^\dagger) = ABCC^\dagger (ABCC^\dagger)^\dagger$, 那么

$$(ABC)(C^\dagger B^\dagger A^\dagger)(ABC) = ABCC^\dagger (ABCC^\dagger)^\dagger ABCC^\dagger C = ABCC^\dagger C = ABC,$$

则第一个和第三个 Penrose 等式满足. 类似地, 其他 Penrose 等式也满足.

(1) ⇔ (13): 这证明与上述一样.

4.4　算子乘积混合反序律的不变性

本节得到了一个有趣的结论, 即 $C\{1, \cdots\}B\{1, \cdots\}A\{1, \cdots\} \subseteq (ABC)\{1\}$ 成立当且仅当有界线性算子乘积 $ABCC^{(1,\cdots)}B^{(1,\cdots)}A^{(1,\cdots)}ABC$ 保持不变, 此时,

$C^{(1,\cdots)}B^{(1,\cdots)}A^{(1,\cdots)}$ 是给定的. 更多地, 我们研究了与混合反序 $C\{1,2\}B\{1,2\} \times A\{1,2\} \subseteq (ABC)\{1,2\}$ 有关的算子乘积 $ABCC^{(1,2)}B^{(1,2)}A^{(1,2)}ABC$ 的不变性. 我们给出了这个不变性成立当且仅当 A 和 B 是左可逆, 或者 B 和 C 是右可逆, 或者 A 是左可逆和 C 是右可逆, 其中 A, B 和 C 是非零算子.

最近, 文献 [44] 和 [175] 引起了我们的注意. 前者利用算子矩阵形式讨论了两个有界线性算子乘积的反序律; 后者利用极秩的方法给出了与混合反序有关的矩阵乘积的不变性. 这些文献使我们研究了有界线性算子的不变性与混合反序的关系.

类似文献 [175] 中引理 1.6 的结果, 可知该结果在算子上仍然成立. 结论如下.

引理 4.4.1　设 $A \in \mathcal{L}(H, K)$, $E_A = I - AA^\dagger$ 和 $F_A = I - A^\dagger A$, 则

$$\mathcal{R}(F_A) = \mathcal{N}(A) \quad 和 \quad \mathcal{N}(E_A) = \mathcal{R}(A).$$

引理 4.4.2　设 $A \in \mathcal{L}(H, K)$ 和 $B \in L(F, H)$ 有闭值域, 则 $(I-BB^\dagger)(I-A^\dagger A) = 0$ 当且仅当 $\mathcal{N}(A) \subseteq \mathcal{R}(B)$.

证明　因 $(I-BB^\dagger)(I-A^\dagger A) = 0$ 等价于 $\mathcal{R}(I - A^\dagger A) \subseteq \mathcal{N}(I - BB^\dagger)$, 即根据引理 4.4.1 得 $\mathcal{N}(A) \subseteq \mathcal{R}(B)$.

引理 4.4.3[114]　若 $A \in \mathcal{L}(H, K)$ 和 $B \in \mathcal{L}(M, N)$, 则对任意 $W \in \mathcal{L}(N, H)$, $AWB = 0$ 当且仅当 $A = 0$ 或 $B = 0$.

以下, 我们将研究与混合反序有关的算子乘积 $ABCC^\alpha B^\alpha A^\alpha ABC$ 的不变性, 其中 α 分别代表 (1), $(1,2)$, $(1,3)$, $(1,4)$, $(1,2,3)$, $(1,2,4)$.

首先给出如下定理.

定理 4.4.4　设算子 $A \in \mathcal{L}(H, K)$, $B \in L(F, H)$ 和 $C \in \mathcal{L}(G, F)$ 都有闭值域, 则下列三个陈述等价:

(1) 对任意 $A^{(1)} \in A\{1\}$, $B^{(1)} \in B\{1\}$ 和 $C^{(1)} \in C\{1\}$, 算子乘积 $ABCC^{(1)}B^{(1)}A^{(1)}ABC$ 不变.

(2) $\mathcal{R}(BC) \subseteq \mathcal{N}(A)$; 或者 $\mathcal{N}(A) \subseteq \mathcal{R}(B)$, $\mathcal{N}(B) \subseteq \mathcal{R}(C)$ 和 $\mathcal{R}(B^\dagger(I - A^\dagger A)) \subseteq \mathcal{R}(C)$.

(3) $C\{1\}B\{1\}A\{1\} \subseteq (ABC)\{1\}$.

证明　对任意 $A^{(1)}$ 和 $C^{(1)}$, 利用引理 1.0.6, 可得

$$A^{(1)}A = A^\dagger A + (I - A^\dagger A)W_1 A, \tag{4.4.1}$$

$$CC^{(1)} = CC^\dagger + CW_2(I - CC^\dagger), \tag{4.4.2}$$

其中, $W_i, i = 1, 2$ 任意.

(1) ⇒ (2): 若 $ABC = 0$, 陈述 (2) 显然成立. 现假设 $ABC \neq 0$, 则 $A^{\dagger}ABC \neq 0$ 且 $ABCC^{\dagger} \neq 0$. 对任意 $A^{(1)}, B^{(1)}$ 和 $C^{(1)}$, 则

$$ABCC^{(1)}B^{(1)}A^{(1)}ABC = ABCC^{\dagger}B^{\dagger}A^{\dagger}ABC. \tag{4.4.3}$$

根据 (4.4.1) 和 (4.4.2), 将 (4.4.3) 中的 $B^{(1)}$ 用 $B^{\dagger}$ 替换代入可得

$$AB[CC^{\dagger} + CW_2(I - CC^{\dagger})]B^{\dagger}[A^{\dagger}A + (I - A^{\dagger}A)W_1A]BC = ABCC^{\dagger}B^{\dagger}A^{\dagger}ABC,$$

即

$$ABCC^{\dagger}B^{\dagger}(I - A^{\dagger}A)W_1ABC + ABCW_2(I - CC^{\dagger})B^{\dagger}A^{\dagger}ABC$$
$$+ABCW_2(I - CC^{\dagger})B^{\dagger}(I - A^{\dagger}A)W_1ABC = 0.$$

根据 $W_i, i = 1, 2$ 的任意性可知

$$ABCC^{\dagger}B^{\dagger}(I - A^{\dagger}A)W_1ABC = 0,$$
$$ABCW_2(I - CC^{\dagger})B^{\dagger}A^{\dagger}ABC = 0,$$
$$ABCW_2(I - CC^{\dagger})B^{\dagger}(I - A^{\dagger}A)W_1ABC = 0.$$

根据引理 4.4.3 得

$$ABCC^{\dagger}B^{\dagger}(I - A^{\dagger}A) = 0, \tag{4.4.4}$$
$$(I - CC^{\dagger})B^{\dagger}A^{\dagger}ABC = 0, \tag{4.4.5}$$
$$(I - CC^{\dagger})B^{\dagger}(I - A^{\dagger}A) = 0. \tag{4.4.6}$$

将 (4.4.3) 中的 $A^{(1)}$ 和 $B^{(1)}$ 分别用 $A^{\dagger}$ 和 $B^{\dagger} + (I - B^{\dagger}B)Q_1$ 替换代入, 则可得

$$AB[CC^{\dagger} + CW_2(I - CC^{\dagger})][B^{\dagger} + (I - B^{\dagger}B)Q_1]A^{\dagger}ABC = ABCC^{\dagger}B^{\dagger}A^{\dagger}ABC,$$

且把 (4.4.3) 中的 $B^{(1)}$ 和 $C^{(1)}$ 分别用 $B^{\dagger} + Q_2(I - BB^{\dagger})$ 和 $C^{\dagger}$ 替换代入可知

$$ABCC^{\dagger}[B^{\dagger} + Q_2(I - BB^{\dagger})][A^{\dagger}A + (I - A^{\dagger}A)W_1A]BC = ABCC^{\dagger}B^{\dagger}A^{\dagger}ABC,$$

此时 $Q_i, i = 1, 2$ 是任意的.

　　类似上述的讨论, 有

$$ABCC^{\dagger}(I - B^{\dagger}B) = 0, \tag{4.4.7}$$
$$(I - CC^{\dagger})B^{\dagger}A^{\dagger}ABC = 0, \tag{4.4.8}$$
$$(I - CC^{\dagger})(I - B^{\dagger}B) = 0 \tag{4.4.9}$$

和

$$ABCC^{\dagger}B^{\dagger}(I - A^{\dagger}A) = 0, \tag{4.4.10}$$

$$(I - BB^{\dagger})A^{\dagger}ABC = 0, \tag{4.4.11}$$

$$(I - BB^{\dagger})(I - A^{\dagger}A) = 0. \tag{4.4.12}$$

注意到 (4.4.9) 及 (4.4.12) 可分别推出 (4.4.7) 和 (4.4.11), 由 (4.4.6) 和 (4.4.12) 可得到 (4.4.4) (或 (4.4.10)), 由 (4.4.6) 和 (4.4.9) 可推出 (4.4.5) (或 (4.4.8)), 则当 $ABC \neq 0$ 时, 陈述 (1) 等价于 (4.4.6), (4.4.9) 和 (4.4.12).

根据引理 4.4.2 可知, (4.4.9) 和 (4.4.12) 分别等价于 $\mathcal{N}(B) \subseteq \mathcal{R}(C)$ 和 $\mathcal{N}(A) \subseteq \mathcal{R}(B)$. 因此, 根据引理 4.4.1 得, $(I - CC^{\dagger})B^{\dagger}(I - A^{\dagger}A) = 0$ 等价于 $\mathcal{R}(B^{\dagger}(I - A^{\dagger}A)) \subseteq \mathcal{N}(I - CC^{\dagger}) = \mathcal{R}(C)$.

因此, 我们得到陈述 (2).

(2) $\Rightarrow$ (3): 若 $\mathcal{R}(BC) \subseteq \mathcal{N}(A)$, 则 $ABC = 0$. 因此陈述 (3) 显然成立. 假设 $ABC \neq 0$. 若 $\mathcal{N}(A) \subseteq \mathcal{R}(B)$, $\mathcal{N}(B) \subseteq \mathcal{R}(C)$ 且 $\mathcal{R}(B^{\dagger}(I - A^{\dagger}A)) \subseteq \mathcal{R}(C)$, 根据引理 4.4.2, 可得 $(I - BB^{\dagger})(I - A^{\dagger}A) = 0$, $(I - CC^{\dagger})(I - B^{\dagger}B) = 0$ 和 $(I - CC^{\dagger})B^{\dagger}(I - A^{\dagger}A) = 0$. 于是有

$$(I - BB^{\dagger})A^{\dagger}AB = 0,$$

$$BCC^{\dagger}(I - B^{\dagger}B) = 0,$$

$$(I - CC^{\dagger})B^{\dagger}A^{\dagger}ABC = 0,$$

$$ABCC^{\dagger}B^{\dagger}(I - A^{\dagger}A) = 0.$$

根据引理 1.0.6, (4.4.1) 和 (4.4.2), 对任意 W_i 和 Q_i, $i = 1, 2$, 得到

$$ABCC^{(1)}B^{(1)}A^{(1)}ABC$$

$$= AB[CC^{\dagger} + CW_2(I - CC^{\dagger})][B^{\dagger} + (I - B^{\dagger}B)Q_1 + Q_2(I - BB^{\dagger})]A^{(1)}ABC$$

$$= A[B(CC^{\dagger} - I)B^{\dagger} + BB^{\dagger} + BCC^{\dagger}Q_2(I - BB^{\dagger}) + BCW_2(I - CC^{\dagger})B^{\dagger}$$

$$\quad + BCW_2(I - CC^{\dagger})Q_2(I - BB^{\dagger})][A^{\dagger}A + (I - A^{\dagger}A)W_1A]BC$$

$$= A[B(CC^{\dagger} - I)B^{\dagger}A^{\dagger}ABC + (BB^{\dagger} - I)A^{\dagger}ABC$$

$$\quad + A^{\dagger}ABC + BCC^{\dagger}Q_2(I - BB^{\dagger})A^{\dagger}ABC + BCW_2(I - CC^{\dagger})B^{\dagger}A^{\dagger}ABC$$

$$\quad + BCW_2(I - CC^{\dagger})Q_2(I - BB^{\dagger})A^{\dagger}ABC] + ABCC^{\dagger}B^{\dagger}(I - A^{\dagger}A)W_1ABC$$

$$= ABC,$$

因此, $C^{(1)}B^{(1)}A^{(1)} \in (ABC)\{1\}$, 即陈述 (3) 成立.

(3) $\Rightarrow$ (1): 因 $C^{(1)}B^{(1)}A^{(1)} \in (ABC)\{1\}$, $ABCC^{(1)}B^{(1)}A^{(1)}ABC = ABC$, 显然陈述 (1) 成立.

当 A, B 和 C 中有一个是单位算子时, 我们可以立刻得到下面关于两个广义逆算子乘积 $ABB^{(1)}A^{(1)}AB$ 不变性成立的结论.

定理 4.4.5   设 $A \in \mathcal{L}(H,K)$ 和 $B \in \mathcal{L}(F,H)$ 都有闭值域, 则下列陈述等价:

(1) 对任意 $A^{(1)} \in A\{1\}$ 和 $B^{(1)} \in B\{1\}$, 算子乘积 $ABB^{(1)}A^{(1)}AB$ 不变.

(2) $\mathcal{R}(B) \subseteq \mathcal{N}(A)$ 或者 $\mathcal{N}(A) \subseteq \mathcal{R}(B)$.

(3) $B\{1\}A\{1\} \subseteq (AB)\{1\}$.

下面将研究 $C\{1,2\}B\{1,2\}A\{1,2\} \subseteq (ABC)\{1\}$ 与算子乘积 $ABCC^{(1,2)} \times B^{(1,2)} A^{(1,2)}ABC$ 不变性两者之间的关系.

定理 4.4.6   设 $A \in \mathcal{L}(H,K)$, $B \in \mathcal{L}(F,H)$ 和 $C \in \mathcal{L}(G,F)$ 都有闭值域, 则下列陈述等价:

(1) 对任意 $A^{(1,2)} \in A\{1,2\}$, $B^{(1,2)} \in A\{1,2\}$ 和 $C^{(1,2)} \in C\{1,2\}$, 算子乘积 $ABCC^{(1,2)}B^{(1,2)}A^{(1,2)}ABC$ 不变.

(2) $\mathcal{R}(BC) \subseteq \mathcal{N}(A)$; 或者 $\mathcal{N}(A) \subseteq \mathcal{R}(B)$, $\mathcal{N}(B) \subseteq \mathcal{R}(C)$ 和 $\mathcal{R}(B^{\dagger}(I - A^{\dagger}A)) \subseteq \mathcal{R}(C)$.

(3) $C\{1,2\}B\{1,2\}A\{1,2\} \subseteq (ABC)\{1\}$.

证明   (1) $\Rightarrow$ (2): 利用引理 1.0.6, 对任意 $A^{(1,2)}$ 和 $C^{(1,2)}$, 有

$$A^{(1,2)}A = A^{\dagger}A + (I - A^{\dagger}A)W_1A, \tag{4.4.13}$$

$$CC^{(1,2)} = CC^{\dagger} + CW_2(I - CC^{\dagger}). \tag{4.4.14}$$

此时 $W_i, i = 1,2$ 是任意的, 且对任意 $B^{(1,2)}$, 可知

$$ABCC^{(1,2)}B^{(1,2)}A^{(1,2)}ABC = ABCC^{\dagger}B^{\dagger}A^{\dagger}ABC.$$

此时, 对任意 $Q_i, i = 1,2$,

$$B^{(1,2)} = [B^{\dagger} + (I - B^{\dagger}B)Q_1]B[B^{\dagger} + Q_2(I - BB^{\dagger})].$$

类似定理 4.4.4 的证明, 当 $ABC = 0$ 时, 显然陈述 (2) 成立. 现假设 $ABC \neq 0$ 时, 从下面的式子:

$$\begin{aligned}
&ABCC^{\dagger}B^{\dagger}A^{\dagger}ABC \\
=\;&AB[CC^{\dagger} + CW_2(I - CC^{\dagger})]B^{\dagger}[A^{\dagger}A + (I - A^{\dagger}A)W_1A]BC \\
=\;&AB[CC^{\dagger} + CW_2(I - CC^{\dagger})][B^{\dagger} + (I - B^{\dagger}B)Q_1]BB^{\dagger}A^{\dagger}ABC \\
=\;&ABCC^{\dagger}B^{\dagger}B[B^{\dagger} + Q_2(I - BB^{\dagger})][A^{\dagger}A + (I - A^{\dagger}A)W_1A]BC,
\end{aligned}$$

可以得到

$$(I - BB^{\dagger})(I - A^{\dagger}A) = 0,$$
$$(I - CC^{\dagger})(I - B^{\dagger}B) = 0,$$
$$(I - CC^{\dagger})B^{\dagger}(I - A^{\dagger}A) = 0.$$

这些都分别等价于 $\mathcal{N}(A) \subseteq \mathcal{R}(B)$, $\mathcal{N}(B) \subseteq \mathcal{R}(C)$ 和 $\mathcal{R}(B^{\dagger}(I - A^{\dagger}A)) \subseteq \mathcal{R}(C)$. 因此, 我们可得到陈述 (2).

(2) $\Rightarrow$ (3): 根据定理 4.4.4, 我们知道

$$C\{1,2\}B\{1,2\}A\{1,2\} \subseteq C\{1\}B\{1\}A\{1\} \subseteq (ABC)\{1\}.$$

(3) $\Rightarrow$ (1): 因 $C^{(1,2)}B^{(1,2)}A^{(1,2)} \in (ABC)\{1\}$, 则 $ABCC^{(1,2)}B^{(1,2)}A^{(1,2)}ABC = ABC$, 即陈述 (1) 成立.

当 A, B 和 C 之中有一个是单位算子时, 立刻有下面这个定理.

定理 4.4.7 设 $A \in \mathcal{L}(H, K)$ 和 $B \in L(F, H)$ 都有闭值域, 则下列陈述等价:

(1) 对任意 $A^{(1,2)} \in A\{1,2\}$ 和 $B^{(1,2)} \in B\{1,2\}$, 算子乘积 $ABB^{(1,2)}A^{(1,2)}AB$ 不变.

(2) $\mathcal{R}(B) \subseteq \mathcal{N}(A)$; 或者 $\mathcal{N}(A) \subseteq \mathcal{R}(B)$.

(3) $B\{1,2\}A\{1,2\} \subseteq (AB)\{1\}$.

接下来, 将研究与混合反序 $C\{1,3\}B\{1,3\}A\{1,3\} \subseteq (ABC)\{1\}$ 有关的算子乘积 $ABCC^{(1,3)}B^{(1,3)}A^{(1,3)}ABC$ 的不变性.

定理 4.4.8 设 $A \in \mathcal{L}(H, K)$, $B \in \mathcal{L}(F, H)$ 和 $C \in \mathcal{L}(G, F)$ 都有闭值域, 则下列陈述等价:

(1) 对任意 $A^{(1,3)} \in A\{1,3\}$, $B^{(1,3)} \in B\{1,3\}$ 和 $C^{(1,3)} \in C\{1,3\}$, 算子乘积 $ABCC^{(1,3)}B^{(1,3)}A^{(1,3)}ABC$ 不变.

(2) $\mathcal{R}(BC) \subseteq \mathcal{N}(A)$; 或者 $\mathcal{N}(A) \subseteq \mathcal{N}(ABCC^{\dagger}B^{\dagger})$ 且 $\mathcal{N}(B) \subseteq \mathcal{N}(ABCC^{\dagger})$.

(3) $C\{1,3\}B\{1,3\}A\{1,3\} \subseteq (ABC)\{1\}$.

证明 (1) $\Rightarrow$ (2): 显然, 对任意 $A^{(1,3)}$, $B^{(1,3)}$ 和 $C^{(1,3)}$, 有

$$ABCC^{(1,3)}B^{(1,3)}A^{(1,3)}ABC = ABCC^{\dagger}B^{\dagger}A^{\dagger}ABC. \tag{4.4.15}$$

用 $A^{\dagger}$, $B^{\dagger} + (I - B^{\dagger}B)W_2$ 和 $C^{\dagger}$ 分别代替上述 (4.4.15) 中的 $A^{(1,3)}$, $B^{(1,3)}$ 和 $C^{(1,3)}$, 则可得

$$ABCC^{\dagger}(I - B^{\dagger}B)W_2A^{\dagger}ABC = 0, \tag{4.4.16}$$

且同理把 $A^\dagger + (I - A^\dagger A)W_3, B^\dagger$ 和 $C^\dagger$ 分别代替上述 (4.4.15) 中的 $A^{(1,3)}, B^{(1,3)}$ 和 $C^{(1,3)}$, 于是

$$ABCC^\dagger B^\dagger (I - A^\dagger A)W_3 ABC = 0. \tag{4.4.17}$$

此时, $W_i, i = 2, 3$ 是任意的. 当 $ABC \neq 0$ 时, $A^\dagger ABC \neq 0$, 利用引理 4.4.1, (4.4.16) 和 (4.4.17), 有

$$ABCC^\dagger B^\dagger (I - A^\dagger A) = 0,$$
$$ABCC^\dagger (I - B^\dagger B) = 0.$$

根据引理 4.4.1 可知, 它们分别等价于 $\mathcal{N}(A) \subseteq \mathcal{N}(ABCC^\dagger B^\dagger)$ 和 $\mathcal{N}(B) \subseteq \mathcal{N}(ABCC^\dagger)$.

因此, 可得到陈述 (2).

(2) $\Rightarrow$ (3): 若 $\mathcal{R}(BC) \subseteq \mathcal{N}(A)$, 则 $ABC = 0$, 陈述 (3) 显然成立. 假设 $ABC \neq 0$.

根据引理 4.4.1, $\mathcal{N}(A) \subseteq \mathcal{N}(ABCC^\dagger B^\dagger)$ 和 $N(B) \subseteq \mathcal{N}(ABCC^\dagger)$ 可分别推得 $ABCC^\dagger B^\dagger (I - A^\dagger A) = 0$ 和 $ABCC^\dagger (I - B^\dagger B) = 0$.

对任意 $A^{(1,3)}, B^{(1,3)}$ 和 $C^{(1,3)}$, 利用引理 1.0.6, 有

$$ABCC^{(1,3)}B^{(1,3)}A^{(1,3)}ABC$$
$$= ABC[C^\dagger + (I - C^\dagger C)W_1][B^\dagger + (I - B^\dagger B)W_2][A^\dagger + (I - A^\dagger A)W_3]ABC$$
$$= ABCC^\dagger B^\dagger A^\dagger ABC + ABCC^\dagger B^\dagger (I - A^\dagger A)W_3 ABC$$
$$\quad + ABCC^\dagger (I - B^\dagger B)W_2 A^\dagger ABC$$
$$\quad + ABCC^\dagger (I - B^\dagger B)W_2(I - A^\dagger A)W_3 ABC$$
$$= ABCC^\dagger B^\dagger (A^\dagger A - I)BC - ABCC^\dagger (B^\dagger B - I)C + ABCC^\dagger C$$
$$= ABC,$$

此时, $W_i, i \in \{1, 2, 3\}$ 是任意的. 因此, $C\{1, 3\}B\{1, 3\}A\{1, 3\} \subseteq (ABC)\{1\}$.

(3) $\Rightarrow$ (1): 因 $C^{(1,3)}B^{(1,3)}A^{(1,3)} \in (ABC)\{1\}$, $ABCC^{(1,3)}B^{(1,3)}A^{(1,3)}ABC = ABC$, 即可得到陈述 (1).

当 A, B 和 C 之中有一个是单位算子时, 我们将得到两个算子乘积不变性的定理.

定理 4.4.9 设 $A \in \mathcal{L}(H, K)$ 和 $B \in L(F, H)$ 都有闭值域, 则下列陈述等价:

(1) 对任意 $A^{(1,3)} \in A\{1, 3\}$ 和 $B^{(1,3)} \in B\{1, 3\}$, 算子乘积 $ABB^{(1,3)}A^{(1,3)}AB$ 不变.

(2) $\mathcal{R}(B) \subseteq \mathcal{N}(A)$; 或者 $\mathcal{N}(A) \subseteq \mathcal{N}(ABB^\dagger)$;

(3) $B\{1, 3\}A\{1, 3\} \subseteq (AB)\{1\}$.

我们知道, 若一个线性算子 X 属于 $A\{1,4\}$ 当且仅当 X^* 属于 $A^*\{1,3\}$. 因此, 从定理 4.4.6 和定理 4.4.7 可得到下述定理.

定理 4.4.10　设 $A \in \mathcal{L}(H,K)$, $B \in L(F,H)$ 和 $C \in \mathcal{L}(G,F)$ 都有闭值域, 则下列陈述等价:

(1) 对任意 $A^{(1,4)} \in A\{1,4\}$, $B^{(1,4)} \in B\{1,4\}$ 和 $C^{(1,4)} \in C\{1,4\}$, 算子乘积 $ABCC^{(1,4)}B^{(1,4)}A^{(1,4)}ABC$ 不变.

(2) $\mathcal{R}(BC) \subseteq \mathcal{N}(A)$; 或者 $\mathcal{R}(A^\dagger ABC)) \subseteq \mathcal{R}(B)$ 和 $\mathcal{R}(B^\dagger A^\dagger ABC)) \subseteq \mathcal{R}(C)$.

(3) $C\{1,4\}B\{1,4\}A\{1,4\} \subseteq (ABC)\{1\}$.

定理 4.4.11　设 $A \in \mathcal{L}(H,K)$ 和 $B \in \mathcal{L}(F,H)$ 都有闭值域, 则下列命题等价:

(1) 对任意 $A^{(1,4)} \in A\{1,4\}$ 和 $B^{(1,4)} \in B\{1,4\}$, 算子乘积 $ABB^{(1,4)}A^{(1,4)}AB$ 不变.

(2) $\mathcal{R}(B) \subseteq \mathcal{N}(A)$; 或者 $\mathcal{R}(A^\dagger AB) \subseteq \mathcal{R}(B)$.

(3) $B\{1,4\}A\{1,4\} \subseteq (AB)\{1\}$.

下面, 将研究算子乘积 $ABCC^{(1,2,3)}B^{(1,2,3)}A^{(1,2,3)}ABC$ 和 $ABCC^{(1,2,4)} \times B^{(1,2,4)} A^{(1,2,4)}ABC$ 的不变性.

定理 4.4.12　设 $A \in \mathcal{L}(H,K)$, $B \in \mathcal{L}(F,H)$ 和 $C \in \mathcal{L}(G,F)$ 都有闭值域, 则下列命题等价:

(1) 对任意 $A^{(1,2,3)} \in A\{1,2,3\}$, $B^{(1,2,3)} \in B\{1,2,3\}$ 和 $C^{(1,2,3)} \in C\{1,2,3\}$, 算子乘积 $ABCC^{(1,2,3)}B^{(1,2,3)}A^{(1,2,3)}ABC$ 不变.

(2) $\mathcal{R}(BC) \subseteq \mathcal{N}(A)$; 或者 $\mathcal{N}(A) \subseteq \mathcal{N}(ABCC^\dagger B^\dagger)$ 且 $\mathcal{N}(B) \subseteq \mathcal{N}(ABCC^\dagger)$;

(3) $C\{1,2,3\}B\{1,2,3\}A\{1,2,3\} \subseteq (ABC)\{1\}$.

证明　(1) $\Rightarrow$ (2): 显然, 对任意 $A^{(1,2,3)}, B^{(1,2,3)}$ 和 $C^{(1,2,3)}$, 可知

$$ABCC^{(1,2,3)}B^{(1,2,3)}A^{(1,2,3)}ABC = ABCC^\dagger B^\dagger A^\dagger ABC. \tag{4.4.18}$$

利用引理 1.0.6, 把 $A^\dagger, B^\dagger + (I - B^\dagger B)W_2 B^\dagger$ 和 $C^\dagger$ 分别代替 (4.4.18) 中的 $A^{(1,2,3)}$, $B^{(1,2,3)}$ 和 $C^{(1,2,3)}$, 则有

$$ABCC^\dagger(I - B^\dagger B)W_2 B^\dagger A^\dagger ABC = 0. \tag{4.4.19}$$

同理把 $A^\dagger + (I - A^\dagger A)W_3 A^\dagger, B^\dagger$ 和 $C^\dagger$ 分别代替 (4.4.18) 中的 $A^{(1,2,3)}, B^{(1,2,3)}$ 和 $C^{(1,2,3)}$, 那么

$$ABCC^\dagger B^\dagger(I - A^\dagger A)W_3 A^\dagger ABC = 0. \tag{4.4.20}$$

此时, $W_i, i = 2,3$ 是任意的. 类似定理 4.4.6 的证明, 我们可得到命题 (2).

(2) $\Rightarrow$ (3): 利用定理 4.4.6, 有

$$C\{1,2,3\}B\{1,2,3\}A\{1,2,3\} \subseteq C\{1,3\}B\{1,3\}A\{1,3\} \subseteq (ABC)\{1\}.$$

(3) ⟹ (1): 因 $C^{(1,2,3)}B^{(1,2,3)}A^{(1,2,3)} \in (ABC)\{1\}$, $ABCC^{(1,2,3)}B^{(1,2,3)}A^{(1,2,3)}$ $AB = ABC$, 即命题 (1) 成立.

当 A, B 和 C 之中有一个为单位算子时, 我们可得到下述结论.

定理 4.4.13　设 $A \in \mathcal{L}(H, K)$ 和 $B \in \mathcal{L}(F, H)$ 都有闭值域, 那么下列命题等价:

(1) 对任意 $A^{(1,2,3)} \in A\{1,2,3\}$ 和 $B^{(1,2,3)} \in B\{1,2,3\}$, 算子乘积 $ABB^{(1,2,3)}$ $A^{(1,2,3)}AB$ 不变.

(2) $\mathcal{R}(B) \subseteq \mathcal{N}(A)$; 或者 $\mathcal{N}(A) \subseteq \mathcal{N}(ABB^\dagger)$.

(3) $B\{1,2,3\}A\{1,2,3\} \subseteq (AB)\{1\}$.

根据定理 4.4.12 和定理 4.4.13, 可得到下列两个定理.

定理 4.4.14　设 $A \in \mathcal{L}(H, K)$, $B \in L(F, H)$ 和 $C \in \mathcal{L}(G, F)$ 都有闭值域, 则下列命题等价:

(1) 对任意 $A^{(1,2,4)} \in A\{1,2,4\}$, $B^{(1,2,4)} \in B\{1,2,4\}$ 和 $C^{(1,2,4)} \in C\{1,2,4\}$, 算子乘积 $ABCC^{(1,2,4)}B^{(1,2,4)}A^{(1,2,4)}ABC$ 不变.

(2) $\mathcal{R}(BC) \subseteq \mathcal{N}(A)$; 或者 $\mathcal{R}(A^\dagger ABC)) \subseteq \mathcal{R}(B)$ 且 $\mathcal{R}(B^\dagger A^\dagger ABC)) \subseteq \mathcal{R}(C)$.

(3) $C\{1,2,4\}B\{1,2,4\}A\{1,2,4\} \subseteq (ABC)\{1\}$.

定理 4.4.15　设 $A \in \mathcal{L}(H, K)$ 和 $B \in L(F, H)$ 都有闭值域, 则下列命题等价:

(1) 对任意 $A^{(1,2,4)} \in A\{1,2,4\}$ 和 $B^{(1,2,4)} \in B\{1,2,4\}$, 算子乘积 $ABB^{(1,2,4)}$ $A^{(1,2,4)}AB$ 不变.

(2) $\mathcal{R}(B) \subseteq \mathcal{N}(A)$; 或者 $\mathcal{R}(A^\dagger AB) \subseteq \mathcal{R}(B)$.

(3) $B\{1,2,4\}A\{1,2,4\} \subseteq (AB)\{1\}$.

定理 4.4.16　设 $A \in \mathcal{L}(H, K)$, $B \in \mathcal{L}(F, H)$ 和 $C \in \mathcal{L}(G, F)$ 都有闭值域, 则下列陈述等价:

(1) 对任意 $A^{(1,2)} \in A\{1,2\}$, $B^{(1,2)} \in A\{1,2\}$ 和 $C^{(1,2)} \in C\{1,2\}$, 算子乘积 $ABCC^{(1,2)}B^{(1,2)}A^{(1,2)}ABC$ 不变, 且 $C^\dagger B^\dagger(I - A^\dagger A) = 0$ 和 $C^\dagger(I - B^\dagger B) = 0$; 或者 $(I - BB^\dagger)A^\dagger = 0$ 和 $(I - CC^\dagger)B^\dagger A^\dagger = 0$; 或者 $B^\dagger(I - A^\dagger A) = 0$ 和 $(I - CC^\dagger)B^\dagger = 0$.

(2) $A = 0$; 或者 $B = 0$; 或者 $C = 0$; 或者 A 和 B 都是左可逆; 或者 B 和 C 都是右可逆, 或者 A 是左可逆和 C 是右可逆.

(3) $C\{1,2\}B\{1,2\}A\{1,2\} \subseteq (ABC)\{1,2\}$.

证明　如果 (1) 或者 (3) 成立, 那么, 根据定理 4.4.6 及它的证明, 则有 $ABC = 0$ 或者

$$(I - BB^\dagger)(I - A^\dagger A) = 0, \tag{4.4.21}$$

$$(I - CC^\dagger)(I - B^\dagger B) = 0, \tag{4.4.22}$$

$$(I - CC^\dagger)B^\dagger(I - A^\dagger A) = 0. \tag{4.4.23}$$

(3) ⇒ (2): 因 $C\{1,2\}B\{1,2\}A\{1,2\} \subseteq (ABC)\{2\}$, 所以

$$C^{(1,2)}B^{(1,2)}A^{(1,2)}ABCC^{(1,2)}B^{(1,2)}A^{(1,2)} = C^{(1,2)}B^{(1,2)}A^{(1,2)}. \qquad (4.4.24)$$

将 $[A^\dagger + (I - A^\dagger A)W_1]AA^\dagger, B^\dagger$ 和 $C^\dagger C[C^\dagger + W_2(I - CC^\dagger)]$ 分别替换上述等式中的 $A^{(1,2)}, B^{(1,2)}$ 和 $C^{(1,2)}$, 则可得

$$C^\dagger C[C^\dagger + W_2(I - CC^\dagger)]B^\dagger[A^\dagger + (I - A^\dagger A)W_1]ABC$$
$$\times [C^\dagger + W_2(I - CC^\dagger)]B^\dagger[A^\dagger + (I - A^\dagger A)W_1]AA^\dagger$$
$$= C^\dagger C[C^\dagger + W_2(I - CC^\dagger)]B^\dagger[A^\dagger + (I - A^\dagger A)W_1]AA^\dagger. \qquad (4.4.25)$$

利用 (4.4.21)—(4.4.23), 有

$$ABCC^\dagger B^\dagger(I - A^\dagger A) = ABB^\dagger(I - A^\dagger A) = 0,$$
$$(I - CC^\dagger)B^\dagger A^\dagger ABC = (I - CC^\dagger)B^\dagger BC = 0.$$

因此, 当 $ABC = 0$ 或者 (4.4.21)—(4.4.23) 成立时, 则 (4.4.25) 可化为

$$C^\dagger(B^\dagger A^\dagger AB - I)CW_2(I - CC^\dagger)B^\dagger A^\dagger$$
$$+ C^\dagger B^\dagger(I - A^\dagger A)W_1 A(BCC^\dagger B^\dagger - I)A^\dagger$$
$$+ C^\dagger B^\dagger(I - A^\dagger A)W_1 ABCW_2(I - CC^\dagger)B^\dagger A^\dagger$$
$$= C^\dagger CW_2(I - CC^\dagger)B^\dagger(I - A^\dagger A)W_1 AA^\dagger.$$

利用 $W_i, i = 1,2$ 的任意性, 可得

$$C^\dagger B^\dagger(I - A^\dagger A) = 0, \quad \text{或者 } ABCC^\dagger B^\dagger A^\dagger - AA^\dagger = 0;$$
$$(I - CC^\dagger)B^\dagger A^\dagger = 0, \quad \text{或者 } C^\dagger B^\dagger A^\dagger ABC - C^\dagger C = 0;$$
$$C^\dagger B^\dagger(I - A^\dagger A) = 0, \quad \text{或者 } ABC = 0, \quad \text{或者 } (I - CC^\dagger)B^\dagger A^\dagger = 0;$$
$$(I - CC^\dagger)B^\dagger(I - A^\dagger A) = 0, \quad \text{或者 } A^\dagger A = 0, \quad \text{或者 } C^\dagger C = 0.$$

假设 $ABC \neq 0$, 那么 (4.4.21)—(4.4.23) 成立. 根据上述结论, 存在以下三种情况:

(i) $C^\dagger B^\dagger(I - A^\dagger A) = 0$ 和 $(I - CC^\dagger)B^\dagger A^\dagger = 0$;

(ii) $C^\dagger B^\dagger(I - A^\dagger A) = 0$ 和 $C^\dagger C = C^\dagger B^\dagger A^\dagger ABC$;

(iii) $AA^\dagger = ABCC^\dagger B^\dagger A^\dagger$ 和 $(I - CC^\dagger)B^\dagger A^\dagger = 0$.

若 $C^\dagger B^\dagger(I - A^\dagger A) = 0$, 那么, 在该式的左边乘以 BC, 利用 (4.4.21) 和 (4.4.23) 式可得 $I - A^\dagger A = 0$, 即 A 是左可逆的. 同理, 由 $(I - CC^\dagger)B^\dagger A^\dagger = 0$ 可推得 C 是右可逆的.

若 $AA^\dagger = ABCC^\dagger B^\dagger A^\dagger$, 根据 (4.4.21) 和 (4.4.23), 则可得

$$
\begin{aligned}
A &= AA^\dagger A = ABCC^\dagger B^\dagger A^\dagger A \\
&= ABCC^\dagger B^\dagger (A^\dagger A - I) + ABCC^\dagger B^\dagger \\
&= ABCC^\dagger B^\dagger.
\end{aligned}
$$

所以, 若 C 是右可逆的, 则 B 也是右可逆的. 事实上, 是因为 $A = ABB^\dagger$. 因 (4.4.21) 可推出

$$
(I - A^\dagger A)(I - BB^\dagger) = [(I - BB^\dagger)(I - A^\dagger A)]^* = 0
$$

和

$$
I - BB^\dagger = A^\dagger A(I - BB^\dagger) = 0,
$$

那么, B 是右可逆的.

类似地, 由 $C^\dagger C = C^\dagger B^\dagger A^\dagger ABC$ 可推得 $C = B^\dagger A^\dagger ABC$. 所以, 若 A 是左可逆的, 则 B 也是左可逆的,

因此

(i) A 是左可逆和 C 是右可逆;

(ii) A 和 B 都是左可逆;

(iii) B 和 C 都是右可逆.

当 $ABC = 0$ 时, $C^\dagger B^\dagger A^\dagger = 0$. 若 $A \neq 0$ 且 $C \neq 0$, 于是, $ABCC^\dagger B^\dagger A^\dagger - AA^\dagger$ 和 $C^\dagger B^\dagger A^\dagger ABC - C^\dagger C$ 都是非零的. 因此, $C^\dagger B^\dagger (I - A^\dagger A) = 0$ 和 $(I - CC^\dagger)B^\dagger A^\dagger = 0$, 即 $C^\dagger B^\dagger = 0$ 和 $B^\dagger A^\dagger = 0$. 此外, 等式 $(I - CC^\dagger)B^\dagger(I - A^\dagger A) = 0$ 也成立, 则可将这个等式化为 $B^\dagger = (I - CC^\dagger)B^\dagger A^\dagger A + CC^\dagger B^\dagger = 0$. 因此, $B = 0$.

因此, 我们可得到陈述 (2).

(1) $\Rightarrow$ (3): 假设 $C^\dagger B^\dagger (I - A^\dagger A) = 0$ 和 $C^\dagger (I - B^\dagger B) = 0$. 当 $ABC = 0$ 时, $B^\dagger A^\dagger A = B^\dagger$, $C^\dagger B^\dagger B = C^\dagger$. 因此

$$
C = CC^\dagger C = CC^\dagger B^\dagger BC = C^\dagger B^\dagger A^\dagger ABC = 0,
$$

则任意

$$
C^{(1,2)} = [C^\dagger + (I - C^\dagger C)G_1]C[C^\dagger + G_2(I - CC^\dagger)] = 0.
$$

因此, $C^{(1,2)} B^{(1,2)} A^{(1,2)} \in (ABC)\{(2)\}$.

若 $ABC \neq 0$, 根据 (4.4.21) 可知 $I - A^\dagger A = CC^\dagger B^\dagger (I - A^\dagger A) = 0$, 则 A 是左可逆. 因任意 $A^{(1,2)} = A^\dagger A[A^\dagger + W_2(I - AA^\dagger)]$, 故有

$$
A^{(1,2)} A = A^\dagger A[A^\dagger + W_2(I - AA^\dagger)]A = A^\dagger A = I.
$$

同理, 由 $C^\dagger(I - B^\dagger B) = 0$ 可推出 $B^{(1,2)}B = I$. 因此, 对任意 $A^{(1,2)}, B^{(1,2)}$ 和 $C^{(1,2)}$, 可以得到

$$C^{(1,2)}B^{(1,2)}A^{(1,2)}ABCC^{(1,2)}B^{(1,2)}A^{(1,2)}$$
$$= C^{(1,2)}CC^{(1,2)}B^{(1,2)}A^{(1,2)} = C^{(1,2)}B^{(1,2)}A^{(1,2)},$$

即 $C^{(1,2)}B^{(1,2)}A^{(1,2)} \in (ABC)\{(2)\}$.

类似地, 当 $(I - BB^\dagger)A^\dagger = 0$ 和 $(I - CC^\dagger)B^\dagger = 0$, 或者 $B^\dagger(I - A^\dagger A) = 0$ 和 $(I - CC^\dagger)B^\dagger = 0$ 时, 可以证明 $C^{(1,2)}B^{(1,2)}A^{(1,2)} \in (ABC)\{(2)\}$. 根据定理 4.4.6 可知, $C^{(1,2)}B^{(1,2)}A^{(1,2)} \in (ABC)\{(1)\}$.

因此, 陈述 (3) 成立.

(2) $\Rightarrow$ (1): 若 $A = 0$, 那么, $ABC = 0$, $(I - BB^\dagger)A^\dagger = 0$ 和 $(I - CC^\dagger)B^\dagger A^\dagger = 0$. 因此, 由定理 4.4.6 可得, 陈述 (1) 成立.

若 A 和 B 都是左可逆, 则 $C^\dagger B^\dagger(I - A^\dagger A) = 0$ 和 $C^\dagger(I - B^\dagger B) = 0$. 因此, 根据定理 4.4.6 可知, 陈述 (1) 成立.

其他情况可以类似地证明.

当 A, B 和 C 中有一个为单位算子时, 有下述定理.

定理 4.4.17 设 $A \in \mathcal{L}(H,K)$ 和 $B \in L(F,H)$ 都有闭值域, 那么下列陈述等价:

(1) 对任意 $A^{(1,2)}$ 和 $B^{(1,2)}$, 算子乘积 $ABB^{(1,2)}A^{(1,2)}AB$ 不变, 且 $(I - BB^\dagger)A^\dagger = 0$ 或者 $B^\dagger(I - A^\dagger A) = 0$;

(2) $A = 0$, 或者 $B = 0$, 或者 A 是左可逆, 或者 B 是右可逆;

(3) $B\{1,2\}A\{1,2\} \subseteq (AB)\{1,2\}$.

4.5 加权广义逆的反序律

Ben-Israel 和 Greville 在文献 [7] 中给出矩阵 Moore-Penrose 逆反序律成立的充要条件, 即 $(AB)^\dagger = B^\dagger A^\dagger$ 当且仅当 $\mathcal{R}(A^*AB) \subseteq \mathcal{R}(B)$ 且 $\mathcal{R}(BB^*A^*) \subseteq \mathcal{R}(A^*)$. 孙文瑜、魏益民简洁地证明了加权 Moore-Penrose 逆反序律成立的充要条件, 即 $B^\dagger_{NL}A^\dagger_{MN} = (AB)^\dagger_{ML}$ 当且仅当 $\mathcal{R}(A^\sharp AB) \subseteq \mathcal{R}(B)$ 且 $\mathcal{R}(BB^\sharp A^\sharp) \subseteq \mathcal{R}(A^\sharp)$, 从而推广了 Ben-Israel 和 Greville 的结果. 本节以算子的矩阵分块表示为工具, 研究了 Hilbert 空间算子加权广义逆的反序律, 给出了两个算子乘积加权广义逆反序律成立的充要条件.

引理 4.5.1 设 H, K 为 Hilbert 空间且 $A \in \mathcal{B}(H,K)$, $B \in \mathcal{B}(K,H)$. $M \in \mathcal{B}(K)$ 和 $N \in \mathcal{B}(H)$ 是正算子. 若 $\mathcal{R}(M^{\frac{1}{2}}AN^{-\frac{1}{2}})$ 是闭集, 则下列命题等价:

(1) $ABA = A, (MAB)^* = MAB$;

(2) **存在算子** $X \in \mathcal{B}(K, H)$, **使得** $B = (M^{\frac{1}{2}}A)^{\dagger}M^{\frac{1}{2}} + (I - A_{MN}^{\dagger}A)X$.

证明　首先验证 $(M^{\frac{1}{2}}A)^{\dagger}$ 的存在性. 为此, 将证明

$$\mathcal{R}(M^{\frac{1}{2}}A) = \mathcal{R}(M^{\frac{1}{2}}AN^{-\frac{1}{2}}).$$

事实上, 显然有 $\mathcal{R}(M^{\frac{1}{2}}AN^{-\frac{1}{2}}) \subseteq \mathcal{R}(M^{\frac{1}{2}}A)$, 故只证 $\mathcal{R}(M^{\frac{1}{2}}A) \subseteq \mathcal{R}(M^{\frac{1}{2}}AN^{-\frac{1}{2}})$ 即可. 对任意的 $x \in \mathcal{R}(M^{\frac{1}{2}}A)$, 存在 $y \in H$, 使得

$$x = M^{\frac{1}{2}}Ay = M^{\frac{1}{2}}AN^{-\frac{1}{2}}N^{\frac{1}{2}}y \in \mathcal{R}(M^{\frac{1}{2}}AN^{-\frac{1}{2}}).$$

所以

$$\mathcal{R}(M^{\frac{1}{2}}A) = \mathcal{R}(M^{\frac{1}{2}}AN^{-\frac{1}{2}}).$$

因为 $\mathcal{R}(M^{\frac{1}{2}}AN^{-\frac{1}{2}})$ 是闭的, 所以 $\mathcal{R}(M^{\frac{1}{2}}A)$ 也是闭的, 即 $(M^{\frac{1}{2}}A)^{\dagger}$ 存在.

$(2) \Rightarrow (1)$: 若存在算子 $X \in \mathcal{B}(K, H)$, 使得 $B = (M^{\frac{1}{2}}A)^{\dagger}M^{\frac{1}{2}} + (I - A_{MN}^{\dagger}A)X$, 则

$$ABA = A(M^{\frac{1}{2}}A)^{\dagger}M^{\frac{1}{2}}A = AP_{\mathcal{R}(A^*M^{\frac{1}{2}}), \mathcal{N}(M^{\frac{1}{2}}A)} = AP_{\mathcal{R}(A^*M^{\frac{1}{2}}), \mathcal{N}(A)} = A,$$
$$MAB = MA(M^{\frac{1}{2}}A)^{\dagger}M^{\frac{1}{2}} = M^{\frac{1}{2}}M^{\frac{1}{2}}A(M^{\frac{1}{2}}A)^{\dagger}M^{\frac{1}{2}} = (MAB)^*.$$

$(1) \Rightarrow (2)$: 因为

$$M^{\frac{1}{2}}AN^{-\frac{1}{2}} = \begin{pmatrix} \hat{A}_1 & 0 \\ 0 & 0 \end{pmatrix} : \begin{pmatrix} \mathcal{R}(N^{-\frac{1}{2}}A^*M^{\frac{1}{2}}) \\ \mathcal{N}(M^{\frac{1}{2}}AN^{-\frac{1}{2}}) \end{pmatrix} \to \begin{pmatrix} \mathcal{R}(M^{\frac{1}{2}}AN^{-\frac{1}{2}}) \\ \mathcal{N}(N^{-\frac{1}{2}}A^*M^{\frac{1}{2}}) \end{pmatrix}, \quad (4.5.1)$$

其中 $\hat{A}_1$ 可逆, 从而

$$A = M^{-\frac{1}{2}} \begin{pmatrix} \hat{A}_1 & 0 \\ 0 & 0 \end{pmatrix} N^{\frac{1}{2}}. \quad (4.5.2)$$

令

$$B = N^{-\frac{1}{2}} \begin{pmatrix} B_1 & B_2 \\ U & V \end{pmatrix} M^{\frac{1}{2}} \in \mathcal{B}(K, H), \quad (4.5.3)$$

其中 B_1, B_2, U, V 为任意有界线性算子, 则由 $ABA = A$, $(MAB)^* = MAB$ 可得 $B_1 = \hat{A}_1^{-1}$, $B_2 = 0$, 即

$$B = N^{-\frac{1}{2}} \begin{pmatrix} \hat{A}_1^{-1} & 0 \\ U & V \end{pmatrix} M^{\frac{1}{2}}. \quad (4.5.4)$$

令

$$X = N^{-\frac{1}{2}} \begin{pmatrix} X_1 & X_2 \\ U & V \end{pmatrix} M^{\frac{1}{2}}, \quad (4.5.5)$$

其中 X_1, X_2 为任意有界线性算子, 则

$$(M^{\frac{1}{2}}A)^{\dagger}M^{\frac{1}{2}} + (I - A_{MN}^{\dagger}A)X$$

$$= \left(M^{\frac{1}{2}}M^{-\frac{1}{2}}\begin{pmatrix} \hat{A}_1^{-1} & 0 \\ 0 & 0 \end{pmatrix}N^{\frac{1}{2}}\right)^{\dagger}M^{\frac{1}{2}} + (N^{-\frac{1}{2}}\begin{pmatrix} I & 0 \\ 0 & I \end{pmatrix}N^{\frac{1}{2}}$$

$$- N^{-\frac{1}{2}}\begin{pmatrix} \hat{A}_1^{-1} & 0 \\ 0 & 0 \end{pmatrix}M^{\frac{1}{2}}M^{-\frac{1}{2}}\begin{pmatrix} \hat{A}_1^{-1} & 0 \\ 0 & 0 \end{pmatrix}N^{\frac{1}{2}})N^{-\frac{1}{2}}\begin{pmatrix} X_1 & X_2 \\ U & V \end{pmatrix}M^{\frac{1}{2}}$$

$$= N^{-\frac{1}{2}}\begin{pmatrix} \hat{A}_1^{-1} & 0 \\ 0 & 0 \end{pmatrix}M^{\frac{1}{2}} + N^{-\frac{1}{2}}\begin{pmatrix} 0 & 0 \\ U & V \end{pmatrix}M^{\frac{1}{2}}$$

$$= N^{-\frac{1}{2}}\begin{pmatrix} \hat{A}_1^{-1} & 0 \\ U & V \end{pmatrix}M^{\frac{1}{2}} = B.$$

注记 4.5.2　引理 4.5.1(2) 中 $B = (M^{\frac{1}{2}}A)^{\dagger}M^{\frac{1}{2}} + (I - A_{MN}^{\dagger}A)X$ 等价于 $B = (A^*MA)^{\dagger}A^*M + (I - A_{MN}^{\dagger}A)X$, 因为 $(A^*MA)^{\dagger}A^*M = (A^*M^{\frac{1}{2}}M^{\frac{1}{2}}A)^{\dagger}(M^{\frac{1}{2}}A)^*M^{\frac{1}{2}} = [(M^{\frac{1}{2}}A)^*(M^{\frac{1}{2}}A)]^{\dagger}(M^{\frac{1}{2}}A)^*M^{\frac{1}{2}} = (M^{\frac{1}{2}}A)^{\dagger}M^{\frac{1}{2}}$.

用和引理 4.5.1 相同的方法, 我们可类似地得到 $A^{(1,4N)}$ 的表示.

引理 4.5.3　设 H, K 为 Hilbert 空间且 $A \in \mathcal{B}(H,K)$, $B \in \mathcal{B}(K,H)$. $M \in \mathcal{B}(K)$ 和 $N \in \mathcal{B}(H)$ 是正算子. 若 $\mathcal{R}(M^{\frac{1}{2}}AN^{-\frac{1}{2}})$ 是闭集, 则下列命题等价:

(1) $ABA = A$, $(NBA)^* = NBA$;

(2) 存在算子 $Y \in \mathcal{B}(K,H)$, 使得

$$B = N^{-\frac{1}{2}}(AN^{-\frac{1}{2}})^{\dagger} + Y(I - AA_{MN}^{\dagger}) = N^{-1}A^*(AN^{-1}A^*)^{\dagger} + Y(I - AA_{MN}^{\dagger}).$$

注记 4.5.4　令 $M = I_K$, $N = I_H$, 则引理 4.5.1 退化为文献 [9] 中的引理 2.1. 同样地, 在引理 4.5.3 中令 $M = I_K$, $N = I_H$, 则相应地可得到广义逆 $A^{(1,4)}$ 的等价表示.

定理 4.5.5　设 H_1, H_2, H_3 为 Hilbert 空间, $A \in \mathcal{B}(H_2,H_3)$, $B \in \mathcal{B}(H_1,H_2)$. $M \in \mathcal{B}(H_3)$, $N \in \mathcal{B}(H_2)$ 和 $L \in \mathcal{B}(H_1)$ 均为正算子. 若算子 $M^{\frac{1}{2}}AN^{-\frac{1}{2}}$, $N^{\frac{1}{2}}BL^{-\frac{1}{2}}$, $M^{\frac{1}{2}}ABL^{-\frac{1}{2}}$ 均具有闭值域, 则下列命题等价:

(1) $\mathcal{R}(A^{\sharp}AB) \subseteq \mathcal{R}(B)$;

(2) $B\{1,3N\}A\{1,3M\} \subseteq (AB)\{1,3M\}$;

(3) $B_{NL}^{\dagger}A_{MN}^{\dagger} \in (AB)\{1,3M\}$;

(4) $B_{NL}^{\dagger}A_{MN}^{\dagger} \in (AB)\{1,2,3M\}$.

证明　因为 $\mathcal{R}(N^{\frac{1}{2}}BL^{-\frac{1}{2}})$ 是闭的, 于是算子 $N^{\frac{1}{2}}BL^{-\frac{1}{2}}$ 关于空间正交直和分解 $H_1 = \mathcal{R}(L^{-\frac{1}{2}}B^*N^{\frac{1}{2}}) \oplus \mathcal{N}(N^{\frac{1}{2}}BL^{-\frac{1}{2}})$ 和 $H_2 = \mathcal{R}(N^{\frac{1}{2}}BL^{-\frac{1}{2}}) \oplus \mathcal{N}(L^{-\frac{1}{2}}B^*N^{\frac{1}{2}})$ 有

矩阵分块表示

$$N^{\frac{1}{2}}BL^{-\frac{1}{2}} = \begin{pmatrix} \hat{B}_1 & 0 \\ 0 & 0 \end{pmatrix}, \tag{4.5.6}$$

其中 $\hat{B}_1$ 可逆. 由引理 4.5.1, $B^{(1,3N)} \in B\{1,3N\}$ 具有形式:

$$B^{(1,3N)} = L^{-\frac{1}{2}} \begin{pmatrix} \hat{B}_1^{-1} & 0 \\ U & V \end{pmatrix} N^{\frac{1}{2}}.$$

算子 $M^{\frac{1}{2}}AN^{-\frac{1}{2}}$ 在空间正交直和分解

$$H_2 = \mathcal{R}(N^{\frac{1}{2}}BL^{-\frac{1}{2}}) \oplus \mathcal{N}(L^{-\frac{1}{2}}B^*N^{\frac{1}{2}})$$

和

$$H_3 = \mathcal{R}(M^{\frac{1}{2}}AN^{-\frac{1}{2}}) \oplus \mathcal{N}(N^{-\frac{1}{2}}A^*M^{\frac{1}{2}})$$

具有矩阵表示: $M^{\frac{1}{2}}AN^{-\frac{1}{2}} = \begin{pmatrix} \hat{A}_1 & \hat{A}_2 \\ 0 & 0 \end{pmatrix}$, 于是

$$
\begin{aligned}
A_{MN}^{\dagger} &= N^{-\frac{1}{2}}(M^{\frac{1}{2}}AN^{-\frac{1}{2}})^{\dagger}M^{\frac{1}{2}} = N^{-\frac{1}{2}} \begin{pmatrix} \hat{A}_1 & \hat{A}_2 \\ 0 & 0 \end{pmatrix}^{\dagger} M^{\frac{1}{2}} \\
&= N^{-\frac{1}{2}} \begin{pmatrix} \hat{A}_1^* D^{-1} & 0 \\ \hat{A}_2^* D^{-1} & 0 \end{pmatrix} M^{\frac{1}{2}},
\end{aligned} \tag{4.5.7}
$$

其中 $D = \hat{A}_1\hat{A}_1^* + \hat{A}_2\hat{A}_2^*$ 是 $\mathcal{B}(M^{\frac{1}{2}}AN^{-\frac{1}{2}})$ 中的正算子.

$$
\begin{aligned}
(M^{\frac{1}{2}}A)^{\dagger} &= (M^{\frac{1}{2}}M^{-\frac{1}{2}} \begin{pmatrix} \hat{A}_1 & \hat{A}_2 \\ 0 & 0 \end{pmatrix} N^{\frac{1}{2}})^{\dagger} = N^{-\frac{1}{2}} \begin{pmatrix} \hat{A}_1 & \hat{A}_2 \\ 0 & 0 \end{pmatrix}^{\dagger} \\
&= N^{-\frac{1}{2}} \begin{pmatrix} \hat{A}_1^* D^{-1} & 0 \\ \hat{A}_2^* D^{-1} & 0 \end{pmatrix}.
\end{aligned} \tag{4.5.8}
$$

由引理 4.5.1, 令 $X = N^{-\frac{1}{2}} \begin{pmatrix} X_{11} & X_{12} \\ X_{21} & X_{22} \end{pmatrix} M^{\frac{1}{2}}$, 则

$$A^{(1,3M)} = (M^{\frac{1}{2}}A)^{\dagger}M^{\frac{1}{2}} + (I - A_{MN}^{\dagger}A)X = N^{-\frac{1}{2}} \begin{pmatrix} Z_{11} & Z_{12} \\ Z_{21} & Z_{22} \end{pmatrix} M^{\frac{1}{2}}, \tag{4.5.9}$$

其中

$$Z_{11} = \hat{A}_1^* D^{-1} + (I - \hat{A}_1^* D^{-1} \hat{A}_1) X_{11} - \hat{A}_1^* D^{-1} \hat{A}_2 X_{21},$$

$$Z_{12} = (I - \hat{A}_1^* D^{-1} \hat{A}_1) X_{12} - \hat{A}_1^* D^{-1} \hat{A}_2 X_{22},$$

$$Z_{21} = \hat{A}_1^* D^{-1} - \hat{A}_2^* D^{-1} \hat{A}_1 X_{11} + (I - \hat{A}_2^* D^{-1} \hat{A}_2) X_{21},$$

$$Z_{22} = -\hat{A}_2^* D^{-1} \hat{A}_1 X_{12} + (I - \hat{A}_2^* D^{-1} \hat{A}_2) X_{22}.$$

直接计算可得

$$A^{\sharp} AB = N^{-1} A^* MAB = N^{-\frac{1}{2}} \begin{pmatrix} \hat{A}_1^* \hat{A}_1 \hat{B}_1 & 0 \\ \hat{A}_2^* \hat{A}_1 \hat{B}_1 & 0 \end{pmatrix} L^{\frac{1}{2}}.$$

(1) $\Rightarrow$ (2): 注意到条件 $\mathcal{R}(A^{\sharp}AB) \subseteq \mathcal{R}(B)$ 等价于 $BB_{NL}^{\dagger} A^{\sharp}AB = A^{\sharp}AB$. 因为

$$BB_{NL}^{\dagger} A^{\sharp}AB = N^{-\frac{1}{2}} \begin{pmatrix} \hat{A}_1^* \hat{A}_1 \hat{B}_1 & 0 \\ 0 & 0 \end{pmatrix} L^{\frac{1}{2}},$$

于是 $BB_{NL}^{\dagger} A^{\sharp}AB = A^{\sharp}AB$ 当且仅当 $\hat{A}_2^* \hat{A}_1 \hat{B}_1 = 0$, 即 $\underline{\hat{A}_2^* \hat{A}_1 = 0}$ 或 $\hat{A}_1^* \hat{A}_2 = 0$ ($\mathcal{R}(\hat{A}_2) \subseteq \mathcal{N}(\hat{A}_1^*)$). 由空间正交直和分解 $\mathcal{R}(M^{\frac{1}{2}}AN^{-\frac{1}{2}}) = \overline{\mathcal{R}(\hat{A}_1)} \oplus \mathcal{N}(\hat{A}_1^*)$, 得

$$\mathcal{R}(M^{\frac{1}{2}}AN^{-\frac{1}{2}}) = \left\{ \begin{pmatrix} \hat{A}_1 & \hat{A}_2 \\ 0 & 0 \end{pmatrix} z : z = \begin{pmatrix} x \\ y \end{pmatrix} \in H_2, x \in \mathcal{R}(N^{\frac{1}{2}}BL^{-\frac{1}{2}}), y \in \mathcal{N}(L^{-\frac{1}{2}}B^* N^{\frac{1}{2}}) \right\}$$

$$= \mathcal{R}(\hat{A}_1) + \mathcal{R}(\hat{A}_2) = \mathcal{R}(\hat{A}_1) \oplus \mathcal{R}(\hat{A}_2).$$

由于 $\mathcal{R}(M^{\frac{1}{2}}AN^{-\frac{1}{2}})$ 是闭的, 所以 $\mathcal{R}(\hat{A}_1)$, $\mathcal{R}(\hat{A}_2)$ 均为闭集. 从而可进一步将 $\hat{A}_1$ 和 $\hat{A}_2$ 分块为

$$\hat{A}_1 = \begin{pmatrix} A_{11} & 0 \\ 0 & 0 \end{pmatrix} : \begin{pmatrix} \mathcal{R}(\hat{A}_1^*) \\ \mathcal{N}(\hat{A}_1) \end{pmatrix} \to \begin{pmatrix} \mathcal{R}(\hat{A}_1) \\ \mathcal{N}(\hat{A}_1^*) \end{pmatrix},$$

$$\hat{A}_2 = \begin{pmatrix} 0 & 0 \\ A_{22} & 0 \end{pmatrix} : \begin{pmatrix} \mathcal{R}(\hat{A}_2^*) \\ \mathcal{N}(\hat{A}_2) \end{pmatrix} \to \begin{pmatrix} \mathcal{R}(\hat{A}_1) \\ \mathcal{N}(\hat{A}_1^*) \end{pmatrix}.$$

因为

$$D = \hat{A}_1 \hat{A}_1^* + \hat{A}_2 \hat{A}_2^* = \begin{pmatrix} A_{11} A_{11}^* & 0 \\ 0 & A_{22} A_{22}^* \end{pmatrix} > 0,$$

于是 $A_{11} A_{11}^*$ 和 $A_{22} A_{22}^*$ 均为可逆算子, 且

$$D^{-1} = \begin{pmatrix} (A_{11} A_{11}^*)^{-1} & 0 \\ 0 & (A_{22} A_{22}^*)^{-1} \end{pmatrix}.$$

注意到 $\hat{A}_1^* D^{-1} \hat{A}_1 = \begin{pmatrix} I & 0 \\ 0 & 0 \end{pmatrix}$, $\hat{A}_1(I - \hat{A}_1^* D^{-1} \hat{A}_1) = 0$ 和 $\hat{A}_1^* D^{-1} \hat{A}_2 = 0$. 因为

$$MABB^{(1,3N)} A^{(1,3M)} = M^{\frac{1}{2}} \begin{pmatrix} \hat{A}_1 Z_{11} & \hat{A}_1 Z_{12} \\ 0 & 0 \end{pmatrix} M^{\frac{1}{2}},$$

而

$$\hat{A}_1 Z_{11} = \hat{A}_1 [\hat{A}_1^* D^{-1} + (I - \hat{A}_1^* D^{-1} \hat{A}_1) X_{11} - \hat{A}_1^* D^{-1} \hat{A}_2 X_{21}]$$
$$= \hat{A}_1 \hat{A}_1^* D^{-1} = \begin{pmatrix} I & 0 \\ 0 & 0 \end{pmatrix},$$
$$\hat{A}_1 Z_{12} = \hat{A}_1 [(I - \hat{A}_1^* D^{-1} \hat{A}_1) X_{12} - \hat{A}_1^* D^{-1} \hat{A}_2 X_{22}] = 0,$$

从而算子 $MABB^{(1,3N)} A^{(1,3M)}$ 是自伴的. 此外, 直接计算可得 $ABB^{(1,3N)} A^{(1,3M)}$ $AB = AB$. 这就证明了 $B\{1,3N\} A\{1,3M\} \subseteq (AB)\{1,3M\}$.

(2) $\Rightarrow$ (3): 因为 $B_{NL}^\dagger \in B^{(1,3N)}, A_{MN}^\dagger \in A^{(1,3M)}$, 所以由 (2) 知 $B_{NL}^\dagger A_{MN}^\dagger \in$ $(AB)\{1,3M\}$.

(3) $\Rightarrow$ (1): 由 (1) $\Rightarrow$ (2) 的证明我们知道, $\mathcal{R}(A^\sharp AB) \subseteq \mathcal{R}(B)$ 等价于 $\hat{A}_2^* \hat{A}_1 = 0$. 因为

$$MABB_{NL}^\dagger A_{MN}^\dagger = M^{\frac{1}{2}} \begin{pmatrix} \hat{A}_1 \hat{A}_1^* D^{-1} & 0 \\ 0 & 0 \end{pmatrix} M^{\frac{1}{2}} \tag{4.5.10}$$

是自伴的, 所以 $\hat{A}_1 \hat{A}_1^* D^{-1}$ 是自伴的. 又由 $ABB_{NL}^\dagger A_{MN}^\dagger AB = AB$, 从而可得

$$\hat{A}_1 \hat{B}_1 = \hat{A}_1 \hat{A}_1^* D^{-1} \hat{A}_1 \hat{B}_1 = D^{-1} \hat{A}_1 \hat{A}_1^* \hat{A}_1 \hat{B}_1.$$

于是

$$D\hat{A}_1 \hat{B}_1 = (\hat{A}_1 \hat{A}_1^* + \hat{A}_2 \hat{A}_2^*) \hat{A}_1 \hat{B}_1 = \hat{A}_1 \hat{A}_1^* \hat{A}_1 \hat{B}_1,$$

从而 $\hat{A}_2 \hat{A}_2^* \hat{A}_1 \hat{B}_1 = 0$, 即 $\hat{A}_2 \hat{A}_2^* \hat{A}_1 = 0$, 于是得到

$$\mathcal{R}(\hat{A}_1) \subseteq \mathcal{N}(\hat{A}_2 \hat{A}_2^*) = \mathcal{N}(\hat{A}_2^*), \quad 即 \quad \hat{A}_2^* \hat{A}_1 = 0.$$

(4) $\Rightarrow$ (3): 由 $(AB)\{1,2,3M\} \subseteq (AB)\{1,3M\}$ 知 $B_{NL}^\dagger A_{MN}^\dagger \in (AB)\{1,3M\}$.

(1) $\Rightarrow$ (4): 若 $\mathcal{R}(A^\sharp AB) \subseteq \mathcal{R}(B)$, 则由 (1) $\Rightarrow$ (3) 的证明知 $B_{NL}^\dagger A_{MN}^\dagger \in (AB)\{1, 3M\}$. 故只证 $B_{NL}^\dagger A_{MN}^\dagger \in (AB)\{2\}$, 即

$$B_{NL}^\dagger A_{MN}^\dagger AB B_{NL}^\dagger A_{MN}^\dagger = B_{NL}^\dagger A_{MN}^\dagger.$$

因为

$$AB = M^{-\frac{1}{2}} \begin{pmatrix} \hat{A}_1 \hat{B}_1 & 0 \\ 0 & 0 \end{pmatrix} L^{\frac{1}{2}}, \quad B_{NL}^{\dagger} A_{MN}^{\dagger} = L^{-\frac{1}{2}} \begin{pmatrix} \hat{B}_1^{-1} \hat{A}_1^* D^{-1} & 0 \\ 0 & 0 \end{pmatrix} M^{\frac{1}{2}}, \quad (4.5.11)$$

于是 $B_{NL}^{\dagger} A_{MN}^{\dagger} A B B_{NL}^{\dagger} A_{MN}^{\dagger} = B_{NL}^{\dagger} A_{MN}^{\dagger}$ 等价于 $\hat{B}_1^{-1} \hat{A}_1^* D^{-1} \hat{A}_1 \hat{B}_1 \hat{B}_1^{-1} \hat{A}_1^* D^{-1} = \hat{B}_1^{-1} \hat{A}_1^* D^{-1}$ 等价于 $\hat{A}_1^* \hat{A}_1 \hat{A}_1^* D^{-1} = \hat{A}_1^*$. 由 (1) $\Rightarrow$ (2) 的证明, 得到

$$\hat{A}_1 = \begin{pmatrix} A_{11} & 0 \\ 0 & 0 \end{pmatrix}, \quad \hat{A}_2 = \begin{pmatrix} 0 & 0 \\ A_{22} & 0 \end{pmatrix}, \quad D^{-1} = \begin{pmatrix} (A_{11} A_{11}^*)^{-1} & 0 \\ 0 & (A_{22} A_{22}^*)^{-1} \end{pmatrix}. \tag{4.5.12}$$

所以

$$\hat{A}_1^* \hat{A}_1 \hat{A}_1^* D^{-1} = \begin{pmatrix} A_{11}^* A_{11} A_{11}^* & 0 \\ 0 & 0 \end{pmatrix} \begin{pmatrix} (A_{11} A_{11}^*)^{-1} & 0 \\ 0 & (A_{22} A_{22}^*)^{-1} \end{pmatrix}$$

$$= \begin{pmatrix} A_{11}^* & 0 \\ 0 & 0 \end{pmatrix} = A_1^*,$$

这就证明了 $B_{NL}^{\dagger} A_{MN}^{\dagger} \in (AB)\{2\}$, 所以 $B_{NL}^{\dagger} A_{MN}^{\dagger} \in (AB)\{1,2,3M\}$.

结合引理 4.5.3, 用和定理 4.5.5 同样的方法, 可类似地得到下面定理.

定理 4.5.6 在定理 4.5.5 的条件下, 仍用其记号, 则下列命题等价:

(1) $\mathcal{R}(BB^{\sharp} A^{\sharp}) \subseteq \mathcal{R}(A^{\sharp})$;

(2) $B\{1,4L\} A\{1,4N\} \subseteq (AB)\{1,4L\}$;

(3) $B_{NL}^{\dagger} A_{MN}^{\dagger} \in (AB)\{1,4L\}$;

(4) $B_{NL}^{\dagger} A_{MN}^{\dagger} \in (AB)\{1,2,4L\}$;

注记 4.5.7 在定理 4.5.5 和定理 4.5.6 中令 $M = I_{H_3}, N = I_{H_2}, L = I_{H_1}$, 我们可得到文献 [9] 中定理 2.2 和定理 2.3, 其中 $I_{H_3}, I_{H_2}, I_{H_1}$ 分别是 Hilbert 空间 H_3, H_2, H_1 中的单位算子.

结合定理 4.5.5 和定理 4.5.6, 有如下推论.

推论 4.5.8 在定理 4.5.5 的条件下, 仍用其记号, 则下列命题等价:

(1) $\mathcal{R}(A^{\sharp} AB) \subseteq \mathcal{R}(B)$ 且 $\mathcal{R}(BB^{\sharp} A^{\sharp}) \subseteq \mathcal{R}(A^{\sharp})$;

(2) $B\{1,3N\} A\{1,3M\} \subseteq (AB)\{1,3M\}, B\{1,4L\} A\{1,4N\} \subseteq (AB)\{1,4L\}$;

(3) $B_{NL}^{\dagger} A_{MN}^{\dagger} \in (AB)\{1,3M,4L\}$;

(4) $B_{NL}^{\dagger} A_{MN}^{\dagger} = (AB)_{ML}^{\dagger}$;

注记 4.5.9 推论 4.5.8 中条件 (1) 等价于 (4) 即为文献 [139] 中孙文瑜、魏益民给出的关于两个矩阵乘积加权 Moore-Penrose 逆反序律成立的充要条件.

第 5 章　算子广义逆的扰动

5.1　算子的 Moore-Penrose 逆的扰动

本节主要研究在 Hilbert 空间上 Moore-Penrose 逆的扰动界, 且利用这些结果推导出方程 $Ax = b$ 的最小范数二乘解.

下面给出的是 Banach 空间上的一些概念.

定理 5.1.1[76]　设 X, Y 和 Z 都是 Banach 空间, $T \in \mathcal{L}(X, Y)$, $A \in \mathcal{L}(X, Z)$ 以及 $D(T) \subset D(A)$. 若对于非负常数 a, b 和任意 $u \in D(T)$ 满足

$$||Au|| \leqslant a||u|| + b||Tu||, \tag{5.1.1}$$

则称 A 是 T-有界.

下面给出 Neumman 引理的推广, 文献 [61] 证明该引理在 Banach 空间上成立.

引理 5.1.2[61]　设 $P \in \mathcal{B}(\mathcal{X})$ 满足

$$||Px|| \leqslant \lambda_1 ||x|| + \lambda_2 ||(I + P)x||, \quad \forall x \in X, \tag{5.1.2}$$

其中 $\lambda_1 < 1$, $\lambda_2 < 1$, 则 $\lambda_1 \in (-1, 1), \lambda_2 \in (-1, 1)$ 以及 $I + P$ 是双射. 进一步,

$$\frac{1 - \lambda_1}{1 + \lambda_2} ||x|| \leqslant ||(I + P)x|| \leqslant \frac{1 + \lambda_1}{1 - \lambda_2} ||x||, \quad \forall\, x \in X$$

且

$$\frac{1 - \lambda_2}{1 + \lambda_1} ||y|| \leqslant ||(I + P)^{-1}y|| \leqslant \frac{1 + \lambda_2}{1 - \lambda_1} ||y||, \quad \forall\, y \in Y.$$

首先, 给出一个引理.

引理 5.1.3　设 $A \in \mathcal{L}(H, K)$ 可表示为

$$A = \begin{pmatrix} A_{11} & A_{12} \\ A_{21} & A_{22} \end{pmatrix} \tag{5.1.3}$$

且 $R(A)$ 是闭的. 若 A_{11} 可逆且 $S_{A_{11}}(A)$ Moore-Penrose 可逆, 则

$$A^{\dagger} = \begin{pmatrix} A_{11}^{-1} + A_{11}^{-1} A_{12} S_{A_{11}}(A)^{\dagger} A_{21} A_{11}^{-1} & -A_{11}^{-1} A_{12} S_{A_{11}}(A)^{\dagger} \\ -S_{A_{11}}(A)^{\dagger} A_{21} A_{11}^{-1} & S_{A_{11}}(A)^{\dagger} \end{pmatrix} \tag{5.1.4}$$

当且仅当

$$\mathcal{N}(S_{A_{11}}(A)) \subset \mathcal{N}(A_{12}), \quad \mathcal{R}(A_{21}) \subset \mathcal{R}(S_{A_{11}}(A)), \quad \mathcal{N}(S_{A_{11}}(A)) \subset \mathcal{N}(A_{22}), \quad (5.1.5)$$

其中 $S_{A_{11}}(A) = A_{22} - A_{21}A_{11}^{-1}A_{12}$ 为 A_{11} 在算子 A 的 Schur 补.

本节研究 Hilbert 空间上有界线性算子 Moore-Penrose 逆的扰动界.

设 $A \in \mathcal{L}(\mathcal{H}, \mathcal{K})$, 且 $E \in \mathcal{L}(\mathcal{H}, \mathcal{K})$ 为算子 A 的一个扰动算子, 设 E 为

$$E = \begin{pmatrix} E_{11} & E_{12} \\ E_{21} & E_{22} \end{pmatrix} : \begin{pmatrix} \mathcal{R}(A^*) \\ \mathcal{N}(A) \end{pmatrix} \to \begin{pmatrix} \mathcal{R}(A) \\ \mathcal{N}(A^*) \end{pmatrix}. \quad (5.1.6)$$

由 (1.0.11) 知

$$A + E = \begin{pmatrix} A_1 + E_{11} & E_{12} \\ E_{21} & E_{22} \end{pmatrix} : \begin{pmatrix} \mathcal{R}(A^*) \\ \mathcal{N}(A) \end{pmatrix} \to \begin{pmatrix} \mathcal{R}(A) \\ \mathcal{N}(A^*) \end{pmatrix}. \quad (5.1.7)$$

定理 5.1.4 设 $A, E \in \mathcal{L}(\mathcal{H}, \mathcal{K})$ 使得 $A, A + E$ 分别有闭值域且设 A, E 分别为 (1.0.11) 和 (5.1.6), 设存在常数 $\lambda_1 < 1$, $\lambda_2 < 1$ 和任意 $x \in \mathcal{H}$ 满足

$$\|EA^\dagger x\| \leqslant \lambda_1 \|x\| + \lambda_2 \|(I + EA^\dagger)x\| \quad (5.1.8)$$

且 $S = E_{22} - E_{21}(A_1 + E_{11})^{-1}E_{12}$ 是 Moore-Penrose 可逆, 则

$$(A + E)^\dagger = \begin{pmatrix} \Delta^{-1} + \Delta^{-1}E_{12}S^\dagger E_{21}\Delta^{-1} & -\Delta^{-1}E_{12}S^\dagger \\ -S^\dagger E_{21}\Delta^{-1} & S^\dagger \end{pmatrix} \quad (5.1.9)$$

当且仅当

$$\mathcal{N}(S) \subset \mathcal{N}(E_{12}), \quad \mathcal{R}(E_{21}) \subset \mathcal{R}(S), \quad \mathcal{N}(S) \subset \mathcal{N}(E_{22}),$$

其中 $\Delta = A_1 + E_{11}$. 此时

$$\|(A + E)^\dagger - A^\dagger\|$$

$$\leqslant \frac{1 + \lambda_2}{1 - \lambda_1}\|A_1^{-1}\| \left(\|A_1^{-1}E_{11}\| + \frac{1 + \lambda_2}{1 - \lambda_1}\|A_1^{-1}\|\|E_{12}S^\dagger E_{21}\| \right)$$

$$+ \frac{1 + \lambda_2}{1 - \lambda_1}\|A_1^{-1}\| \left(\|E_{12}S^\dagger\| + \|E_{21}S^\dagger\| \right) + \|S^\dagger\|, \quad (5.1.10)$$

$$\|(A + E)(A + E)^\dagger - AA^\dagger\|$$

$$\leqslant \frac{1 + \lambda_2}{1 - \lambda_1}\|A_1^{-1}\| \left(1 + \|A_1^{-1}E_{11}\| + 2\frac{1 + \lambda_2}{1 - \lambda_1}\|A_1^{-1}\|\|E_{12}S^\dagger E_{21}\| \right)$$

$$+ 2\frac{1 + \lambda_2}{1 - \lambda_1}\|A_1^{-1}\| \left(\|E_{12}S^\dagger\| + 2\|E_{21}S^\dagger\| \right) + 2\|S^\dagger\|. \quad (5.1.11)$$

证明   因为 $\mathcal{R}(A)$ 是闭的, 则 A 和 $A^{\dagger}$ 分别有如 (1.0.11) 和 (1.0.12) 的矩阵分块形式. 同时设扰动算子 E 依赖 A 的分块可分为 (5.1.6). 由 Schur 补 S 的 Moore-Penrose 可逆性以及引理 5.1.3, 可以证明 $(A + E)^{\dagger}$ 的表示为 (5.1.9) 当且仅当

$$\mathcal{N}(S) \subset \mathcal{N}(E_{12}), \quad \mathcal{R}(E_{21}) \subset \mathcal{R}(S), \quad \mathcal{N}(S) \subset \mathcal{N}(E_{22}).$$

由 (5.1.8) 和引理 5.1.2, 我们容易得到 $I + EA^{\dagger}$ 可逆且

$$\|A^{\dagger}(I + EA^{\dagger})^{-1}\| = \left\| \begin{pmatrix} A_1^{-1}(I + E_{11}A_1^{-1})^{-1} & 0 \\ 0 & 0 \end{pmatrix} \right\|$$

$$\leqslant \|A^{\dagger}\| \|(I + EA^{\dagger})^{-1}\|$$

$$\leqslant \frac{1 + \lambda_2}{1 - \lambda_1} \|A^{\dagger}\|. \tag{5.1.12}$$

由式子 (5.1.12), 可以得到 $A_1 + E_{11}$ 可逆且 $\|(A_1 + E_{11})^{-1}\| \leqslant \dfrac{1 + \lambda_2}{1 - \lambda_1} \|A_1^{-1}\|$. 下面考虑 $\|(A + E)^{\dagger} - A^{\dagger}\|$ 的扰动上界.
注意到

$$\Delta^{-1} - A_1^{-1} = A_1^{-1}(I + E_{11}A_1^{-1})^{-1} - A_1^{-1}$$

$$= -A_1^{-1}E_{11}A_1^{-1}(I + E_{11}A_1^{-1})^{-1} \tag{5.1.13}$$

$$= -A_1^{-1}E_{11}\Delta^{-1}. \tag{5.1.14}$$

根据 (5.1.12) 及 (5.1.13), 可以证明

$$\|\Delta^{-1} - A_1^{-1}\| \leqslant \|A_1^{-1}E_{11}\| \|A_1^{-1}(I + E_{11}A_1^{-1})^{-1}\|$$

$$\leqslant \frac{1 + \lambda_2}{1 - \lambda_1} \|A_1^{-1}E_{11}\| \|A_1^{-1}\|. \tag{5.1.15}$$

同理有

$$\|A_1^{-1}E_{11}\Delta^{-1} + \Delta^{-1}E_{12}S^{\dagger}E_{21}\Delta^{-1}\| \leqslant \frac{1 + \lambda_2}{1 - \lambda_1} \|A_1^{-1}\| \mathcal{W}, \tag{5.1.16}$$

$$\| -\Delta^{-1}E_{12}S^{\dagger}\| \leqslant \frac{1 + \lambda_2}{1 - \lambda_1} \|E_{12}S^{\dagger}\| \|A_1^{-1}\|, \tag{5.1.17}$$

$$\| -\Delta^{-1}E_{21}S^{\dagger}\| \leqslant \frac{1 + \lambda_2}{1 - \lambda_1} \|E_{21}S^{\dagger}\| \|A_1^{-1}\|, \tag{5.1.18}$$

其中

$$\mathcal{W} = \left(\|A_1^{-1}E_{11}\| + \frac{1 + \lambda_2}{1 - \lambda_1} \|A_1^{-1}\| \|E_{12}S^{\dagger}E_{21}\| \right).$$

由 (1.0.12), (5.1.9) 以及 (5.1.13), 则

$$(A + E)^\dagger - A^\dagger$$

$$= \begin{pmatrix} \Delta^{-1} - A_1^{-1} + \Delta^{-1} E_{12} S^\dagger E_{21} \Delta^{-1} & -\Delta^{-1} E_{12} S^\dagger \\ -S^\dagger E_{21} \Delta^{-1} & S^\dagger \end{pmatrix}$$

$$= \begin{pmatrix} -A_1^{-1} E_{11} \Delta^{-1} + \Delta^{-1} E_{12} S^\dagger E_{21} \Delta^{-1} & -\Delta^{-1} E_{12} S^\dagger \\ -S^\dagger E_{21} \Delta^{-1} & S^\dagger \end{pmatrix}. \quad (5.1.19)$$

由 (5.1.9), (5.1.16)—(5.1.19), 则

$$\|(A + E)^\dagger\| = \left\| \begin{pmatrix} \Delta^{-1} + \Delta^{-1} E_{12} S^\dagger E_{21} \Delta^{-1} & -\Delta^{-1} E_{12} S^\dagger \\ -S^\dagger E_{21} \Delta^{-1} & S^\dagger \end{pmatrix} \right\|$$

$$\leqslant \|\Delta^{-1} + \Delta^{-1} E_{12} S^\dagger E_{21} \Delta^{-1}\|$$

$$+ \|\Delta^{-1} E_{12} S^\dagger\| + \|S^\dagger E_{21} \Delta^{-1}\| + \|S^\dagger\|$$

$$\leqslant \frac{1 + \lambda_2}{1 - \lambda_1} \|A_1^{-1}\| \left(1 + \frac{1 + \lambda_2}{1 - \lambda_1} \|A_1^{-1}\| \|E_{12} S^\dagger E_{21}\| \right)$$

$$+ \frac{1 + \lambda_2}{1 - \lambda_1} \|A_1^{-1}\| \left(\|E_{12} S^\dagger\| + \|E_{21} S^\dagger\| \right) + \|S^\dagger\|. \quad (5.1.20)$$

由 (5.1.20), 则

$$\|(A + E)^\dagger - A^\dagger\| = \left\| \begin{pmatrix} -A_1^{-1} E_{11} \Delta^{-1} + \Delta^{-1} E_{12} S^\dagger E_{21} \Delta^{-1} & -\Delta^{-1} E_{12} S^\dagger \\ -S^\dagger E_{21} \Delta^{-1} & S^\dagger \end{pmatrix} \right\|$$

$$\leqslant \frac{1 + \lambda_2}{1 - \lambda_1} \|A_1^{-1}\| \left(\|A_1^{-1} E_{11}\| + \frac{1 + \lambda_2}{1 - \lambda_1} \|A_1^{-1}\| \|E_{12} S^\dagger E_{21}\| \right)$$

$$+ \frac{1 + \lambda_2}{1 - \lambda_1} \|A_1^{-1}\| \left(\|E_{12} S^\dagger\| + \|E_{21} S^\dagger\| \right) + \|S^\dagger\|. \quad (5.1.21)$$

下面考虑投影的扰动界.

注意到

$$(A + E)(A + E)^\dagger - AA^\dagger = A(A + E)^\dagger + E(A + E)^\dagger - AA^\dagger$$

$$= A \left((A + E)^\dagger - A^\dagger \right) + E(A + E)^\dagger. \quad (5.1.22)$$

根据 (5.1.20)—(5.1.22), 得到

$$\|(A+E)(A+E)^{\dagger} - AA^{\dagger}\| = \|A\left((A+E)^{\dagger} - A^{\dagger}\right) + E(A+E)^{\dagger}\|$$

$$\leqslant \|A\|\|(A+E)^{\dagger} - A^{\dagger}\| + \|E\|\|(A+E)^{\dagger}\|$$

$$\leqslant 2\frac{1+\lambda_2}{1-\lambda_1}\|A_1^{-1}\|\left(\|E_{12}S^{\dagger}\| + \|E_{21}S^{\dagger}\|\right)$$

$$+ \frac{1+\lambda_2}{1-\lambda_1}k(A_1)\gamma_1 + 2\|S^{\dagger}\|, \tag{5.1.23}$$

其中

$$k(A_1) = \|A_1^{-1}\|\|A\| = \|A_1^{-1}\|\|A_1\|,$$

$$\gamma_1 = \left(1 + \|A_1^{-1}E_{11}\| + 2\frac{1+\lambda_2}{1-\lambda_1}\|A_1^{-1}\|\|E_{12}S^{\dagger}E_{21}\|\right).$$

下面给出 $\|(A+E)^{\dagger} - A^{\dagger}\|$ 的扰动上界.

定理 5.1.5　设 $A \in \mathcal{L}(H,K)$ 有闭值域且 $\mathcal{R}(E) \subseteq \mathcal{R}(A)$, 若 $E, A^{\dagger}$ 满足 (5.1.8), 则

$$A^{\dagger}(I+EA^{\dagger})^{-1} = (I+A^{\dagger}E)^{-1}A^{\dagger} \in A\{1,2,3\}$$

且

$$\|A^{\dagger}(I+EA^{\dagger})^{-1}\| \leqslant \frac{1+\lambda_2}{1-\lambda_1}\|A^{\dagger}\|, \tag{5.1.24}$$

$$\|A^{\dagger}(I+EA^{\dagger})^{-1} - A^{\dagger}\| \leqslant \frac{1+\lambda_2}{1-\lambda_1}\frac{\lambda_1+\lambda_2}{1-\lambda_2}\|A^{\dagger}\|, \tag{5.1.25}$$

$$\|(A+E)A^{\dagger}(I+EA^{\dagger})^{-1} - AA^{\dagger}\| \leqslant \frac{1+\lambda_2}{1-\lambda_1}\|A^{\dagger}\|\left(\frac{1+\lambda_2}{1-\lambda_1}\|A\| + \|E\|\right), \tag{5.1.26}$$

其中 $\lambda_1 < 1, \lambda_2 < 1$.

证明　因为 $E, A^{\dagger}$ 满足条件 (5.1.8) 和引理 5.1.2, 可得到 $(I+EA^{\dagger})^{-1}$ 存在且

$$\|(I+EA^{\dagger})^{-1}\| \leqslant \frac{1+\lambda_2}{1-\lambda_1}. \tag{5.1.27}$$

设 $T = A^{\dagger}(I+EA^{\dagger})^{-1}$. 由文献 [8, 引理 2.3], 则 $I+A^{\dagger}E$ 可逆且表达式为

$$T = (I+A^{\dagger}E)^{-1}A^{\dagger}. \tag{5.1.28}$$

下面验证 T 是否满足四个 Moore-Penrose 方程中的 (1),(2),(3):

$$
\begin{aligned}
T(A+E)T &= A^\dagger(I+EA^\dagger)^{-1}(A+E)A^\dagger(I+EA^\dagger)^{-1}\\
&= A^\dagger(I+EA^\dagger)^{-1}(AA^\dagger+EA^\dagger)(I+EA^\dagger)^{-1}\\
&= A^\dagger(I+EA^\dagger)^{-1}(I+EA^\dagger)AA^\dagger(I+EA^\dagger)^{-1}\\
&= T,
\end{aligned}\tag{5.1.29}
$$

即 T 是 $A+E$ 的一个 $\{2\}$-逆.

另一方面, 由 $\mathcal{R}(E)\subset\mathcal{R}(A)$ 且 $\mathcal{R}(A)=\mathcal{R}(AA^\dagger)$, 容易证明

$$
\begin{aligned}
(A+E)T &= (A+E)A^\dagger(I+EA^\dagger)^{-1}\\
&= (AA^\dagger+AA^\dagger EA^\dagger)(I+EA^\dagger)^{-1}\\
&= AA^\dagger(I+EA^\dagger)(I+EA^\dagger)^{-1}\\
&= AA^\dagger,
\end{aligned}\tag{5.1.30}
$$

则 $[(A+E)T]^*=(A+E)T$, 即 $T\in(A+E)\{3\}$. 根据 (5.1.30), 则 T 满足 Moore-Penrose 的第一个方程:

$$
\begin{aligned}
(A+E)T(A+E) &= (A+E)A^\dagger(I+EA^\dagger)^{-1}(A+E)\\
&= AA^\dagger(A+E)\\
&= AA^\dagger A+AA^\dagger E\\
&= A+E,
\end{aligned}\tag{5.1.31}
$$

则 $T\in(A+E)\{1\}$. 因此 T 是 $A+E$ 的一个 $\{1,2,3\}$-逆, 即 $T\in(A+E)\{1,2,3\}$.

由 (5.1.28), 有

$$
\mathcal{R}(T)=\mathcal{R}(A^\dagger),\quad \mathcal{N}(T)=\mathcal{N}(A^\dagger).\tag{5.1.32}
$$

于是

$$
\|T\|=\|(I+A^\dagger E)^{-1}A^\dagger\|\leqslant\frac{1+\lambda_2}{1-\lambda_1}\|A^\dagger\|.\tag{5.1.33}
$$

根据 (5.1.8), 可得

$$
\|EA^\dagger x\|\leqslant\lambda_1\|x\|+\lambda_2\|x\|+\lambda_2\|EA^\dagger x\|,\quad\forall x\in H,\tag{5.1.34}
$$

则

$$
\|EA^\dagger x\|\leqslant\frac{\lambda_1+\lambda_2}{1-\lambda_2}.\tag{5.1.35}
$$

依据 (5.1.27) 和 (5.1.35), 可得到

$$
\begin{aligned}
\|T - A^{\dagger}\| &= \|A^{\dagger}(I + EA^{\dagger})^{-1} - A^{\dagger}\| \\
&= \|A^{\dagger}(I + EA^{\dagger})^{-1}(I - (I + EA^{\dagger}))\| \\
&\leqslant \|A^{\dagger}\|\|(I + EA^{\dagger})^{-1}\|\|EA^{\dagger}\| \\
&\leqslant \frac{1 + \lambda_2}{1 - \lambda_1} \cdot \frac{\lambda_1 + \lambda_2}{1 - \lambda_2}\|A^{\dagger}\|.
\end{aligned} \tag{5.1.36}
$$

下面给出投影 $\|(A + E)T - AA^{\dagger}\|$ 的扰动界.

由于

$$
\begin{aligned}
(A + E)T - AA^{\dagger} &= AT + ET - AA^{\dagger} \\
&= A\left(T - A^{\dagger}\right) + ET,
\end{aligned} \tag{5.1.37}
$$

由 (5.1.33) 和 (5.1.36), 则

$$
\begin{aligned}
\|(A + E)T - AA^{\dagger}\| &\leqslant \|A\|\|T - A^{\dagger}\| + \|E\|\|T\| \\
&\leqslant \frac{1 + \lambda_2}{1 - \lambda_1}\frac{\lambda_1 + \lambda_2}{1 - \lambda_2}\|A\|\|A^{\dagger}\| + \frac{1 + \lambda_2}{1 - \lambda_1}\|E\|\|A^{\dagger}\| \\
&= \frac{1 + \lambda_2}{1 - \lambda_1}\|A^{\dagger}\|\left(\frac{1 + \lambda_2}{1 - \lambda_1}\|A\| + \|E\|\right).
\end{aligned} \tag{5.1.38}
$$

若定理 5.1.5 的条件 $\mathcal{R}(E) \subseteq \mathcal{R}(A)$ 被 $\mathcal{N}(A) \subseteq \mathcal{N}(E)$ 替代, 我们得到下面定理.

定理 5.1.6   设 $A \in L(H, K)$ 有闭的值域且 $N(A) \subseteq N(E)$, 若 $E, A^{\dagger}$ 满足 (5.1.8), 则

$$
A^{\dagger}(I + EA^{\dagger})^{-1} = (I + A^{\dagger}E)^{-1}A^{\dagger} \in A\{1, 2, 4\}
$$

和

$$
\|A^{\dagger}(I + EA^{\dagger})^{-1}\| \leqslant \frac{1 + \lambda_2}{1 - \lambda_1}\|A^{\dagger}\|, \tag{5.1.39}
$$

$$
\|A^{\dagger}(I + EA^{\dagger})^{-1} - A^{\dagger}\| \leqslant \frac{1 + \lambda_2}{1 - \lambda_1}\frac{\lambda_1 + \lambda_2}{1 - \lambda_2}\|A^{\dagger}\|, \tag{5.1.40}
$$

$$
\|(A + E)A^{\dagger}(I + EA^{\dagger})^{-1} - AA^{\dagger}\| \leqslant \frac{1 + \lambda_2}{1 - \lambda_1}\|A^{\dagger}\|\left(\frac{1 + \lambda_2}{1 - \lambda_1}\|A\| + \|E\|\right), \tag{5.1.41}
$$

其中, $\lambda_1 < 1$, $\lambda_2 < 1$.

由定理 5.1.5 和定理 5.1.6 得到下面结论.

定理 5.1.7 设 $A \in \mathcal{L}(H, K)$ 有闭值域且 $\mathcal{R}(E) \subseteq \mathcal{R}(A)$ 和 $\mathcal{N}(A) \subseteq \mathcal{N}(E)$, 若 E, $A^\dagger$ 满足条件(5.1.8), 则

$$(A + E)^\dagger = A^\dagger(I + EA^\dagger)^{-1} = (I + A^\dagger E)^{-1}A^\dagger$$

且

$$\|(A + E)^\dagger\| \leqslant \frac{1 + \lambda_2}{1 - \lambda_1}\|A^\dagger\|, \tag{5.1.42}$$

$$\|(A + E)^\dagger - A^\dagger\| \leqslant \frac{1 + \lambda_2}{1 - \lambda_1}\frac{\lambda_1 + \lambda_2}{1 - \lambda_2}\|A^\dagger\|, \tag{5.1.43}$$

$$\|(A + E)(A + E)^\dagger - AA^\dagger\| \leqslant \frac{1 + \lambda_2}{1 - \lambda_1}\|A^\dagger\|\left(\frac{1 + \lambda_2}{1 - \lambda_1}\|A\| + \|E\|\right), \tag{5.1.44}$$

其中, $\lambda_1 < 1$, $\lambda_2 < 1$.

现在给出算子 Moore-Penrose 逆的扰动界在算子方程的极小范数最小二乘解的误差估计上的应用. 设算子方程为

$$Ax = b. \tag{5.1.45}$$

设 $A \in \mathcal{L}(H, K)$ 有闭值域且 $b \in K$. 下面给出极小范数最小二乘解问题:

$$\min_{x \in H}\|x\| \quad \text{使得} \quad \|b - Ax\| = \min_{z \in H}\|b - Az\|, \tag{5.1.46}$$

其中 $\|\cdot\|$ 为由 Hilbert 空间 H (或 K) 的内积 $(\cdot, \cdot)$ 定义范数. 容易知道 $x = A^\dagger b$ 为方程 (5.1.45) 的极小范数最小二乘解. 设 E, f 分别为 A, b 的扰动算子和扰动向量, 则方程 (5.1.45) 经扰动后可以变成

$$(A + E)\bar{x} = b + f \tag{5.1.47}$$

且此时解决的问题就等价于解决下面问题.

$$\min_{\bar{x} \in H}\|\bar{x}\|$$
$$\text{使得} \quad \|b + f - (A + E)z\| = \min_{z \in H}\|b + f - (A + E)z\|. \tag{5.1.48}$$

若 $R(A + E)$ 是闭的, 则方程 (5.1.47) 的唯一解为 $\bar{x} = (A + E)^\dagger(b + f)$.

定理 5.1.8 设 $A, E \in \mathcal{L}(H, K)$ 且 A 和 $A + E$ 都有闭值域, 设存在常数 $\lambda_1 < 1$, $\lambda_2 < 1$ 和任意 $x \in H$ 满足

$$\|EA^\dagger x\| \leqslant \lambda_1\|x\| + \lambda_2\|(I + EA^\dagger)x\| \tag{5.1.49}$$

且 $S = E_{22} - E_{21}(A_1 + E_{11})^{-1}E_{12}$ Moore-Penrose 可逆, 则(5.1.45)和(5.1.47)极小范数最小二乘解都存在且

$$\frac{\|\bar{x} - x\|}{\|x\|} \leqslant \frac{1 + \lambda_2}{1 - \lambda_1} k(A_1) \left(\|A_1^{-1}E_{11}\| + \frac{1 + \lambda_2}{1 - \lambda_1} \|A_1^{-1}\| \|E_{12}S^{\dagger}E_{21}\| \right)$$

$$+ \frac{1 + \lambda_2}{1 - \lambda_1} k(A_1) \left(\|E_{12}S^{\dagger}\| + \|E_{21}S^{\dagger}\| \right) + \|S^{\dagger}\| \|A_1\|$$

$$+ \frac{1 + \lambda_2}{1 - \lambda_1} k(A_1) \left(1 + \frac{1 + \lambda_2}{1 - \lambda_1} \|A_1^{-1}\| \|E_{12}S^{\dagger}E_{21}\| \right) \frac{\|f\|}{\|b\|}$$

$$+ \left[\frac{1 + \lambda_2}{1 - \lambda_1} k(A_1) \left(\|E_{12}S^{\dagger}\| + \|E_{21}S^{\dagger}\| \right) + \|S^{\dagger}\| \|A_1\| \right] \frac{\|f\|}{\|b\|}, \qquad (5.1.50)$$

其中

$$k(A_1) = \|A_1^{-1}\| \|A\| = \|A_1^{-1}\| \|A_1\|,$$

$$A_1 = P_A A P_A, \quad E_{11} = P_A E P_A, \quad E_{12} = P_A E P_A^{\perp}, \quad E_{21} = P_A^{\perp} E P_A,$$

$$E_{22} = P_A^{\perp} E P_A^{\perp}, \quad S = E_{22} - E_{21}(A_1 + E_{11})^{-1}E_{12}. \qquad (5.1.51)$$

证明　因为 $R(A)$ 和 $R(A + E)$ 都是闭的, 则 $x = A^{\dagger}b$, $\bar{x} = (A + E)^{\dagger}(b + f)$. 注意到

$$\bar{x} - x = (A + E)^{\dagger}(b + f) - A^{\dagger}b$$

$$= \left((A + E)^{\dagger} - A^{\dagger} \right) b - (A + E)^{\dagger}f. \qquad (5.1.52)$$

因为 $Ax = b$, 可得

$$\|Ax\| = \|b\| \leqslant \|A\| \|x\|, \quad \frac{\|b\|}{\|A\|} \leqslant \|x\|. \qquad (5.1.53)$$

由 (5.1.52), 则

$$\|\bar{x} - x\| \leqslant \left| \left((A + E)^{\dagger} - A^{\dagger} \right) \right| \|b\| + \|(A + E)^{\dagger}\| \|f\|. \qquad (5.1.54)$$

根据 (5.1.20), (5.1.21) 和 (5.1.54), 有

$$\|\bar{x} - x\| \leqslant \left\| \left((A + E)^{\dagger} - A^{\dagger} \right) \right\| \|b\| + \|(A + E)^{\dagger}\| \|f\|$$

$$\leqslant \frac{1 + \lambda_2}{1 - \lambda_1} \|A_1^{-1}\| \left(\|A_1^{-1}E_{11}\| + \frac{1 + \lambda_2}{1 - \lambda_1} \|A_1^{-1}\| \|E_{12}S^{\dagger}E_{21}\| \right) \|b\|$$

$$+ \left[\frac{1 + \lambda_2}{1 - \lambda_1} \|A_1^{-1}\| \left(\|E_{12}S^{\dagger}\| + \|E_{21}S^{\dagger}\| \right) + \|S^{\dagger}\| \right] \|b\| \qquad (5.1.55)$$

$$+ \frac{1 + \lambda_2}{1 - \lambda_1} \|A_1^{-1}\| \left(1 + \frac{1 + \lambda_2}{1 - \lambda_1} \|A_1^{-1}\| \|E_{12} S^\dagger E_{21}\| \right) \|f\|$$

$$+ \left[\frac{1 + \lambda_2}{1 - \lambda_1} \|A_1^{-1}\| \left(\|E_{12} S^\dagger\| + \|E_{21} S^\dagger\| \right) + \|S^\dagger\| \right] \|f\|, \tag{5.1.56}$$

其中 $A_1, E_{11}, E_{12}, E_{21}, E_{22}, S$ 和 (5.1.51) 一致.

根据 (5.1.53), 可得

$$\frac{\|\bar{x} - x\|}{\|x\|} \leqslant \frac{1 + \lambda_2}{1 - \lambda_1} k(A_1) \left(\|A_1^{-1} E_{11}\| + \frac{1 + \lambda_2}{1 - \lambda_1} \|A_1^{-1}\| \|E_{12} S^\dagger E_{21}\| \right)$$

$$+ \frac{1 + \lambda_2}{1 - \lambda_1} k(A_1) \left(\|E_{12} S^\dagger\| + \|E_{21} S^\dagger\| \right) + \|S^\dagger\| \|A_1\|$$

$$+ \frac{1 + \lambda_2}{1 - \lambda_1} k(A_1) \left(1 + \frac{1 + \lambda_2}{1 - \lambda_1} \|A_1^{-1}\| \|E_{12} S^\dagger E_{21}\| \right) \frac{\|f\|}{\|b\|}$$

$$+ \left[\frac{1 + \lambda_2}{1 - \lambda_1} k(A_1) \left(\|E_{12} S^\dagger\| + \|E_{21} S^\dagger\| \right) + \|S^\dagger\| \|A_1\| \right] \frac{\|f\|}{\|b\|}, \tag{5.1.57}$$

其中 $k(A_1) = \|A_1^{-1}\| \|A\| = \|A_1^{-1}\| \|A_1\|$.

定理 5.1.9 设 $A, E \in \mathcal{L}(H, K)$ 且 $\mathcal{R}(A)$ 和 $\mathcal{R}(A + E)$ 都是闭的, 设 $\mathcal{R}(E) \subseteq \mathcal{R}(A)$ 和 $\mathcal{N}(A) \subseteq \mathcal{N}(E)$, 若 (5.1.8) 成立, 则 (5.1.45) 和 (5.1.47) 的极小范数最小二乘解都存在且

$$\frac{\|\bar{x} - x\|}{\|x\|} \leqslant k(A) \frac{1 + \lambda_2}{1 - \lambda_1} \left(\frac{\lambda_1 + \lambda_2}{1 - \lambda_2} + \frac{\|f\|}{\|b\|} \right), \tag{5.1.58}$$

其中 $k(A) = \|A^\dagger\| \|A\|$ 为条件数.

证明 类似定理 5.1.8 的证明, 有 $x = A^\dagger b$, $\bar{x} = (A + E)^\dagger (b + f)$. 由此, 则

$$\bar{x} - x = \left((A + E)^\dagger - A^\dagger \right) b - (A + E)^\dagger f. \tag{5.1.59}$$

根据不等式 (5.1.42), (5.1.43), (5.1.59) 和 (5.1.53), 得到

$$\frac{\|\bar{x} - x\|}{\|x\|} \leqslant \left\| \left((A + E)^\dagger - A^\dagger \right) \right\| \|b\| + \left\| (A + E)^\dagger \right\| \|f\|$$

$$\leqslant \frac{1 + \lambda_2}{1 - \lambda_1} \cdot \frac{\lambda_1 + \lambda_2}{1 - \lambda_2} \|A^\dagger\| \|b\| + \frac{1 + \lambda_2}{1 - \lambda_1} \|A^\dagger\| \|f\|$$

$$\leqslant k(A) \cdot \frac{1 + \lambda_2}{1 - \lambda_1} \left(\frac{\lambda_1 + \lambda_2}{1 - \lambda_2} + \frac{\|f\|}{\|b\|} \right), \tag{5.1.60}$$

其中 $k(A) = \|A^\dagger\| \|A\|$ 为条件数.

以下研究在一些条件限制下, Hilbert 空间上线性算子的 Moore-Penrose 逆的扰动界, 并给出精确的表达式.

$T \in \mathcal{B}(H, K)$, $H = \mathcal{N}(T) \oplus \mathcal{R}(T^*)$ 且 $K = \mathcal{N}(T^*) \oplus \mathcal{R}(T)$ 当 $\mathcal{R}(T)$ 是封闭的. T 有以下矩阵形式:

$$T = \begin{pmatrix} 0 & 0 \\ 0 & T_1 \end{pmatrix} : \begin{pmatrix} \mathcal{N}(T) \\ \mathcal{R}(T^*) \end{pmatrix} \rightarrow \begin{pmatrix} \mathcal{N}(T^*) \\ \mathcal{R}(T) \end{pmatrix}, \tag{5.1.61}$$

其中 T_1 可逆. 扰动 $\delta T \in \mathcal{B}(H, K)$ 如下:

$$\delta T = \begin{pmatrix} \delta_3 & \delta_4 \\ \delta_2 & \delta_1 \end{pmatrix} : \begin{pmatrix} \mathcal{N}(T) \\ \mathcal{R}(T^*) \end{pmatrix} \rightarrow \begin{pmatrix} \mathcal{N}(T^*) \\ \mathcal{R}(T) \end{pmatrix} \tag{5.1.62}$$

且 $\widetilde{T} = T + \delta T$. 定义 $S = (I - TT^\dagger)\widetilde{T}$. 因此 $\widetilde{T} - S = TT^\dagger \widetilde{T}$ 且

$$S = \begin{pmatrix} \delta_3 & \delta_4 \\ 0 & 0 \end{pmatrix}, \quad \widetilde{T} - S = \begin{pmatrix} 0 & 0 \\ \delta_2 & T_1 + \delta_1 \end{pmatrix}. \tag{5.1.63}$$

文献 [163] 探讨 Hilbert 算子的 Moore-Penrose 逆在条件 $\mathcal{R}(\delta T) \subseteq \mathcal{R}(T)$ 下, 即 $\delta_3 = \delta_4 = 0$, 且 $\|T^\dagger \delta T\| < 1$. 文献 [46] 探讨 Moore-Penrose 逆在条件 $(I - TT^\dagger)\delta T T^\dagger T = 0$ 下, 即 $\delta_4 = 0$, 显然在文献 [163] 中, $\|T^\dagger \delta T\| < 1$.

这里在以下条件下讨论 Hilbert 算子 Moore-Penrose 逆的扰动.

$$(I - TT^\dagger)\widetilde{T}(I - T^\dagger T)\widetilde{T}^*(I - TT^\dagger)\widetilde{T}T^\dagger T = (I - TT^\dagger)\widetilde{T}T^\dagger T,$$

即

$$\delta_3 \delta_3^* \delta_4 = \delta_4, \|(I - TT^\dagger)\delta T T^\dagger T\| < \frac{1 - \|T^\dagger \delta T\|}{\|T^\dagger \delta T\| \|\delta T\|}.$$

首先介绍一些引理.

引理 5.1.10[1]　若 P, Q 为算子投影, 则

$$\|P - Q\| = \max\left\{\|P(I - Q)\|, \|Q(I - P)\|\right\}.$$

引理 5.1.11　设 $A \in \mathcal{L}(K)$ 可逆, $B \in \mathcal{B}(H, K)$, 则 $AA^* + BB^*$ 可逆.

证明　设 $\sigma(T)$ 表示算子 T 的谱. 显然 AA^*, BB^* 为正定算子, 则 $\sigma(AA^*)$, $\sigma(BB^*) \subset [0, +\infty)$. A 可逆也就是说 $0 \notin \sigma(AA^*)$, 则 $\sigma(AA^* + BB^*) \subset (0, +\infty)$. 因此, $AA^* + BB^*$ 可逆.

根据以上引理, 可证以下结果.

引理 5.1.12 设 $W = \begin{pmatrix} a & b \\ 0 & 0 \end{pmatrix} \in \mathcal{L}(H, K)$, 其中 a 可逆, 则

$$W^\dagger = \begin{pmatrix} a^*(aa^* + bb^*)^{-1} & 0 \\ b^*(aa^* + bb^*)^{-1} & 0 \end{pmatrix}.$$

引理 5.1.13[50] 设 $T \in \mathcal{L}(H, K)$ 有封闭值域, 则

$$T^\dagger = T^*(TT^*)^\dagger = (T^*T)^\dagger T^*.$$

引理 5.1.14 设 $T, \widetilde{T} \in \mathcal{L}(H, K)$, $\delta T = \widetilde{T} - T$. 设 $T^\dagger$ 存在. $S = (I - TT^\dagger)\widetilde{T}$. 若 $S^\dagger$ 和 $(\widetilde{T} - S)^\dagger$ 存在, 则

(1) $S^\dagger T = 0$;

(2) $S^\dagger S = S^\dagger \widetilde{T} = S^\dagger \delta T$;

(3) $(\widetilde{T} - S)^\dagger \widetilde{T} = (\widetilde{T} - S)^\dagger (\widetilde{T} - S)$.

证明 根据引理 5.1.13, 若 $S^\dagger T = (S^*S)^\dagger S^* T = 0$, 则 $S^\dagger \delta T = S^\dagger \widetilde{T}$. 因为 $\widetilde{T}^* S = S^* S$, 所以 $S^\dagger \widetilde{T} = (S^*S)^\dagger S^* \widetilde{T} = S^\dagger S$ 且

$$\begin{aligned} (\widetilde{T} - S)^\dagger \widetilde{T} &= [(\widetilde{T} - S)^*(\widetilde{T} - S)]^\dagger (\widetilde{T} - S)^* \widetilde{T} \\ &= [(\widetilde{T} - S)^*(\widetilde{T} - S)]^\dagger (\widetilde{T} - S)^* (\widetilde{T} - S) \\ &= (\widetilde{T} - S)^\dagger (\widetilde{T} - S). \end{aligned}$$

首先讨论 $\widetilde{T}^\dagger$ 的表达式 $(I - TT^\dagger)\widetilde{T}$ 和 $TT^\dagger \widetilde{T}$ Moore-Penrose 逆, 在以下条件下 $\widetilde{T}\widetilde{T}^* TT^\dagger = TT^\dagger \widetilde{T}\widetilde{T}^*$.

定理 5.1.15 设 $T, \widetilde{T} \in \mathcal{L}(H, K)$, $\delta T = \widetilde{T} - T$. 设 $T^\dagger$ 存在, 且

$$\widetilde{T}\widetilde{T}^* TT^\dagger = TT^\dagger \widetilde{T}\widetilde{T}^*. \tag{5.1.64}$$

若 $\|T^\dagger \delta T\| < 1$, 则 $\widetilde{T}^\dagger$ 存在当且仅当 $\mathcal{R}((I - TT^\dagger)\widetilde{T}(I - T^\dagger T))$ 是封闭的. $[(I - TT^\dagger)\widetilde{T}]^\dagger$ 和 $(TT^\dagger \widetilde{T})^\dagger$ 都存在, 且

$$\widetilde{T}^\dagger = S^\dagger + (\widetilde{T} - S)^\dagger, \tag{5.1.65}$$

其中 $S = (I - TT^\dagger)\widetilde{T}$.

证明 设 $T, \delta T$ 形式为 (5.1.61) 和 (5.1.62), 则 $\widetilde{T}$ 有以下矩阵形式:

$$\widetilde{T} = T + \delta T = \begin{pmatrix} \delta_3 & \delta_4 \\ \delta_2 & T_1 + \delta_1 \end{pmatrix} : \begin{pmatrix} \mathcal{N}(T) \\ \mathcal{R}(T^*) \end{pmatrix} \to \begin{pmatrix} \mathcal{N}(T^*) \\ \mathcal{R}(T) \end{pmatrix}.$$

因为 $\|T^\dagger \delta T\| < 1$, 所以

$$I + T^\dagger \delta T = \begin{pmatrix} I & 0 \\ T_1^{-1}\delta_2 & I + T_1^{-1}\delta_1 \end{pmatrix} \tag{5.1.66}$$

可逆, 则 $T_1 + \delta_1 = T_1(I + T_1^{-1}\delta_1)$ 可逆. 根据引理 5.1.11, $\Phi \overset{\text{def}}{=} (T_1+\delta_1)(T_1+\delta_1)^* + \delta_2\delta_2^*$ 可逆.

由 (5.1.64) 可得

$$\delta_3\delta_2^* + \delta_4(T_1+\delta_1)^* = 0. \tag{5.1.67}$$

因此

$$\begin{pmatrix} \delta_3 & \delta_4 \\ \delta_2 & T_1+\delta_1 \end{pmatrix} \begin{pmatrix} I & \delta_2^* \\ 0 & (T_1+\delta_1)^* \end{pmatrix} \begin{pmatrix} I & 0 \\ -\Phi^{-1}\delta_2 & \Phi^{-1} \end{pmatrix}$$

$$= \begin{pmatrix} \delta_3 & 0 \\ \delta_2 & \Phi \end{pmatrix} \begin{pmatrix} I & 0 \\ -\Phi^{-1}\delta_2 & \Phi^{-1} \end{pmatrix} = \begin{pmatrix} \delta_3 & 0 \\ 0 & I \end{pmatrix}. \tag{5.1.68}$$

相反地, $\widetilde{T}^\dagger$ 存在当且仅当 $\mathcal{R}(\widetilde{T})$ 是封闭的当且仅当 $\mathcal{R}((I - TT^\dagger)\widetilde{T}(I - T^\dagger T))$ 是封闭的.

因为 $\mathcal{R}(\delta_3)$ 是封闭的, $\widetilde{T}$ 为 $\mathcal{N}(\delta_3) \oplus \mathcal{R}(\delta_3^*) \oplus \mathcal{R}(T^*)$ 到 $\mathcal{N}(\delta_3^*) \oplus \mathcal{R}(\delta_3) \oplus \mathcal{R}(T)$ 的算子有以下矩阵形式:

$$\widetilde{T} = \begin{pmatrix} \delta_3 & \delta_4 \\ \delta_2 & T_1+\delta_1 \end{pmatrix}$$

$$= \left(\begin{array}{cc|c} 0 & 0 & \delta_{42} \\ 0 & \delta_{31} & \delta_{41} \\ \hline \delta_{22} & \delta_{21} & T_1+\delta_1 \end{array} \right) : \begin{pmatrix} \mathcal{N}(\delta_3) \\ \mathcal{R}(\delta_3^*) \\ \mathcal{R}(\widetilde{T}^*) \end{pmatrix} \to \begin{pmatrix} \mathcal{N}(\delta_3^*) \\ \mathcal{R}(\delta_3) \\ \mathcal{R}(\widetilde{T}) \end{pmatrix}, \tag{5.1.69}$$

其中 δ_{31} 为 $\mathcal{R}(\delta_3^*)$ 到 $\mathcal{R}(\delta_3)$ 的算子, 是可逆的.

根据 (5.1.67), $\delta_{42} = 0$, 则由 (5.1.63), 有

$$S = \begin{pmatrix} 0 & 0 & 0 \\ 0 & \delta_{31} & \delta_{41} \\ 0 & 0 & 0 \end{pmatrix}, \quad \widetilde{T} - S = \begin{pmatrix} 0 & 0 & 0 \\ 0 & 0 & 0 \\ \delta_{22} & \delta_{21} & T_1+\delta_1 \end{pmatrix}.$$

因此, 根据引理 5.1.12, $S^\dagger$ 和 $(\widetilde{T} - S)^\dagger$ 存在.

现在证明 (5.1.65). 根据 (5.1.67), 有

$$\widetilde{T}\widetilde{T}^* = \begin{pmatrix} \delta_3\delta_3^* + \delta_4\delta_4^* & 0 \\ 0 & \Phi \end{pmatrix}. \tag{5.1.70}$$

根据 (5.1.63), 有

$$\begin{pmatrix} \delta_3\delta_3^* + \delta_4\delta_4^* & 0 \\ 0 & 0 \end{pmatrix} = SS^*, \quad \begin{pmatrix} 0 & 0 \\ 0 & \Phi \end{pmatrix} = (\widetilde{T}-S)(\widetilde{T}-S)^*, \tag{5.1.71}$$

因此 $(\delta_3\delta_3^* + \delta_4\delta_4^*)^\dagger$ 存在. 根据引理 5.1.13, 引理 5.1.14 和 (5.1.70), 有

$$\begin{aligned} \widetilde{T}^\dagger &= \widetilde{T}^*(\widetilde{T}\widetilde{T}^*)^\dagger = \widetilde{T}^* \begin{pmatrix} (\delta_3\delta_3^* + \delta_4\delta_4^*)^\dagger & 0 \\ 0 & \Phi^{-1} \end{pmatrix} \\ &= \widetilde{T}^* S^{*\dagger} S^\dagger + \widetilde{T}^*(\widetilde{T}-S)^{*\dagger}(\widetilde{T}-S)^\dagger \\ &= S^\dagger + (\widetilde{T}-S)^\dagger. \end{aligned} \tag{5.1.72}$$

下面给出 Moore-Penrose 逆 $T^\dagger$ 的扰动界.

定理 5.1.16 条件同定理 5.1.15, 有

$$\begin{aligned} ||\widetilde{T}^\dagger - T^\dagger|| \leqslant &||T^\dagger||(||\delta T||^2 + 2||T||\,||\delta T||)||(\widetilde{T}-S)^\dagger||^2 \\ &+ ||\delta T||\left(||S^\dagger||^2 + ||(\widetilde{T}-S)^\dagger||^2\right), \end{aligned} \tag{5.1.73}$$

其中 $S = (I - TT^\dagger)\widetilde{T}$.

证明 设 $\Phi = \delta_2\delta_2^* + (T_1+\delta_1)(T_1+\delta_1)^*$, 则

$$\Phi^{-1} - (T_1T_1^*)^{-1} = -(T_1T_1^*)^{-1}\left(\delta_2\delta_2^* + T_1\delta_1^* + \delta_1T_1^* + \delta_1\delta_1^*\right)\Phi^{-1}. \tag{5.1.74}$$

因为

$$\delta T(\delta T)^* + T(\delta T)^* + \delta TT^* = \begin{pmatrix} * & * \\ * & \delta_2\delta_2^* + \delta_1\delta_1^* + T_1\delta_1^* + \delta_1T_1^* \end{pmatrix},$$

根据 (5.1.74), 有

$$\begin{aligned} &[(\widetilde{T}-S)(\widetilde{T}-S)^*]^\dagger - (TT^*)^\dagger \\ &= \begin{pmatrix} 0 & 0 \\ 0 & \Phi^{-1} \end{pmatrix} - \begin{pmatrix} 0 & 0 \\ 0 & (T_1T_1^*)^{-1} \end{pmatrix} \\ &= -(TT^*)^\dagger\left(\delta T(\delta T)^* + T(\delta T)^* + \delta TT^*\right)[(\widetilde{T}-S)(\widetilde{T}-S)^*]^\dagger. \end{aligned} \tag{5.1.75}$$

根据引理 5.1.14(1), (5.1.72) 和 (5.1.75), 有

$$\begin{aligned} \widetilde{T}^\dagger - T^\dagger &= T^*(\widetilde{T}-S)^{*\dagger}(\widetilde{T}-S)^\dagger + (\delta T)^*[S^{*\dagger}S^\dagger + (\widetilde{T}-S)^{*\dagger}(\widetilde{T}-S)^\dagger] - T^*(TT^*)^\dagger \\ &= -T^\dagger[\delta T(\delta T)^* + T(\delta T)^* + \delta TT^*][(\widetilde{T}-S)(\widetilde{T}-S)^*]^\dagger \\ &\quad + (\delta T)^*[S^{*\dagger}S^\dagger + (\widetilde{T}-S)^{*\dagger}(\widetilde{T}-S)^\dagger], \end{aligned}$$

因此可得 (5.1.73).

以下定理给出上界 $\|\widetilde{T}\widetilde{T}^\dagger - TT^\dagger\|$.

定理 5.1.17　在定理 5.1.15 假设下, 有

$$\|\widetilde{T}\widetilde{T}^\dagger - TT^\dagger\| = \max\left\{\|\widetilde{T}[(I - TT^\dagger)\widetilde{T}]^\dagger\|, \|TT^\dagger - \widetilde{T}(TT^\dagger\widetilde{T})^\dagger\|\right\}. \tag{5.1.76}$$

证明　变换 (5.1.72) 为

$$\widetilde{T}\widetilde{T}^\dagger = \widetilde{T}\widetilde{T}^*(SS^*)^\dagger + \widetilde{T}\widetilde{T}^*[(\widetilde{T} - S)(\widetilde{T} - S)^*]^\dagger.$$

由 (5.1.70) 和 (5.1.71) 可知

$$\begin{aligned}
\widetilde{T}\widetilde{T}^\dagger(I - TT^\dagger) &= SS^*(SS^*)^\dagger = (I - TT^\dagger)\widetilde{T}\widetilde{T}^*(I - TT^\dagger)(SS^*)^\dagger \\
&= \widetilde{T}\widetilde{T}^*(I - TT^\dagger)(SS^*)^\dagger = \widetilde{T}S^*(SS^*)^\dagger \\
&= \widetilde{T}[(I - TT^\dagger)\widetilde{T}]^\dagger, \\
TT^\dagger(I - \widetilde{T}\widetilde{T}^\dagger) &= TT^\dagger - \widetilde{T}\widetilde{T}^*TT^\dagger[(\widetilde{T} - S)(\widetilde{T} - S)^*]^\dagger \\
&= TT^\dagger - \widetilde{T}(TT^\dagger\widetilde{T})^\dagger.
\end{aligned}$$

因此根据引理5.1.10 和以上两个方程, 可得 (5.1.76).

这部分在条件

$$(I - TT^\dagger)\widetilde{T}(I - T^\dagger T)\widetilde{T}^*(I - TT^\dagger)\widetilde{T}T^\dagger T = (I - TT^\dagger)\widetilde{T}\widetilde{T}^\dagger T$$

下, 我们给出 Moore-Penrose 逆的扰动定理算子 T. 下面给出例子说明 (表 5.1.1). 其中

$$T = \begin{pmatrix} 0 & 0 & 0 \\ 0 & 0 & 0 \\ \hline 0 & 0 & T_1 \end{pmatrix} \quad \text{和} \quad \widetilde{T} = \begin{pmatrix} 0 & 0 & 0 \\ 0 & \delta_{31} & \delta_{41} \\ \hline \delta_{22} & \delta_{21} & T_1 + \delta_1 \end{pmatrix}.$$

表 5.1.1　条件 (5.1.64) 和 (5.1.77) 相互没有影响

T	$\begin{pmatrix} 0 & 0 & 0 \\ 0 & 0 & 0 \\ 0 & 0 & 3 \end{pmatrix}$	$\begin{pmatrix} 0 & 0 & 0 \\ 0 & 0 & 0 \\ 0 & 0 & 8 \end{pmatrix}$
$\widetilde{T}$	$\begin{pmatrix} 0 & 0 & 0 \\ 0 & 0.2 & 0.02 \\ 0 & -0.25 & 2.5 \end{pmatrix}$	$\begin{pmatrix} 0 & 0 & 0 \\ 0 & 1 & 0.2 \\ 0 & 0.1 & 8.05 \end{pmatrix}$
(5.1.64) 成立	Yes	No
$\|T^\dagger\delta T\| < 1$ 成立	Yes	N/A
(5.1.77) 成立	No	Yes
(5.1.78) 成立	N/A	Yes

下面给出 $\widetilde{T}^\dagger$ 的精确表示.

定理 5.1.18 设 $T, \widetilde{T} \in \mathcal{B}(H, K)$, $\delta T = \widetilde{T} - T$. 若 $T^\dagger$ 存在, 且

$$(I - TT^\dagger)\widetilde{T}(I - T^\dagger T)\widetilde{T}^*(I - TT^\dagger)\widetilde{T}T^\dagger T = (I - TT^\dagger)\widetilde{T}T^\dagger T. \tag{5.1.77}$$

若

$$\|(I - TT^\dagger)\delta TT^\dagger T\| < \frac{1 - \|T^\dagger \delta T\|}{\|T^\dagger \delta T\|\|\delta T\|}, \tag{5.1.78}$$

则 $\widetilde{T}^\dagger$ 存在, 当且仅当 $\mathcal{R}((I - TT^\dagger)\widetilde{T}(I - T^\dagger T))$ 是封闭的.

$$\widetilde{T}^\dagger = S^\dagger + (\widetilde{T} - \widetilde{T}S^\dagger\widetilde{T})^\dagger(I - \widetilde{T}S^\dagger), \tag{5.1.79}$$

其中 $S = (I - TT^\dagger)\widetilde{T}$.

证明 由条件 (5.1.78) 可知, $\|T^\dagger \delta T\| < 1$. 又由 (5.1.64) 可知, $I + T^\dagger \delta T$ 和 $T_1 + \delta_1$ 是可逆的.

由 (5.1.77) 得

$$\delta_3 \delta_3^* \delta_4 = \delta_4, \tag{5.1.80}$$

则

$$\begin{pmatrix} \delta_3 & \delta_4 \\ \delta_2 & T_1 + \delta_1 \end{pmatrix} \begin{pmatrix} I & -\delta_3^* \delta_4 \\ 0 & I \end{pmatrix} = \begin{pmatrix} \delta_3 & 0 \\ \delta_2 & T_1 + \delta_1 - \delta_2\delta_3^*\delta_4 \end{pmatrix}. \tag{5.1.81}$$

下面说明 $T_1 + \delta_1 - \delta_2\delta_3^*\delta_4$ 是可逆的, 则

$$Z = \begin{pmatrix} 0 & 0 \\ 0 & (T_1 + \delta_1)^{-1}\delta_2\delta_3^*\delta_4 \end{pmatrix}.$$

根据 (5.1.66), 易证

$$\begin{aligned} Z &= (I + T^\dagger \delta T)^{-1} \begin{pmatrix} 0 & 0 \\ 0 & T_1^{-1}\delta_2\delta_3^*\delta_4 \end{pmatrix} \\ &= (I + T^\dagger \delta T)^{-1}T^\dagger \delta T(I - T^\dagger T)(\delta T)^*(I - TT^\dagger)\delta TT^\dagger T, \end{aligned}$$

则

$$\|Z\| \leqslant \frac{\|T^\dagger \delta T\|\,\|\delta T\|\,\|(I - TT^\dagger)\delta TT^\dagger T\|}{1 - \|T^\dagger \delta T\|} < 1. \tag{5.1.82}$$

因此, $I - Z$ 是可逆的, 所以 $T_1 + \delta_1 - \delta_2\delta_3^*\delta_4$.

相反地, $\widetilde{T}^{\dagger}$ 存在当且仅当 $\mathcal{R}(\widetilde{T})$ 是封闭的, 由 (5.1.81) 可知, $\mathcal{R}(\delta_3)$ 是封闭的当且仅当 $\mathcal{R}((I - TT^{\dagger})\widetilde{T}(I - T^{\dagger}T))$ 是封闭的.

若 $\mathcal{R}(\delta_3)$ 是封闭的, 由定理 5.1.15 的证明, 有 (5.1.69) 成立. 由 (5.1.80), $\delta_{31}\delta_{31}^{*}\delta_{41} = \delta_{41}$ 且 $\delta_{42} = 0$, 则

$$
S = \begin{pmatrix} 0 & 0 & 0 \\ 0 & \delta_{31} & \delta_{41} \\ 0 & 0 & 0 \end{pmatrix}, \quad \widetilde{T} - S = \begin{pmatrix} 0 & 0 & 0 \\ 0 & 0 & 0 \\ \delta_{22} & \delta_{21} & T_1 + \delta_1 \end{pmatrix}
$$

存在. 因此 $\widetilde{T}$ 在定义子空间有如下形式:

$$
\widetilde{T} = \left(\begin{array}{c|cc} 0 & 0 & 0 \\ \hline 0 & \delta_{31} & \delta_{41} \\ \delta_{22} & \delta_{21} & T_1 + \delta_1 \end{array} \right) \overset{\text{def}}{=} \begin{pmatrix} 0 & 0 \\ N & M \end{pmatrix}. \tag{5.1.83}
$$

简化如下:

$$
\begin{pmatrix} P_1 & P_2 \\ P_2^{*} & P_4 \end{pmatrix} = NN^{*} + MM^{*},
$$

其中

$$
P_1 = \delta_{31}\delta_{31}^{*} + \delta_{41}\delta_{41}^{*}, \quad P_2 = \delta_{31}\delta_{21}^{*} + \delta_{41}(T_1 + \delta_1)^{*},
$$
$$
P_4 = \delta_{21}\delta_{21}^{*} + (T_1 + \delta_1)(T_1 + \delta_1)^{*} + \delta_{22}\delta_{22}^{*},
$$

则

$$
\begin{pmatrix} P_1 & P_2 \\ P_2^{*} & P_4 \end{pmatrix} = \begin{pmatrix} I & 0 \\ P_2^{*}P_1^{-1} & I \end{pmatrix} \begin{pmatrix} P_1 & 0 \\ 0 & P_4 - P_2^{*}P_1^{-1}P_2 \end{pmatrix} \begin{pmatrix} I & P_1^{-1}P_2 \\ 0 & I \end{pmatrix}. \tag{5.1.84}
$$

由引理 5.1.11 可知, P_1 是可逆的. 因此

$$
\begin{pmatrix} \delta_{31} & \delta_{41} \\ \delta_{21} & T_1 + \delta_1 \end{pmatrix} \begin{pmatrix} I & -\delta_{31}^{*}\delta_{41} \\ 0 & I \end{pmatrix} = \begin{pmatrix} \delta_{31} & 0 \\ \delta_{21} & T_1 + \delta_1 - \delta_{21}\delta_{31}^{*}\delta_{41} \end{pmatrix}
$$

且

$$
T_1 + \delta_1 - \delta_2\delta_3^{*}\delta_4 = T_1 + \delta_1 - (\delta_{22}, \delta_{21}) \begin{pmatrix} 0 & 0 \\ 0 & \delta_{31}^{*} \end{pmatrix} \begin{pmatrix} 0 \\ \delta_{41} \end{pmatrix} = T_1 + \delta_1 - \delta_{21}\delta_{31}^{*}\delta_{41}.
$$

因此, M 表示 $T_1 + \delta_1 - \delta_2\delta_3^{*}\delta_4$ 的逆. 因此, 由引理 5.1.11 可知, $(NN^{*} + MM^{*})^{-1}$

存在, 且

$$\begin{pmatrix} 0 & 0 \\ 0 & (NN^*+MM^*)^{-1} \end{pmatrix}$$

$$= \begin{pmatrix} I & 0 & 0 \\ 0 & I & -P_1^{-1}P_2 \\ 0 & 0 & I \end{pmatrix} \begin{pmatrix} 0 & 0 & 0 \\ 0 & P_1^{-1} & 0 \\ 0 & 0 & (P_4-P_2^*P_1^{-1}P_2)^{-1} \end{pmatrix} \begin{pmatrix} I & 0 & 0 \\ 0 & I & 0 \\ 0 & -P_2^*P_1^{-1} & I \end{pmatrix}. \quad (5.1.85)$$

因此

$$\begin{pmatrix} 0 & 0 & 0 \\ 0 & P_1^{-1} & 0 \\ 0 & 0 & 0 \end{pmatrix} = (SS^*)^\dagger, \quad (5.1.86)$$

$$\begin{pmatrix} 0 & 0 & 0 \\ 0 & 0 & P_2 \\ 0 & 0 & 0 \end{pmatrix} = S(\widetilde{T}-S)^*, \quad \begin{pmatrix} 0 & 0 & 0 \\ 0 & 0 & 0 \\ 0 & 0 & P_4 \end{pmatrix} = (\widetilde{T}-S)(\widetilde{T}-S)^*,$$

则 $(SS^*)^\dagger(\widetilde{T}-S) = 0$.

由引理 5.1.13 可知

$$\begin{pmatrix} 0 & 0 & 0 \\ 0 & 0 & 0 \\ 0 & P_2^*P_1^{-1} & 0 \end{pmatrix} = \begin{pmatrix} 0 & 0 & 0 \\ 0 & 0 & 0 \\ 0 & P_2^* & 0 \end{pmatrix} \begin{pmatrix} 0 & 0 & 0 \\ 0 & P_1^{-1} & 0 \\ 0 & 0 & 0 \end{pmatrix} = \widetilde{T}S^\dagger - SS^\dagger, \quad (5.1.87)$$

且

$$\begin{pmatrix} 0 & 0 & 0 \\ 0 & 0 & 0 \\ 0 & 0 & P_4-P_2^*P_1^{-1}P_2 \end{pmatrix} = \begin{pmatrix} 0 & 0 & 0 \\ 0 & 0 & 0 \\ 0 & 0 & P_4 \end{pmatrix} - \begin{pmatrix} 0 & 0 & 0 \\ 0 & 0 & 0 \\ 0 & P_2^*P_1^{-1} & 0 \end{pmatrix} \begin{pmatrix} 0 & 0 & 0 \\ 0 & 0 & P_2 \\ 0 & 0 & 0 \end{pmatrix}$$

$$= (\widetilde{T}-S)(\widetilde{T}-S)^* - (\widetilde{T}S^\dagger - SS^\dagger)S(\widetilde{T}-S)^*$$

$$= \widetilde{T}\widetilde{T}^* - \widetilde{T}S^\dagger S\widetilde{T}^* \quad (5.1.88)$$

$$= \widetilde{T}(I - S^\dagger S)[\widetilde{T}(I - S^\dagger S)]^*. \quad (5.1.89)$$

根据引理 5.1.14(2), 有 $S^\dagger(\widetilde{T} - \widetilde{T}S^\dagger\widetilde{T}) = S^\dagger S - S^\dagger SS^\dagger S = 0$, 则

$$(\widetilde{T} - \widetilde{T}S^\dagger\widetilde{T})^\dagger S = (\widetilde{T} - \widetilde{T}S^\dagger\widetilde{T})^\dagger(\widetilde{T} - \widetilde{T}S^\dagger\widetilde{T})^{*\dagger}(\widetilde{T} - \widetilde{T}S^\dagger\widetilde{T})^* S^{*\dagger}S^*S = 0.$$

则由 (5.1.85)—(5.1.87), (5.1.89), 根据引理 5.1.13, 可得

$$\widetilde{T}^\dagger = \widetilde{T}^* \left(\begin{pmatrix} 0 & 0 \\ N & M \end{pmatrix} \begin{pmatrix} 0 & 0 \\ N & M \end{pmatrix}^* \right)^\dagger = \widetilde{T}^* \begin{pmatrix} 0 & 0 \\ 0 & (NN^*+MM^*)^{-1} \end{pmatrix}$$

$$= \widetilde{T}^*[I-(\widetilde{T}S^\dagger - SS^\dagger)]^*[S^{*\dagger}S^\dagger + (\widetilde{T}-\widetilde{T}S^\dagger S)^{*\dagger}(\widetilde{T}-\widetilde{T}S^\dagger S)^\dagger][I-(\widetilde{T}S^\dagger - SS^\dagger)]$$

$$= [(\widetilde{T}-\widetilde{T}S^\dagger\widetilde{T})^* + S^*][S^{*\dagger}S^\dagger + (\widetilde{T}-\widetilde{T}S^\dagger\widetilde{T})^{*\dagger}(\widetilde{T}-\widetilde{T}S^\dagger\widetilde{T})^\dagger(I-\widetilde{T}S^\dagger)]$$

$$= S^\dagger + (\widetilde{T}-\widetilde{T}S^\dagger\widetilde{T})^\dagger(I-\widetilde{T}S^\dagger).$$

注记 5.1.19   我们知道条件 $(I-TT^\dagger)\widetilde{T}T^\dagger T = 0$ 和 $\|T^\dagger \delta T\| < 1$ 在 [46, 定理 1] 中是定理 5.1.18 的特例. 现在, 我们来说明 [46, 定理 1] 也是定理 5.1.18 的特例.
需要证明 (5.1.79) 可以转化为

$$\widetilde{T}^\dagger = S^\dagger + [I+(I-T^\dagger T-S^\dagger S)u^*]T^\dagger T[I+u(I-T^\dagger T-S^\dagger S)u^*]^{-1}$$
$$\times (I+T^\dagger \delta T)^{-1}T^\dagger(I-\widetilde{T}S^\dagger), \tag{5.1.90}$$

其中 $u = (I+T^\dagger \delta T)^{-1}T^\dagger \widetilde{T}$.
首先 (5.1.79) 可以写为

$$\widetilde{T}^\dagger = S^\dagger + (I-S^\dagger S)\widetilde{T}^*[\widetilde{T}(I-S^\dagger S)\widetilde{T}^*]^\dagger(I-\widetilde{T}S^\dagger). \tag{5.1.91}$$

下面我们说明

$$(TT^\dagger BTT^\dagger)^\dagger = T^{*\dagger}(I+T^\dagger \delta T)^{-*}[I-T^\dagger T+(I+T^\dagger \delta T)^{-1}T^\dagger BT^{*\dagger}(I+T^\dagger \delta T)^{-*}]^{-1}$$
$$\times (I+T^\dagger \delta T)^{-1}T^\dagger, \tag{5.1.92}$$

其中

$$B = \begin{pmatrix} B_{11} & B_{12} \\ B_{21} & B_{22} \end{pmatrix} : \begin{pmatrix} \mathcal{N}(T) \\ \mathcal{R}(T^*) \end{pmatrix} \to \begin{pmatrix} \mathcal{N}(T^*) \\ \mathcal{R}(T) \end{pmatrix}$$

且 B_{22} 是可逆的. 根据 (5.1.66), 有

$$(I+T^\dagger \delta T)^{-1}T^\dagger = \begin{pmatrix} 0 & 0 \\ 0 & (T_1+\delta_1)^{-1} \end{pmatrix}. \tag{5.1.93}$$

因此

$$I-T^\dagger T+(I+T^\dagger \delta T)^{-1}T^\dagger BT^{*\dagger}(I+T^\dagger \delta T)^{-*}$$
$$= \begin{pmatrix} I & 0 \\ 0 & 0 \end{pmatrix} + \begin{pmatrix} 0 & 0 \\ 0 & (T_1+\delta_1)^{-1} \end{pmatrix} \begin{pmatrix} B_{11} & B_{12} \\ B_{21} & B_{22} \end{pmatrix} \begin{pmatrix} 0 & 0 \\ 0 & (T_1+\delta_1)^{-*} \end{pmatrix}$$
$$= \begin{pmatrix} I & 0 \\ 0 & (T_1+\delta_1)^{-1}B_{22}(T_1+\delta_1)^{-*} \end{pmatrix},$$

则 (5.1.92) 的右边等价于

$$\begin{pmatrix} 0 & 0 \\ 0 & (T_1+\delta_1)^{-*} \end{pmatrix} \begin{pmatrix} I & 0 \\ 0 & (T_1+\delta_1)^{-1}B_{22}(T_1+\delta_1)^{-*} \end{pmatrix}^{-1} \begin{pmatrix} 0 & 0 \\ 0 & (T_1+\delta_1)^{-1} \end{pmatrix}$$

$$= \begin{pmatrix} 0 & 0 \\ 0 & B_{22}^{-1} \end{pmatrix} = (TT^\dagger BTT^\dagger)^\dagger,$$

当 $B = \widetilde{T}(I-S^\dagger S)\widetilde{T}^*$ 时, B_{22} 可逆, 且由 (5.1.88) 有 $TT^\dagger BTT^\dagger = B$. 因此由 (5.1.91) 和 (5.1.92), 可知

$$\widetilde{T}^\dagger = S^\dagger + (I-S^\dagger S)u^*[I-T^\dagger T + u(I-S^\dagger S)u^*]^{-1}$$
$$\times (I+T^\dagger\delta T)^{-1}T^\dagger(I-\widetilde{T}S^\dagger). \tag{5.1.94}$$

现在证明 (5.1.90). 因为

$$T^\dagger\widetilde{T}T^\dagger T = T^\dagger(T+\delta T)T^\dagger T = (I+T^\dagger\delta T)T^\dagger T,$$

所以

$$uT^\dagger T = (I+T^\dagger\delta T)^{-1}T^\dagger\widetilde{T}T^\dagger T = T^\dagger T. \tag{5.1.95}$$

根据 (5.1.93), $T^\dagger Tu = u$, 则

$$T^\dagger T[I + u(I-T^\dagger T - S^\dagger S)] = T^\dagger T - T^\dagger TuT^\dagger T + T^\dagger Tu(I-S^\dagger S)$$
$$= u(I-S^\dagger S). \tag{5.1.96}$$

因此可得 (5.1.90) .

下面, 我们说明 (5.1.90) 是 [46, 定理 1] 的推广. 设 $w = (I+T^\dagger\delta T)^{-1}T^\dagger\widetilde{T}(I-T^\dagger T)$, 则 $u = w+T^\dagger T$. 又 $ST^\dagger T = (I-TT^\dagger)\widetilde{T}T^\dagger T = 0$,

$$u(I-T^\dagger T - S^\dagger S) = -T^\dagger T + w(I-S^\dagger S) + T^\dagger T(I-S^\dagger S)$$
$$= w(I-S^\dagger S),$$

则

$$u(I-T^\dagger T - S^\dagger S)u^* = w(I-S^\dagger S)w^* + w(I-S^\dagger S)T^\dagger T$$
$$= w(I-S^\dagger S)w^*.$$

因此

$$\delta TS^\dagger = \widetilde{T}S^\dagger - TS^\dagger = \widetilde{T}S^\dagger - TT^\dagger TS^*(SS^*)^\dagger = \widetilde{T}S^\dagger. \tag{5.1.97}$$

于是可得 (见 [46, 定理 1])

$$\widetilde{T}^\dagger = S^\dagger + [I + (I - S^\dagger S)^* w^*] T^\dagger T [I + u(I - S^\dagger S)(I - S^\dagger S)^* w^*]^{-1}$$
$$\times (I + T^\dagger \delta T)^{-1} T^\dagger (I - \delta T S^\dagger).$$

其中 $S = (I - TT^\dagger)\delta T$.

由 $(I - TT^\dagger)\widetilde{T} = (I - TT^\dagger)\delta T$ 和 (5.1.97), 易得以下推论.

推论 5.1.20　设 $T, \widetilde{T} \in \mathcal{B}(H, K)$, $\delta T = \widetilde{T} - T$. 假设 $T^\dagger$ 存在, 则

$$(I - TT^\dagger)\widetilde{T}T^\dagger T = 0.$$

若 $\|T^\dagger \delta T\| < 1$, 则 $\widetilde{T}^\dagger$ 存在当且仅当 $\mathcal{R}((I - TT^\dagger)\widetilde{T})$ 是封闭的.

$$\widetilde{T}^\dagger = S^\dagger + (\widetilde{T} - \delta T S^\dagger \delta T)^\dagger (I - \delta T S^\dagger),$$

其中 $S = (I - TT^\dagger)\widetilde{T}$.

下面给出有关 $T^\dagger$ 的扰动界的相关结果. 在这里我们将探讨 (5.1.90).

定理 5.1.21　根据定理 5.1.18 的假设, 有

$$\|\widetilde{T}^\dagger - T^\dagger\| \leqslant \frac{\|T^\dagger \delta T\|\|T^\dagger\|}{1 - \|T^\dagger \delta T\|} + \frac{1}{1 - \|T^\dagger \delta T\|} \left\|[I + (I - T^\dagger T - S^\dagger S)u^* u]^{-1}\right\|$$
$$\times \left(\|S^\dagger\| + \frac{\|T^\dagger \widetilde{T}\|\|T^\dagger\|}{(1 - \|T^\dagger \delta T\|)^2} \right), \tag{5.1.98}$$

其中 $u = (I + T^\dagger \delta T)^{-1} T^\dagger \widetilde{T}$ 且 $S = (I - TT^\dagger)\widetilde{T}$.

证明　设 $v = u(I - T^\dagger T - S^\dagger S)$ 收敛. 由 (5.1.90) 可得

$$\widetilde{T}^\dagger = S^\dagger + (I + v^*) T^\dagger T (I + uv^*)^{-1} (I + T^\dagger \delta T)^{-1} T^\dagger - (I + v^*)$$
$$\times T^\dagger T (I + uv^*)^{-1} u S^\dagger. \tag{5.1.99}$$

若 $\sigma(uv^*)\backslash\{0\} = \sigma(v^* u)\backslash\{0\}$, $I + uv^*$ 可逆, 则 $I + v^* u$ 可逆, 且 $v^*(I + uv^*)^{-1} = (I + v^* u)^{-1} v^*$ 以及 $(I + uv^*)^{-1} = I - u(I + v^* u)^{-1} v^*$. 因此

$$(I + v^*) T^\dagger T (I + uv^*)^{-1} = T^\dagger T (I + uv^*)^{-1} + v^*(I + uv^*)^{-1}$$
$$= T^\dagger T [I - u(I + v^* u)^{-1} v^*] + (I + v^* u)^{-1} v^*$$
$$= T^\dagger T + (I - u)(I + v^* u)^{-1} v^*, \tag{5.1.100}$$

则

$$(I + v^*) T^\dagger T (I + uv^*)^{-1} u = u + (I - u)(I + v^* u)^{-1} v^* u$$
$$= u + (I - u)[I - (I + v^* u)^{-1}]$$
$$= I - (I - u)(I + v^* u)^{-1}. \tag{5.1.101}$$

又

$$(I + T^\dagger \delta T)^{-1} T^\dagger = T^\dagger - T^\dagger \delta T (I + T^\dagger \delta T)^{-1} T^\dagger,$$

$$I - u = (I + T^\dagger \delta T)^{-1} (I - T^\dagger T),$$

因此把 (5.1.100) 和 (5.1.101) 带入 (5.1.99), 可得

$$\widetilde{T}^\dagger - T^\dagger = -T^\dagger \delta T (I + T^\dagger \delta T)^{-1} T^\dagger$$

$$+ (I + T^\dagger \delta T)^{-1} (I - T^\dagger T)(I + v^* u)^{-1}[v^*(I + T^\dagger \delta T)^{-1} T^\dagger + S^\dagger].$$

取范数, 可得

$$\|\widetilde{T}^\dagger - T^\dagger\| \leqslant \|T^\dagger \delta T (I + T^\dagger \delta T)^{-1} T^\dagger\|$$

$$+ \|(I + T^\dagger \delta T)^{-1}\| \, \|(I + v^* u)^{-1}\|(\|v^*\| \, \|(I + T^\dagger \delta T)^{-1} T^\dagger\| + \|S^\dagger\|)$$

$$\leqslant \frac{\|T^\dagger \delta T\| \|T^\dagger\|}{1 - \|T^\dagger \delta T\|} + \frac{1}{1 - \|T^\dagger \delta T\|} \|[I + (I - T^\dagger T - S^\dagger S)u^* u]^{-1}\|$$

$$\times \left(\|S^\dagger\| + \frac{\|T^\dagger \widetilde{T}\| \|T^\dagger\|}{(1 - \|T^\dagger \delta T\|)^2} \right).$$

因此得出 (5.1.98).

我们现在考虑 $\|\widetilde{T}\widetilde{T}^\dagger - TT^\dagger\|$ 的上界.

定理 5.1.22 在定理 5.1.18 的假设下,

$$\|\widetilde{T}\widetilde{T}^\dagger - TT^\dagger\| \leqslant \|S^\dagger\| \, \|\delta T\| + \left(\|(\widetilde{T} - \widetilde{T}S^\dagger \widetilde{T})^\dagger\| + \|T^\dagger\| \, \|I - \widetilde{T}S^\dagger\| \right)$$

$$\times \|I - \widetilde{T}S^\dagger\| \, \|\delta T\|. \tag{5.1.102}$$

证明 根据引理 5.1.14(2), 有

$$\widetilde{T}(\widetilde{T} - \widetilde{T}S^\dagger \widetilde{T})^\dagger = \widetilde{T}(I - S^\dagger S)\widetilde{T}^*[\widetilde{T}(I - S^\dagger S)]^{*\dagger}[\widetilde{T}(I - S^\dagger S)]^\dagger$$

$$= \widetilde{T}(I - S^\dagger S)[\widetilde{T}(I - S^\dagger S)]^\dagger.$$

由 (5.1.79), 有

$$\widetilde{T}\widetilde{T}^\dagger = \widetilde{T}S^\dagger + \widetilde{T}(I - S^\dagger S)[\widetilde{T}(I - S^\dagger S)]^\dagger (I - \widetilde{T}S^\dagger),$$

则

$$\widetilde{T}\widetilde{T}^\dagger - TT^\dagger = (I - TT^\dagger)\widetilde{T}\widetilde{T}^\dagger - TT^\dagger(I - \widetilde{T}\widetilde{T}^\dagger)$$

$$= (I - TT^\dagger)\{\widetilde{T}S^\dagger + \widetilde{T}(I - S^\dagger S)[\widetilde{T}(I - S^\dagger S)]^\dagger(I - \widetilde{T}S^\dagger)\}$$

$$- TT^\dagger\{I - \widetilde{T}S^\dagger - \widetilde{T}(I - S^\dagger S)[\widetilde{T}(I - S^\dagger S)]^\dagger(I - \widetilde{T}S^\dagger)\}$$

$$= (I - TT^\dagger)\delta T S^\dagger + (I - TT^\dagger)\delta T(I - S^\dagger S)[\widetilde{T}(I - S^\dagger S)]^\dagger(I - \widetilde{T}S^\dagger)$$

$$+ T^{*\dagger}\{[\widetilde{T}(I - S^\dagger S)]^* - T^*\}\{I - \widetilde{T}(I - S^\dagger S)[\widetilde{T}(I - S^\dagger S)]^\dagger\}(I - \widetilde{T}S^\dagger)$$

$$= (I - TT^\dagger)\delta T S^\dagger + (I - TT^\dagger)\delta T(I - S^\dagger S)(\widetilde{T} - \widetilde{T}S^\dagger\widetilde{T})^\dagger(I - \widetilde{T}S^\dagger)$$

$$+ T^{*\dagger}[(I - \widetilde{T}S^\dagger)\delta T]^*\{I - \widetilde{T}(I - S^\dagger S)[\widetilde{T}(I - S^\dagger S)]^\dagger\}(I - \widetilde{T}S^\dagger).$$

因此

$$\|\widetilde{T}\widetilde{T}^\dagger - TT^\dagger\|$$

$$\leqslant \|\delta T\|\,\|S^\dagger\| + \|\delta T\|\,\|(\widetilde{T} - \widetilde{T}S^\dagger\widetilde{T})^\dagger\|\,\|I - \widetilde{T}S^\dagger\| + \|T^\dagger\|\,\|\delta T\|\,\|I - \widetilde{T}S^\dagger\|^2.$$

则 (5.1.102) 得证.

注记 5.1.23   我们导出 $\|\widetilde{T}^\dagger\widetilde{T} - T^\dagger T\|$ 的上界, 即

$$\|\widetilde{T}^\dagger\widetilde{T} - T^\dagger T\| \leqslant \|S^\dagger\|\,\|\delta T\| + \Big(\|(\widetilde{T} - \widetilde{T}S^\dagger\widetilde{T})^\dagger\| + \|T^\dagger\|\Big)$$

$$\times \|I - \widetilde{T}S^\dagger\|\,\|\delta T\|. \tag{5.1.103}$$

实际上由 (5.1.79), 有

$$\widetilde{T}^\dagger\widetilde{T} = S^\dagger\widetilde{T} + (\widetilde{T} - \widetilde{T}S^\dagger\widetilde{T})^\dagger(\widetilde{T} - \widetilde{T}S^\dagger\widetilde{T}).$$

因此, 根据引理 5.1.14(2), 有

$$\widetilde{T}^\dagger\widetilde{T} - T^\dagger T = \widetilde{T}^\dagger\widetilde{T}(I - T^\dagger T) - (I - \widetilde{T}^\dagger\widetilde{T})T^\dagger T$$

$$= [S^\dagger\widetilde{T} + (\widetilde{T} - \widetilde{T}S^\dagger\widetilde{T})^\dagger(\widetilde{T} - \widetilde{T}S^\dagger\widetilde{T})](I - T^\dagger T)$$

$$- [I - S^\dagger\widetilde{T} - (\widetilde{T} - \widetilde{T}S^\dagger\widetilde{T})^\dagger(\widetilde{T} - \widetilde{T}S^\dagger\widetilde{T})]T^\dagger T$$

$$= S^\dagger\widetilde{T} + (\widetilde{T} - \widetilde{T}S^\dagger\widetilde{T})^\dagger(I - \widetilde{T}S^\dagger)\widetilde{T}(I - T^\dagger T)$$

$$+ [I - (\widetilde{T} - \widetilde{T}S^\dagger\widetilde{T})^\dagger(\widetilde{T} - \widetilde{T}S^\dagger\widetilde{T})][T^\dagger(\widetilde{T} - \widetilde{T}S^\dagger\widetilde{T}) - T^\dagger T]^*$$

$$= S^\dagger\delta T + (\widetilde{T} - \widetilde{T}S^\dagger\widetilde{T})^\dagger(I - \widetilde{T}S^\dagger)\delta T(I - T^\dagger T)$$

$$+ [I - (\widetilde{T} - \widetilde{T}S^\dagger\widetilde{T})^\dagger(\widetilde{T} - \widetilde{T}S^\dagger\widetilde{T})][T^\dagger(I - \widetilde{T}S^\dagger)\delta T]^*$$

因此, (5.1.103) 得证.

5.2 算子加权 Drazin 逆的扰动

本节根据 (3.3.6), 利用 Banach 空间算子的谱理论, 得到了 W-加权 Drazin 逆的近似表示, 并且估计了误差. 从式子 (3.3.6) 中也推导出扰动定理.

定理 5.2.1 设 $\mathcal{X}, \mathcal{Y}$ 是 Banach 空间, $T \in \mathcal{B}(\mathcal{X}, \mathcal{Y})$, $W \in \mathcal{B}(\mathcal{Y}, \mathcal{X})$ 且 $k = \max\{\text{ind}(WT), \text{ind}(TW)\} \geqslant 1$. 对任意非负整数 l 且 $l + k \geqslant 2$, 定义 $\hat{T} = (TW)^l|_{\mathcal{R}(T(WT)^k)} \in \mathcal{B}(\mathcal{R}(T(WT)^k))$. 若 $\{\varphi_n(\lambda)\}$ 是复平面除了 0 的一些开集 $\Omega \supseteq \sigma(\hat{T})$ 上解析函数的一个序列, 并且在 $\sigma(\hat{T})$ 上有 $\varphi_n(\lambda) \to \dfrac{1}{\lambda} (n \to \infty)$, 那么

$$T^{\mathrm{D},W} = \lim_{n \to \infty} \varphi_n(\hat{T})(TW)^{k+}(TW)^{k-2+l}T \tag{5.2.1}$$

在 $\mathcal{B}(\mathcal{R}[T(WT)^k])$ 上成立, 此时 $\sigma(\hat{T})$ 是 $\hat{T}$ 的谱.

证明 假设 $\hat{T} = (TW)^l|_{\mathcal{R}(T(WT)^k)}(l \geqslant 0)$, 由定理 3.3.6 得 $\hat{T} \in \mathcal{B}(\mathcal{R}(T(WT)^k)$ 是可逆算子. 且根据引理 3.3.4 可知, 在 $\mathcal{B}(\mathcal{R}(T(WT)^k))$ 上统一有 $\hat{T}^{-1} = \lim_{n \to \infty} \varphi_n(\hat{T})$. 于是, 由 (3.3.6) 有

$$T^{\mathrm{D},W} = \lim_{n \to \infty} \varphi_n(\hat{T})(TW)^{k+}(TW)^{k-2+l}T.$$

定理 5.2.2 在上述定理同样的假设和标记下, 对任意 $\varepsilon > 0$, 设 $\{\varphi_n(\lambda)\}$ 是解析函数序列 $\{z : |z| < \|\hat{T}\| + \varepsilon\}$, 则

$$\|\varphi_n(\hat{T})(TW)^{k+}(TW)^{k-2+l}T - T^{\mathrm{D},W}\|$$

$$\leqslant \left(\frac{2\|\hat{T}\|}{\varepsilon} + 1\right) \sup_{\lambda \in S_{\|\hat{T}\| + \frac{\varepsilon}{2}}} |\varphi_n(\lambda)\lambda - 1| \, \|T^{\mathrm{D},W}\|$$

$$+ \delta\|\hat{T}^{-1}\| \sup_{\lambda \in S_\delta} |\varphi_n(\lambda)\lambda - 1| \, \|T^{\mathrm{D},W}\|. \tag{5.2.2}$$

此时, $S_{\|\hat{T}\| + \frac{\varepsilon}{2}}$ 是圆 $\left\{z : |z| < \|\hat{T}\| + \dfrac{\varepsilon}{2}\right\}$, $\delta = \min\left\{\dfrac{1}{2\|\hat{T} - \hat{I}\|}, \varepsilon_1\right\}$ 的边界, 且 $\hat{I}$ 是 $\mathcal{B}(\mathcal{R}(T(WT)^k))$ 上的单位算子. ε_1 是极大正数, 使得 $\{z : |z| < \varepsilon_1\} \cap \sigma(\hat{T}) = \varnothing$, S_δ 是 $\{z : |z| < \delta\}$ 的边界.

证明 由定理 3.3.6 可知, $\hat{T}T^{\mathrm{D},W} = (TW)^{k+}(TW)^{k-2+l}T$. 那么

$$\varphi_n(\hat{T})(TW)^{k+}(TW)^{k-2+l}T - T^{\mathrm{D},W}$$

$$= \varphi_n(\hat{T})\hat{T}T^{\mathrm{D},W} - T^{\mathrm{D},W}$$

$$= (\varphi_n(\hat{T})\hat{T} - \hat{I})T^{\mathrm{D},W}. \tag{5.2.3}$$

因此

$$\|\varphi_n(\hat{T})(TW)^{k+}(TW)^{k-2+l}T - T^{\mathrm{D},W}\|$$
$$= \|(\varphi_n(\hat{T})\hat{T} - \hat{I})T^{\mathrm{D},W}\|$$
$$\leqslant \|\varphi_n(\hat{T})\hat{T} - \hat{I}\| \|T^{\mathrm{D},W}\|. \tag{5.2.4}$$

由 (3.3.5) 可知

$$\varphi_n(\hat{T})\hat{T} - \hat{I} = \frac{1}{2\pi\mathrm{i}} \oint_{S_{\|\hat{T}\| + \frac{\varepsilon}{2}} + S_\delta} (\varphi_n(\lambda)\lambda - 1)(\lambda\hat{I} - \hat{T})^{-1}\mathrm{d}\lambda. \tag{5.2.5}$$

根据 Hahn-Bananch 定理, 在 $\mathcal{B}(\mathcal{R}(T(WT)^k))$ 上存在线性有界函数 ψ 使得 $\|\psi\| = 1$ 和 $\psi(\varphi_n(\hat{T})\hat{T} - \hat{I}) = \|\varphi_n(\hat{T})\hat{T} - \hat{I}\|$. 且根据 Banach 引理, 每当 $|\lambda| \geqslant \|\hat{T}\|$ 时,

$$\|(\lambda\hat{I} - \hat{T})^{-1}\| \leqslant \frac{1}{|\lambda| - \|\hat{T}\|}.$$

根据引理 3.3.5, $0 \notin \sigma(\hat{T})$ 且存在一个 0 的开集 V 和一个开集 $\Omega \supseteq \sigma(\hat{T})$ 使得 $V \cap \Omega = \varnothing$. 根据文献 [151] 中第 5 章的定理 1 可知, 当 $|\lambda| = \delta$ 时, 有

$$\|(\lambda\hat{I} - \hat{T})^{-1}\| = \left\| \sum_{i=0}^{\infty} (-1)^i (0\hat{I} - \hat{T})^{-(i+1)} (\lambda - 0)^i \right\|$$
$$\leqslant \sum_{i=0}^{\infty} \|\hat{T}^{-1}\|^{i+1} |\lambda|^i \leqslant \|\hat{T}^{-1}\| \sum_{i=0}^{\infty} (\hat{T}^{-1}|\lambda|)^i \leqslant \|\hat{T}^{-1}\|.$$

于是

$$\|\varphi_n(\hat{T})\hat{T} - \hat{I}\| = |\psi(\varphi_n(\hat{T})\hat{T} - \hat{I})|$$

$$= \left| \frac{1}{2\pi\mathrm{i}} \oint_{S_{\|\hat{T}\| + \frac{\varepsilon}{2}} + S_\delta} (\varphi_n(\lambda)\lambda - 1)\psi(\lambda\hat{I} - \hat{T})^{-1}\mathrm{d}\lambda \right|$$

$$\leqslant \frac{1}{2\pi} \oint_{S_{\|\hat{T}\| + \frac{\varepsilon}{2}}} |(\varphi_n(\lambda)\lambda - 1)| \|(\lambda\hat{I} - \hat{T})^{-1}\|\mathrm{d}\lambda$$

$$+ \frac{1}{2\pi} \oint_{S_\delta} |(\varphi_n(\lambda)\lambda - 1)| \|(\lambda\hat{I} - \hat{T})^{-1}\|\mathrm{d}\lambda$$

$$\leqslant \frac{1}{2\pi \left(\|\hat{T}\| + \frac{\varepsilon}{2} - \|\hat{T}\| \right)} \oint_{S_{\|\hat{T}\| + \frac{\varepsilon}{2}}} |\varphi_n(\lambda)\lambda - 1|\mathrm{d}\lambda$$

$$+ \frac{1}{2\pi} \|\hat{T}^{-1}\| \oint_{S_\delta} |\varphi_n(\lambda)\lambda - 1|\mathrm{d}\lambda$$

$$\leqslant \left(\frac{2\|\hat{T}\|}{\varepsilon} + 1\right) \sup_{\lambda \in S_{\|\hat{T}\| + \frac{\varepsilon}{2}}} |\varphi_n(\lambda)\lambda - 1|$$

$$+ \delta\|\hat{T}^{-1}\| \sup_{\lambda \in S_\delta} |\varphi_n(\lambda)\lambda - 1|, \tag{5.2.6}$$

即可立即得到 (5.2.2).

在文献 [156] 中, Wei 研究了 Banach 空间上有界线性算子的 Drazin 逆, 改进了文献 [128] 的结果. 根据 (3.3.6) 的表示, 我们导出了 Banach 空间上有界线性算子的 W-加权 Drazin 逆的扰动定理.

引理 5.2.3[31] 设 $A \in \mathcal{B}(\mathcal{X}_1, \mathcal{X}_2)$ 有广义逆 $A^\dagger$, $M = A - E \in \mathcal{B}(\mathcal{X}_1, \mathcal{X}_2)$ 和 $\|A^\dagger\| \|E\| < 1$. 假设 $\dim \mathcal{N}(M) = \dim \mathcal{N}(A) < \infty$ 或 $\mathcal{R}(M) \cap \mathcal{N}(A^\dagger) = \{0\}$, 那么 M 有广义逆,

$$M^\dagger = (I - A^\dagger E)^{-1} A^\dagger \tag{5.2.7}$$

和

$$\|M^\dagger\| \leqslant \frac{\|A^\dagger\|}{1 - \|A^\dagger\| \|E\|}. \tag{5.2.8}$$

现在, 我们研究 Banach 空间上有界线性算子的 W-加权 Drazin 逆的扰动定理.

定理 5.2.4 设 $T, E \in \mathcal{B}(\mathcal{X}, \mathcal{Y})$ 和 $W_1, W_2 \in \mathcal{B}(\mathcal{Y}, \mathcal{X})$ 且 $k = \max\{\mathrm{ind}(TW_1),$ $\mathrm{ind}(W_1T)\} \geqslant 1$, $j = \max\{\mathrm{ind}(MW_2), \mathrm{ind}(W_2M)\} \geqslant 1$. 定义 $M = T - E$ 且假设 $\mathcal{R}((TW_1)^k)$ 和 $\mathcal{R}((MW_2)^j)$ 是闭的. 若 $\|[(TW_1)^l]^{\mathrm{D}}\|$, $\|(TW_1)^l - (MW_2)^l\| = \Delta < 1$ 和 $\dim \mathcal{N}((TW_1)^l) = \dim \mathcal{N}((MW_2)^l) < \infty$ 或 $\mathcal{R}((MW_2)^l) \cap \mathcal{N}((TW_1)^l) = \{0\}$, 那么

$$\frac{\|M^{\mathrm{D}, W_2}\| - \|T^{\mathrm{D}, W_1}\|}{\|T^{\mathrm{D}, W_1}\|} \leqslant \kappa_i \|\hat{M}^{-1}\| \left(\frac{E_i + 1}{1 - \Delta} + \|M\hat{T}^{-1}\|\right). \tag{5.2.9}$$

此时 $l = \max\{k, j\}$, i 是任意非负整数使得 $l + i \geqslant 2$,

$$\kappa_i = \|(TW_1)^{l-2+i}T\| \|W_1[(TW_1)^{l-1}]^{\mathrm{D}}\|,$$

$$E_i = \frac{\|(MW_2)^{l-2+i}M - (TW_1)^{l-2+i}T\|}{\|(TW_1)^{l-2+i}T\|}.$$

特别地, 当 $i = 0$, 有

$$\frac{\|M^{\mathrm{D}, W_2} - T^{\mathrm{D}, W_1}\|}{\|T^{\mathrm{D}, W_1}\|} \leqslant \frac{\kappa_0}{1 - \Delta} (E_0 + \Delta). \tag{5.2.10}$$

证明 根据引理 5.2.3 可知

$$(MW_2)^{l+} = \{I - (TW_1)^{l+}[(TW_1)^l - (MW_2)^l]\}^{-1}(TW_1)^{l+}.$$

根据定理 3.3.6 可知

$$T^{\mathrm{D},W_1} = \hat{T}^{-1}(TW_1)^{l+}(TW_1)^{l-2+i}T$$

和

$$M^{\mathrm{D},W_2} = \hat{M}^{-1}(MW_2)^{l+}(MW_2)^{l-2+i}M,$$

此时 $\hat{T} = (TW_1)^i|_{\mathcal{R}(T(W_1T)^l)}$, $\hat{M} = (MW_2)^i|_{\mathcal{R}(M(W_2M)^l)}$.

因

$$\begin{aligned}
(TW_1)^{l+} &= [(TW_1)^l]^{\mathrm{D}} = [(TW_1)^l]^{\mathrm{D}}(TW_1)^l[(TW_1)^l]^{\mathrm{D}} \\
&= [(TW_1)^{\mathrm{D}}]^l(TW_1)^l[(TW_1)^{\mathrm{D}}]^l \\
&= [(TW_1)^{\mathrm{D}}]^2(TW_1)^2[(TW_1)^{\mathrm{D}}]^l \\
&= [(TW_1)^{\mathrm{D}}]^2TW_1[(TW_1)^{\mathrm{D}}]^{l-1} \\
&= [(TW_1)^{\mathrm{D}}]^2TW_1[(TW_1)^{l-1}]^{\mathrm{D}} \\
&= T^{\mathrm{D},W}W_1[(TW_1)^{l-1}]^{\mathrm{D}},
\end{aligned} \tag{5.2.11}$$

则有

$$\begin{aligned}
M^{\mathrm{D},W_2}-T^{\mathrm{D},W_1} &= \hat{M}^{-1}(MW_2)^{l+}(MW_2)^{l-2+i}M - \hat{T}^{-1}(TW_1)^{l+}(TW_1)^{l-2+i}T \\
&\quad \times \hat{M}^{-1}\{I - [(TW_1)^l]^{\mathrm{D}}[(TW_1)^l - (MW_2)^l]\}^{-1} \\
&\quad \times (TW_1)^{l+}[(MW_2)^{l-2+i}M - (TW_1)^{l-2+i}T] \\
&\quad + (\hat{M}^{-1}\{I - [(TW_1)^l]^{\mathrm{D}}[(TW_1)^l - (MW_2)^l]\}^{-1} - \hat{T}^{-1}) \\
&\quad \times (TW_1)^{l+}(TW_1)^{l-2+i}T\hat{M}^{-1}\{I-[(TW_1)^l]^{\mathrm{D}}[(TW_1)^l-(MW_2)^l]\}^{-1} \\
&\quad \times T^{\mathrm{D},W_1}W_1[(TW_1)^{l-1}]^{\mathrm{D}}[(MW_2)^{l-2+i}M - (TW_1)^{l-2+i}T] \\
&\quad + (\hat{M}^{-1}\{I - [(TW_1)^l]^{\mathrm{D}}[(TW_1)^l - (MW_2)^l]\}^{-1} - \hat{T}^{-1}) \\
&\quad \times T^{\mathrm{D},W_1}W_1[(TW_1)^{l-1}]^{\mathrm{D}}(TW_1)^{l-2+i}T \\
&\quad \times \hat{M}^{-1}\{I - [(TW_1)^l]^{\mathrm{D}}[(TW_1)^l - (MW_2)^l]\}^{-1} \\
&\quad \times T^{\mathrm{D},W_1}W_1[(TW_1)^{l-1}]^{\mathrm{D}}[(MW_2)^{l-2+i}M - (TW_1)^{l-2+i}T] \\
&\quad + \hat{M}^{-1}(\{I - [(TW_1)^l]^{\mathrm{D}}[(TW_1)^l - (MW_2)^l]\}^{-1} - I) \\
&\quad \times T^{\mathrm{D},W_1}W_1[(TW_1)^{l-1}]^{\mathrm{D}}(TW_1)^{l-2+i}T \\
&\quad + \hat{M}^{-1}(I - \hat{M}\hat{T}^{-1})T^{\mathrm{D},W_1}W_1[(TW_1)^{l-1}]^{\mathrm{D}}(TW_1)^{l-2+i}T.
\end{aligned}$$

因此

$$
\begin{aligned}
\|M^{\mathrm{D},W_2} - T^{\mathrm{D},W_1}\| \leqslant {} & \|\hat{M}^{-1}\| \frac{\kappa_i}{1-\Delta} \|T^{\mathrm{D},W_1}\| E_i \\
& + \kappa_i \|\hat{M}^{-1}\| \left(\frac{\Delta}{1-\Delta} + \|\hat{M}\hat{T}^{-1}\| + 1 \right) \|T^{\mathrm{D},W_1}\| \\
= {} & \kappa_i \|\hat{M}^{-1}\| \left(\frac{E_i+1}{1-\Delta} + \|\hat{M}\hat{T}^{-1}\| \right) \|T^{\mathrm{D},W_1}\|.
\end{aligned}
$$

即有 (5.2.9) 成立.

特别地, 当 $i = 0$ 时, 根据前面的观点, 有

$$
\begin{aligned}
M^{\mathrm{D},W_2} - T^{\mathrm{D},W_1} = {} & \{I - [(TW_1)^l]^{\mathrm{D}}[(TW_1)^l - (MW_2)^l]\}^{-1} \\
& \times T^{\mathrm{D},W_1} W_1 [(TW_1)^{l-1}]^{\mathrm{D}}[(MW_2)^{l-2}M - (TW_1)^{l-2}T] \\
& + (\{I - [(TW_1)^l]^{\mathrm{D}}[(TW_1)^l - (MW_2)^l]\}^{-1} - I) \\
& \times T^{\mathrm{D},W_1} W_1 [(TW_1)^{l-1}]^{\mathrm{D}}(TW_1)^{l-2}T,
\end{aligned}
$$

那么

$$
\begin{aligned}
\|M^{\mathrm{D},W_2} - T^{\mathrm{D},W_1}\| \leqslant {} & \frac{\kappa_0}{1-\Delta} \|T^{\mathrm{D},W_1}\| E_0 + \kappa_0 \frac{\Delta}{1-\Delta} \|T^{\mathrm{D},W_1}\| \\
= {} & \frac{\kappa_0}{1-\Delta} (E_0 + \Delta) \|T^{\mathrm{D},W_1}\|.
\end{aligned}
$$

因此, 得到 (5.2.10).

显然, 可得到下列结果.

推论 5.2.5 [156] 设 $A = M - E$, $A, E \in \mathcal{B}(\mathcal{X})$ 和 $\mathrm{ind}(A) = k$, $\mathrm{ind}(M) = j$. $\mathcal{R}(A^k)$ 和 $\mathcal{R}(M^j)$ 是闭的. 若 $\|(A^l)^{\mathrm{D}}\| \|(A^l - M^l)\| = \Delta < 1$ 和 $\dim\mathcal{N}(A^l) = \dim\mathcal{N}(M^l) < \infty$, 或者 $\mathcal{R}(M^l) \cap \mathcal{N}(A^l) = \{0\}$, 那么

$$
\frac{\|M^{\mathrm{D}} - A^{\mathrm{D}}\|}{\|A^{\mathrm{D}}\|} \leqslant \frac{\kappa_{l-1}}{1-\Delta}(\Delta + E_{l-1}). \tag{5.2.12}
$$

此时 $l = \max\{k, j\}$, $\kappa_{l-1} = \|A^{l-1}\| \|(A^{l-1})^{\mathrm{D}}\|$ 是 A^{l-1}, $E_{l-1} = \dfrac{\|M^{l-1} - A^{l-1}\|}{\|A^{l-1}\|}$ 的 Drazin 逆的条件数.

5.3 算子广义 Drazin 逆的扰动

若 A 是 Drain 可逆, 设 $A^\pi = I - AA^{\mathrm{d}}$, $X = \mathcal{N}(A^\pi) \oplus \mathcal{R}(A^\pi)$, 其中 $A \in \mathcal{B}(X)$ Drain 可逆, 则 A 有如下形式:

$$A = \begin{pmatrix} A_1 & 0 \\ 0 & A_2 \end{pmatrix} : \begin{pmatrix} \mathcal{N}(A^\pi) \\ \mathcal{R}(A^\pi) \end{pmatrix} \to \begin{pmatrix} \mathcal{N}(A^\pi) \\ \mathcal{R}(A^\pi) \end{pmatrix}, \tag{5.3.1}$$

其中 A_1 可逆, 且 A_2 是幂零. A^{d} 定义如下:

$$A^{\mathrm{d}} = \begin{pmatrix} A_1^{-1} & 0 \\ 0 & 0 \end{pmatrix} : \begin{pmatrix} \mathcal{N}(A^\pi) \\ \mathcal{R}(A^\pi) \end{pmatrix} \to \begin{pmatrix} \mathcal{N}(A^\pi) \\ \mathcal{R}(A^\pi) \end{pmatrix}. \tag{5.3.2}$$

本节思想来源于 Deng 和 Wei 在文献 [47] 中讨论 Drazin 逆的情况:

(1) $A_1 + Q_{11}$ 可逆, 且 $\dim[R(A^\pi)]$ 有限;

(2) $A_1 + Q_{11}$ 可逆, 且 $Q_{22}A_2 = 0$;

(3) $A_1 + Q_{11}$ 可逆, 且 $Q_{22}A_2 = A_2Q_{22}$,

其中 Q 为 A 的扰动算子给定如下: $Q = \begin{pmatrix} Q_{11} & Q_{12} \\ 0 & Q_{22} \end{pmatrix}$, 对分解 $X = N(A^\pi) \oplus R(A^\pi)$.

在文献 [58], [65], [81], [154], [157], [164]—[167], [169] 中, 在如下条件下, 作者考虑 Drazin 逆的扰动:

(1) $\|I + A_1^{-1}Q_{11}\| < 1$, $A_2 + Q_{22}$ 是幂零的, $Q_{12} = 0$;

(2) $A_1 + Q_{11}$ 可逆, Q_{22} 是幂零的, $Q_{22}A_2 = A_2Q_{22}$, $Q_{12} = 0$;

(3) $Q_{11} = 0$, Q_{22} 是幂零的, $Q_{22}A_2 = 0$;

(4) $\|I + A_1^{-1}Q_{11}\| < 1$, $Q_{12} = 0$, $Q_{22} = 0$.

我们在以下条件下考虑扰动界 $\|(A+Q)^{\mathrm{d}} - A^{\mathrm{d}}\|$:

(1) $A_1 + Q_{11}$ 可逆, $A_2Q_{22} = 0$, $Q_{22}^2 = 0$;

(2) $A_1 + Q_{11}$ 可逆, $A_2Q_{22}^2 = 0$, $A_2^2 = 0$;

(3) $A_1 + Q_{11}$ 可逆, $Q_{22}^2 = Q_{22}$.

我们给出 $\dfrac{\|(A+Q)^{\mathrm{d}} - A^{\mathrm{d}}\|}{\|A^{\mathrm{d}}\|}$ 的相关扰动界.

首先介绍以下几个引理.

引理 5.3.1[71]　设 $M = \begin{pmatrix} A & B \\ 0 & C \end{pmatrix}$ 是在 $X \oplus Y$ 上的一个有界的线性算子. 若 $\sigma(A) \cap \sigma(C)$ 有非内点, 则 $\sigma(M) = \sigma(A) \cup \sigma(C)$.

引理 5.3.2[47]　设 $A, Q \in \mathcal{B}(X)$, $\sigma_\varepsilon(A) = \{\lambda : \mathrm{dist}(\lambda, \sigma(A)) < \varepsilon\}$, 则对任意 $\varepsilon > 0$, 存在 $\delta > 0$, 使得 $\sigma(A + Q) \subset \sigma_\varepsilon(A)$, 其中 $\|Q\| < \delta$.

定理 5.3.3　设 $A, Q \in \mathcal{B}(X)$, A 广义 Drazin 可逆, $A^2Q = 0$, $Q^2 = 0$, 则 $A + Q$ 广义 Drazin 可逆当且仅当 $A^\pi(A+Q)$ 广义 Drazin 可逆. 若 AQ 广义 Drazin 可逆, $\|(AQ)\|\|A^{\mathrm{d}}\|^2 < 1$, $\|(AQ)^{\mathrm{d}}\|\|A^2\| < 1$, 则 $A + Q$ 广义 Drazin 可逆, 且

(1) $$(A+Q)^{\mathrm{d}} = \sum_{j=0}^{\infty} \left(Q(AQ)^{\pi}(AQ)^{j} A^{\mathrm{d}} + (AQ)^{\pi}(AQ)^{j} \right) \left(A^{\mathrm{d}} \right)^{2j+1}$$

$$+ \sum_{j=0}^{\infty} \left(Q((AQ)^{\mathrm{d}})^{j+1} + ((AQ)^{\mathrm{d}})^{j+1} A \right) A^{2j} A^{\pi}.$$

(2) $$\frac{\|(A+Q)^{\mathrm{d}} - A^{\mathrm{d}}\|}{\|A^{\mathrm{d}}\|} \leqslant \|Q(AQ)^{\pi} A^{\mathrm{d}}\| + \|(AQ)^{\mathrm{d}}(AQ)\|$$

$$+ \frac{\|(AQ)^{\pi}\|\|(AQ)\|}{1 - \|(AQ)\|\|A^{\mathrm{d}}\|^{2}} \left(\|Q\|\|A^{\mathrm{d}}\|^{3} + \|A^{\mathrm{d}}\|^{2} \right)$$

$$+ \frac{\|(AQ)^{\mathrm{d}}\|\|A\|}{K(A)(1 - \|(AQ)^{\mathrm{d}}\|\|A^{2}\|)} \left(\|Q\|\|A^{\pi}\| + \|AA^{\pi}\| \right),$$

其中 $K(A) = \|A\|\|A^{\mathrm{d}}\|$.

证明 设 A, A^{d} 分别由 (5.3.1) 和 (5.3.2) 给出, 相应地,

$$Q = \begin{pmatrix} Q_{11} & Q_{12} \\ Q_{21} & Q_{22} \end{pmatrix} : \begin{pmatrix} R(A^{\pi}) \\ N(A^{\pi}) \end{pmatrix} \to \begin{pmatrix} R(A^{\pi}) \\ N(A^{\pi}) \end{pmatrix}. \qquad (5.3.3)$$

因为 $A^{2}Q = 0$, A_{1} 可逆, 可得

$$Q_{11} = 0, \quad Q_{12} = 0, \quad A_{2}^{2} Q_{21} = 0, \quad A_{2}^{2} Q_{22} = 0. \qquad (5.3.4)$$

由 $Q^{2} = 0$, 可得

$$Q_{22} Q_{21} = 0, \quad Q_{22}^{2} = 0. \qquad (5.3.5)$$

因此, 可知

$$A + Q = \begin{pmatrix} A_{1} & 0 \\ Q_{21} & A_{2} + Q_{22} \end{pmatrix}.$$

由引理 1.0.9, 易证 $(A+Q)^{\mathrm{d}}$ 存在, 当且仅当 $(A_{2} + Q_{22})^{\mathrm{d}}$ 存在. 即 $(A+Q)^{\mathrm{d}}$ 存在当且仅当 $A^{\pi}(A+Q)$ 广义 Drazin 可逆.

由 (5.3.4), (5.3.5) 可得 $(A_{2}Q_{22})(Q_{22}A_{2}) = 0$, $(Q_{22}A_{2})(A_{2}Q_{22}) = 0$. 因此

$$(A_{2}Q_{22})(Q_{22}A_{2}) = (Q_{22}A_{2})(A_{2}Q_{22}) = 0. \qquad (5.3.6)$$

由 AQ 广义 Drazin 可逆可知, $(A_{2}Q_{22})^{\mathrm{d}}$ 存在. 因此, $(Q_{22}A_{22})^{\mathrm{d}}$ 存在.

根据引理 1.0.12, 可得

$$(A_{2}Q_{22} + Q_{22}A_{2})^{\mathrm{d}} = (A_{2}Q_{22})^{\mathrm{d}} + (Q_{22}A_{2})^{\mathrm{d}}. \qquad (5.3.7)$$

因为 $A_2^2(A_2Q_{22}+Q_{22}A_2) = 0$, A_2 是幂零的, 由引理 1.0.11, (5.3.7) 可得 A_2+Q_{22} 广义 Drazin 可逆且

$$[(A_2 + Q_{22})^2]^{\mathrm{d}} = (A_2^2 + A_2Q_{22} + Q_{22}A_2)^{\mathrm{d}}$$

$$= \sum_{n=0}^{\infty} [(A_2Q_{22} + Q_{22}A_2)^{\mathrm{d}}]^{n+1} A_2^{2n}$$

$$= \sum_{n=0}^{\infty} \left((A_2Q_{22})^{\mathrm{d}} + (Q_{22}A_2)^{\mathrm{d}}\right)^{n+1} A_2^{2n}, \tag{5.3.8}$$

且

$$[(A_2Q_{22})^{\mathrm{d}} + (Q_{22}A_2)^{\mathrm{d}}]^{n+1} = [(A_2Q_{22})^{\mathrm{d}}]^{n+1} + [(Q_{22}A_2)^{\mathrm{d}}]^{n+1}, \quad n \in \mathbb{N}.$$

另一方面, 由 (5.3.8) 以及 Cline's 公式 $(Q_{22}A_2)^{\mathrm{d}} = Q_{22}\left((A_2Q_{22})^2\right)^{\mathrm{d}} A_2$, 可得

$$(A_2 + Q_{22})^{\mathrm{d}} = \left((A_2 + Q_{22})^{\mathrm{d}}\right)^2 (A_2 + Q_{22})$$

$$= (A_2 + Q_{22}) \sum_{n=0}^{\infty} \left((A_2Q_{22})^{\mathrm{d}} + (Q_{22}A_2)^{\mathrm{d}}\right)^{n+1} A_2^{2n}$$

$$= (A_2 + Q_{22}) \sum_{n=0}^{\infty} ((A_2Q_{22})^{\mathrm{d}})^{n+1} + ((Q_{22}A_2)^{\mathrm{d}})^{n+1} A_2^{2n}$$

$$= \sum_{n=0}^{\infty} \left(Q_{22}((A_2Q_{22})^{\mathrm{d}})^{n+1} + A_2((Q_{22}A_2)^{\mathrm{d}})^{n+1}\right) A_2^{2n}$$

$$= \sum_{n=0}^{\infty} \left(Q_{22}((A_2Q_{22})^{\mathrm{d}})^{n+1} + A_2[(Q_{22}(A_2Q_{22})^{\mathrm{d}})^2 A_2]^{n+1}\right) A_2^{2n}$$

$$= \sum_{n=0}^{\infty} \left(Q_{22}((A_2Q_{22})^{\mathrm{d}})^{n+1} + ((A_2Q_{22})^{\mathrm{d}})^{n+1} A_2\right) A_2^{2n}, \tag{5.3.9}$$

且

$$(A_2 + Q_{22})^{\pi} = (A_2Q_{22})^{\pi} - \sum_{n=1}^{\infty} A_2Q_{22} \left((A_2Q_{22})^{\mathrm{d}}\right)^{n+1} A_2^{2n}$$

$$- \sum_{n=0}^{\infty} Q_{22} \left((A_2Q_{22})^{\mathrm{d}}\right)^{n+1} A_2^{2n+1}. \tag{5.3.10}$$

根据引理 1.0.9, 可得 $A + Q$ 广义 Drazin 可逆且

$$(A + Q)^{\mathrm{d}} = \begin{pmatrix} A_1^{-1} & 0 \\ R & (A_2 + Q_{22})^{\mathrm{d}} \end{pmatrix}, \tag{5.3.11}$$

其中

$$R = \sum_{n=0}^{\infty} (A_2 + Q_{22})^{\pi} (A_2 + Q_{22})^n Q_{21} (A_1^{-1})^{n+2} - (A_2 + Q_{22})^{\mathrm{d}} Q_{21} A_1^{-1}.$$

对 $n \geqslant 2$,

$$(A_2 + Q_{22})^n Q_{21} = \begin{cases} (Q_{22} A_2)^{n/2} Q_{21}, & n \text{ 为偶数}, \\ A_2 (Q_{22} A_2)^{(n-1)/2} Q_{21}, & n \text{ 为奇数}. \end{cases} \tag{5.3.12}$$

根据 (5.3.4), (5.3.10), 可得

$$(A_2 + Q_{22})^{\pi} Q_{21} = (I - Q_{22}(A_2 Q_{22})^{\mathrm{d}} A_2) Q_{21},$$
$$(A_2 + Q_{22})^{\pi} Q_{22} = Q_{22}(A_2 Q_{22})^{\pi},$$
$$(A_2 + Q_{22})^{\pi} A_2 Q_{22} = (A_2 Q_{22})^{\pi} A_2 Q_{22},$$
$$(A_2 + Q_{22})^{\pi} A_2 Q_{21} = (A_2 Q_{22})^{\pi} A_2 Q_{21}. \tag{5.3.13}$$

因为

$$(AQ)^{\pi} A^{\mathrm{d}} = \begin{pmatrix} A_1^{-1} & 0 \\ -(A_2 Q_{22})^{\mathrm{d}} A_2 Q_{21} A_1^{-1} & 0 \end{pmatrix},$$

$$Q(AQ)^{\pi} (A^{\mathrm{d}})^2 = \begin{pmatrix} 0 & 0 \\ Q_{21}(A_1^{-1})^2 - Q_{22}(A_2 Q_{22})^{\mathrm{d}} A_2 Q_{21}(A_1^{-1})^2 & 0 \end{pmatrix},$$

$$\sum_{j=1}^{\infty} \left(Q(AQ)^{\pi}(AQ)^j A^{\mathrm{d}} + (AQ)^{\pi}(AQ)^j \right)$$

$$= \begin{pmatrix} 0 & 0 \\ \sum_{j=1}^{\infty}(Q_{22}(A_2 Q_{22})^{\pi}(A_2 Q_{22})^{j-1} A_2 Q_{21} A_1^{-1} & \sum_{j=1}^{\infty}(A_2 Q_{22})^{\pi}(A_2 Q_{22})^j \\ + (A_2 Q_{22})^{\pi}(A_2 Q_{22})^{j-1} A_2 Q_{21}) & \end{pmatrix}. \tag{5.3.14}$$

由 (5.3.11)—(5.3.14) 可得

$$R = \left(I - Q_{22}(A_2Q_{22})^{\mathrm{d}}A_2\right)Q_{21}(A_1^{-1})^2$$

$$+ \sum_{j=1}^{\infty} Q_{22}(A_2Q_{22})^{\pi}(A_2Q_{22})^{j-1}A_2Q_{21}(A_1^{-1})^{2j+2}$$

$$+ \sum_{j=1}^{\infty} (A_2Q_{22})^{\pi}(A_2Q_{22})^{j-1}A_2Q_{21}(A_1^{-1})^{2j+1} - (A_2Q_{22})^{\mathrm{d}}A_2Q_{21}A_1^{-1}.$$

因此

$$\begin{pmatrix} A_1^{-1} & 0 \\ R & 0 \end{pmatrix} = \sum_{j=0}^{\infty} \left(Q(AQ)^{\pi}(AQ)^j A^{\mathrm{d}} + (AQ)^{\pi}(AQ)^j\right)(A^{\mathrm{d}})^{2j+1}. \quad (5.3.15)$$

由 (5.3.11), (5.3.15) 可得

$$(A+Q)^{\mathrm{d}} = \sum_{j=0}^{\infty} (Q(AQ)^{\pi})(AQ)^j A^{\mathrm{d}} + (AQ)^{\pi}(AQ)^j)(A^{\mathrm{d}})^{2j+1}$$

$$+ \sum_{j=0}^{\infty} (Q((AQ)^{\mathrm{d}})^{j+1} + ((AQ)^{\mathrm{d}})^{j+1}A)A^{2j}A^{\pi}, \quad (5.3.16)$$

即 (1) 得证.

另一方面, 由 (5.3.16) 可知

$$(A+Q)^{\mathrm{d}} - A^{\mathrm{d}} = \sum_{j=0}^{\infty} \left(Q(AQ)^{\pi}(AQ)^j A^{\mathrm{d}} + (AQ)^{\pi}(AQ)^j\right)(A^{\mathrm{d}})^{2j+1}$$

$$+ \sum_{j=0}^{\infty} \left(Q((AQ)^{\mathrm{d}})^{j+1} + ((AQ)^{\mathrm{d}})^{j+1}A\right)A^{2j}A^{\pi} - A^{\mathrm{d}}$$

$$= Q(AQ)^{\pi}(A^{\mathrm{d}})^2 - (AQ)^{\mathrm{d}}(AQ)A^{\mathrm{d}}$$

$$+ \sum_{j=1}^{\infty} \left(Q(AQ)^{\pi}(AQ)^j A^{\mathrm{d}} + (AQ)^{\pi}(AQ)^j\right)(A^{\mathrm{d}})^{2j+1}$$

$$+ \sum_{j=0}^{\infty} \left(Q((AQ)^{\mathrm{d}})^{j+1} + ((AQ)^{\mathrm{d}})^{j+1}A\right)A^{2j}A^{\pi}. \quad (5.3.17)$$

由 (5.3.17) 可得

$$\|(A+Q)^{\mathrm{d}} - A^{\mathrm{d}}\| \leqslant \|Q(AQ)^{\pi}(A^{\mathrm{d}})^2\| + \|(AQ)^{\mathrm{d}}(AQ)A^{\mathrm{d}}\|$$

$$+ \sum_{j=1}^{\infty} \|(AQ)^{\pi}\| \left(\|(AQ)\|\|A^{\mathrm{d}}\|^2\right)^j \left(\|Q\|\|A^{\mathrm{d}}\|^2 + \|A^{\mathrm{d}}\|\right)$$

$$+ \sum_{j=0}^{\infty} \|Q\|\|(AQ)^{\mathrm{d}}\| \left(\|(AQ)^{\mathrm{d}}\|\|A^2\|\right)^j \|A^{\pi}\|$$

$$+ \sum_{j=0}^{\infty} \|(AQ)^{\mathrm{d}}\| \left(\|(AQ)^{\mathrm{d}}\|\|A^2\|\right)^j \|AA^{\pi}\|. \tag{5.3.18}$$

若 $\|(AQ)\|\|A^{\mathrm{d}}\|^2 < 1$, $\|(AQ)^{\mathrm{d}}\|\|A^2\| < 1$, 则

$$\frac{\|(A+Q)^{\mathrm{d}} - A^{\mathrm{d}}\|}{\|A^{\mathrm{d}}\|} \leqslant \|Q(AQ)^{\pi}A^{\mathrm{d}}\| + \|(AQ)^{\mathrm{d}}(AQ)\|$$

$$+ \frac{\|(AQ)^{\pi}\|\|(AQ)\|}{1 - \|(AQ)\|\|A^{\mathrm{d}}\|^2} \left(\|Q\|\|A^{\mathrm{d}}\|^3 + \|A^{\mathrm{d}}\|^2\right)$$

$$+ \frac{\|(AQ)^{\mathrm{d}}\|\|A\|}{K(A)(1 - \|(AQ)^{\mathrm{d}}\|\|A^2\|)} \left(\|Q\|\|A^{\pi}\| + \|AA^{\pi}\|\right), \tag{5.3.19}$$

其中 $K(A) = \|A\|\|A^{\mathrm{d}}\|$.

根据 (5.3.19), (2) 即可得证.

推论 5.3.4 设 $A, Q \in \mathcal{B}(X)$, Q 广义 Drazin 可逆, $AQ^2 = 0$, $A^2 = 0$, 则 $A + Q$ 广义 Drazin 可逆当且仅当 $Q^{\pi}(A+Q)$ 广义 Drazin 可逆. 此外, 若 $Q^{\pi}AQ$ 广义 Drazin 可逆, 且 $\|(AQ)\|\|Q^{\mathrm{d}}\|^2 < 1$, $\|(AQ)^{\mathrm{d}}\|\|Q^2\| < 1$, 则

$$(1) \qquad (A+Q)^{\mathrm{d}} = \sum_{j=0}^{\infty} (Q^{\mathrm{d}})^{2j+1} \left((AQ)^{\pi}(AQ)^j + Q^{\mathrm{d}}(AQ)^{\pi}(AQ)^j\right)$$

$$+ \sum_{j=0}^{\infty} Q^{\pi}Q^{2j} \left(Q((AQ)^{\mathrm{d}})^{j+1} + ((AQ)^{\mathrm{d}})^{j+1}A\right);$$

$$(2) \quad \frac{\|(A+Q)^{\mathrm{d}} - Q^{\mathrm{d}}\|}{\|Q^{\mathrm{d}}\|} \leqslant \|(AQ)^{\pi}Q^{\mathrm{d}}\| + \|(AQ)^{\mathrm{d}}(AQ)\|$$

$$+ \frac{\|(AQ)^{\pi}\|\|(AQ)\|}{1 - \|(AQ)\|\|A^{\mathrm{d}}\|^2} \left(\|Q^{\mathrm{d}}\|^3 + \|Q^{\mathrm{d}}\|^2\right)$$

$$+ \frac{\|(AQ)^{\mathrm{d}}\|\|Q\|}{K(Q)(1 - \|(AQ)^{\mathrm{d}}\|\|A^2\|)} \left(\|A\|\|Q^{\pi}\| + \|Q^{\pi}Q\|\right),$$

其中 $K(Q) = \|Q\|\|Q^{\mathrm{d}}\|$.

定理 5.3.5 设 $A \in \mathcal{B}(X)$, A 广义 Drazin 可逆, 则存在 $\delta > 0$ 使得 $A+Q$ 广义 Drazin 可逆当且仅当 $A^\pi(A+Q)^{\mathrm{d}}$ 存在, 对任意的 $Q \in \mathcal{B}(X)$ 使得 $\|Q\| < \delta$, $A^\pi Q$ 广义 Drazin 可逆, 且

$$A^\pi Q(I - A^\pi) = 0, \quad A^2 A^\pi Q = 0, \quad A^\pi Q^2 = 0.$$

此外, 若 $A^\pi AQ$ Drazin 可逆, 则

(1) $(A+Q)^{\mathrm{d}} = v + w - vQw + \left\{ \sum\limits_{n=0}^{\infty} v^{n+2} AA^{\mathrm{d}} Q[A^\pi(A+Q)]^n \right\} [I - A^\pi(A+Q)w]$;

(2) 若 $\|A^{\mathrm{d}} QAA^{\mathrm{d}}\| < 1$ 且 $\|(AQ)^{\mathrm{d}}\|\|A^2\| < 1$, 则

$$\|(A+Q)^{\mathrm{d}} - A^{\mathrm{d}}\| \leqslant \delta_2(1 + \delta_1\|Q\|) + \frac{\delta_1}{\|A^{\mathrm{d}} Q\|} + \delta_3,$$

$$\frac{\|(A+Q)^{\mathrm{d}} - A^{\mathrm{d}}\|}{\|A^{\mathrm{d}}\|} \leqslant \frac{K(A)\|A^{\mathrm{d}} Q\|(1 + \|A^\pi(A+Q)\|_2\delta_2)}{(1 - \|A^{\mathrm{d}} Q\|)^2} \sum_{n=0}^{\infty} \left(\frac{\delta_1\|A^\pi(A+Q)\|}{\|A^{\mathrm{d}} Q\|} \right)^n$$

$$+ \delta_2 \left(\frac{\|A\|}{K(A)} + \frac{\|A^{\mathrm{d}} Q\|\|Q\|}{1 - \|A^{\mathrm{d}} Q\|} \right) + \frac{\|A^{\mathrm{d}}\|}{1 - \|A^{\mathrm{d}} Q\|} + \frac{\delta_2\|A^{\mathrm{d}}\|\|Q\|}{1 - \|A^{\mathrm{d}} Q\|},$$

其中 $K(A) = \|A^{\mathrm{d}}\|\|A\|$ 且

$$v = (I + A^{\mathrm{d}} Q)^{-1} A^{\mathrm{d}}, \quad \delta_1 = \frac{\|A^{\mathrm{d}}\|\|A^{\mathrm{d}} Q\|}{1 - \|A^{\mathrm{d}} Q\|},$$

$$w = \sum_{j=0}^{\infty} \left(Q((AQ)^{\mathrm{d}})^{j+1} + ((AQ)^{\mathrm{d}})^{j+1} A \right) A^{2j} A^\pi (AA^\pi)^\pi,$$

$$\delta_2 = \frac{\|A^\pi\|\|(AA^\pi)^\pi\| \left(\|Q(AQ)^{\mathrm{d}}\| + \|(AQ)^{\mathrm{d}}\|\|A\| \right)}{1 - \|(AQ)^{\mathrm{d}}\|\|A^2\|},$$

$$\delta_3 = \frac{\delta_1^2(1 + \|A^\pi(A+Q)\|_2\delta_2)\|A\|}{\|A^{\mathrm{d}} Q\|} \sum_{n=0}^{\infty} \left(\frac{\delta_1\|A^\pi(A+Q)\|}{\|A^{\mathrm{d}} Q\|} \right)^n + \frac{\delta_1\delta_2\|Q\|}{\|A^{\mathrm{d}} Q\|}.$$

证明 设 A, A^{d}, Q 满足 (5.3.1), (5.3.2), (5.3.3), 相应地, 若 A 可逆, 则 $\mathrm{ind}(A) = 0$, $A^\pi = 0$. 根据引理 5.3.2, 存在 $\delta > 0$ 使得 $A + Q$ 可逆, 即 $(A+Q)^{-1} = (I + A^{-1}Q)^{-1}A^{-1}$, $\mathrm{ind}(A+Q) = 0$, 当 $\|Q\| < \delta$. 因此, 若 A 是幂零的, 则 $A^\pi = 1$, $A^2 A^\pi Q = A^2 Q = 0$, $A^\pi Q^2 = Q^2 = 0$, 则由定理 5.3.3, 即可得证 (1).

由 $A^\pi Q(I - A^\pi) = 0$, 可得 $Q_{21} = 0$ 且

$$Q = \begin{pmatrix} Q_{11} & Q_{12} \\ 0 & Q_{22} \end{pmatrix}, \quad A + Q = \begin{pmatrix} A_1 + Q_{11} & Q_{12} \\ 0 & A_2 + Q_{22} \end{pmatrix}, \tag{5.3.20}$$

且对分解 $X = N(A^\pi) \oplus R(A^\pi)$.

设 A 广义 Drazin 可逆, 指标 $\mathrm{ind}(A) > 0$, 且 $\sigma(A) \neq \{0\}$, 即 A 不是可逆就是幂零. 根据引理 5.3.1, $\sigma(A) = \sigma(A_1) \cup \{0\}$ 以及引理 1.0.10, 可得

$$\mathrm{dist}(0, \sigma(A) \backslash \{0\}) = (r(A^\mathrm{d}))^{-1} > 0.$$

现在, 我们可得出存在两个不相交的闭子集 M_1 和 M_2 满足 $\sigma_\varepsilon(A_1) = \{\lambda : \mathrm{dist}(\lambda, \sigma(A_1)) < \varepsilon\} \subset M_1$, 且 $\sigma_\varepsilon(A_2) = \{\lambda : \mathrm{dist}(\lambda, \sigma(A_2)) < \varepsilon\} \subset M_2$ 对足够小的 $\varepsilon > 0$. 由引理 5.3.2 以及 (5.3.20), 可得

$$\sigma(A_1 + Q_{11}) \subset \sigma_\varepsilon(A_1) \subset M_1, \quad \sigma(A_2 + Q_{22}) \subset \sigma_\varepsilon(A_2) \subset M_2,$$

存在 $\delta > 0$ 使得 $\|Q\| < \delta$. 易知 $\|Q_{11}\| < \delta$, $\|Q_{22}\| < \delta$.

易知

$$\sigma(A_1 + Q_{11}) \cap \sigma(A_2 + Q_{22}) = \varnothing.$$

根据引理 5.3.2, 可得

$$\sigma(A + Q) = \sigma(A_1 + Q_{11}) \cup \sigma(A_2 + Q_{22}),$$

且存在 $\delta > 0$ 使得 $A_1 + Q_{11}$ 对于任意的 Q_1 满足 $\|Q_1\| < \delta$ 可逆. 根据之前的结果、(5.3.20) 以及引理 1.0.9, 可知 $(A + Q)^\mathrm{d}$ 存在当且仅当 $(A_2 + Q_{22})^\mathrm{d}$ 存在, 即 $(A^\pi(A + Q))^\mathrm{d}$ 存在.

现在证明 (1).

设 $A^2 A^\pi Q = 0$, 也就是说 $A_2^2 Q_{22} = 0$. 此外, 因为 $A^\pi Q^2 = 0$, 可得 $Q_{22}^2 = 0$, 因此 $Q_{22}^\mathrm{d} = 0$. 因为存在 $(A^\pi A Q)^\mathrm{d}$, 可知 $(A_2 Q_{22})^\mathrm{d}$ 存在. 由 Cline's 方程, 可得 $(Q_{22} A_2)^\mathrm{d} = Q_{22}[(A_2 Q_{22})^2]^\mathrm{d} A_2$. 因此 $A^\pi Q$ 广义 Drazin 可逆, 且 $A_2^2 Q_{22} = 0$, $Q_{22}^2 = 0$, 由定理 5.3.3, 可得

$$(A_2 + Q_{22})^\mathrm{d} = \sum_{j=0}^\infty (Q_{22}((A_2 Q_{22})^\mathrm{d})^{j+1} + ((A_2 Q_{22})^\mathrm{d})^{j+1} A_2) A_2^{2j} A_2^\pi. \tag{5.3.21}$$

根据引理 1.0.9, 可得 $B = A + Q$ 广义 Drazin 可逆, 且

$$(A + Q)^\mathrm{d} = \begin{pmatrix} (A_1 + Q_{11})^{-1} & Y \\ 0 & (A_2 + Q_{22})^\mathrm{d} \end{pmatrix}, \tag{5.3.22}$$

其中

$$Y = \sum_{n=0}^\infty (A_1 + Q_{11})^{-(n+2)} Q_{12} (A_2 + Q_{22})^n (A_2 + Q_{22})^\pi$$
$$- (A_1 + Q_{11})^{-1} Q_{12} (A_2 + Q_{22})^\mathrm{d}.$$

为了证明 (1), 我们需要以下等式:

$$(A_1 + Q_{11})^{-1} \oplus 0 = (I + A_1^{-1}Q_{11})A_1^{-1} \oplus 0$$

$$= (I + A^{\mathrm{d}}Q)^{-1}A^{\mathrm{d}} = v, \tag{5.3.23}$$

$$[A^{\pi}(A + Q)]^{\mathrm{d}} = 0 \oplus (A_2 + Q_{22})^{\mathrm{d}}$$

$$= 0 \oplus \sum_{j=0}^{\infty} (Q_{22}((A_2Q_{22})^{\mathrm{d}})^{j+1} + ((A_2Q_{22})^{\mathrm{d}})^{j+1}A_2)A_2^{2j}A_2^{\pi}$$

$$= \sum_{j=0}^{\infty} \left(Q((AQ)^{\mathrm{d}})^{j+1} + ((AQ)^{\mathrm{d}})^{j+1}A\right)A^{2j}A^{\pi}(AA^{\pi})^{\pi}$$

$$= w, \tag{5.3.24}$$

且

$$\begin{pmatrix} 0 & Y \\ 0 & 0 \end{pmatrix}_p = \left\{ \sum_{n=0}^{\infty} v^{n+2}AA^{\mathrm{d}}Q[A^{\pi}(A + Q)]^n \right\}$$

$$\times [I - A^{\pi}(A + Q)w] - vQw. \tag{5.3.25}$$

由 (5.3.22)—(5.3.25), 即可证得 (1).

(2) 由 $\|A^{\mathrm{d}}QAA^{\mathrm{d}}\| < 1$ 可得

$$\|A_1^{-1}Q_{11}\| < 1. \tag{5.3.26}$$

显然

$$\sigma(A_1^{-1}Q_{11}) \cup \{0\} = \sigma(Q_{11}A_1^{-1}) \cup \{0\},$$

也就是说

$$\|Q_{11}A_1^{-1}\| < 1. \tag{5.3.27}$$

由 (5.3.26), (5.3.27), 可知

$$v = (I + A^{\mathrm{d}}Q)^{\mathrm{d}}A^{\mathrm{d}} = (I + A_1^{-1}Q_{11})^{-1}A_1^{-1}$$

$$= \sum_{n=0}^{\infty} (A_1^{-1}Q_{11})^n A_1^{-1} = \sum_{n=0}^{\infty} (A^{\mathrm{d}}Q)^n A^{\mathrm{d}}. \tag{5.3.28}$$

由 (5.3.26), (5.3.27), (1), 可得

$$\begin{aligned}
(A+Q)^{\mathrm{d}} - A^{\mathrm{d}} &= \left\{ \sum_{n=0}^{\infty} v^{n+2} A A^{\mathrm{d}} Q [A^{\pi}(A+Q)]^n \right\} [I - A^{\pi}(A+Q)w] \\
&\quad + v + w - vQw - A^{\mathrm{d}} \\
&= \left\{ \sum_{n=0}^{\infty} v^{n+2} A A^{\mathrm{d}} Q [A^{\pi}(A+Q)]^n \right\} [I - A^{\pi}(A+Q)w] \\
&\quad + \sum_{n=0}^{\infty} (A^{\mathrm{d}} Q)^n A^{\mathrm{d}} + w - vQw - A^{\mathrm{d}} \\
&= \left\{ \sum_{n=1}^{\infty} v^{n+2} A A^{\mathrm{d}} Q [A^{\pi}(A+Q)]^n \right\} [I - A^{\pi}(A+Q)w] \\
&\quad + \sum_{n=0}^{\infty} (A^{\mathrm{d}} Q)^n A^{\mathrm{d}} + w - vQw.
\end{aligned} \tag{5.3.29}$$

因为

$$\left\| \sum_{n=1}^{\infty} (A^{\mathrm{d}} Q)^n A^{\mathrm{d}} \right\| \leqslant \frac{\|A^{\mathrm{d}}\| \|A^{\mathrm{d}} Q\|}{1 - \|A^{\mathrm{d}} Q\|} = \delta_1, \tag{5.3.30}$$

又

$$\|(AQ)^{\mathrm{d}}\| \|A^2\| < 1, \tag{5.3.31}$$

所以

$$\sum_{j=0}^{\infty} \left(\|(AQ)^{\mathrm{d}}\| \|A^2\| \right)^j = \frac{1}{1 - \|(AQ)^{\mathrm{d}}\| \|A^2\|}. \tag{5.3.32}$$

根据 (5.3.24), (5.3.25), (5.3.32), 可得

$$\begin{aligned}
\|w\| &= \left\| \sum_{j=0}^{\infty} \left(Q((AQ)^{\mathrm{d}})^{j+1} + ((AQ)^{\mathrm{d}})^{j+1} A \right) A^{2j} A^{\pi} (AA^{\pi})^{\pi} \right\| \\
&\leqslant \left\{ \sum_{j=0}^{\infty} \|Q((AQ)^{\mathrm{d}})^{j+1}\| \|A^2\|^j + \sum_{j=0}^{\infty} \|((AQ)^{\mathrm{d}})^{j+1} A\| \|A^2\|^j \right\} \|A^{\pi}\| \|(AA^{\pi})^{\pi}\| \\
&\leqslant \sum_{j=0}^{\infty} \|Q(AQ)^{\mathrm{d}}\| \left(\|(AQ)^{\mathrm{d}}\| \|A^2\| \right)^j \|A^{\pi}\| \|(AA^{\pi})^{\pi}\| \\
&\quad + \sum_{j=0}^{\infty} \|(AQ)^{\mathrm{d}}\| \left(\|(AQ)^{\mathrm{d}}\| \|A^2\| \right)^j \|A\| \|A^{\pi}\| \|(AA^{\pi})^{\pi}\|
\end{aligned}$$

$$\leqslant \sum_{j=0}^{\infty} \left(\|(AQ)^{\mathrm{d}}\|\|A^2\| \right)^j \|A^\pi\|\|(AA^\pi)^\pi\| \left(\|Q(AQ)^{\mathrm{d}}\| + \|(AQ)^{\mathrm{d}}\|\|A\| \right)$$

$$\leqslant \frac{\|A^\pi\|\|(AA^\pi)^\pi\| \left(\|Q(AQ)^{\mathrm{d}}\| + \|(AQ)^{\mathrm{d}}\|\|A\| \right)}{1 - \|(AQ)^{\mathrm{d}}\|\|A^2\|} = \delta_2, \tag{5.3.33}$$

$$\|Y\| = \left\| \left\{ \sum_{n=0}^{\infty} v^{n+2} AA^{\mathrm{d}} Q [A^\pi(A+Q)]^n \right\} [I - A^\pi(A+Q)w] - vQw \right\|$$

$$\leqslant \|[I - A^\pi(A+Q)w]\|_2 \|AA^{\mathrm{d}}Q\| \sum_{n=0}^{\infty} \left(\frac{\delta_1}{\|A^{\mathrm{d}}Q\|} \right)^{n+2} \|[A^\pi(A+Q)]^n\| + \|vQw\|$$

$$\leqslant \frac{\delta_1^2 (1 + \|A^\pi(A+Q)\|_2 \delta_2)\|A\|}{\|A^{\mathrm{d}}Q\|} \sum_{n=0}^{\infty} \left(\frac{\delta_1 \|A^\pi(A+Q)\|}{\|A^{\mathrm{d}}Q\|} \right)^n + \frac{\delta_1 \delta_2 \|Q\|}{\|A^{\mathrm{d}}Q\|}$$

$$= \delta_3. \tag{5.3.34}$$

类似于定理 5.3.5, 可得以下结果.

定理 5.3.6　设 $A \in \mathcal{B}(X)$ 使得 A 广义 Drazin 可逆, 则存在 $\delta > 0$ 使得 $A + Q$ 广义 Drazin 可逆当且仅当 $A^\pi(A+Q)$ 广义 Drazin 可逆, 对任意的 $Q \in \mathcal{B}(X)$ 满足 $\|Q\| < \delta$ 且

$$A^\pi Q(I - A^\pi) = 0, \quad AA^\pi Q^2 = 0, \quad A^\pi A^2 = 0.$$

此外, 若 $A^\pi AQ$ 广义 Drazin 可逆, 则

(1)　$$(A+Q)^{\mathrm{d}} = v + w - vQw + \left\{ \sum_{n=0}^{\infty} v^{n+2} AA^{\mathrm{d}} Q [A^\pi(A+Q)]^n \right\}$$
$$\times [I - A^\pi(A+Q)w],$$

(2) 若 $\|A^{\mathrm{d}}QAA^{\mathrm{d}}\| < 1$, $\|AQ\|\|(Q^{\mathrm{d}})^2\| < 1$ 且 $\|(AQ)^{\mathrm{d}}\|\|Q^2\| < 1$, 则

$$\|(A+Q)^{\mathrm{d}} - A^{\mathrm{d}}\|$$
$$\leqslant \bar{\delta}_2 (1 + \delta_1 \|Q\|) + \frac{\delta_1}{\|A^{\mathrm{d}}Q\|} + \delta_3,$$

$$\frac{\|(A+Q)^{\mathrm{d}} - A^{\mathrm{d}}\|}{\|A^{\mathrm{d}}\|}$$
$$\leqslant \frac{K(A)\|A^{\mathrm{d}}Q\|(1 + \|A^\pi(A+Q)\|_2 \bar{\delta}_2)}{(1 - \|A^{\mathrm{d}}Q\|)^2} \sum_{n=0}^{\infty} \left(\frac{\delta_1 \|A^\pi(A+Q)\|}{\|A^{\mathrm{d}}Q\|} \right)^n$$
$$+ \bar{\delta}_2 \left(\frac{\|A\|}{K(A)} + \frac{\|A^{\mathrm{d}}Q\|\|Q\|}{1 - \|A^{\mathrm{d}}Q\|} \right) + \frac{\|A^{\mathrm{d}}\|}{1 - \|A^{\mathrm{d}}Q\|} + \frac{\bar{\delta}_2 \|A^{\mathrm{d}}\|\|Q\|}{1 - \|A^{\mathrm{d}}Q\|},$$

其中 $K(A) = \|A^{\mathrm{d}}\| \|A\|$ 且

$$v = (I + A^{\mathrm{d}}Q)^{-1}A^{\mathrm{d}}, \quad \delta_1 = \frac{\|A^{\mathrm{d}}\| \|A^{\mathrm{d}}Q\|}{1 - \|A^{\mathrm{d}}Q\|},$$

$$\bar{w} = A^{\pi} \sum_{j=0}^{\infty} (Q^{\mathrm{d}})^{2j+1} \left((AQ)^{\pi}(AQ)^j + Q^{\mathrm{d}}(AQ)^{\pi}(AQ)^j \right)$$

$$+ \sum_{j=0}^{\infty} (A^{\pi}Q)^{\pi}Q^{2j} \left(Q((AQ)^{\mathrm{d}})^{j+1} + ((AQ)^{\mathrm{d}})^{j+1}A \right) A^{\pi},$$

$$\bar{\delta}_2 = \frac{\|A^{\pi}\| \|(AQ)^{\pi}\| \left(\|Q^{\mathrm{d}}\| + \|Q^{\mathrm{d}}\|^2 \right)}{1 - \|(Q^{\mathrm{d}})^2\| \|AQ\|}$$

$$+ \frac{\|A^{\pi}\| \|(AA^{\pi})^{\pi}\| \left(\|Q(AQ)^{\mathrm{d}}\| + \|(AQ)^{\mathrm{d}}\| \|A\| \right)}{1 - \|(AQ)^{\mathrm{d}}\| \|A^2\|},$$

$$\delta_3 = \frac{\delta_1^2 (1 + \|A^{\pi}(A+Q)\|_2 \bar{\delta}_2) \|A\|}{\|A^{\mathrm{d}}Q\|} \sum_{n=0}^{\infty} \left(\frac{\delta_1 \|A^{\pi}(A+Q)\|}{\|A^{\mathrm{d}}Q\|} \right)^n + \frac{\delta_1 \bar{\delta}_2 \|Q\|}{\|A^{\mathrm{d}}Q\|}.$$

定理 5.3.7 设 $A \in \mathcal{B}(X)$ 广义 Drazin 可逆. 存在 $\delta > 0$ 使得 $A + Q$ 广义 Drazin 可逆当且仅当 $A^{\pi}(A+Q)$ 广义 Drazin 可逆, 对任意的 $Q \in \mathcal{B}(X)$ 满足 $\|Q\| < \delta$, $A^{\pi}Q(I - A^{\pi}) = 0$, $A^{\pi}Q^2 = A^{\pi}Q$. 此外若 $PA^{\pi}A(I - P) = 0$, 则

(1) $(A + Q)^{\mathrm{d}} = \sum\limits_{n=0}^{\infty} (A^{\mathrm{d}}Q)^n A^{\mathrm{d}} + w + t$;

(2) 若 $\|A^{\mathrm{d}}QAA^{\mathrm{d}}\| < 1$ 且 $\|A^{\pi}Q(A^{\pi}Q)^{\mathrm{d}}A\| < 1$, 则

$$\|(A+Q)^{\mathrm{d}} - A^{\mathrm{d}}\| \leqslant \delta_1 + \delta_2 + \delta_3,$$

$$\frac{\|(A+Q)^{\mathrm{d}} - A^{\mathrm{d}}\|}{\|A^{\mathrm{d}}\|} \leqslant \frac{\|QA^{\mathrm{d}}\|}{1 - \|QA^{\mathrm{d}}\|} + \frac{\|A\|}{K(A)}(\delta_2 + \delta_3),$$

其中 $K(A) = \|A\| \|A^{\mathrm{d}}\|$, P 是幂等算子, 且

$$v = A^{\mathrm{d}}(I + QA^{\mathrm{d}})^{\mathrm{d}} = \sum_{n=0}^{\infty} A^{\mathrm{d}}(QA^{\mathrm{d}})^n, \quad \delta_1 = \frac{\|QA^{\mathrm{d}}\| \|A^{\mathrm{d}}\|}{1 - \|QA^{\mathrm{d}}\|},$$

$$t = \sum_{n=0}^{\infty} v^{n+2}Q(A+Q)^n A^{\pi}(I - (A+Q)w) - vQw,$$

$$w = \sum_{n=0}^{\infty} A^n (A^{\pi}Q)^{\pi}(A+Q)\mathcal{T}^{n+2} + \mathcal{T},$$

$$\mathcal{T} = [(A^{\pi}Q)(A^{\pi}Q)^{\mathrm{d}}((A+Q))]^{\mathrm{d}} = \sum_{n=0}^{\infty} (A^{\pi}Q(A^{\pi}Q)^{\mathrm{d}}A)^{n},$$

$$\delta_2 = \frac{\|(A^{\pi}Q)^{\pi}(A+Q)\|}{(1-\|A^{\pi}Q(A^{\pi}Q)^{\mathrm{d}}A\|)^2} \sum_{n=0}^{\infty} \left(\frac{\|A\|}{1-\|A^{\pi}Q(A^{\pi}Q)^{\mathrm{d}}A\|} \right)^{n}$$

$$+ \frac{1}{1-\|A^{\pi}Q(A^{\pi}Q)^{\mathrm{d}}A\|},$$

$$\delta_3 = \frac{\|Q\|A^{\pi}\|(1+\|(A+Q)\|_2\delta_2)}{(1-\|QA^{\mathrm{d}}\|)^2} \sum_{n=0}^{\infty} \left(\frac{\|A+Q\|}{1-\|QA^{\mathrm{d}}\|} \right)^{n} + \frac{\delta_2\|Q\|}{1-\|QA^{\mathrm{d}}\|}.$$

证明　设 A, A^{d}, Q 满足 (5.3.1), (5.3.2), (5.3.3), 相应地, 由 $A^{\pi}Q(I-A^{\pi}) = 0$ 可得 A, Q 在 (5.3.20) 中的表示形式.

若 A 可逆或幂零, 证明过程类似于定理 5.3.5.

现在, 设 A 广义 Drazin 可逆, 指标 $(a) > 0$, $\sigma(A) \neq \{0\}$, 即 A 不是可逆就是幂零. 类似于定理 5.3.5 的证明过程, 可得 $A_1 + Q_{11}$ 可逆, 且

$$(A_1 + Q_{11})^{-1} \oplus 0 = (I + A^{\mathrm{d}}Q)^{\mathrm{d}}A^{\mathrm{d}} = v. \tag{5.3.35}$$

根据方程 (5.3.20), (5.3.35), 可得 $(A+Q)^{\mathrm{d}}$ 存在当且仅当 $(A_2 + Q_{22})^{\mathrm{d}}$ 存在, 即 $[A^{\pi}(A+Q)]^{\mathrm{d}}$ 存在.

现在考虑 $A_2 + Q_{22}$ 的广义 Drazin 逆.

由 $A^{\pi}Q^2 = A^{\pi}Q$, 可得 $Q_{22}^2 = Q_{22}$. $\sigma(Q_{22}) \subseteq \{1,0\}$. 若 $\mathcal{Q} = Q_{22}Q_{22}^{\mathrm{d}} = Q_{22}Q_{22}$, 可得 Q_{22} 表示如下:

$$Q_{22} = \begin{pmatrix} I & 0 \\ X_1 & 0 \end{pmatrix} : \begin{pmatrix} R(I-\mathcal{Q}) \\ N(I-\mathcal{Q}) \end{pmatrix} \rightarrow \begin{pmatrix} R(I-\mathcal{Q}) \\ N(I-\mathcal{Q}) \end{pmatrix}. \tag{5.3.36}$$

根据以上分解, A_2 有以下形式

$$A_2 = \begin{pmatrix} A_{11} & A_{12} \\ A_{21} & A_{22} \end{pmatrix}. \tag{5.3.37}$$

因为 $PA^{\pi}A(I-P) = 0$, 可得 $A_{12} = 0$ 且

$$A_2 = \begin{pmatrix} A_{11} & 0 \\ A_{21} & A_{22} \end{pmatrix}. \tag{5.3.38}$$

由 (5.3.36)—(5.3.38), 可知

$$A_2 + Q_{22} = \begin{pmatrix} A_{11}+I & 0 \\ A_{21}+X_1 & A_{22} \end{pmatrix}. \tag{5.3.39}$$

因此 Q 为 Banach 代数上的环 $B(N(A^\pi))$, A_2 是幂零的, 可得 A_{11}, A_{22} 是幂零的, 且 $A_{11} + I$ 可逆. 为了得到上述结果需要在以下进行简化. 由引理 1.0.9, $\|A^\pi Q(A^\pi Q)^{\mathrm{d}} A\| < 1$, 易证

$$
\begin{aligned}
w &= 0 \oplus (A_2 + Q_{22})^{\mathrm{d}} \\
&= 0 \oplus \begin{pmatrix} (A_{11} + I)^{-1} & 0 \\ \mathcal{X} & 0 \end{pmatrix} \\
&= \sum_{n=0}^{\infty} A^n (A^\pi Q)^\pi (A + Q) \mathcal{T}^{n+2} + \mathcal{T},
\end{aligned} \tag{5.3.40}
$$

其中

$$
\mathcal{X} = \sum_{n=0}^{\infty} A_{22}^n (A_{21} + X_1) \left((A_{11} + I)^{-1}\right)^{n+2},
$$

$$
\mathcal{T} = [(A^\pi Q)(A^\pi Q)^{\mathrm{d}}((A + Q))]^{\mathrm{d}} = \sum_{n=0}^{\infty} (A^\pi Q(A^\pi Q)^{\mathrm{d}} A)^n.
$$

根据引理 1.0.9, $A_1 + Q_{11}$ 可逆, (5.3.40), (5.3.35), 则

$$
\begin{aligned}
(A + Q)^{\mathrm{d}} &= \begin{pmatrix} (A_1 + Q_{11})^{-1} & Z \\ 0 & (A_2 + Q_{22})^{\mathrm{d}} \end{pmatrix} \\
&= \begin{pmatrix} (A_1 + Q_{11})^{-1} & Z_{11} & Z_{12} \\ 0 & (A_{11} + I)^{-1} & 0 \\ 0 & \mathcal{X} & 0 \end{pmatrix} \\
&= v + w + t,
\end{aligned} \tag{5.3.41}
$$

其中

$$
\begin{aligned}
z &= \sum_{n=0}^{\infty} (A_1 + Q_{11})^{n+2} Q_{12} (A_2 + Q_{22})^n (A_2 + Q_{22})^\pi \\
&\quad - (A_1 + Q_{11})^{-1} Q_{12} (A_2 + Q_{22})^{\mathrm{d}}, \\
t &= \sum_{n=0}^{\infty} v^{n+2} Q (A + Q)^n A^\pi (I - (A + Q)w) - vQw.
\end{aligned}
$$

类似地, (5.3.39) 的第二个方程有相同的结果.

　　若 A 是幂零的, 则 $A^\pi Q^2 = Q^2 = 0$. 也就是说 $A + Q$ 的证明类似于 $A_2 + Q_{22}$ 的描述.

　　现在, 我们完成了对 (1) 的证明.

　　(2) 若 $\|A^d Q A A^d\| < 1$, 则

$$\|A_1^{-1} Q_{11}\| < 1.$$

也就是, 若 $\|Q_{11} A_1^{-1}\| < 1$ (等价于 $\|QA^d\| < 1$), 则有

$$\sigma(A^d Q A A^d) \cup \{0\} = \sigma(QA^d) \cup \{0\}.$$

又由 (5.3.35), 可得

$$v = (I + A^d Q)^d A^d = (A_1 + Q_{11})^{-1} \oplus 0$$
$$= \sum_{n=0}^{\infty} A_1^{-1} (Q_{11} A_1^{-1})^n = \sum_{n=0}^{\infty} A^d (QA^d)^n. \tag{5.3.42}$$

由 (1) 中的结果, 可得

$$(A + Q)^d - A^d = \sum_{n=0}^{\infty} (A^d Q)^n A^d + w + t - A^d$$
$$= \sum_{n=1}^{\infty} (A^d Q)^n A^d + t + w. \tag{5.3.43}$$

根据 (5.3.42), $\|QA^d\| = \|Q_{11} A_1^{-1}\| < 1$, 可得

$$\left\| \sum_{n=1}^{\infty} A^d (QA^d)^n \right\| \leqslant \frac{\|QA^d\| \|A^d\|}{1 - \|QA^d\|} = \delta_1. \tag{5.3.44}$$

根据 (5.3.40), $\|A^\pi Q (A^\pi Q)^d A\| < 1$, 可得

$$\|w\| = \left\| \sum_{n=0}^{\infty} A^n (A^\pi Q)^\pi (A + Q) \mathcal{T}^{n+2} + \mathcal{T} \right\|$$
$$\leqslant \left\| \sum_{n=0}^{\infty} A^n (A^\pi Q)^\pi (A + Q) \mathcal{T}^{n+2} \right\| + \|\mathcal{T}\|$$
$$\leqslant \sum_{n=0}^{\infty} \|A^n\| \|(A^\pi Q)^\pi (A + Q)\| \|\mathcal{T}\|^{n+2} + \|\mathcal{T}\|$$
$$\leqslant \frac{\|(A^\pi Q)^\pi (A + Q)\|}{(1 - \|A^\pi Q (A^\pi Q)^d A\|)^2} \sum_{n=0}^{\infty} \left(\frac{\|A\|}{1 - \|A^\pi Q (A^\pi Q)^d A\|} \right)^n$$
$$+ \frac{1}{1 - \|A^\pi Q (A^\pi Q)^d A\|} = \delta_2. \tag{5.3.45}$$

为了完成对 (2) 的证明, 需要以下计算

$$
\begin{aligned}
\|t\| &= \left\| \sum_{n=0}^{\infty} v^{n+2} Q (A+Q)^n A^\pi (I - (A+Q)w) - vQw \right\| \\
&\leqslant \left\| \sum_{n=0}^{\infty} v^{n+2} Q (A+Q)^n A^\pi (I - (A+Q)w) \right\| + \|vQw\| \\
&\leqslant \frac{\|Q\| \|A^2\| (1 + \|(A+Q)\|_2 \delta_2)}{(1 - \|Q^{\mathrm{d}} A\|)^2} \sum_{n=0}^{\infty} \left(\frac{\|A+Q\|}{1 - \|QA^{\mathrm{d}}\|} \right)^n \\
&\quad + \frac{\delta_2 \|Q\|}{1 - \|QA^{\mathrm{d}}\|} = \delta_3.
\end{aligned}
\tag{5.3.46}
$$

根据 (5.3.43)—(5.3.46), 可证

$$
\begin{aligned}
\|(A+Q)^{\mathrm{d}} - A^{\mathrm{d}}\| &= \left\| \sum_{n=1}^{\infty} A^{\mathrm{d}} (QA^{\mathrm{d}})^n + w + t \right\| \\
&\leqslant \left\| \sum_{n=1}^{\infty} A^{\mathrm{d}} (QA^{\mathrm{d}})^n \right\| + \|w\| + \|t\| \\
&\leqslant \delta_1 + \delta_2 + \delta_3.
\end{aligned}
\tag{5.3.47}
$$

由 (5.3.47), 即可得证.

5.4 Banach 代数上元素广义 Drazin 逆的扰动

设 $\mathscr{A}$ 是单位为 1 的 Banach 代数. 用 $\mathscr{A}^{-1}$, $\mathscr{A}^{\mathrm{nil}}$, $\mathscr{A}^{\mathrm{qnil}}$ 和 $\mathscr{A}^{\bullet}$ 分别表示所有可逆元、幂零元、拟幂零元和幂等元的集合. 设 $a \in \mathscr{A}$, 则 $\sigma(a)$, $\mathrm{ind}(a)$ 分别表示 a 的谱、指标. 若存在唯一元素 $b\mathscr{A}$ 满足

$$
bab = b, \quad ab = ba, \quad a(1 - ab) \in \mathscr{A}^{\mathrm{nil}},
\tag{5.4.1}
$$

则称 b 为 a 的 Drazin 逆且唯一, 记为 $b = a^{\mathrm{D}}$. 若 (5.4.1) 为

$$
bab = b, \quad ab = ba, \quad a - a^2 b \in \mathscr{A}^{\mathrm{qnil}},
\tag{5.4.2}
$$

则称 b 为 a 的广义 Drazin 逆且唯一, 记为 $b = a^{\mathrm{d}}$ (见 [77]).

设 $a \in \mathscr{A}$ 和 $p \in \mathscr{A}^{\bullet}$ 是幂等 ($p^2 = p$), 则 a 可写成 (见 [55])

$$
a = pap + pa(1 - p) + (1 - p)ap + (1 - p)a(1 - p).
$$

设

$$a_{11} = pap, \quad a_{12} = pa(1-p), \quad a_{21} = (1-p)ap, \quad a_{22} = (1-p)a(1-p),$$

则

$$a = \begin{pmatrix} pap & pa(1-p) \\ (1-p)ap & (1-p)a(1-p) \end{pmatrix}_p = \begin{pmatrix} a_{11} & a_{12} \\ a_{21} & a_{22} \end{pmatrix}_p.$$

设 $a \in \mathscr{A}^d$ 和 $p = aa^d$, 则

$$a = \begin{pmatrix} a_1 & 0 \\ 0 & a_2 \end{pmatrix}_p, \quad a^d = \begin{pmatrix} a_1^{-1} & 0 \\ 0 & 0 \end{pmatrix}_p, \quad a^{\pi} = \begin{pmatrix} 0 & 0 \\ 0 & 1-p \end{pmatrix}_p, \quad (5.4.3)$$

其中 $a^{\pi} = 1 - p$, $a_1 \in p\mathscr{A}p$ 可逆, $a_2 \in (1-p)\mathscr{A}(1-p)$ 幂零.

近年来, 在国内外许多学者的努力下广义逆扰动分析的研究得到了迅速的发展 (见 [47], [55], [137]). 文献 [27] 给出 A_j^D 收敛于 A^D 当且仅当 $\exists j_0$ 且对于 $\forall j \geqslant j_0$ 使得 core-rank(A_j) = core-rank(A). 文献 [65] 研究闭线性算子的扰动分析以及得到 $\|(A+U)^D - A^D\|$ 的扰动界. 文献 [47] 研究了扰动算子的谱投影和原算子谱投影相同闭线性算子 A 的 Drazin 逆的扰动. 文献 [68] 研究了 Banach 代数上广义 Drazin 逆和的表达式且得到了 2×2 分块矩阵的表达式. 文献 [131] 给出了 Banach 代数上广义 Drazin 逆的扰动以及 Banach 空间上有界线性算子广义 Drazin 逆的扰动. 文献 [47] 得到了不依赖于 $\|A^D\|\|E\| < 1$ 经扰动后算子 $A + E$ 的表达式和扰动界 (见下文). 受到文献 [47] 的启发, 我们将避开该条件给出新的条件下 $(a+u)^d$ 的表达式和扰动界.

设 $A \in \mathcal{B}(X,Y)$ 表示从 X 映射到 Y 上的有界线性算子, 其中 X, Y 都为 Banach 空间 (若 $X = Y$, 则 $A \in \mathcal{B}(X)$). 如果 $A \in \mathcal{B}(X)$ 是广义 Draizn 逆, 则 A 为[55]

$$A = \begin{pmatrix} A_1 & 0 \\ 0 & A_2 \end{pmatrix} : \begin{pmatrix} N(A^{\pi}) \\ R(A^{\pi}) \end{pmatrix} \to \begin{pmatrix} N(A^{\pi}) \\ R(A^{\pi}) \end{pmatrix},$$

其中 A_1 和 A_2 分别可逆和幂零.

设 $A, U, B \in \mathcal{B}(X)$, A 是广义 Drazin 逆且 $B = A + U$, 则关于空间分解 $X = N(A^{\pi}) \oplus R(A^{\pi})$ 有[47]

$$U = \begin{pmatrix} U_{11} & U_{12} \\ 0 & U_{22} \end{pmatrix}, \quad B = A + U = \begin{pmatrix} A_1 + U_{11} & U_{12} \\ 0 & A_2 + U_{22} \end{pmatrix}.$$

文献 [47] 在以下条件下分别研究了有界线性算子的广义 Drazin 逆的扰动以及 $\|(A+U)^d - A^d\|$ 的上界:

(1) $A_1 + U_{11}$ 可逆和 $[R(A^\pi)]$ 维数是有限的;

(2) $A_1 + U_{11}$ 可逆和 $U_{22}A_2 = 0$;

(3) $A_1 + U_{11}$ 可逆和 $U_{22}A_2 = A_2U_{22}$.

$A_1 + U_{11}$ 可逆比条件 $\|A_1^D\|\|U_{11}\| < 1$[55, 65, 166, 167] 弱, 因为 $\|A_1^D\|\|U_{11}\| < 1$ 蕴涵 $(A_1 + U_{11})$ 可逆[47].

若 $a \in \mathscr{A}^d$, 则 a 为 (5.4.3), 另一方面, 若 $u \in \mathscr{A}$ 是 a 的扰动元, 则

$$u = \begin{pmatrix} u_{11} & u_{12} \\ u_{21} & u_{22} \end{pmatrix}_p,$$

其中 $p = aa^d$. 受到文献 [47] 的启发, 我们分别就以下条件讨论 Banach 代数上的广义 Drazin 逆的扰动, 给出扰动后元素广义 Drazin 逆 $(a+u)^d$ 的精确表达式以及 $\|(a+u)^d - a^d\|$ 的上界:

(1) $a_1 + u_{11}$ 可逆和 $a_2u_{22}^2 = 0, a_2^2 = 0$;

(2) $a_1 + u_{11}$ 可逆和 $a_2^2u_{22} = 0, u_{22}^2 = 0$;

(3) $a_1 + u_{11}$ 可逆和 $u_{22}^2 = u_2$.

下面给出几个有用的引理.

引理 5.4.1[66]　　设 $\mathscr{A}$ 是 Banach 代数, $x, y \in \mathscr{A}$ 和 $p \in \mathscr{A}^\bullet$, 设

$$x = \begin{pmatrix} a & c \\ 0 & b \end{pmatrix}_p, \quad y = \begin{pmatrix} b & 0 \\ c & a \end{pmatrix}_{1-p}.$$

(1) 若 $a \in (p\mathscr{A}p)^d$, $b \in ((1-p)\mathscr{A}(1-p))^d$, 则 $x, y \in \mathscr{A}^d$ 且

$$x^d = \begin{pmatrix} a^d & u \\ 0 & b^d \end{pmatrix}_p, \quad y^d = \begin{pmatrix} b^d & 0 \\ u & a^d \end{pmatrix}_{1-p}, \tag{5.4.4}$$

其中 $u = \sum\limits_{n=0}^{\infty} (a^d)^{n+2}cb^nb^\pi + \sum\limits_{n=0}^{\infty} a^\pi a^n c(b^d)^{n+2} - a^dcb^d$.

(2) 若 $x \in \mathscr{A}^d$, $a \in (p\mathscr{A}p)^d$, 则 $b \in [(1-p)\mathscr{A}(1-p)]^d$ 且 x^d 取值为 (5.4.4).

引理 5.4.2[66]　　设 $a, b \in \mathscr{A}$ 广义 Drazin 可逆满足 $ab = 0$, 则 $a + b$ 广义 Drazin 可逆且

$$(a+b)^d = b^\pi \sum_{n=0}^{\infty} b^n(a^d)^{n+1} + \sum_{n=0}^{\infty} (b^d)^{n+1}a^n a^\pi.$$

引理 5.4.3[49]　　设 $a, b \in \mathscr{A}^d$ 使得 $ab = ba$, 则 $(a+b) \in \mathscr{A}^d$ 当且仅当 $1 + a^db \in \mathscr{A}^d$, 此时

$$(a+b)^d = a^d(1 + a^db)^dbb^d + b^\pi \sum_{n=0}^{\infty} (-b)^n(a^d)^{n+1} + \sum_{n=0}^{\infty} (b^d)^{n+1}(-a)^n a^\pi.$$

引理 5.4.4[71]　设 $M = \begin{pmatrix} a & b \\ 0 & c \end{pmatrix}_p$, 如果 $\sigma(a) \cap \sigma(c)$ 无内交点, 则 $\sigma(M) = \sigma(a) \cup \sigma(c)$.

对于 $\mu \in C$, $K \subset C$, 若 $\sigma(a) \neq \varnothing$, 定义

$$\mathrm{dist}(\lambda, \sigma(a)) = \inf\{\|\lambda_i - \lambda\| : \lambda_i \in \sigma(a)\},$$

则我们得到下面引理.

引理 5.4.5[47]　设 $a, u \in \mathscr{A}$ 和 $b = a + u$, 且 $\sigma_\varepsilon(a) = \{\lambda : \mathrm{dist}(\lambda, \sigma(a)) < \varepsilon\}$, 则对于 $\forall \varepsilon > 0$, 存在 $\delta > 0$ 使得 $\sigma(b) \subset \sigma_\varepsilon(a)$, 其中 $\|u\| < \delta$.

定理 5.4.6　设 $a, b \in \mathscr{A}$ 是广义 Drazin 可逆且满足 $ab^2 = 0$ 和 $a^2 = 0$, 则 $a + b$ 广义 Drazin 可逆当且仅当 $[b^\pi(a+b)]^{\mathrm{d}}$ 存在. 若 $b^\pi ab \in \mathscr{A}^{\mathrm{d}}$, $\|ab\|\|a^{\mathrm{d}}\|^2 < 1$ 和 $\|(ab)^{\mathrm{d}}\|\|a^2\| < 1$, 则

(1) $$(a + b)^{\mathrm{d}} = \sum_{k=0}^{\infty} (b^{\mathrm{d}})^{2k+1} \left\{ b^{\mathrm{d}}(ab)^\pi (ba)^k a + (ab)^\pi (ab)^k \right\}$$

$$- \sum_{n=0}^{\infty} b^\pi b^{2n} \left\{ [(ab)^{\mathrm{d}}]^{n+1} a + b[(ba)^{\mathrm{d}}]^{n+1} \right\}; \tag{5.4.5}$$

(2) $$\frac{\|(a + b)^{\mathrm{d}} - a^{\mathrm{d}}\|}{\|a^{\mathrm{d}}\|}$$

$$\leqslant \|b(ab)^\pi a^{\mathrm{d}}\| + \|(ab)^{\mathrm{d}}(ab)\| + \frac{\|(ab)^\pi\|\|ab\|}{1 - \|ab\|\|a^{\mathrm{d}}\|^2} \left(\|b\|\|a^{\mathrm{d}}\|^3 + \|a^{\mathrm{d}}\|^2 \right)$$

$$+ \frac{\|(ab)^{\mathrm{d}}\|\|a\|}{\|a^{\mathrm{d}}\|(1 - \|(ab)^{\mathrm{d}}\|\|a^2\|)} \left(\|b\|\|a^\pi\| + \|aa^\pi\| \right), \tag{5.4.6}$$

证明　设 $p = \{bb^{\mathrm{d}}, b^\pi\}$, 则 $b = \begin{pmatrix} b_1 & 0 \\ 0 & b_2 \end{pmatrix}_p$, 其中 $b_1 \in bb^{\mathrm{d}}\mathscr{A}bb^{\mathrm{d}}$ 可逆和 $b_2 \in b^\pi \mathscr{A} b^\pi$ 为幂零. 设 $a = \begin{pmatrix} a_{11} & a_{12} \\ a_{21} & a_{22} \end{pmatrix}_p$, 由 $ab^2 = 0$ 和 $a^2 = 0$, 则

$$a_{11} = 0, \quad a_{21} = 0, \quad a_{12}b_2^2 = 0, \quad a_{22}b_2^2 = 0. \tag{5.4.7}$$

$$a_{12}a_{22} = 0, \quad a_{22}^2 = 0, \quad a + b = \begin{pmatrix} b_1 & a_{12} \\ 0 & b_2 + a_{22} \end{pmatrix}_p. \tag{5.4.8}$$

由引理 5.4.1, 则 $(a + b)^{\mathrm{d}}$ 存在当且仅当 $(a_{22} + b_2)^{\mathrm{d}}$ 存在, 也就是说 $(a + b)^{\mathrm{d}}$ 存在当且仅当 $[b^\pi(a+b)]^{\mathrm{d}}$ 存在.

下面讨论 a^{d} 扰动后 $(a + b)^{\mathrm{d}}$ 的表达式.

由 (5.4.7), (5.4.8), 则 $(b_2 a_{22})(a_{22} b_2) = (a_{22} b_2)(b_2 a_{22}) = 0$. 因为 $b^{\pi} a b$ 广义 Drazin 可逆, 所以 $(a_{22} b_2)^{\mathrm{d}}$ 存在且 $(b_2 a_{22})^{\mathrm{d}} = b_2 [(a_{22} b_2)^{\mathrm{d}}]^2 a_{22}$. 由引理 5.4.3, 可得

$$(a_{22} b_2 + b_2 a_{22})^{\mathrm{d}} = (a_{22} b_2)^{\mathrm{d}} + (b_2 a_{22})^{\mathrm{d}}. \tag{5.4.9}$$

因为 b_2 为幂零且 $(a_{22} b_2 + b_2 a_{22}) b_2^2 = 0$, 由引理 5.4.2 和 (5.4.9), 可得

$$\begin{aligned}
[(a_{22} + b_2)^2]^{\mathrm{d}} &= (a_{22} b_2 + b_2 a_{22} + b_2^2)^{\mathrm{d}} \\
&= \sum_{n=0}^{\infty} b_2^{2n} [(a_{22} b_2 + b_2 a_{22})^{\mathrm{d}}]^{n+1} \\
&= \sum_{n=0}^{\infty} b_2^{2n} \left((a_{22} b_2)^{\mathrm{d}} + (b_2 a_{22})^{\mathrm{d}} \right)^{n+1}. \tag{5.4.10}
\end{aligned}$$

由于 $b^{\pi}(a + b)$ 广义 Drazin 可逆, 则 $(a_{22} + b_2)^{\mathrm{d}}$ 存在且

$$(a_{22} + b_2)^{\mathrm{d}} = [(a_{22} + b_2)^2]^{\mathrm{d}} (a_{22} + b_2).$$

由归纳法, 我们可证

$$[(a_{22} b_2)^{\mathrm{d}} + (b_2 a_{22})^{\mathrm{d}}]^{n+1} = [(a_{22} b_2)^{\mathrm{d}}]^{n+1} + [(b_2 a_{22})^{\mathrm{d}}]^{n+1}.$$

由 $(b_2 a_{22})^{\mathrm{d}} = b_2 \left((a_{22} b_2)^{\mathrm{d}} \right)^2 a_{22}$ 以及 (5.4.10), 则

$$\begin{aligned}
(a_{22} + b_2)^{\mathrm{d}} &= \sum_{n=0}^{\infty} b_2^{2n} \left\{ \left((a_{22} b_2)^{\mathrm{d}} \right)^{n+1} + \left(b_2 \left((a_{22} b_2)^{\mathrm{d}} \right)^2 a_{22} \right)^{n+1} \right\} (a_{22} + b_2) \\
&= \sum_{n=0}^{\infty} b_2^{2n} \left((a_{22} b_2)^{\mathrm{d}} \right)^{n+1} a_{22} + \sum_{n=0}^{\infty} b_2^{2n} \left(b_2 \left((a_{22} b_2)^{\mathrm{d}} \right)^2 a_{22} \right)^{n+1} b_2 \\
&= \sum_{n=0}^{\infty} b_2^{2n} \left\{ \left((a_{22} b_2)^{\mathrm{d}} \right)^{n+1} a_{22} + b_2 \left((a_{22} b_2)^{\mathrm{d}} \right)^{n+1} \right\},
\end{aligned}$$

$$(a_{22} + b_2)^{\pi} = (a_{22} b_2)^{\pi} - \sum_{n=0}^{\infty} b_2^{2n+1} \left\{ \left((a_{22} b_2)^{\mathrm{d}} \right)^{n+1} a_{22} + b_2 \left((a_{22} b_2)^{\mathrm{d}} \right)^{n+1} \right\}. \tag{5.4.11}$$

由引理 5.4.1, 可得

$$a + b \in \mathscr{A}^{\mathrm{d}}, \quad (a + b)^{\mathrm{d}} = \begin{pmatrix} b_1^{-1} & u \\ 0 & (a_{22} + b_2)^{\mathrm{d}} \end{pmatrix}_p, \tag{5.4.12}$$

其中

$$u = \sum_{n=0}^{\infty} (b_1^{-1})^{n+2} a_{12} (b_2 + a_{22})^n (a_{22} + b_2)^{\pi} - (a_{22} + b_2)^{\mathrm{d}} a_{12} b_1^{-1}.$$

注意到

$$(b_1^{-1})_p = b^{\mathsf{d}}, \quad b^{\mathsf{d}}ba = \begin{pmatrix} b_1^{-1}b_1 & 0 \\ 0 & 0 \end{pmatrix}_p \begin{pmatrix} 0 & a_{12} \\ 0 & a_{22} \end{pmatrix}_p = \begin{pmatrix} 0 & a_{12} \\ 0 & 0 \end{pmatrix}_p = a_{12}.$$

由归纳法和 (5.4.7), (5.4.8) 易证: 若 $n \geqslant 1$, 则

$$a_{12}(a_{22} + b_2)^n = \begin{cases} a_{12}(b_2 a_{22})^{n/2}, & n \text{ 为偶数}, \\ a_{12}(b_2 a_{22})^{(n-1)/2}b_2, & n \text{ 为奇数}. \end{cases} \tag{5.4.13}$$

对于任意 $n \geqslant 1$, 有

$$b^{\pi}(ba)^n = \begin{pmatrix} 0 & 0 \\ 0 & b^{\pi} \end{pmatrix}_p \begin{pmatrix} 0 & x_n \\ 0 & (b_2 a_{22})^n \end{pmatrix}_p = \begin{pmatrix} 0 & 0 \\ 0 & (b_2 a_{22})^n \end{pmatrix}_p = (b_2 a_{22})^n,$$

其中 $(x_n)_{n=0}^{\infty}$ 是 $\mathscr{A}$ 中的任一序列.

由 $b_2 = b^{\pi}b = bb^{\pi}$ 及 $ab^{\pi} = a(1 - b^2(b^{\mathsf{d}})^2) = a$, 有

(1) 若 $n \geqslant 1$ 是偶数, 则

$$a_{12}(a_{22} + b_2)^n = a_{12}(b_2 a_{22})^{n/2} = b^{\mathsf{d}}bab^{\pi}(ba)^{n/2} = b^{\mathsf{d}}ba(ba)^{n/2} = b^{\mathsf{d}}(ba)^{(n+2)/2};$$

(2) 若 $n \geqslant 1$ 是奇数, 则

$$a_{12}(a_{22} + b_2)^n = a_{12}(b_2 a_{22})^{(n-1)/2}b_2 = b^{\mathsf{d}}bab^{\pi}(ba)^{(n-1)/2}b^{\pi}b = b^{\mathsf{d}}(ba)^{(n+1)/2}b.$$

由 (5.4.11), 则

$$a_{12}(a_{22} + b_2)^{\pi} = a_{12}(1 - b_2(a_{22}b_2)^{\mathsf{d}}a_{22}), \quad a_{22}(a_{22} + b_2)^{\pi} = (a_{22}b_2)^{\pi}a_{22},$$

$$a_{12}b_2(a_{22} + b_2)^{\pi} = a_{12}b_2(a_{22}b_2)^{\pi}, \quad a_{22}b_2(a_{22} + b_2)^{\pi} = a_{22}b_2(a_{22}b_2)^{\pi}.$$

由 $(ba)^k b = b(ab)^k$ 和 (5.4.12), 有

$$\begin{aligned}
(a+b)^{\mathsf{d}} &= (b_1)_p^{-1} + \sum_{n=0}^{\infty}((b_1^{-1})_p)^{n+2}a_{12}(b_2 + a_{22})^n(a_{22} + b_2)^{\pi} \\
&\quad - (a_{22} + b_2)^{\mathsf{d}}a_{12}b_1^{-1} + (a_{22} + b_2)^{\mathsf{d}} \\
&= \sum_{k=0}^{\infty}(b^{\mathsf{d}})^{2k+2}(ab)^{\pi}(ab)^k a + \sum_{k=0}^{\infty}(b^{\mathsf{d}})^{2k+1}(ab)^{\pi}(ab)^k \\
&\quad - \sum_{n=0}^{\infty} b^{\pi}b^{2n}\left\{[(ab)^{\mathsf{d}}]^{n+1}a + b[(ab)^{\mathsf{d}}]^{n+1}\right\} \\
&= \sum_{k=0}^{\infty}(b^{\mathsf{d}})^{2k+1}\left(b^{\mathsf{d}}(ab)^{\pi}(ab)^k a + (ab)^{\pi}(ab)^k\right) \\
&\quad - \sum_{n=0}^{\infty} b^{\pi}b^{2n}\left\{[(ab)^{\mathsf{d}}]^{n+1}a + b[(ab)^{\mathsf{d}}]^{n+1}\right\}. \tag{5.4.14}
\end{aligned}$$

下面讨论扰动界 $\|(a+b)^{\mathrm{d}} - a^{\mathrm{d}}\|$.

由 (5.4.14), 则

$$
\begin{aligned}
(a+b)^{\mathrm{d}} - a^{\mathrm{d}} ={}& \sum_{j=0}^{\infty} \left(b(ab)^{\pi}(ab)^j a^{\mathrm{d}} + (ab)^{\pi}(ab)^j \right)(a^{\mathrm{d}})^{2j+1} \\
&+ \sum_{j=0}^{\infty} \left(b((ab)^{\mathrm{d}})^{j+1} + ((ab)^{\mathrm{d}})^{j+1}a \right) a^{2j}a^{\pi} - a^{\mathrm{d}} \\
={}& b(ab)^{\pi}(a^{\mathrm{d}})^2 - (ab)^{\mathrm{d}}(ab)a^{\mathrm{d}} \\
&+ \sum_{j=1}^{\infty} \left(b(ab)^{\pi}(ab)^j A^{\mathrm{d}} + (ab)^{\pi}(ab)^j \right)(a^{\mathrm{d}})^{2j+1} \\
&+ \sum_{j=0}^{\infty} \left(b((ab)^{\mathrm{d}})^{j+1} + ((ab)^{\mathrm{d}})^{j+1}a \right) a^{2j}a^{\pi}. \qquad (5.4.15)
\end{aligned}
$$

由 (5.4.15), 则

$$
\begin{aligned}
\|(a+b)^{\mathrm{d}} - a^{\mathrm{d}}\| \leqslant{}& \|b(ab)^{\pi}(a^{\mathrm{d}})^2\| + \|(ab)^{\mathrm{d}}(ab)a^{\mathrm{d}}\| \\
&+ \sum_{j=1}^{\infty} \|(ab)^{\pi}\| \left(\|(ab)\|\|a^{\mathrm{d}}\|^2 \right)^j \left(\|b\|\|a^{\mathrm{d}}\|^2 + \|a^{\mathrm{d}}\| \right) \\
&+ \sum_{j=0}^{\infty} \|b\|\|(ab)^{\mathrm{d}}\| \left(\|(ab)^{\mathrm{d}}\|\|a^2\| \right)^j \|a^{\pi}\| \\
&+ \sum_{j=0}^{\infty} \|(ab)^{\mathrm{d}}\| \left(\|(ab)^{\mathrm{d}}\|\|a^2\| \right)^j \|aa^{\pi}\|.
\end{aligned}
$$

若 $\|(ab)\|\|a^{\mathrm{d}}\|^2 < 1$ 和 $\|(ab)^{\mathrm{d}}\|\|a^2\| < 1$, 则

$$
\begin{aligned}
\frac{\|(a+b)^{\mathrm{d}} - a^{\mathrm{d}}\|}{\|a^{\mathrm{d}}\|} \leqslant{}& \|b(ab)^{\pi}a^{\mathrm{d}}\| + \|(ab)^{\mathrm{d}}(ab)\| \\
&+ \frac{\|(ab)^{\pi}\|\|(ab)\|}{1 - \|(ab)\|\|a^{\mathrm{d}}\|^2} \left(\|b\|\|a^{\mathrm{d}}\|^3 + \|a^{\mathrm{d}}\|^2 \right) \\
&+ \frac{\|(ab)^{\mathrm{d}}\|}{\|a^{\mathrm{d}}\|(1 - \|(ab)^{\mathrm{d}}\|\|a^2\|)} \left(\|b\|\|a^{\pi}\| + \|aa^{\pi}\| \right). \qquad (5.4.16)
\end{aligned}
$$

由 (5.4.16), 则 (2) 得证.

定理 5.4.7 设 $a, u \in \mathscr{A}^{\mathrm{d}}$ 满足 $a^{\pi}u(1-a^{\pi}) = 0$, $aa^{\pi}u^2 = 0$, $a^{\pi}a^2 = 0$ 且 $a^{\pi}u$ 广义 Drazin 可逆, 则存在 $\delta > 0$ 且对于 $\forall \|u\| < \delta$ 使得 $b = a + u$ 广义 Drazin 可逆 当且仅当 $[a^{\pi}(a+u)]^{\mathrm{d}}$ 存在, 进一步, 若 $(a^{\pi}au)^{\mathrm{d}}$ 存在, 则

$$
(1)\ b^{\mathrm{d}} = v + w - vuw + \left\{ \sum_{n=0}^{\infty} v^{n+2}ua^{\pi}\left(a^{\pi}(a+u)\right)^n \right\}(1 - (a+u)w);
$$

(2) 若 $\|ua^{\mathrm{d}}\| < 1$ 和 $\|(aa^{\pi}u)^{\mathrm{d}}\| < 1$, 则

$$\|b^{\mathrm{d}} - a^{\mathrm{d}}\| \leqslant \delta_2(1 + \delta_1\|u\|) + \frac{\delta_1}{\|a^{\mathrm{d}}u\|} + \delta_3,$$

其中

$$v = (1 + a^{\mathrm{d}}u)^{-1}a^{\mathrm{d}}, \quad \delta_1 = \frac{\|a^{\mathrm{d}}\|\|a^{\mathrm{d}}u\|}{1 - \|a^{\mathrm{d}}u\|},$$

$$w = \sum_{n=0}^{\infty} (a^{\pi}u)^{\pi}u^{2n}\left(a^{\pi}u((au^{\pi}u)^{\mathrm{d}})^{n+1} + ((au^{\pi}u)^{\mathrm{d}})^{n+1}u^{\pi}a\right),$$

$$\delta_2 = \left(\frac{\|a^{\pi}u\|\|(aa^{\pi}u)^{\mathrm{d}}\|}{1 - \|(aa^{\pi}u)^{\mathrm{d}}\|} + \frac{\|a^{\pi}a\|\|(aa^{\pi}u)^{\mathrm{d}}\|}{1 - \|(aa^{\pi}u)^{\mathrm{d}}\|}\right)\sum_{n=0}^{\infty}\|(a^{\pi}u)^{\pi}u^{2n}\|,$$

$$\delta_3 = \frac{\|a^{\mathrm{d}}\|\|a^{\mathrm{d}}u\|^2(1 + \|a^{\pi}(a+u)\|\delta_2)}{1 - \|a^{\mathrm{d}}u\|}\sum_{n=0}^{\infty}\|a^{\pi}u[a^{\pi}(a+u)]^n\| + \frac{\delta_1\delta_2\|u\|}{\|a^{\mathrm{d}}u\|}. \quad (5.4.17)$$

证明　令 $p = aa^{\mathrm{d}}$, 则 $a^{\pi} = 1 - p$, 设 u 为

$$u = \begin{pmatrix} u_1 & u_{12} \\ u_{21} & u_2 \end{pmatrix}_p, \quad (5.4.18)$$

其中 $a_1 \in p\mathscr{A}p$ 可逆和 $a_2 \in (1-p)\mathscr{A}(1-p)$ 幂零.

由 $a^{\pi}u(1 - a^{\pi}) = 0$, 则

$$u_{21} = 0, \quad u = \begin{pmatrix} u_1 & u_{12} \\ 0 & u_2 \end{pmatrix}_p, \quad b = \begin{pmatrix} a_1 + u_1 & u_{12} \\ 0 & a_2 + u_2 \end{pmatrix}_p. \quad (5.4.19)$$

若 a 可逆, 则 $\mathrm{ind}(a) = 0$ 和 $a^{\pi} = 0$. 由引理 5.4.4, 则存在 $\delta > 0$ 使得 b 可逆, 容易证 $b^{\mathrm{d}} = b^{-1} = (1 + a^{-1}u)a^{-1}$, $\mathrm{ind}(b) = 0$. 即 (5.4.17) 中的 $w = 0$, 即 (1) 得证. 若 a 为幂零且 $a^{\pi} = 1$, 则 $a^2 a^{\pi}u = a^2 u = 0$, $a^{\pi}u^2 = u^2 = 0$. 由引理 5.4.6, 则 (1) 成立.

下面考虑 $a \in \mathscr{A}^{\mathrm{d}}$ 且 $\mathrm{ind}(a) > 0$, 即 a 既不是可逆也不是幂零.

由引理 5.4.4, 则存在不相交的子集 M_1, M_2 使得 $\sigma_{\varepsilon}(a_1) \subset M_1$ 和 $\sigma_{\varepsilon}(a_2) \subset M_2$, 其中 $\varepsilon > 0$. 由引理 5.4.5, 得 $\sigma(a_1 + u_1) \subset \sigma_{\varepsilon}(a_1)$, $\sigma(a_2 + u_2) \subset \sigma_{\varepsilon}(a_2)$, 其中 $\delta > 0$ 和 $\|u\| < \delta$, 即得 $\|u_1\| < \delta$, $\|u_2\| < \delta$.

注意到 $\sigma(a_1 + u_1) \cap \sigma(a_2 + u_2) = \varnothing$. 由引理 5.4.5, 可断定 $\sigma(b) = \sigma(a_1 + u_1) \cup \sigma(a_2 + u_2)$ 且总存在一 $\delta > 0$ 使得 $a_1 + u_1$ 可逆, 其中 $\|u_1\| < \delta$. 由 (5.4.19) 第二个等式和引理 5.4.1, 可知 $(a+u)^{\mathrm{d}}$ 存在当且仅当 $(a_2 + u_2)^{\mathrm{d}}$ 存在, 即 $[a^{\pi}(a+u)]^{\mathrm{d}}$ 也存在.

下面给出 (1) 的证明.

由

$$aa^\pi u^2 = \begin{pmatrix} a_1 & 0 \\ 0 & a_2 \end{pmatrix}_p \begin{pmatrix} 0 & 0 \\ 0 & 1 \end{pmatrix}_p \begin{pmatrix} u_1 & u_{12} \\ 0 & u_2 \end{pmatrix}_p^2 = \begin{pmatrix} 0 & 0 \\ 0 & a_2 u_2^2 \end{pmatrix}_p = 0,$$

则 $a_2 u_2^2 = 0$.

因为 $a^\pi a^2 = 0$, 则

$$a^\pi a^2 = \begin{pmatrix} 0 & 0 \\ 0 & 1 \end{pmatrix}_p \begin{pmatrix} a_1^2 & 0 \\ 0 & a_2^2 \end{pmatrix}_p = \begin{pmatrix} 0 & 0 \\ 0 & a_2^2 \end{pmatrix}_p = 0,$$

由此得 $a_2^2 = 0$ 且 $a_2^{\mathrm{d}} = 0$. 由于 $(a^\pi au)^{\mathrm{d}}$ 存在, 则 $(a_2 u_2)^{\mathrm{d}}$ 存在, 由此可以推出 $(u_2 a_2)^{\mathrm{d}}$ 存在因为 $(u_2 a_2)^{\mathrm{d}} = u_2 [(a_2 u_2)^{\mathrm{d}}]^2 a_2$.

由 $a^\pi u$ 广义 Drazin 可逆和定理 5.4.6, 则

$$(a_2 + u_2)^{\mathrm{d}} = -\sum_{n=0}^{\infty} u_2^\pi u_2^{2n} \left([(a_2 u_2)^{\mathrm{d}}]^{n+1} a_2 + u_2 [(a_2 u_2)^{\mathrm{d}}]^{n+1} \right). \tag{5.4.20}$$

由引理 5.4.1, 则 $b = a + u$ 广义 Drazin 可逆且

$$b^{\mathrm{d}} = \begin{pmatrix} (a_1 + u_1)^{-1} & x \\ 0 & (a_2 + u_2)^{\mathrm{d}} \end{pmatrix}_p, \tag{5.4.21}$$

其中

$$x = \sum_{n=0}^{\infty} (a_1 + u_1)^{-(n+2)} u_{12} (a_2 + u_2)^n (a_2 + u_2)^\pi - (a_1 + u_1)^{-1} u_{12} (a_2 + u_2)^{\mathrm{d}}.$$

为了证明 (1), 先给出下面的计算:

$$(a_1 + u_1)^{-1} \oplus 0 = (1 + a_1^{-1} u_1) a_1^{-1} \oplus 0 = (1 + a^{\mathrm{d}} u)^{-1} a^{\mathrm{d}} = v, \tag{5.4.22}$$

$$\begin{aligned}
[a^\pi (a + u)]^{\mathrm{d}} &= 0 \oplus (a_2 + u_2)^{\mathrm{d}} \\
&= 0 \oplus \sum_{n=0}^{\infty} u_2^\pi u_2^{2n} [u_2 ((a_2 u_2)^{\mathrm{d}})^{n+1} + ((a_2 u_2)^{\mathrm{d}})^{n+1} a_2] \\
&= \sum_{n=0}^{\infty} (a^\pi u)^\pi u^{2n} [a^\pi u ((aa^\pi u)^{\mathrm{d}})^{n+1} + ((aa^\pi u)^{\mathrm{d}})^{n+1} a] = w. \tag{5.4.23}
\end{aligned}$$

由 (5.4.21), 则

$$\begin{pmatrix} 0 & x \\ 0 & 0 \end{pmatrix}_p = \left\{ \sum_{n=0}^{\infty} v^{n+2} a^\pi u [a^\pi (a + u)]^n \right\} [1 - a^\pi (a + u) w] - vuw, \tag{5.4.24}$$

即 (1) 成立.

(2) 由 (1), 则

$$b^{\mathrm{d}} - a^{\mathrm{d}} = v + w - vuw + \sum_{n=0}^{\infty} v^{n+2} u a^{\pi} [a^{\pi}(a+u)]^n \times [1 - a^{\pi}(a+u)w] - a^{\mathrm{d}}$$

$$= \sum_{n=0}^{\infty} (a^{\mathrm{d}} u)^n a^{\mathrm{d}} + w - vuw$$

$$+ \sum_{n=0}^{\infty} v^{n+2} u a^{\pi} [a^{\pi}(a+u)]^n \times [1 - a^{\pi}(a+u)w] - a^{\mathrm{d}}$$

$$= \sum_{n=0}^{\infty} v^{n+2} u a^{\pi} [a^{\pi}(a+u)]^n \times [1 - a^{\pi}(a+u)w]$$

$$+ \sum_{n=1}^{\infty} (a^{\mathrm{d}} u)^n a^{\mathrm{d}} + w - vuw. \tag{5.4.25}$$

注意到 $\sigma(ua^{\mathrm{d}}) \cup \{0\} = \sigma(a^{\mathrm{d}} u) \cup \{0\}$, 它蕴涵 $\|ua^{\mathrm{d}}\| < 1$ 等价于 $\|a^{\mathrm{d}} u\| < 1$, 即

$$\left\| \sum_{n=1}^{\infty} (a^{\mathrm{d}} u)^n a^{\mathrm{d}} \right\| \leqslant \frac{\|a^{\mathrm{d}}\| \|a^{\mathrm{d}} u\|}{1 - \|a^{\mathrm{d}} u\|} = \delta_1. \tag{5.4.26}$$

由 (5.4.22), (5.4.23), (5.4.24) 和 $\|(aa^{\pi} u)^{\mathrm{d}}\| < 1$, 可得

$$\|w\| = \left\| \sum_{n=0}^{\infty} (a^{\pi} u)^{\pi} u^{2n} \left(a^{\pi} u ((aa^{\pi} u)^{\mathrm{d}})^{n+1} + ((aa^{\pi} u)^{\mathrm{d}})^{n+1} a^{\pi} a \right) \right\|$$

$$\leqslant \sum_{n=0}^{\infty} \|[a^{\pi} u((aa^{\pi} u)^{\mathrm{d}})^{n+1} + ((aa^{\pi} u)^{\mathrm{d}})^{n+1}(a^{\pi} a)]\| \sum_{n=0}^{\infty} \left\| (a^{\pi} u)^{\pi} u^{2n} \right\|$$

$$\leqslant \left(\sum_{n=0}^{\infty} \|a^{\pi} u\| \|(aa^{\pi} u)^{\mathrm{d}}\|^{n+1} + \sum_{n=0}^{\infty} \|(aa^{\pi} u)^{\mathrm{d}}\|^{n+1}(a^{\pi} a)\| \right) \sum_{n=0}^{\infty} \|(a^{\pi} u)^{\pi} u^{2n}\|$$

$$\leqslant \left(\frac{\|a^{\pi} u\| \|(aa^{\pi} u)^{\mathrm{d}}\|}{1 - \|(aa^{\pi} u)^{\mathrm{d}}\|} + \frac{\|a^{\pi} a\| \|(aa^{\pi} u)^{\mathrm{d}}\|}{1 - \|(aa^{\pi} u)^{\mathrm{d}}\|} \right) \sum_{n=0}^{\infty} \|(a^{\pi} u)^{\pi} u^{2n}\|$$

$$= \delta_2, \tag{5.4.27}$$

$$\|x\| = \left\| \left\{ \sum_{n=0}^{\infty} v^{n+2} a^{\pi} u [a^{\pi}(a+u)]^n \right\} [1 - a^{\pi}(a+u)w] - vuw \right\|$$

$$\leqslant \frac{\|a^{\mathrm{d}}\| \|a^{\mathrm{d}} u\|^2 (1 + \|a^{\pi}(a+u)\| \delta_2)}{1 - \|a^{\mathrm{d}} u\|} \sum_{n=0}^{\infty} \|a^{\pi} u [a^{\pi}(a+u)]^n\|$$

$$+ \frac{\delta_1 \delta_2 \|u\|}{\|a^{\mathrm{d}} u\|} = \delta_3. \tag{5.4.28}$$

对 (5.4.25) 取范数且由 (5.4.26)—(5.4.28), 则 (2) 得证.

类似定理 5.4.7, 可得以下结论.

定理 5.4.8 设 $a, u \in \mathscr{A}^{\mathrm{d}}$ 满足 $a^{\pi}u(1 - a^{\pi}) = 0$, $a^2 a^{\pi} u = 0$, $a^{\pi}u^2 = 0$ 且 $a^{\pi}u$ 广义 Drazin 可逆, 则存在 $\delta > 0$ 且对于 $\forall \|u\| < \delta$ 使得 $b = a + u$ 广义 Drazin 可逆当且仅当 $[a^{\pi}(a + u)]^{\mathrm{d}}$ 存在, 进一步, 若 $a^{\pi}au \in \mathscr{A}^{\mathrm{d}}$, 则

(1) $b^{\mathrm{d}} = v + w - vuw + \left\{ \sum\limits_{n=0}^{\infty} v^{n+2}u(1 - p)[(1 - p)(a + u)]^n \right\}[1 - (a + u)w]$;

(2) 若 $\|ua^{\mathrm{d}}\| < 1$ 和 $\|(aa^{\pi}u)^{\mathrm{d}}\| < 1$, 则

$$\|b^{\mathrm{d}} - a^{\mathrm{d}}\| \leqslant \delta_2(1 + \delta_1\|u\|) + \frac{\delta_1}{\|a^{\mathrm{d}}u\|} + \delta_3,$$

其中

$$v = (1 + a^{\mathrm{d}}u)^{-1}a^{\mathrm{d}}, \quad \delta_1 = \frac{\|a^{\mathrm{d}}\|\|a^{\mathrm{d}}u\|}{1 - \|a^{\mathrm{d}}u\|},$$

$$w = \sum_{n=0}^{\infty} \left\{ \left(a^{\pi}u((aa^{\pi}u)^{\mathrm{d}})^{n+1} + ((aa^{\pi}u)^{\mathrm{d}})^{n+1}a^{\pi}a \right)(a^{\pi})^{\pi}a^{2n} \right\},$$

$$\delta_2 = \left(\frac{\|a^{\pi}a\|\|(aa^{\pi}u)^{\mathrm{d}}\|}{1 - \|(aa^{\pi}u)^{\mathrm{d}}\|} + \frac{\|a^{\pi}u\|\|(aa^{\pi}u)^{\mathrm{d}}\|}{1 - \|(aa^{\pi}u)^{\mathrm{d}}\|} \right)\sum_{n=0}^{\infty}\|(a^{\pi})^{\pi}u^{2n}\|,$$

$$\delta_3 = \frac{\|a^{\mathrm{d}}\|\|a^{\mathrm{d}}u\|^2(1 + \|a^{\pi}(a + u)\|\delta_2)}{1 - \|a^{\mathrm{d}}u\|}\sum_{n=0}^{\infty}\|a^{\pi}a\left(a^{\pi}(a + u)\right)^n\| + \frac{\delta_1\delta_2\|u\|}{\|a^{\mathrm{d}}u\|}.$$

定理 5.4.9 设 $a, u \in \mathscr{A}^{\mathrm{d}}$ 满足 $a^{\pi}u(1 - a^{\pi}) = 0$ 且 $a^{\pi}u^2 = a^{\pi}u$, 则存在 $\delta > 0$ 且对于 $\forall \|u\| < \delta$ 使得 $b = a + u$ 广义 Drazin 可逆当且仅当 $[a^{\pi}(a + u)]^{\mathrm{d}}$ 存在. 进一步, 若 $ga^{\pi}a(1 - g) = 0$, 则

(1) $b^{\mathrm{d}} = (1 - a^{\pi})\sum\limits_{n=0}^{\infty}(au)^n a^{\mathrm{d}} + z + a^{\pi}\left(q\sum\limits_{n=0}^{\infty}a^n + y \right)$;

(2) 若 $\|aa^{\mathrm{d}}ua^{\mathrm{d}}\| < 1$, $\|aa^{\pi}au^2\| < 1$ 和 $\|a^{\pi}u(a^{\pi}u)^{\mathrm{d}}a^{\pi}a\| < 1$, 则

$$\|b^{\mathrm{d}} - a^{\mathrm{d}}\| \leqslant \delta_1\|1 - a^{\pi}\| + \delta_4 + \delta_5 + \delta_6,$$

其中 δ_1 取值和定理 5.4.7 一样, 以及 g 是 $\mathscr{A}$ 中的幂等元,

$$v = (1 + a^{\mathrm{d}}u)^{-1}a^{\mathrm{d}}, \quad t = \sum_{n=0}^{\infty}\left(a^{\pi}u(a^{\pi}u)^{\mathrm{d}}a^{\pi}a \right)^n,$$

$$m = \sum_{n=0}^{\infty}(p + q)\, t^{-(n+2)}((1 - p - q)(a + u)q)\left((1 - p - q)aq \right)^n,$$

$$z = \sum_{n=0}^{\infty} v^{n+2} u a^{\pi}(a+u)^n [1 - (a^{\pi}(a+u))(a^{\pi}(a+u))^{\mathrm{d}}] - v u a^{\pi}(a^{\pi}(a+u))^{\mathrm{d}},$$

$$\delta_4 = \frac{1}{1 - \|a^{\pi} u (a^{\pi} u)^{\mathrm{d}} a^{\pi} a\|},$$

$$\delta_5 = \|p+q\| \sum_{n=0}^{\infty} \delta_4^{n+2} \|((1-p-q)(a+u)q)\| \|[(1-p-q)aq]^n\|,$$

$$\delta_6 = \frac{\|u a^{\pi}\| \|a^{\mathrm{d}}\|^2 \|(a^{\pi}(a+u))^{\pi}\|}{(1 - \|a^{\mathrm{d}} u\|)^2} \sum_{n=0}^{\infty} \left(\frac{\|a^{\mathrm{d}}\| \|a+u\|}{1 - \|a^{\mathrm{d}} u\|} \right)^n + \frac{\delta_1 \|u a^{\pi}(a^{\pi}(a+u))^{\mathrm{d}}\|}{\|a^{\mathrm{d}} u\|}.$$

证明　设 $p = a a^{\mathrm{d}}$ 和 $a^{\pi} = 1 - p$，则 a, a^{d}, u 可写成 (5.4.18). 由 $a^{\pi} u (1 - a^{\pi}) = 0$，则

$$u = \begin{pmatrix} u_1 & u_{12} \\ 0 & u_2 \end{pmatrix}_p, \quad b = \begin{pmatrix} a_1 + u_1 & u_{12} \\ 0 & a_2 + u_2 \end{pmatrix}_p. \tag{5.4.29}$$

若 a 可逆, 类似定理 5.4.7 可证 (1).

下面考虑 $a \in \mathscr{A}^{\mathrm{d}}$ 和 $\mathrm{ind}(a) > 0$ 以及 $\sigma(a) \neq \{0\}$, 即 a 既不可逆也不是幂零. 类似定理 5.4.7 的证明, 则 $a_1 + u_1 \in p\mathscr{A}p$ 可逆且

$$(a_1 + u_1)^{-1} \oplus 0 = (1 + a^{\mathrm{d}} u)^{-1} a^{\mathrm{d}} = v. \tag{5.4.30}$$

由 (5.4.29), (5.4.30), 我们断定 $(a+u)^{\mathrm{d}}$ 存在当且仅当 $(a_2+u_2)^{\mathrm{d}}$ 存在 (即 $[a^{\pi}(a+u)]^{\mathrm{d}}$ 存在).

下面考虑 a_2 经过扰动后 $a_2 + u_2$ 广义 Drazin 逆的表达式.

由 $a^{\pi} u^2 = a^{\pi} u$, 则 $u_2^2 = u_2$, $u_2 \in (p\mathscr{A}p)^{\bullet}$, 即 $\sigma(u_2) \subseteq \{1, 0\}$. 设 $q = u_2 u_2^{\mathrm{d}} = u_2 u_2$, 则 u_2 有如下的形式:

$$u_2 = \begin{pmatrix} q & 0 \\ x_1 & 0 \end{pmatrix}_q \left(\text{或} \quad u_2' = \begin{pmatrix} q & x_2 \\ 0 & 0 \end{pmatrix}_{q'} \right), \quad q = u_2 u_2' \ (\text{或} \quad q' = u_2' u_2'^{\mathrm{d}}). \tag{5.4.31}$$

对于 $a_2 \in (1-p)\mathscr{A}(1-p)$, 则

$$a_2 = \begin{pmatrix} a_{11} & a_{12} \\ a_{21} & a_{22} \end{pmatrix}_q \left(\text{或} \quad a_2 = \begin{pmatrix} a_{11}' & a_{12}' \\ a_{21}' & a_{22}' \end{pmatrix}_{q'} \right). \tag{5.4.32}$$

不妨假设 g 和 $1 - g$ 如下:

$$g = \begin{pmatrix} q & 0 \\ 0 & 0 \end{pmatrix}_{q(\text{或} \ q')}, \quad 1 - g = \begin{pmatrix} 1-q & 0 \\ 0 & 0 \end{pmatrix}_{q(\text{或} \ q')}. \tag{5.4.33}$$

由 $ga^\pi a(1-g)=0$, 可得

$$a_2 = \begin{pmatrix} a_{11} & 0 \\ a_{21} & a_{22} \end{pmatrix}_q \quad \left(\text{或} \quad a_2 = \begin{pmatrix} a'_{11} & a'_{12} \\ 0 & a'_{22} \end{pmatrix}_{q'} \right). \tag{5.4.34}$$

由 (5.4.31)—(5.4.34), 可得

$$a_2 + u_2 = \begin{pmatrix} a_{11}+q & 0 \\ a_{21}+x_1 & a_{22} \end{pmatrix}_q, \quad \text{或} \quad a_2 + u'_2 = \begin{pmatrix} a'_{11}+q & a'_{12}+x_2 \\ 0 & a'_{22} \end{pmatrix}_q. \tag{5.4.35}$$

因为 (5.4.35) 中两种情况是对称的, 则下面只考虑 (5.4.35) 前一种情况. 因为 $q \in (1-p)\mathscr{A}(1-p)$ 是单位以及 a_2 幂零, 所以 $a_{11}, a_{22} \in (1-p)\mathscr{A}(1-p)$ 分别为幂零以及 $a_{11}+q \in (1-p)\mathscr{A}(1-p)$ 可逆.

为了得出结果, 则需要进行下面计算:

$$[a^\pi u(a^\pi u)^{\mathrm{d}} a^\pi(a+u)]^{\mathrm{d}} = 0 \oplus [a^\pi(a+u)]^{\mathrm{d}} = 0 \oplus (q+a_{11})^{-1} \oplus 0$$

$$= 0 \oplus \sum_{n=0}^{\infty} a_{11}^n \oplus 0 = \sum_{n=0}^{\infty} [q(1-p)a]^n = t, \tag{5.4.36}$$

$$\begin{pmatrix} 0 & 0 & 0 \\ 0 & 0 & 0 \\ 0 & y & 0 \end{pmatrix}_p = \begin{pmatrix} 0 & 0 \\ 0 & m \end{pmatrix}_p, \tag{5.4.37}$$

其中

$$y = \sum_{n=0}^{\infty} \left((a_{11}+q)^{-1} \right)^{n+2} (a_{21}+x_1)(a_{22})^n,$$

$$m = \sum_{n=0}^{\infty} (p+q)\, t^{-(n+2)}((1-p-q)(a+u)q)[(1-p-q)aq]^n.$$

由 (5.4.36), (5.4.37), 则

$$0 \oplus (a_2+u_2)^{\mathrm{d}} = 0 \oplus \begin{pmatrix} (a_{11}+q)^{-1} & 0 \\ y & 0 \end{pmatrix}_q = t+m. \tag{5.4.38}$$

因为 a_1+u_1 可逆, 由引理 5.4.1 和 (5.4.29)(5.4.30)(5.4.38), 可得

$$(a+u)^{\mathrm{d}} = \begin{pmatrix} (a_1+u_1)^{-1} & z \\ 0 & (a_2+u_2)^{\mathrm{d}} \end{pmatrix}_p$$

$$= (1-a^\pi) \sum_{n=0}^{\infty} (a^{\mathrm{d}} u)^n a^{\mathrm{d}} + z + t + m, \tag{5.4.39}$$

其中 z 表达式为 (5.4.29).

类似地, 对于 (5.4.35) 的第二个式子也有同样的结果.

若 $a \in \mathscr{A}^{\mathrm{qnil}}$ 且 $a^\pi = 1$, 则 $aa^\pi u^2 = au^2 = 0$, $a^\pi a^2 = a^2 = 0$. 即 $a + u$ 的证明为上面 $a_2 + u_2$ 的情况. 即 (1) 得证.

(2) 由结论 (1), 则

$$b^{\mathrm{d}} - a^{\mathrm{d}} = (1 - a^\pi) \sum_{n=0}^{\infty} (a^{\mathrm{d}}u)^n a^{\mathrm{d}} + z + t + m - a^{\mathrm{d}}$$

$$= -a^\pi a^{\mathrm{d}} + (1 - a^\pi) \sum_{n=1}^{\infty} (au)^n a^{\mathrm{d}} + z + t + m. \tag{5.4.40}$$

因为 $aa^{\mathrm{d}}(a+u)aa^{\mathrm{d}} = u_1 + a_1$ 可逆且 $\|aa^{\mathrm{d}}ua^{\mathrm{d}}\| < 1$, 所以

$$\left\| (1 - a^\pi) \sum_{n=1}^{\infty} (a^{\mathrm{d}}u)^n a^{\mathrm{d}} \right\| \leqslant \|1 - a^\pi\| \frac{\|a^{\mathrm{d}}u\|\|a^{\mathrm{d}}\|}{1 - \|a^{\mathrm{d}}u\|} = \delta_1 \|1 - a^\pi\|. \tag{5.4.41}$$

由 (5.4.36), $\|a^\pi u (a^\pi u)^{\mathrm{d}} a^\pi a\| < 1$, 有

$$\|t\| = \left\| \sum_{n=0}^{\infty} [a^\pi u (a^\pi u)^{\mathrm{d}} a^\pi a]^n \right\| \leqslant \frac{1}{1 - \|a^\pi u (a^\pi u)^{\mathrm{d}} a^\pi a\|} = \delta_4. \tag{5.4.42}$$

为了证 (2) 成立, 需进行以下计算:

$$\|m\| = \left\| \sum_{n=0}^{\infty} (p+q) t^{-(n+2)} ((1-p-q)(a+u)q)[(1-p-q)aq]^n \right\|$$

$$\leqslant \sum_{n=0}^{\infty} \| (p+q) t^{-(n+2)} \| \| ((1-p-q)(a+u)q) \| \| [(1-p-q)aq]^n \|$$

$$\leqslant \| (p+q) \| \sum_{n=0}^{\infty} \delta_4^{n+2} \| ((1-p-q)(a+u)q) \| \| [(1-p-q)aq]^n \|$$

$$= \delta_5, \tag{5.4.43}$$

$$\|z\| = \left\| \sum_{n=0}^{\infty} v^{n+2} u a^\pi (a+u)^n (a^\pi(a+u))^\pi - v u a^\pi (a^\pi(a+u))^{\mathrm{d}} \right\|$$

$$\leqslant \frac{\|ua^\pi\|\|a^{\mathrm{d}}\|^2}{(1 - \|a^{\mathrm{d}}u\|)^2} \sum_{n=0}^{\infty} \left(\frac{\|a^{\mathrm{d}}\|\|a+u\|}{1 - \|a^{\mathrm{d}}u\|} \right)^n \|(a^\pi(a+u))^\pi\|$$

$$\quad + \frac{\delta_1}{\|a^{\mathrm{d}}u\|} \|ua^\pi (a^\pi(a+u))^{\mathrm{d}}\|$$

$$= \delta_6. \tag{5.4.44}$$

由 (5.4.40)—(5.4.44), 可得

$$
\begin{aligned}
\|(a+u)^{\mathrm{d}} - a^{\mathrm{d}}\| &= \left\| (1-a^{\pi}) \sum_{n=1}^{\infty} (a^{\mathrm{d}}u)^n a^{\mathrm{d}} + z + t + m \right\| \\
&\leqslant \frac{\|1-a^{\pi}\| \|a^{\mathrm{d}}u\| \|a^{\mathrm{d}}\|}{1 - \|a^{\mathrm{d}}u\|} + \|z\| + \|t\| + \|m\| \\
&\leqslant \delta_1 \|1-a^{\pi}\| + \delta_4 + \delta_5 + \delta_6.
\end{aligned}
\tag{5.4.45}
$$

由 (5.4.45), (2) 得证.

第6章 Banach 空间有界线性算子广义逆的迭代算法

6.1 $A_{T,S}^{(2)}$ 逆的迭代算法

令 X 和 Y 表示任意 Banach 空间, $\mathcal{B}(X,Y)$ 为 X 到 Y 上所有有界线性算子的集合, 特别地, $\mathcal{B}(X) = \mathcal{B}(X,X)$. 对任意算子 $A \in \mathcal{B}(X,Y)$, 记它的值域、零空间、谱半径和范数分别为 $\mathcal{R}(A), \mathcal{N}(A), \rho(A), \|A\|$. 如果我们说 A 有一个 {2}-(或外) 逆, 那么存在一个 $X \in \mathcal{B}(Y,X)$ 使得 $XAX = X$. 令 $\mathcal{L}$ 和 $\mathcal{M}$ 为 X 的两个子空间并且 $\mathcal{L} \oplus \mathcal{M} = X$, 那么符号 $P_{\mathcal{L},\mathcal{M}}$ 表示 $\mathcal{L}$ 上平行于 $\mathcal{M}$ 的投影. $\lim\limits_{n \to \infty} A^n = 0$ 的充分必要条件是 $\rho(A) < 1$.

本章将构造用来计算 Banach 空间上的有界线性算子的外广义逆的迭代法, 并通过利用算子矩阵分块来证明其收敛性.

定理 6.1.1 令 $A \in \mathcal{B}(X,Y)$, T, S 为引理 1.0.13 中给定的使得 $A_{T,S}^{(2)}$ 存在. 在 $\mathcal{B}(Y,X)$ 中用如下方式定义序列 $(X_k)_k$:

$$
\begin{cases}
R_k = P_{A(T),S} - P_{A(T),S}AX_k, \\
X_{k+1} = X_k(I + R_k + \cdots + R_k^{p-1}), \quad p \geqslant 2, k = 0, 1, 2, \cdots,
\end{cases}
\tag{6.1.1}
$$

那么迭代 (6.1.1) 收敛于 $A_{T,S}^{(2)}$ 的充分必要条件是 $\mathcal{R}(X_0) \subset T, \rho(R_0) < 1$. 在这种情况下, 如果 $\|R_0\| = q < 1$, 那么

$$
\|A_{T,S}^{(2)} - X_k\| \leqslant q^{p^k}(1-q)^{-1}\|X_0\|.
\tag{6.1.2}
$$

证明 由于 A, T, S 满足引理 1.0.13, 那么 A 和 $A_{T,S}^{(2)}$ 分别具有矩阵形式 (1.0.14) 和 (1.0.15). 因此, 由 $\mathcal{R}(X_0) \subset T$ 推出 X_0 具有下面的矩阵表示:

$$
X_0 = \begin{pmatrix} X_{11} & X_{12} \\ 0 & 0 \end{pmatrix} : \begin{pmatrix} A(T) \\ S \end{pmatrix} \to \begin{pmatrix} T \\ T_1 \end{pmatrix}.
$$

此外

$$
P_{A(T),S} = \begin{pmatrix} I & 0 \\ 0 & 0 \end{pmatrix} : \begin{pmatrix} A(T) \\ S \end{pmatrix} \to \begin{pmatrix} A(T) \\ S \end{pmatrix}.
$$

由于 $P_{A(T),S}R_k = R_k$,

$$
\begin{aligned}
R_{k+1} &= P_{A(T),S} - P_{A(T),S}AX_{k+1} \\
&= P_{A(T),S} - P_{A(T),S}AX_k(I + R_k + \cdots + R_k^{p-1}) \\
&= P_{A(T),S} - P_{A(T),S}AX_k - P_{A(T),S}AX_kR_k(I + R_k + \cdots + R_k^{p-2}) \\
&= R_k - P_{A(T),S}AX_kR_k(I + R_k + \cdots + R_k^{p-2}) \\
&= P_{A(T),S}R_k - P_{A(T),S}AX_kR_k - P_{A(T),S}AX_kR_k^2(I + R_k + \cdots + R_k^{p-3}) \\
&= R_k^2 - P_{A(T),S}AX_kR_k^2(I + R_k + \cdots + R_k^{p-3}) \\
&= \cdots \\
&= R_k^{p-1} - P_{A(T),S}AX_kR_k^{p-1} = R_k^p.
\end{aligned}
$$

通过归纳有

$$
R_k = R_{k-1}^p = R_{k-2}^{p^2} = \cdots = R_0^{p^k} \tag{6.1.3}
$$

及

$$
\begin{aligned}
X_{k+1} &= X_k(I + R_k + \cdots + R_k^{p-1}) \\
&= X_{k-1}(I + R_{k-1} + \cdots + R_{k-1}^{p-1})(I + R_k + \cdots + R_k^{p-1}) \\
&= \cdots \\
&= X_0(I + R_0 + \cdots + R_0^{p-1}) \cdots (I + R_k + \cdots + R_k^{p-1}) \\
&= X_0(I + R_0 + \cdots + R_0^{p^{k+1}-1}).
\end{aligned}
$$

因此

$$
X_{k+1}(I - R_0) = X_0(I - R_0^{p^{k+1}}). \tag{6.1.4}
$$

$\Leftarrow$: 如果 $\rho(R_0) < 1$, 那么 $R_0^{p^{k+1}} \to 0$ $(k \to \infty)$ 且 $I - R_0$ 可逆. 由 (6.1.4), 我们得到 $X_\infty(I - R_0) = X_0$. 因此, $X_\infty = X_0(I - R_0)^{-1}$.

同时

$$
R_0 = P_{A(T),S} - P_{A(T),S}AX_0 = \begin{pmatrix} I - A_1X_{11} & -A_1X_{12} \\ 0 & 0 \end{pmatrix}.
$$

因此

$$
I - R_0 = \begin{pmatrix} A_1X_{11} & A_1X_{12} \\ 0 & I \end{pmatrix}.
$$

由于 $I - R_0$ 可逆, $A_1 X_{11}$ 可逆, 从而 X_{11} 可逆. 现在

$$(I - R_0)^{-1} = \begin{pmatrix} X_{11}^{-1} A_1^{-1} & -X_{11}^{-1} X_{12} \\ 0 & I \end{pmatrix}.$$

容易验证

$$\begin{aligned} X_\infty &= X_0 (I - R_0)^{-1} \\ &= \begin{pmatrix} X_{11} & X_{12} \\ 0 & 0 \end{pmatrix} \begin{pmatrix} X_{11}^{-1} A_1^{-1} & -X_{11}^{-1} X_{12} \\ 0 & I \end{pmatrix} \\ &= \begin{pmatrix} A_1^{-1} & 0 \\ 0 & 0 \end{pmatrix} = A_{T,S}^{(2)}. \end{aligned}$$

$\Rightarrow$:　如果 X_k 收敛于 $A_{T,S}^{(2)}$, 那么, 由 (6.1.1), 有

$$R_k \to P_{A(T),S} - P_{A(T),S} A A_{T,S}^{(2)} = 0 \quad (k \to 0).$$

由 (6.1.3), 有 $R_0^{p^k} \to 0 \ (k \to 0)$, 从而 $\rho(R_0) < 1$. 由 (6.1.4), 得到 $A_{T,S}^{(2)}(I - R_0) = X_0$. 因此 $\mathcal{R}(X_0) \subset T$.

现在我们说明 (6.1.2). 如果 $\|R_0\| = q < 1$, 那么

$$(I - R_0)^{-1} = \sum_{k=0}^{\infty} R_0^k.$$

因此

$$\begin{aligned} A_{T,S}^{(2)} - X_k &= X_0 (I - R_0)^{-1} - X_k \\ &= X_0 (I - R_0)^{-1} - X_0 (I + R_0 + \cdots + R_0^{p^k - 1}) \\ &= X_0 (I + R_0 + \cdots + R_0^{p^k - 1} + \cdots) - X_0 (I + R_0 + \cdots + R_0^{p^k - 1}) \\ &= X_0 R_0^{p^k} (I + R_0 + \cdots). \end{aligned}$$

从而

$$\begin{aligned} \|A_{T,S}^{(2)} - X_k\| &= \|X_0 R_0^{p^k} (I + R_0 + \cdots)\| \\ &\leqslant \|X_0\| \|R_0^{p^k}\| \|I + R_0 + \cdots\| \\ &\leqslant q^{p^k} (1 - q)^{-1} \|X_0\|. \end{aligned}$$

定理 6.1.2　令 $A \in \mathcal{B}(X, Y)$, T, S 为引理 1.0.13 中给定的使得 $A_{T,S}^{(2)}$ 存在的子空间. 在 $\mathcal{B}(Y, X)$ 中用如下方式定义序列 $(X_k)_k$:

$$\begin{cases} R_k = P_{A(T),S} - P_{A(T),S} A X_k, \\ X_{k+1} = X_0 R_k + X_k, \quad k = 0, 1, 2, \cdots, \end{cases} \tag{6.1.5}$$

那么迭代 (6.1.5) 收敛于 $A_{T,S}^{(2)}$ 的充分必要条件是 $\mathcal{R}(X_0) \subset T, \rho(R_0) < 1$. 在这种情况下, 如果 $\|R_0\| = q < 1$, 那么

$$\|A_{T,S}^{(2)} - X_k\| \leqslant q^{k+1}(1-q)^{-1}\|X_0\|. \tag{6.1.6}$$

证明 由于 $P_{A(T),S}R_k = R_k$,

$$\begin{aligned}
R_{k+1} &= P_{A(T),S} - P_{A(T),S}AX_{k+1} \\
&= P_{A(T),S} - P_{A(T),S}A(X_0R_k + X_k) \\
&= P_{A(T),S} - P_{A(T),S}AX_0R_k - P_{A(T),S}AX_k \\
&= R_k - P_{A(T),S}AX_0R_k \\
&= (P_{A(T),S} - P_{A(T),S}AX_0)R_k \\
&= R_0R_k = R_0^2R_{k-1} = \cdots = R_0^{k+2}
\end{aligned}$$

及

$$\begin{aligned}
X_{k+1} &= X_0R_k + X_k \\
&= X_0R_k + X_0R_{k-1} + X_{k-1} \\
&= X_0(I + R_0 + \cdots + R_k) \\
&= X_0(I + R_0 + \cdots + R_0^{k+1}),
\end{aligned}$$

因此

$$X_{k+1}(I - R_0) = X_0(I - R_0^{k+2}). \tag{6.1.7}$$

$\Leftarrow$: 如果 $\rho(R_0) < 1$, 那么 $R_0^{p^{k+1}} \to 0 \ (k \to \infty)$ 且 $I - R_0$ 可逆. 所以, 由 (6.1.7) 得到 $X_\infty(I - R_0) = X_0$. 因此, $X_\infty = X_0(I - R_0)^{-1}$. 那么通过定理 6.1.1 的必要性, 得到

$$X_\infty = X_0(I - R_0)^{-1} = \begin{pmatrix} A_1^{-1} & 0 \\ 0 & 0 \end{pmatrix} = A_{T,S}^{(2)}.$$

$\Rightarrow$: 类似于定理 6.1.1 的必要性证明.

如果 $\|R_0\| = q < 1$, 那么

$$(I - R_0)^{-1} = \sum_{k=0}^\infty R_0^k.$$

因此

$$
\begin{aligned}
A_{T,S}^{(2)} - X_k &= X_0(I - R_0)^{-1} - X_k \\
&= X_0(I - R_0)^{-1} - X_0(I + R_0 + \cdots + R_0^k) \\
&= X_0(I + R_0 + \cdots + R_0^k + \cdots) - X_0(I + R_0 + \cdots + R_0^k) \\
&= X_0 R_0^{k+1}(I + R_0 + \cdots),
\end{aligned}
$$

从而

$$
\begin{aligned}
\|A_{T,S}^{(2)} - X_k\| &= \|X_0 R_0^{k+1}(I + R_0 + \cdots)\| \\
&\leqslant \|X_0\| \|R_0^{k+1}\| \|I + R_0 + \cdots\| \\
&\leqslant q^{k+1}(1 - q)^{-1}\|X_0\|.
\end{aligned}
$$

对偶地, 有

定理 6.1.3　令 $A \in \mathcal{B}(X,Y)$, T, S 为引理 1.0.13 中给定的使得 $A_{T,S}^{(2)}$ 存在. 在 $\mathcal{B}(Y,X)$ 中用如下方式定义序列 $(X_k)_k$:

$$
\begin{cases}
R_k = P_{T,T_1} - X_k A P_{T,T_1}, \\
X_{k+1} = (I + R_k + \cdots + R_k^{p-1})X_k, \quad p \geqslant 2, k = 0,1,2,\cdots,
\end{cases} \tag{6.1.8}
$$

那么迭代 (6.1.8) 收敛于 $A_{T,S}^{(2)}$ 的充分必要条件是 $\mathcal{N}(X_0) \supset S, \rho(R_0) < 1$. 在这种情况下, 如果 $\|R_0\| = q < 1$, 那么

$$
\|A_{T,S}^{(2)} - X_k\| \leqslant q^{p^k}(1 - q)^{-1}\|X_0\|. \tag{6.1.9}
$$

定理 6.1.4　令 $A \in \mathcal{B}(X,Y)$, T, S 为引理 1.0.13 中给定的使得 $A_{T,S}^{(2)}$ 存在. 在 $\mathcal{B}(Y,X)$ 中用如下方式定义序列 $(X_k)_k$:

$$
\begin{cases}
R_k = P_{T,T_1} - X_k A P_{T,T_1}, \\
X_{k+1} = R_k X_0 + X_k, \quad k = 0,1,2,\cdots,
\end{cases} \tag{6.1.10}
$$

那么迭代 (6.1.10) 收敛于 $A_{T,S}^{(2)}$ 的充分必要条件是 $\mathcal{N}(X_0) \supset S, \rho(R_0) < 1$. 在这种情况下, 如果 $\|R_0\| = q < 1$, 那么

$$
\|A_{T,S}^{(2)} - X_k\| \leqslant q^{k+1}(1 - q)^{-1}\|X_0\|. \tag{6.1.11}
$$

例 6.1.5　设

$$
A = \begin{pmatrix} 2 & 1 & 1 \\ 0 & 2 & 0 \\ 0 & 0 & 2 \\ 0 & 0 & 0 \end{pmatrix} \in \mathbb{C}^{4 \times 3}.
$$

令 $T = \mathbb{C}^3$, $e = (0,0,0,1)^{\mathrm{T}} \in \mathbb{C}^4$, $S = \mathrm{span}\{e\}$. 于是

$$P_{A(T),S} = \begin{pmatrix} 1 & 0 & 0 & 0 \\ 0 & 1 & 0 & 0 \\ 0 & 0 & 1 & 0 \\ 0 & 0 & 0 & 0 \end{pmatrix}.$$

取

$$X_0 = \begin{pmatrix} 0.4 & 0 & 0 & 0 \\ 0 & 0.4 & 0 & 0 \\ 0 & 0 & 0.4 & 0 \end{pmatrix}.$$

显然有 $\mathcal{R}(X_0) \subset T$, $\rho(R_0) < 1$ 以及

$$A_{T,S}^{(2)} = \begin{pmatrix} 0.5 & -0.25 & -0.25 & 0 \\ 0 & 0.5 & 0 & 0 \\ 0 & 0 & 0.5 & 0 \end{pmatrix}.$$

(1) 令 $R(p,k) = \|R_0\|^{p^k}(1 - \|R_0\|)^{-1}\|X_0\|$. 由 (6.3.5), 有

(i) 若 $p = 2$, 则

$$X_1 = \begin{pmatrix} 0.48000000000000 & -0.16000000000000 & -0.16000000000000 & 0 \\ 0 & 0.48000000000000 & 0 & 0 \\ 0 & 0 & 0.48000000000000 & 0 \end{pmatrix},$$

$\|A_{T,S}^{(2)} - X_1\| = 0.13190905958273$, $\quad R(2,1) = 0.90544562016118$.

$$X_2 = \begin{pmatrix} 0.49920000000000 & -0.24320000000000 & -0.24320000000000 & 0 \\ 0 & 0.49920000000000 & 0 & 0 \\ 0 & 0 & 0.49920000000000 & 0 \end{pmatrix},$$

$\|A_{T,S}^{(2)} - X_2\| = 0.00971596624119$, $\quad R(2,2) = 0.39839607287092$.

$$X_3 = \begin{pmatrix} 0.49999872000000 & -0.24997888000000 & -0.24997888000000 & 0 \\ 0 & 0.49999872000000 & 0 & 0 \\ 0 & 0 & 0.49999872000000 & 0 \end{pmatrix},$$

$\|A_{T,S}^{(2)} - X_3\| = 2.995035892938054\mathrm{e} - 005$, $\quad R(2,3) = 0.07712947970781$.

$$X_4 = \begin{pmatrix} 0.49999999999672 & -0.24999999989350 & -0.24999999989350 & 0 \\ 0 & 0.49999999999672 & 0 & 0 \\ 0 & 0 & 0.49999999999672 & 0 \end{pmatrix},$$

$$\|A_{T,S}^{(2)} - X_4\| = 1.507150008954499e - 010, \quad R(2,4) = 0.00289088694375.$$

$$X_5 = \begin{pmatrix} 0.50000000000000 & -0.25000000000000 & -0.25000000000000 & 0 \\ 0 & 0.50000000000000 & 0 & 0 \\ 0 & 0 & 0.50000000000000 & 0 \end{pmatrix},$$

$$\|A_{T,S}^{(2)} - X_5\| = 0, \quad R(2,5) = 4.061182626100669e - 006.$$

则 $X_5 = A_{T,S}^{(2)}$, (6.3.6) 成立.

(ii) 若 $p = 4$, 则

$$X_1 = \begin{pmatrix} 0.49920000000000 & -0.24320000000000 & -0.24320000000000 & 0 \\ 0 & 0.49920000000000 & 0 & 0 \\ 0 & 0 & 0.49920000000000 & 0 \end{pmatrix},$$

$$\|A_{T,S}^{(2)} - X_1\| = 0.00971596624119, \quad R(4,1) = 0.39839607287092.$$

$$X_2 = \begin{pmatrix} 0.49999999999672 & -0.24999999989350 & -0.24999999989350 & 0 \\ 0 & 0.49999999999672 & 0 & 0 \\ 0 & 0 & 0.49999999999672 & 0 \end{pmatrix},$$

$$\|A_{T,S}^{(2)} - X_2\| = 1.507150437406946e - 010, \quad R(4,2) = 0.00289088694375.$$

$$X_3 = \begin{pmatrix} 0.50000000000000 & -0.25000000000000 & -0.25000000000000 & 0 \\ 0 & 0.50000000000000 & 0 & 0 \\ 0 & 0 & 0.50000000000000 & 0 \end{pmatrix},$$

$$\|A_{T,S}^{(2)} - X_3\| = 7.850462293418876e - 017, \quad R(4,3) = 8.014848976382049e - 012.$$

$$X_4 = \begin{pmatrix} 0.50000000000000 & -0.25000000000000 & -0.25000000000000 & 0 \\ 0 & 0.50000000000000 & 0 & 0 \\ 0 & 0 & 0.50000000000000 & 0 \end{pmatrix},$$

$$\|A_{T,S}^{(2)} - X_4\| = 0, \quad R(4,4) = 4.735352201060509e - 046.$$

于是 $X_4 = A_{T,S}^{(2)}$, (6.3.6) 成立.

(iii) 若 $p = 8$, 则

$$X_1 = \begin{pmatrix} 0.49999872000000 & -0.24997888000000 & -0.24997888000000 & 0 \\ 0 & 0.49999872000000 & 0 & 0 \\ 0 & 0 & 0.49999872000000 & 0 \end{pmatrix},$$

$\|A_{T,S}^{(2)} - X_1\| = 2.995035892937342\mathrm{e} - 005, \quad R(8,1) = 0.07712947970781.$

$$X_2 = \begin{pmatrix} 0.50000000000000 & -0.25000000000000 & -0.25000000000000 & 0 \\ 0 & 0.50000000000000 & 0 & 0 \\ 0 & 0 & 0.50000000000000 & 0 \end{pmatrix},$$

$\|A_{T,S}^{(2)} - X_2\| = 2.077037090527612\mathrm{e} - 016, \quad R(8,2) = 8.014848976382049\mathrm{e} - 012.$

$$X_3 = \begin{pmatrix} 0.50000000000000 & -0.25000000000000 & -0.25000000000000 & 0 \\ 0 & 0.50000000000000 & 0 & 0 \\ 0 & 0 & 0.50000000000000 & 0 \end{pmatrix},$$

$\|A_{T,S}^{(2)} - X_3\| = 0, \quad R(8,3) = 1.089669703654058\mathrm{e} - 091.$

于是 $X_3 = A_{T,S}^{(2)}$, (6.3.6) 成立.

(2) 记 $R(k) = \|R_0\|^{k+1}(1 - \|R_0\|)^{-1}\|X_0\|$. 由 (6.3.3), 有

$$X_1 = \begin{pmatrix} 0.48000000000000 & -0.16000000000000 & -0.16000000000000 & 0 \\ 0 & 0.48000000000000 & 0 & 0 \\ 0 & 0 & 0.48000000000000 & 0 \end{pmatrix},$$

$\|A_{T,S}^{(2)} - X_1\| = 0.13190905958273, \quad R(1) = 0.90544562016118.$

$$X_2 = \begin{pmatrix} 0.49600000000000 & -0.22400000000000 & -0.22400000000000 & 0 \\ 0 & 0.49600000000000 & 0 & 0 \\ 0 & 0 & 0.49600000000000 & 0 \end{pmatrix},$$

$\|A_{T,S}^{(2)} - X_2\| = 0.03741657386774, \quad R(2) = 0.60060467802906.$

$$X_3 = \begin{pmatrix} 0.49920000000000 & -0.24320000000000 & -0.24320000000000 & 0 \\ 0 & 0.49920000000000 & 0 & 0 \\ 0 & 0 & 0.49920000000000 & 0 \end{pmatrix},$$

$\|A_{T,S}^{(2)} - X_3\| = 0.00971596624119, \quad R(3) = 0.39839607287092.$

$$X_4 = \begin{pmatrix} 0.49984000000000 & -0.24832000000000 & -0.24832000000000 & 0 \\ 0 & 0.49984000000000 & 0 & 0 \\ 0 & 0 & 0.49984000000000 & 0 \end{pmatrix},$$

$\|A_{T,S}^{(2)} - X_4\| = 0.00239198662204, \quad R(4) = 0.26426605833279.$

$$X_5 = \begin{pmatrix} 0.49996800000000 & -0.24960000000000 & -0.24960000000000 & 0 \\ 0 & 0.49996800000000 & 0 & 0 \\ 0 & 0 & 0.49996800000000 & 0 \end{pmatrix},$$

$\|A_{T,S}^{(2)} - X_5\| = 5.683942293866238e - 004, \quad R(5) = 0.17529427206320.$

$$X_6 = \begin{pmatrix} 0.49999360000000 & -0.24990720000000 & -0.24990720000000 & 0 \\ 0 & 0.49999360000000 & 0 & 0 \\ 0 & 0 & 0.49999360000000 & 0 \end{pmatrix},$$

$\|A_{T,S}^{(2)} - X_6\| = 1.317063400144509e - 004, \quad R(6) = 0.11627706566643.$

$$X_7 = \begin{pmatrix} 0.49999872000000 & -0.24997888000000 & -0.24997888000000 & 0 \\ 0 & 0.49999872000000 & 0 & 0 \\ 0 & 0 & 0.49999872000000 & 0 \end{pmatrix},$$

$\|A_{T,S}^{(2)} - X_7\| = 2.995035892941968e - 005, \quad R(7) = 0.07712947970781.$

$$X_8 = \begin{pmatrix} 0.49999974400000 & -0.24999526400000 & -0.24999526400000 & 0 \\ 0 & 0.49999974400000 & 0 & 0 \\ 0 & 0 & 0.49999974400000 & 0 \end{pmatrix},$$

$\|A_{T,S}^{(2)} - X_8\| = 6.712376628293566e - 006, \quad R(8) = 0.05116190889323.$

$$X_9 = \begin{pmatrix} 0.49999994880000 & -0.24999895040000 & -0.24999895040000 & 0 \\ 0 & 0.49999994880000 & 0 & 0 \\ 0 & 0 & 0.49999994880000 & 0 \end{pmatrix},$$

$\|A_{T,S}^{(2)} - X_9\| = 1.487005258898965e - 006, \quad R(9) = 0.03393697107144.$

$$X_{10} = \begin{pmatrix} 0.49999998976000 & -0.24999976960000 & -0.24999976960000 & 0 \\ 0 & 0.49999998976000 & 0 & 0 \\ 0 & 0 & 0.49999998976000 & 0 \end{pmatrix},$$

$\|A_{T,S}^{(2)} - X_{10}\| = 3.263171659544838e - 007, \quad R(10) = 0.02251123991302.$

$$X_{11} = \begin{pmatrix} 0.49999999795200 & -0.24999994982400 & -0.24999994982400 & 0 \\ 0 & 0.49999999795200 & 0 & 0 \\ 0 & 0 & 0.49999999795200 & 0 \end{pmatrix},$$

$\|A_{T,S}^{(2)} - X_{11}\| = 7.104818690617094e - 008, \quad R(11) = 0.01493226727143.$

$$X_{12} = \begin{pmatrix} 0.49999999959040 & -0.24999998914560 & -0.24999998914560 & 0 \\ 0 & 0.49999999959040 & 0 & 0 \\ 0 & 0 & 0.49999999959040 & 0 \end{pmatrix},$$

$\|A_{T,S}^{(2)} - X_{12}\| = 1.536682513772881e - 008, \quad R(12) = 0.00990494556173.$

$$X_{13} = \begin{pmatrix} 0.49999999991808 & -0.24999999766528 & -0.24999999766528 & 0 \\ 0 & 0.49999999991808 & 0 & 0 \\ 0 & 0 & 0.49999999991808 & 0 \end{pmatrix},$$

$\|A_{T,S}^{(2)} - X_{13}\| = 3.304840031699995e - 009, \quad R(13) = 0.00657019759943.$

$$X_{14} = \begin{pmatrix} 0.49999999998362 & -0.24999999950029 & -0.24999999950029 & 0 \\ 0 & 0.49999999998362 & 0 & 0 \\ 0 & 0 & 0.49999999998362 & 0 \end{pmatrix},$$

$\|A_{T,S}^{(2)} - X_{14}\| = 7.072690550790475e - 010, \quad R(14) = 0.00435817604716.$

$$X_{15} = \begin{pmatrix} 0.49999999999672 & -0.24999999989350 & -0.24999999989350 & 0 \\ 0 & 0.49999999999672 & 0 & 0 \\ 0 & 0 & 0.49999999999672 & 0 \end{pmatrix},$$

$\|A_{T,S}^{(2)} - X_{15}\| = 1.507150008954499e - 010, \quad R(15) = 0.00289088694375.$

$$X_{16} = \begin{pmatrix} 0.49999999999934 & -0.24999999997739 & -0.24999999997739 & 0 \\ 0 & 0.49999999999934 & 0 & 0 \\ 0 & 0 & 0.49999999999934 & 0 \end{pmatrix},$$

$\|A_{T,S}^{(2)} - X_{16}\| = 3.199542835363917\mathrm{e} - 011, \quad R(16) = 0.00191759746075.$

$$X_{17} = \begin{pmatrix} 0.49999999999987 & -0.24999999999522 & -0.24999999999522 & 0 \\ 0 & 0.49999999999987 & 0 & 0 \\ 0 & 0 & 0.49999999999987 & 0 \end{pmatrix},$$

$\|A_{T,S}^{(2)} - X_{17}\| = 6.769610339767005\mathrm{e} - 012, \quad R(17) = 0.00127199025525.$

$$X_{18} = \begin{pmatrix} 0.49999999999997 & -0.24999999999899 & -0.24999999999899 & 0 \\ 0 & 0.49999999999997 & 0 & 0 \\ 0 & 0 & 0.49999999999997 & 0 \end{pmatrix},$$

$\|A_{T,S}^{(2)} - X_{18}\| = 1.428013844700501\mathrm{e} - 012, \quad R(18) = 8.437428827303082\mathrm{e} - 004.$

$$X_{19} = \begin{pmatrix} 0.49999999999999 & -0.24999999999979 & -0.24999999999979 & 0 \\ 0 & 0.49999999999999 & 0 & 0 \\ 0 & 0 & 0.49999999999999 & 0 \end{pmatrix},$$

$\|A_{T,S}^{(2)} - X_{19}\| = 3.004161650408762\mathrm{e} - 013, \quad R(19) = 5.596757123098540\mathrm{e} - 004.$

$$X_{20} = \begin{pmatrix} 0.50000000000000 & -0.24999999999996 & -0.24999999999996 & 0 \\ 0 & 0.50000000000000 & 0 & 0 \\ 0 & 0 & 0.50000000000000 & 0 \end{pmatrix},$$

$\|A_{T,S}^{(2)} - X_{20}\| = 6.302644047857801\mathrm{e} - 014, \quad R(20) = 3.712468684013358\mathrm{e} - 004.$

$$X_{21} = \begin{pmatrix} 0.50000000000000 & -0.24999999999999 & -0.24999999999999 & 0 \\ 0 & 0.50000000000000 & 0 & 0 \\ 0 & 0 & 0.50000000000000 & 0 \end{pmatrix},$$

$\|A_{T,S}^{(2)} - X_{21}\| = 1.319438293445215\mathrm{e} - 014, \quad R(21) = 2.462573134163358\mathrm{e} - 004.$

$$X_{22} = \begin{pmatrix} 0.50000000000000 & -0.25000000000000 & -0.25000000000000 & 0 \\ 0 & 0.50000000000000 & 0 & 0 \\ 0 & 0 & 0.50000000000000 & 0 \end{pmatrix},$$

$$\|A_{T,S}^{(2)} - X_{22}\| = 2.749343529959656e - 015, \quad R(22) = 1.633486220965878e - 004.$$

于是 $X_{22} = A_{T,S}^{(2)}$.

可以看到, 在文献 [86] 中, 我们使用文献 [35] 中的迭代法来计算 Banach 空间上有界线性算子的外广义逆, Chen[35] 中的迭代格式为

$$X_{k+1} = X_k + \beta Y(I - AX_k), \quad k = 0, 1, 2, \cdots, \beta \in \mathbb{C} \setminus \{0\}. \tag{6.1.12}$$

接下来, 将使用文献 [86] 和文献 [138] 的方法来计算 Banach 空间上的外广义逆, 文献 [138] 中表示的 p 阶迭代格式为

$$Z_{k+1} = Z_k \sum_{i=0}^{p-1} (I - AZ_k)^i, \tag{6.1.13}$$

$$X_{k+1} = X_k + Z_{k+1}(I - AX_k), \tag{6.1.14}$$

其中 $Z_0 = \beta Y$, $\beta \in \mathbb{C} \setminus \{0\}$, 且 $p \geqslant 2$, $k = 0, 1, 2, \cdots$.

这部分将讨论用 3 阶迭代法和 p 阶迭代法计算 Banach 空间上的广义 $A_{T,S}^{(2)}$ 逆.

定理 6.1.6 令初始值 $X_0 \in \mathcal{B}(Y, X)$ 满足 $\mathcal{R}(X_0) \subset T$ 和 $Z_0 = \beta Q$, 这里 $\beta \in \mathbb{C} \setminus \{0\}$. 下列定义序列 $\{X_k\}$ 在 $\mathcal{B}(Y, X)$ 中的方式为

$$Z_{k+1} = Z_k(3I_y - 3AZ_k + (AZ_k)^2), \tag{6.1.15}$$

$$X_{k+1} = X_k + Z_{k+1}(I_y - AX_k). \tag{6.1.16}$$

有 $\{X_k\}$ 收敛到

$$X_\infty = A_{T,S}^{(2)} = Z_0(P_{S,A(T)} + AZ_0)^{-1} \tag{6.1.17}$$

当且仅当 $\rho(P_{A(T),S} - AZ_0) < 1$. 此外当 $\|P_{A(T),S} - AZ_0\| = q < 1$ 时, X_k 的误差估计为

$$\|A_{T,S}^{(2)} - X_k\| \leqslant |\beta| q^{\frac{3^{k+1}-3}{2}} (1-q)^{-1} \|Q\| \|R_0\|, \tag{6.1.18}$$

这里 $R_0 = P_{A(T),S} - P_{A(T),S} AX_0$.

证明　由引理 1.0.14 得到 A 和 $A_{T,S}^{(2)}$ 矩阵形式 (1.0.16) 和 (1.0.17). 由 $\mathcal{N}(Q) \supseteq S$ 和 $\mathcal{R}(Q) \subseteq T$, 有下列的形式:

$$Z_k P_{A(T),S} = Z_k, \tag{6.1.19}$$

$$P_{A(T),S} A Z_k = A Z_k, \tag{6.1.20}$$

Q 有下列的矩阵表示:

$$Q = \begin{pmatrix} Q_1 & 0 \\ 0 & 0 \end{pmatrix} : \begin{pmatrix} A(T) \\ S \end{pmatrix} \rightarrow \begin{pmatrix} T \\ T_1 \end{pmatrix}. \tag{6.1.21}$$

把 (6.1.19) 代入 (6.1.15), 有

$$\begin{aligned}
X_k &= X_{k-1} + Z_k(I_y - AX_{k-1}) \\
&= X_{k-1} + Z_k P_{A(T),S}(I_y - AX_{k-1}) \\
&= X_{k-1} + Z_k(P_{A(T),S} - P_{A(T),S}AX_{k-1}) \\
&= X_{k-1} + Z_k R_{k-1}, \tag{6.1.22}
\end{aligned}$$

这里 $R_{k-1} = P_{A(T),S} - P_{A(T),S}AX_{k-1}$. 然后把 (6.1.20) 代入 (6.1.22) 和 $P_{A(T),S}R_k = R_k$, 有

$$\begin{aligned}
R_k &= P_{A(T),S} - P_{A(T),S}AX_k \\
&= P_{A(T),S}(P_{A(T),S} - P_{A(T),S}AX_k) \\
&= P_{A(T),S}P_{A(T),S} - P_{A(T),S}P_{A(T),S}A(X_{k-1} + Z_k R_{k-1}) \\
&= P_{A(T),S}P_{A(T),S} - P_{A(T),S}P_{A(T),S}AX_{k-1} - P_{A(T),S}P_{A(T),S}AZ_k R_{k-1} \\
&= P_{A(T),S}(P_{A(T),S} - P_{A(T),S}AX_{k-1}) - AZ_k R_{k-1} \\
&= P_{A(T),S}R_{k-1} - AZ_k R_{k-1} \\
&= (P_{A(T),S} - AZ_k)R_{k-1}. \tag{6.1.23}
\end{aligned}$$

由 (6.1.15), 有

$$\begin{aligned}
P_{A(T),S} - AZ_k &= P_{A(T),S} - A[Z_{k-1}(3I_y - 3AZ_{k-1} + (AZ_{k-1})^2)] \\
&= P_{A(T),S} - 3AZ_{k-1} + 3AZ_{k-1}AZ_{k-1} - AZ_{k-1}(AZ_{k-1})^2 \\
&= P_{A(T),S} - 3AZ_{k-1} + 3(AZ_{k-1})^2 - (AZ_{k-1})^3 \\
&= (P_{A(T),S} - AZ_{k-1})^3 \\
&= [P_{A(T),S} - AZ_{k-2}(3I_y - 3AZ_{k-2} + (AZ_{k-2})^2)]^3 \\
&= (P_{A(T),S} - AZ_{k-2})^{3^2}
\end{aligned}$$

$$= \cdots$$
$$= (P_{A(T),S} - AZ_0)^{3^k}. \tag{6.1.24}$$

因为

$$R_k = (P_{A(T),S} - AZ_k)R_{k-1},$$
$$R_{k-1} = (P_{A(T),S} - AZ_{k-1})R_{k-2},$$
$$\cdots$$
$$R_1 = (P_{A(T),S} - AZ_1)R_0, \tag{6.1.25}$$

所以有

$$
\begin{aligned}
R_k &= (P_{A(T),S} - AZ_k)R_{k-1} \\
&= (P_{A(T),S} - AZ_k)(P_{A(T),S} - AZ_{k-1}) \cdots (P_{A(T),S} - AZ_1)R_0 \\
&= (P_{A(T),S} - AZ_0)^{3^k}(P_{A(T),S} - AZ_0)^{3^{k-1}} \cdots (P_{A(T),S} - AZ_0)^{3^1}R_0 \\
&= (P_{A(T),S} - AZ_0)^{3^k + 3^{k-1} + \cdots + 3^1}R_0 \\
&= (P_{A(T),S} - AZ_0)^{\frac{3^{k+1}-3}{2}}R_0.
\end{aligned}
$$

因此

$$
\begin{aligned}
R_k &= P_{A(T),S} - P_{A(T),S}AX_k \\
&= (P_{A(T),S} - AZ_k)R_{k-1} \\
&= (P_{A(T),S} - AZ_0)^{\frac{3^{k+1}-3}{2}}R_0. \tag{6.1.26}
\end{aligned}
$$

由 (6.1.22), 有

$$X_k - X_0 = Z_1R_0 + Z_2R_1 + \cdots + Z_kR_{k-1}. \tag{6.1.27}$$

因为

$$
\begin{aligned}
Z_k &= Z_{k-1}\left[3I_y - 3AZ_{k-1} + (AZ_{k-1})^2\right] \\
&= Z_{k-1}\left[I_y + (P_{A(T),S} - AZ_{k-1}) + (P_{A(T),S} - AZ_{k-1})^2\right] \\
&= Z_{k-2}\left[I_y + (P_{A(T),S} - AZ_{k-2}) + (P_{A(T),S} - AZ_{k-2})^2\right] \\
&\quad \times \left[I_y + (P_{A(T),S} - AZ_{k-1}) + (P_{A(T),S} - AZ_{k-1})^2\right] \\
&= \cdots \\
&= Z_0\left[I_y + (P_{A(T),S} - AZ_0) + (P_{A(T),S} - AZ_0)^2\right] \\
&\quad \times \left[I_y + (P_{A(T),S} - AZ_0)^{3^1} + \left((P_{A(T),S} - AZ_0)^{3^1}\right)^2\right] \times \cdots \\
&\quad \times \left[I_y + (P_{A(T),S} - AZ_0)^{3^{k-1}} + \left((P_{A(T),S} - AZ_0)^{3^{k-1}}\right)^2\right]
\end{aligned}
$$

和

$$R_{k-1} = (P_{A(T),S} - AZ_0)^{\frac{3^k-3}{2}} R_0,　\qquad (6.1.28)$$

有

$$
\begin{aligned}
Z_k R_{k-1} &= Z_0 \left[I_y + (P_{A(T),S} - AZ_0) + (P_{A(T),S} - AZ_0)^2 \right] \\
&\quad \times \left[I_y + (P_{A(T),S} - AZ_0)^{3^1} + \left((P_{A(T),S} - AZ_0)^{3^1} \right)^2 \right] \times \cdots \\
&\quad \times \left[I_y + (P_{A(T),S} - AZ_0)^{3^{k-1}} + \left((P_{A(T),S} - AZ_0)^{3^{k-1}} \right)^2 \right] \\
&\quad \times (P_{A(T),S} - AZ_0)^{\frac{3^k-3}{2}} R_0 \\
&= \frac{Z_0 \left[I_y - (P_{A(T),S} - AZ_0)^{3^k} \right]}{I_y - (P_{A(T),S} - AZ_0)} (P_{A(T),S} - AZ_0)^{\frac{3^k-3}{2}} R_0 \\
&= \frac{Z_0 \left[(P_{A(T),S} - AZ_0)^{\frac{3^k-3}{2}} - (P_{A(T),S} - AZ_0)^{\frac{3^{k+1}-3}{2}} \right] R_0}{I_y - (P_{A(T),S} - AZ_0)} \\
&= Z_0 \left[(P_{A(T),S} - AZ_0)^{\frac{3^k-3}{2}} + (P_{A(T),S} - AZ_0)^{\frac{3^k-1}{2}} + \cdots \right. \\
&\quad \left. + (P_{A(T),S} - AZ_0)^{\frac{3^{k+1}-5}{2}} \right] R_0.
\end{aligned}
$$

因为

$$
\begin{aligned}
X_k &= X_0 + Z_0 \left[(P_{A(T),S} - AZ_0)^{\frac{3^k-3}{2}} + (P_{A(T),S} - AZ_0)^{\frac{3^k-1}{2}} + \cdots \right. \\
&\quad \left. + (P_{A(T),S} - AZ_0)^{\frac{3^{k+1}-5}{2}} \right] R_0, \qquad (6.1.29)
\end{aligned}
$$

令 $H_k = \sum\limits_{i=0}^{\frac{3^{k+1}-5}{2}} (P_{A(T),S} - AZ_0)^i$, 然后得出

$$X_k = X_0 + Z_0 H_k R_0 \qquad (6.1.30)$$

和

$$(I_y - (P_{A(T),S} - AZ_0)) H_k = I_y - (P_{A(T),S} - AZ_0)^{\frac{3^{k+1}-3}{2}}.$$

现在, 我们将给出 $\{X_k\}$ 收敛到 $A_{T,S}^{(2)}$ 的充分必要条件. 充分条件是, 如果 $\rho(P_{A(T),S} - AZ_0) < 1$, 且 $(P_{A(T),S} - AZ_0)^{\frac{3^{k+1}-3}{2}} \to 0$, 当 $k \to \infty$ 时 $(I_y - (P_{A(T),S} - AZ_0))$ 是可

逆的, 那么有

$$H_k = (I_y - (P_{A(T),S} - AZ_0))^{-1} \left[I_y - (P_{A(T),S} - AZ_0)^{\frac{3^{k+1}-3}{2}} \right]. \quad (6.1.31)$$

用 (6.1.30) 和 (6.1.31), 当 $k \to \infty$ 时, 有

$$X_\infty = X_0 + Z_0 H_\infty R_0 = X_0 + Z_0 (I_y - P_{A(T),S} + AZ_0)^{-1} R_0. \quad (6.1.32)$$

由 $\mathcal{R}(Z_0) \subset T$, 推出 $A_{T,S}^{(2)} AX_0 = X_0$ 和 X_0 有下列的表示形式:

$$X_0 = \begin{pmatrix} X_{11} & X_{12} \\ 0 & 0 \end{pmatrix} : \begin{pmatrix} A(T) \\ S \end{pmatrix} \to \begin{pmatrix} T \\ T_1 \end{pmatrix}. \quad (6.1.33)$$

由 (6.1.21), (6.1.23) 和 (6.1.33), 有

$$I_y - P_{A(T),S} + AZ_0 = \begin{pmatrix} \beta A_1 Q_1 & 0 \\ 0 & I \end{pmatrix}. \quad (6.1.34)$$

如果 $\beta \neq 0$, 则 A_1 是可逆的. 如果 $\beta A_1 Q_1$ 是可逆的, 则 $I_y - P_{A(T),S} + AZ_0$ 是可逆的, 于是 Q_1 也是可逆的. 因为 $I_y - P_{A(T),S} = P_{S,A(T)}$, 有

$$Z_0 (I_y - P_{A(T),S} + AZ_0)^{-1} = \beta \begin{pmatrix} Q_1 & 0 \\ 0 & 0 \end{pmatrix} \begin{pmatrix} \frac{1}{\beta} Q_1^{-1} A_1^{-1} & 0 \\ 0 & 0 \end{pmatrix}$$

$$= \begin{pmatrix} A_1^{-1} & 0 \\ 0 & 0 \end{pmatrix} = A_{T,S}^{(2)}. \quad (6.1.35)$$

因此

$$\begin{aligned} X_\infty &= X_0 + Z_0 H_\infty R_0 \\ &= X_0 + Z_0 (I_y - P_{A(T),S} + AZ_0)^{-1} P_{A(T),S} (I_y - AZ_0) \\ &= X_0 + A_{T,S}^{(2)} - A_{T,S}^{(2)} AX_0 \\ &= A_{T,S}^{(2)}. \end{aligned} \quad (6.1.36)$$

下面是必要性证明. 如果 X_k 收敛到 $A_{T,S}^{(2)}$, 从 (6.1.30) 得到 H_k 是收敛的, 若 $(P_{A(T),S} - AZ_0)^{\frac{3^{k+1}-3}{2}} \to 0$ 收敛, 则 H_k 收敛. 若 $\rho(P_{A(T),S} - AZ_0) < 1$, 由 (6.1.32) 得到误差估计为

$$A_{T,S}^{(2)} = X_0 + Z_0 (I_y - (P_{A(T),S} - AZ_0))^{-1} R_0. \quad (6.1.37)$$

由 (6.1.29) 和 (6.1.37), 有

$$A_{T,S}^{(2)} - X_k = Z_0\left[(P_{A(T),S} - AZ_0)^{\frac{3^{k+1}-3}{2}}\right.$$
$$\left. + (P_{A(T),S} - AZ_0)^{\frac{3^{k+1}-1}{2}} + \cdots\right]R_0. \tag{6.1.38}$$

取 (6.1.38) 的范数和 $\|P_{A(T),S} - AZ_0\| = q < 1$, 得到

$$\|A_{T,S}^{(2)} - X_k\| \leqslant \|Z_0\|(q^{\frac{3^{k+1}-3}{2}} + q^{\frac{3^{k+1}-1}{2}} + \cdots)\|R_0\|$$
$$\leqslant \|Z_0\|q^{\frac{3^{k+1}-3}{2}}(1-q)^{-1}\|R_0\|$$
$$\leqslant |\beta|q^{\frac{3^{k+1}-3}{2}}(1-q)^{-1}\|Q\|\|R_0\|.$$

迭代法是从任意的初始值 X_0 开始, 这里 $\mathcal{N}(X_0) \supset S$ 和 $Z_0 = \beta Q$ 而 $Q \in \mathcal{B}(Y,X)$, 且 $\mathcal{R}(Q) \subseteq T$, $\mathcal{N}(Q) \supseteq S$, $\beta \in \mathbb{C}\backslash\{0\}$, 当 $k = 1, 2, 3, \cdots$ 时, 定义

$$Z_{k+1} = (3I_x - 3AZ_k + (AZ_k)^2)Z_k, \tag{6.1.39}$$

$$X_{k+1} = X_k + (I_x - AX_k)Z_{k+1}. \tag{6.1.40}$$

定理 6.1.7　任意的初始值 $X_0 \in \mathcal{B}(Y,X)$ 满足 $N(X_0) \supset S$ 和 $Z_0 = \beta Q$, 这里 $\beta \in \mathbb{C}\backslash\{0\}$. 序列 $\{X_k\}$ 在 $\mathcal{B}(Y,X)$ 上, (6.1.39) 和 (6.1.40) 收敛到

$$X_\infty = A_{T,S}^{(2)} = Z_0(P_{T_1,T} + Z_0A)^{-1} \tag{6.1.41}$$

当且仅当 $\rho(P_{T,T_1} - Z_0A) < 1$. 当 $\|P_{T,T_1} - Z_0A\| = q_1 < 1$ 时, X_k 有误差界且为

$$\|A_{T,S}^{(2)} - X_k\| \leqslant |\beta|q_1^{\frac{3^{k+1}-3}{2}}(1-q_1)^{-1}\|Q\|\|R_0\|, \tag{6.1.42}$$

其中 $R_0 = P_{A(T),S} - P_{A(T),S}AX_0$.

相类似的方式, 计算 Banach 空间上计算广义 $A_{T,S}^{(2)}$ 逆时就很容易从三阶迭代法推广到 p 阶迭代, 初始值 $Z_0 = \beta Q$, 且 $\beta \in \mathbb{C}\backslash\{0\}$, 对任意的 $X_0 \in \mathcal{B}(Y,X)$ 满足 $R(X_0) \subset T$, p 阶中, $p \geqslant 2$, $k = 0, 1, 2, \cdots$, 有下面的形式:

$$Z_{k+1} = Z_k \sum_{i=0}^{p-1} (I_y - AZ_0)^i, \tag{6.1.43}$$

$$X_{k+1} = X_k + Z_{k+1}(I_y - AX_k). \tag{6.1.44}$$

定理 6.1.8　令初始值 $X_0 \in \mathcal{B}(Y,X)$ 满足 $R(X_0) \subset T$ 和 $Z_0 = \beta Q$, 这里 $\beta \in \mathbb{C}\backslash\{0\}$. (6.1.43) 和 (6.1.44) 表示 p 阶迭代法, 序列 $\{X_k\}$ 收敛到

$$X_\infty = A_{T,S}^{(2)} = Z_0(P_{S,A(T)} + AZ_0)^{-1} \tag{6.1.45}$$

当且仅当 $\rho(P_{A(T),S} - AZ_0) < 1$. 此外当 $\|P_{A(T),S} - AZ_0\| = q_2 < 1$ 时, 则序列 X_k 的误差估计为

$$\|A_{T,S}^{(2)} - X_k\| \leqslant |\beta| q_2^{\frac{p^{k+1}-p}{p-1}} (1-q_2)^{-1} \|Q\| \|R_0\|, \tag{6.1.46}$$

其中 $R_0 = P_{A(T),S} - P_{A(T),S}AX_0$.

同样地, p 阶迭代法中, 对任意的初始值 X_0, 有 $\mathcal{N}(X_0) \supset S$ 和 $Z_0 = \beta Q$ 且 $Q \in \mathcal{B}(Y,X)$ 和 $\mathcal{R}(Q) \subseteq T, \mathcal{N}(Q) \supseteq S, \beta \in \mathbb{C}\backslash\{0\}, k = 1,2,3,\cdots$, 迭代格式表示为

$$Z_{k+1} = \sum_{i=0}^{p-1} (I_x - AZ_0)^i Z_k, \tag{6.1.47}$$

$$X_{k+1} = X_k + (I_x - AX_k)Z_{k+1}. \tag{6.1.48}$$

定理 6.1.9 令初始值 $X_0 \in \mathcal{B}(Y,X)$ 满足 $N(Z_0) \supset S$ 和 $Z_0 = \beta Q$, 这里 $\beta \in \mathbb{C}\backslash\{0\}$. (6.1.47) 和 (6.1.48) 表示 p 阶迭代法, 序列 $\{X_k\}$ 收敛到

$$X_\infty = A_{T,S}^{(2)} = (P_{T_1,T} + Z_0 A)^{-1} Z_0 \tag{6.1.49}$$

当且仅当 $\rho(P_{T,T_1} - Z_0 A) < 1$. 此外, 当 $\|P_{T,T_1} - Z_0 A\| = q_3 < 1$ 时, X_k 的误差估计为

$$\|A_{T,S}^{(2)} - X_k\| \leqslant |\beta| q_3^{\frac{p^{k+1}-p}{p-1}} (1-q_3)^{-1} \|Q\| \|R_0\|, \tag{6.1.50}$$

这里的 $R_0 = P_{A(T),S} - P_{A(T),S}AX_0$.

例 6.1.10 设

$$A = \begin{pmatrix} 2 & 0.4 & 0.4 & 0.4 \\ 0 & 2 & 0 & 0 \\ 0 & 0 & 2 & 0 \\ 0 & 0 & 0 & 2 \\ 0 & 0 & 0 & 0 \end{pmatrix},$$

$T = \mathbb{C}^4, e = (0,0,0,0,1)^{\mathrm{T}} \in \mathbb{C}^5, S = \mathrm{span}\{e\}$ 以及

$$P_{A(T),S} = \begin{pmatrix} 1 & 0 & 0 & 0 & 0 \\ 0 & 1 & 0 & 0 & 0 \\ 0 & 0 & 1 & 0 & 0 \\ 0 & 0 & 0 & 1 & 0 \\ 0 & 0 & 0 & 0 & 0 \end{pmatrix},$$

取

$$X_0 = \begin{pmatrix} 0.6 & 0 & 0 & 0 & 0 \\ 0 & 0.7 & 0 & 0 & 0 \\ 0 & 0 & 0.9 & 0 & 0 \\ 0 & 0 & 0 & 0 & 0 \\ 0 & 0 & 0 & 0 & 0 \end{pmatrix},$$

满足 $\mathcal{R}(X_0) \subset T$ 和 Q, 其中

$$Q = \begin{pmatrix} 0.4 & 0 & 0 & 0 & 0 \\ 0 & 0.4 & 0 & 0 & 0 \\ 0 & 0 & 0.4 & 0 & 0 \\ 0 & 0 & 0 & 0.4 & 0 \end{pmatrix},$$

满足 $\mathcal{R}(Q) \subseteq T, \mathcal{N}(Q) \supseteq S$, 当 $\beta = 1.25$ 时, 有

$$A_{T,S}^{(2)} = \begin{pmatrix} 0.5 & -0.1 & -0.1 & -0.1 & 0 \\ 0 & 0.5 & 0 & 0 & 0 \\ 0 & 0 & 0.5 & 0 & 0 \\ 0 & 0 & 0 & 0.5 & 0 \\ 0 & 0 & 0 & 0 & 0 \end{pmatrix}.$$

则有表 6.1.1.

表 **6.1.1**　比较 β 取不同的值的步骤和误差范围

Method	β	Step	$\|A_{T,S}^{(2)} - X_k\|_2$	$\|X_k - X_{k-1}\|_2$
[11]的方法	0.6	$k = 57$	8.8205e−16	4.0150e−16
我们的方法		$k = 5$	3.3467e−102	0
		$k = 6$	0	0
[11]的方法	0.9	$k = 30$	9.2369e−16	6.5298e−16
我们的方法		$k = 4$	4.7968e−065	3.8681e−077
		$k = 5$	0	0
[11]的方法	1.2	$k = 13$	6.5594e−16	6.3308e−16
我们的方法		$k = 3$	8.8645e−052	1.2241e−053
		$k = 4$	0	0
[11]的方法	1.3	$k = 13$	7.0763e−16	7.4087e−16
我们的方法		$k = 3$	1.0428e−051	1.2172e−052
		$k = 4$	0	0

现在, 用高阶迭代来计算 Banach 空间上的广义逆 $A_{T,S}^{(2)}$, 给出广义逆 $A_{T,S}^{(2)}$ 关于迭代格式的误差界.

定理 6.1.11 设 $A \in \mathcal{B}(X, Y), Y \in \mathcal{B}(Y, X), T \subset X$ 和 $S \subset Y$ 是 $\mathcal{R}(Y) = T, \mathcal{N}(Y) = S$ 的完备子空间. 在 $\mathcal{B}(Y, X)$ 中的数列 $\{X_k\}$ 定义如下:

$$\begin{cases} X_0 = \alpha Y, \\ X_k = [\mathrm{C}_t^1 I - \mathrm{C}_t^2 X_{k-1}A + \cdots + (-1)^{t-1}\mathrm{C}_t^t(X_{k-1}A)^{t-1}]X_{k-1}, \end{cases} \tag{6.1.51}$$

$\{X_k\}$ 收敛于 X_∞. $X_\infty \in A\{2\}$, $R(X_\infty) = T$ 当且仅当对一些常量 $\alpha \in \mathbb{C}\backslash\{0\}$, $\rho(\alpha Y A - P) < 1$, 其中 $t \geqslant 2$ 是任意的正整数, $X_\infty = \lim X_k$, P 是由 X 到 T 的投影. 此外,

(1) 若 $\mathcal{N}(X_\infty) = S$, 则 $A_{T,S}^{(2)}$ 存在, 当且仅当对一些常量 $\alpha \in \mathbb{C}\backslash\{0\}$, $\rho(\alpha Y A - P) < 1$.

(2) 如果 $A_{T,S}^{(2)}$ 存在, $\lim X_k = A_{T,S}^{(2)}$, $q = \|\alpha Y A - P\|$, 则

$$\frac{\|A_{T,S}^{(2)} - X_k\|}{\|A_{T,S}^{(2)}\|} \leqslant q^{t^k}, \quad k \geqslant 0. \tag{6.1.52}$$

证明 由 (6.1.51), 可得

$$[\mathrm{C}_t^1 I - \mathrm{C}_t^2 X_{k-1}A + \cdots + (-1)^{t-1}\mathrm{C}_t^t(X_{k-1}A)^{t-1}]X_{k-1}$$
$$= X_{k-1}[\mathrm{C}_t^1 I - \mathrm{C}_t^2 A X_{k-1} + \cdots + (-1)^{t-1}\mathrm{C}_t^t(A X_{k-1})^{t-1}]. \tag{6.1.53}$$

由 (6.1.1) 有 $\mathcal{R}(X_k) \subset \mathcal{R}(X_{k-1})$, $k \geqslant 1$. 类似易得: $\mathcal{N}(X_k) \supseteq \mathcal{N}(X_{k-1})$, $k \geqslant 1$.

因为 $\mathcal{R}(X_0) = \mathcal{R}(\alpha Y) = T, \mathcal{N}(X_0) = \mathcal{N}(\alpha Y) = S$, 则对 $k \geqslant 0$, 有

$$\mathcal{R}(X_k) \subset T, \quad \mathcal{N}(X_k) \supset S, \tag{6.1.54}$$

由 (6.1.51), 有

$$X_k A - I = (-1)^{t+1}(X_{k-1}A - I)^t = (-1)^{t+1}(X_0 A - I)^{t^k}. \tag{6.1.55}$$

由 (6.1.54) 得到 $P X_k = X_k$. 用 P 左乘 (6.1.55), 则 (6.1.55) 化为

$$X_k A - P = (-1)^{t+1}(X_0 A - P)^{t^k}. \tag{6.1.56}$$

下面将考虑迭代 (6.1.51) 收敛性质的充要条件.

假设 $\lim X_k$ 存在, 用 $X_\infty \in A\{2\}$ 表示, $\mathcal{R}(X_\infty A) = T$, 则

$$\mathcal{R}(X_\infty) = \mathcal{R}(X_\infty A X_\infty) \subset \mathcal{R}(X_\infty A) \subset \mathcal{R}(X_\infty).$$

由 $\mathcal{R}(X_\infty A) = T$, $X = T \oplus N(X_\infty A)$, 得到一个由 X 到 T 的投影 $X_\infty A = P_{T,N(X_\infty A)}$, 由 (6.1.54) 得到 $X_\infty A X_k = X_k$.

因为 $P_{T,N(X_\infty A)}X_0 = X_0$, 由 (6.1.56) 得到

$$X_k A - P_{T,N(X_\infty A)} = (-1)^{t+1}(X_0 A - P_{T,N(X_\infty A)})^{t^k}.$$

因此

$$
\begin{aligned}
0 &= \lim_{k\to\infty} X_k A - X_\infty A = \lim_{k\to\infty} X_k A - P_{T,N(X_\infty A)}\\
&= \lim_{k\to\infty}(-1)^{t-1}(X_0 A - P_{T,N(X_\infty A)})^{t^k},
\end{aligned}
$$

所以 $\rho(\alpha Y A - P_{T,N(X_\infty A)}) < 1$.

反之, 假设对一些常量 $\alpha \in \mathbb{C}\backslash\{0\}$, $\rho(\alpha Y A - P) < 1$, 其中 P 是由 X 到 T 的一个投影, X 是完备的, 则得到 $\lim_{k\to\infty} X_k A = P$, 由 (6.1.54) 得 $\lim_{k\to\infty} X_k = (A|_T)^{-1}$, $T = \mathcal{R}(P) \subset \mathcal{R}(\lim_{k\to\infty} X_k)$.

由 (6.1.54), $\mathcal{R}(\lim_{k\to\infty} X_k) \subset T$ (因为 T 是闭的), 有 $\mathcal{R}(X_\infty) = T$. 因此得

$$\lim_{k\to\infty} X_k A \lim_{k\to\infty} X_k = \lim_{k\to\infty} X_k.$$

于是 $\lim_{k\to\infty} X_k \in A\{2\}$. 如果 $\mathcal{N}(\lim_{k\to\infty} X_k) = S$, 则 $\lim_{k\to\infty} X_k = A_{T,S}^{(2)}$. 于是 $A_{T,S}^{(2)}$ 存在.

假设 $A_{T,S}^{(2)}$ 存在. 由 (6.1.54) 得 $\mathcal{N}(\lim_{k\to\infty} X_k) \supset S$ (因为 S 是闭的). 如果 $y \in \mathcal{N}(\lim_{k\to\infty} X_k) \cup AT$, 则对一些 $z \in T$, $y = Az$. 因此 $0 = \lim_{k\to\infty} X_k y = \lim_{k\to\infty} X_k Az = Pz = z$, 得 $y = 0$. 由引理 1.0.14 得, $\mathcal{N}(\lim_{k\to\infty} X_k) \cup AT = \{0\}$, $\mathcal{N}(\lim_{k\to\infty} X_k) = S$. 于是, $\lim_{k\to\infty} X_k = A_{T,S}^{(2)}$.

因为 $\mathcal{N}(X_k) = S$, $X_k A A_{T,S}^{(2)} = X_k$, 因此, (6.1.56) 右乘 $A_{T,S}^{(2)}$ 得

$$X_k - A_{T,S}^{(2)} = (-1)^{t+1}(\alpha Y A - P)^{t^k} A_{T,S}^{(2)}.$$

由 $A_{T,S}^{(2)} = P A_{T,S}^{(2)}$, 有

$$
\begin{aligned}
\|A_{T,S}^{(2)} - X_k\| &= \|(\alpha Y A - P)^{t^k} A_{T,S}^{(2)}\|\\
&\leqslant \|\alpha Y A - P\|^{t^k}\|A_{T,S}^{(2)}\|\\
&= q^{t^k}\|A_{T,S}^{(2)}\|,
\end{aligned}
$$

得 (6.1.52).

类似地, 得到下面的定理.

定理 6.1.12　设 $A \in \mathcal{B}(X,Y), Y \in \mathcal{B}(Y,X)$. $T \subset X$, $S \subset Y$ 是对应有 $\mathcal{R}(Y) = T, \mathcal{N}(Y) = S$ 的闭集. 定义数列 $\{X_k\} \in \mathcal{B}(Y,X)$ 使得

$$
\begin{cases}
X_0 = \alpha Y,\\
X_k = X_{k-1}[\mathrm{C}_t^1 I - \mathrm{C}_t^2 A X_{k-1} + \cdots + (-1)^{t-1}\mathrm{C}_t^t (A X_{k-1})^{t-1}],
\end{cases}
\tag{6.1.57}
$$

$\{X_k\}$ 收敛于 X_∞, $X_\infty \in A\{2\}$, $\mathcal{N}(X_\infty) = S$ 当且仅当对一些常量 $\alpha \in \mathbb{C}\backslash\{0\}$, $\rho(\alpha AY - Q) < 1$, 其中 $t \geqslant 2$ 是任意的正整数, $X_\infty = \lim X_k$, Q 是由 Y 到 S 的投影. 此外,

(1) 如果 $\mathcal{R}(\Psi) = T$, 则 $A_{T,S}^{(2)}$ 存在, 当且仅当对一些常量 $\alpha \in \mathbb{C}\backslash\{0\}$, $\rho(\alpha AY - Q) < 1$.

(2) 如果 $A_{T,S}^{(2)}$ 存在, $X_\infty = A_{T,S}^{(2)}$, $q = \|\alpha AY - Q\|$, 则

$$\frac{\|A_{T,S}^{(2)} - X_k\|}{\|A_{T,S}^{(2)}\|} \leqslant q^{t^k}, \quad k \geqslant 1.$$

注记 6.1.13 现在考虑如何选取合适的数 $\alpha \in \mathbb{C}/\{0\}$, 使得 (6.1.51) 迭代更快地收敛于 $A_{T,S}^{(2)}$.

因为 $\mathcal{R}(YA) \subset T$, 且对任意的 $\alpha \in \mathbb{C}\backslash\{0\}$,

$$\rho(P - \alpha YA) = \rho(P - \alpha(YA)|_T) = \max|1 - \alpha\mu|, \quad \mu \in \sigma((YA)|_T).$$

因此 $\rho(P - \alpha YA) < 1$ 当且仅当

$$0 \notin \sigma((YA)|_T), \quad \max_{\mu \in (YA)\backslash\{0\}}|1 - \alpha\mu| < 1.$$

于是存在 $\lambda_0 \in (YA)\backslash\{0\}$, $|1 - \alpha\lambda_0| = \rho(P - \alpha YA)$.

设

$$\lambda_0 = |\lambda_0|(\cos\theta + \mathrm{i}\sin\theta), \quad \alpha = |\alpha|(\cos\varphi + \mathrm{i}\sin\varphi),$$

其中 $\theta = \arg(\lambda_0)$, $\varphi = \arg(\alpha)$, 则

$$\rho(P - \alpha YA) = [|\alpha\lambda_0|^2 + 1 - 2|\alpha\lambda_0|\cos(\theta + \varphi)]^{1/2}.$$

因此 $\rho(P - \alpha YA) < 1$ 当且仅当

$$0 < |\alpha\lambda_0| < 2\cos(\theta + \varphi), \quad 0 \notin \sigma((YA)|_T).$$

假设 $0 \notin \sigma((YA)|_T)$ 成立. 我们将得到最好的 α_{opt} 使得 $\rho(P - \alpha YA)$ 最小化以达到好的收敛性. 如果 $\sigma(YA)$ 是 $\mathbb{R}$ 的子集, $\lambda_{\min} = \min\{\lambda : \lambda \in \sigma(YA)|_T\} > 0$ 相似于 ([136, 习题 4.1]), 有

$$\alpha_{\mathrm{opt}} = \frac{2}{\lambda_{\min} + \rho(YA)}. \tag{6.1.58}$$

事实上, 因为 $\rho(YA)$ 不容易得出, 根据 $\rho(YA) \leqslant \|YA\|$, 我们经常用 $\|YA\|$ 代替 (6.2.10) 中的 $\rho(YA)$ 来选取 α.

文献 [75] 中介绍的矩阵位移的概念用来处理关于 Toeplitz 矩阵的算法. 位移算子的主要思想是把一个矩阵转换为一个低秩矩阵, 由它可以很容易使原矩阵复原.

在文献 [123] 中作者介绍了 successive matrix squaring (SMS) 算法的修正来计算任意一个给定值域和零空间的 Toeplitz 矩阵的外逆, 它是利用在文献 [20] 中介绍的正交位移表示和一个矩阵的相对 ε-位移秩的思想和概念.

以下将通过修正迭代 (6.1.51) 来介绍计算给定值域和零空间的 Toeplitz 矩阵的外逆的一个方法. 在一定程度上这个算法可以作为文献 [123] 中的算法的改进 (当 $t = 2$ 时, 下面的迭代 (6.1.67) 在文献 [123] 中的迭代 (2.11) 一样). 为了这个, 首先列出一些关于位移算子的概念和性质.

如下定义一个矩阵 K 的位移矩阵 $\Delta_{A,B}(K)$:

$$\Delta_{A,B}(K) = AK - KB, \tag{6.1.59}$$

其中 A, B 和 K 为适合的矩阵, 并且

$$\Delta_{A,B}(K + H) = \Delta_{A,B}(K) + \Delta_{A,B}(H), \tag{6.1.60}$$

$$\Delta_{A,B}(KL) = \Delta_{A,B}(K)L + K\Delta_{A,B}(L) - K\Delta_{A,B}(I)L \tag{6.1.61}$$

(例如, 见 [21]). $\Delta_{A,B}(K)$ 的秩叫做 K 的位移秩, 记为 $\mathrm{drk}(K)$. 对一个给定 $\varepsilon > 0$, K 的相对 ε-位移秩定义为

$$\mathrm{drk}_\varepsilon(K) = \min_{\|E\| \leqslant \varepsilon \|K\|} \mathrm{rank}(\Delta_{A,B}(K) + E), \tag{6.1.62}$$

其中 $\|\cdot\|$ 表示 Euclidian 范数.

令

$$\Delta_{A,B}(K) = U\Sigma V^{\mathrm{T}} = \sum_{i=1}^{k} \sigma_i \mu_i \nu_i^{\mathrm{T}} \tag{6.1.63}$$

为 $\Delta_{A,B}(K)$ 的奇异值分解, 其中 $\sigma_1 \geqslant \cdots \geqslant \sigma_k > 0$ 是 $\Delta_{A,B}(K)$ 的非零奇异值, μ_i 和 ν_i 分别为第 i 个左右奇异向量. 如果 K 由下面的公式复原:

$$K = c\sum_{i=1}^{k} \sigma_i f(\mu_i)g(\nu_i), \tag{6.1.64}$$

其中 c 是一个常数, f 和 g 分别为由 μ_i 和 ν_i 生成的矩阵乘积, 那么 (6.1.64) 叫做关于 $\Delta_{A,B}$ 的 K 的正交位移表示 (odr) 且相应的 3-元 (U, σ, V) 叫做正交位移生成子 (odg), 其中 $\sigma = (\sigma_1, \sigma_2, \cdots, \sigma_k)$(见 [20] 或 [123]).

下面的性质来自于 [20, 定理 2.1].

引理 6.1.14 假设 K 为一个 Toeplitz 矩阵. 令 $\Delta_{A,B}(K) = \sum\limits_{i=1}^{k} \sigma_i \mu_i \nu_i^{\mathrm{T}} (\sigma_1 \geqslant \cdots \geqslant \sigma_k > 0)$ 为 $\Delta_{A,B}(K)$ 的奇异值分解并令截断值 ε 满足 $0 < \varepsilon < \sigma_1$, 那么 $\mathrm{drk}_\varepsilon(K) = r$ 充分必要条件是 $\sigma_r > \varepsilon\|K\| \geqslant \sigma_{r+1}$.

对于一个给定的截断值 $\varepsilon > 0$, 如果 $\mathrm{drk}_\varepsilon(K) = r$, 那么矩阵

$$K_\varepsilon = \mathrm{trunc}_\varepsilon(K) = c \sum_{i=1}^{r} \sigma_i f(\mu_i) g(\nu_i), \quad r < k, \tag{6.1.65}$$

叫做 K 的一个逼近正交位移表示 (aodr) 且相应的生成子 $(\widehat{U}, \widehat{\sigma}, \widehat{V})$ 叫做逼近正交位移生成子 (aodg), 其中 $\widehat{\sigma} = (\sigma_1, \cdots, \sigma_r)$, $\widehat{U} = (\mu_1, \cdots, \mu_r)$ 且 $\widehat{V} = (\nu_1, \cdots, \nu_r)$ 分别由 U 和 V 最开始的 r 列组成 (见 [20] 或 [123]). 注意到 r 是由满足 $\sigma_r > \varepsilon\|K\| \geqslant \sigma_{r+1}$ 的 $\varepsilon > 0$ 确定.

符号 $\mathrm{toeplitz}[c, r]$ 表示它的前面 c^{T} 列和 r 行确定的 Toeplitz 矩阵, 特别地, $\mathrm{toeplitz}[c] := \mathrm{toeplitz}[c, c]$. 记 $C^+ = Z + e_1 e_n^{\mathrm{T}}$ 及 $C^- = Z - e_1 e_n^{\mathrm{T}}$, 其中 $Z = \mathrm{toeplitz}[e_2^{\mathrm{T}}, 0]$, e_i 为单位矩阵 I 的第 i 列.

分别定义循环矩阵 $C^+(x) = \sum\limits_{i=1}^{n} x_i (C^+)^{i-1}$ 和反循环矩阵 $C^-(x) = \sum\limits_{i=1}^{n} x_i (C^-)^{i-1}$, 其中 $x = (x_1, x_2, \cdots, x_n)^{\mathrm{T}}$. 并且, 为简单起见, 我们利用符号 $\Delta(K)$ 代替 $\Delta_{C^-, C^+}(K)$. 通过 [20, 定理 2.5],

$$\Delta(W) = \sum_{i=1}^{k} \sigma_i \mu_i \nu_i^{\mathrm{T}} \quad 当且仅当 \quad W = -\frac{1}{2} \sum_{i=1}^{k} \sigma_i f(\mu_i) g(\nu_i),$$

其中 $f(\mu_i) = C^-(\mu_i)$ 和 $g(\nu_i) = C^+(J\nu_i)$, J 为反对角上具有 1 的置换矩阵. 因此 (6.1.65) 变为

$$K_\varepsilon = \mathrm{trunc}_\varepsilon(K) = -\frac{1}{2} \sum_{i=1}^{r} \sigma_i C^-(\mu_i) C^+(J\nu_i), \quad r < k, \tag{6.1.66}$$

其中 $\widehat{\sigma} = (\sigma_1, \cdots, \sigma_r)$, $\widehat{U} = (\mu_1, \cdots, \mu_r)$, $\widehat{V} = (\nu_1, \cdots, \nu_r)$ 得到了.

下面是关于 K_ε 的误差界.

定理 6.1.15[20] 假设 K 为一个 Toeplitz 矩阵. 令 $r = \mathrm{drk}_\varepsilon(K) \leqslant \mathrm{drk}(K) = k$, K_ε 为 K 的一个 aodr, 且 $\sigma_1, \sigma_2, \cdots, \sigma_k$ 为 $\Delta_{A,B}(K)$ 的非零奇异值, 那么

$$\frac{\|K - K_\varepsilon\|}{\|K\|} \leqslant cn \sum_{i=r+1}^{k} \sigma_i \leqslant cn(k-r)\varepsilon.$$

由于对高阶位移秩矩阵序列的无效的操作, 最差的情况是它的位移秩可以指数增长, 我们介绍下列通过用一个低阶位移秩矩阵逼近 (6.1.51) 的矩阵 X_{k+1} 的修正序列.

现在如下修正 (6.1.51) 的序列:

$$\begin{cases} F_k = -C_t^2 X_k A + C_t^3 (X_k A)^2 + \cdots + (-1)^{t-1} C_t^t (X_k A)^{t-1}, \\ X_{k+1} = ((F_k + C_t^1 I) X_k)_{\varepsilon_k}, \end{cases} \tag{6.1.67}$$

其中 $X_0 = \alpha Y$, $k \geqslant 0$.

记 $X_k' = (F_k + C_t^1 I) X_k$. 通过 (6.1.61),

$$\begin{aligned} \Delta(X_k') &= \Delta(F_k + C_t^1 I) X_k + (F_k + C_t^1 I) \Delta(X_k) - (F_k + C_t^1 I) \Delta(I) X_k \\ &= \Delta(F_k) X_k + F_k \Delta(X_k) + C_t^1 \Delta(X_k) - F_k \Delta(I) X_k \\ &= \Delta(F_k) X_k + F_k \Delta(X_k) + C_t^1 \Delta(X_k) + 2 F_k e_1 e_n^{\mathrm{T}} X_k. \end{aligned} \tag{6.1.68}$$

一个简单的计算说明

$$\Delta(X_k A) = \Delta(X_k) A + X_k \Delta(A) - X_k \Delta(I) A,$$

$$\begin{aligned} \Delta((X_k A)^2) &= \Delta(X_k A) X_k A + X_k A \Delta(X_k A) - X_k A \Delta(I) X_k A \\ &= [\Delta(X_k) A + X_k \Delta(A) - X_k \Delta(I) A] X_k A \\ &\quad + X_k A [\Delta(X_k) A + X_k \Delta(A) - X_k \Delta(I) A] - X_k A \Delta(I) X_k A \\ &= [\Delta(X_k) A + X_k \Delta(A)] X_k A + X_k A [\Delta(X_k) A + X_k \Delta(A)] \\ &\quad - X_k \Delta(I) A X_k A - X_k A X_k \Delta(I) A - X_k A \Delta(I) X_k A. \end{aligned}$$

通过对 i 进行归纳, 容易说明

$$\begin{aligned} &\Delta((X_k A)^i) \\ &= \sum_{j=0}^{i-1} (X_k A)^j [\Delta(X_k) A + X_k \Delta(A)] (X_k A)^{i-j-1} \\ &\quad - \sum_{j=0}^{i-1} (X_k A)^j X_k \Delta(I) A (X_k A)^{i-j-1} - \sum_{j=1}^{i-1} (X_k A)^j \Delta(I) (X_k A)^{i-j}, \quad i = 2, \cdots, t-1. \end{aligned}$$

因此, $\Delta(F_k)$ 可以表示为

$$\begin{aligned} \Delta(F_k) &= \sum_{i=1}^{t-1} (-1)^i C_t^{i+1} \Delta((X_k A)^i) \\ &= \sum_{i=1}^{t-1} (-1)^i C_t^{i+1} \sum_{j=0}^{i-1} (X_k A)^j [\Delta(X_k) A + X_k \Delta(A)] (X_k A)^{i-j-1} \end{aligned}$$

$$- \sum_{i=1}^{t-1} (-1)^i \mathrm{C}_t^{i+1} \sum_{j=0}^{i-1} (X_k A)^j X_k \Delta(I) A (X_k A)^{i-j-1}$$

$$- \sum_{i=1}^{t-1} (-1)^i \mathrm{C}_t^{i+1} \sum_{j=1}^{i-1} (X_k A)^j \Delta(I) (X_k A)^{i-j}$$

$$= \sum_{i=1}^{t-1} (-1)^i \mathrm{C}_t^{i+1} \sum_{j=0}^{i-1} (X_k A)^j \Delta(X_k) A (X_k A)^{i-j-1}$$

$$+ \sum_{i=1}^{t-1} (-1)^i \mathrm{C}_t^{i+1} \sum_{j=0}^{i-1} (X_k A)^j X_k \Delta(A) (X_k A)^{i-j-1}$$

$$- \sum_{i=1}^{t-1} (-1)^i \mathrm{C}_t^{i+1} \sum_{j=0}^{i-1} (X_k A)^j X_k \Delta(I) A (X_k A)^{i-j-1}$$

$$- \sum_{i=1}^{t-1} (-1)^i \mathrm{C}_t^{i+1} \sum_{j=1}^{i-1} (X_k A)^j \Delta(I) (X_k A)^{i-j}, \tag{6.1.69}$$

其中 $\sum\limits_{h}^{k} = 0$ 每当 $h > k$.

令

$$\Delta(G) = U_G \Sigma_G V_G^{\mathrm{T}}$$

为 $\Delta(G)$ 的 SVD, 其中 G 表示 X_k, F_k 或 A. 那么, 通过 (6.1.68), 记

$$\Delta(X_k^{'}) = U(X_k^{'}) \Sigma(X_k^{'}) V^{\mathrm{T}}(X_k^{'}), \tag{6.1.70}$$

其中

$$U(X_k^{'}) := \left(U_{F_k}, (F_k + C_t^1 I) U_{X_k}, F_k e_1 \right),$$

$$V(X_k^{'}) := \left(X_k^{\mathrm{T}} V_{F_k}, V_{X_k}, X_k^{\mathrm{T}} e_n \right),$$

$$\Sigma(X_k^{'}) := \begin{pmatrix} \Sigma_{F_k} & 0 & 0 \\ 0 & \Sigma_{X_k} & 0 \\ 0 & 0 & 2 \end{pmatrix}.$$

通过 (6.1.69), 并记

$$\Delta(F_k) = U(F_k) \Sigma(F_k) V^{\mathrm{T}}(F_k), \tag{6.1.71}$$

其中

$$U(F_k) := (U_2, U_3, \cdots, U_{t-1}),$$

$$V(F_k) := (V_2, V_3, \cdots, V_{t-1}),$$

$$\Sigma(F_k) := \begin{pmatrix} -C_t^2 \Sigma_2 & 0 & 0 & 0 \\ 0 & C_t^3 \Sigma_3 & 0 & 0 \\ 0 & 0 & \ddots & 0 \\ 0 & 0 & 0 & (-1)^{t-1} C_t^t \Sigma_{t-1} \end{pmatrix},$$

以及

$$U_i = \left(\overbrace{U_{X_k}, \cdots, (X_k A)^{i-2} U_{X_k}}^{i-1}, \overbrace{X_k U_A, \cdots, (X_k A)^{i-2} X_k U_A}^{i-1} \right.$$

$$\left. \underbrace{X_k e_1, \cdots, (X_k A)^{i-2} X_k e_1}_{i-1}, \underbrace{X_k A e_1, \cdots, (X_k A)^{i-2} e_1}_{i-2} \right),$$

$$\Sigma_i = \left(\begin{array}{cccccccc} \Sigma_{X_k} & & & & & & & \\ & \ddots & & & & & & \\ & & \Sigma_{X_k} & & & & & \\ & & & \Sigma_A & & & & \\ & & & & \ddots & & & \\ & & & & & \Sigma_A & & \\ & & & & & & 2 & \\ & & & & & & & \ddots \\ & & & & & & & & 2 \end{array} \right),$$

$$\underbrace{}_{i-1} \quad \underbrace{}_{i-1} \quad \underbrace{}_{2i-3}$$

$$V_i = \left(\overbrace{(X_k A)^{(i-2)\mathrm{T}} A^{\mathrm{T}} V_{X_k}, \cdots, A^{\mathrm{T}} V_{X_k}}^{i-1}, \overbrace{(X_k A)^{(i-2)\mathrm{T}} V_A, \cdots, V_A}^{i-1}, \right.$$

$$\left. \underbrace{(X_k A)^{(i-2)\mathrm{T}} A^{\mathrm{T}} e_n, \cdots, A^{\mathrm{T}} e_n}_{i-1}, \underbrace{(X_k A)^{(i-2)\mathrm{T}} e_n, \cdots, (X_k A)^{\mathrm{T}} e_n}_{i-2} \right),$$

$i = 2, 3, \cdots, t-1$. 注意到 U_i 和 V_i^{T} 最后的下括号的列 $\underbrace{}_{i-2}$ 都是空的每当 $i = 2$.

基于上面的表示, 为计算一个由关于算子 Δ 的逼近矩阵在 odr 意义上给出的 Toeplitz 矩阵 A 的广义 $A_{T,S}^{(2)}$ 逆我们构造算法 3.1.

算法 3.1: 计算 $A_{T,S}^{(2)}$ Toeplitz 矩阵 A 的逆 $A_{T,S}^{(2)}$

1: 给定 Toeplitz 矩阵 A, 参数 α, 出事矩阵 Y, 误差估计 ξ 和特征值 t.

2: 设 $X_0 = \alpha Y$, 由 (6.1.67) 计算 F_0 .

3: 计算 $\Delta(A) = U_A \Sigma_A V_A^{\mathrm{T}}$ 的 SVD .

4: 初始值 $k = 0$.

    4.1: 计算 $\Delta(X_k) = U_{X_k} \Sigma_{X_k} V_{X_k}^{\mathrm{T}}$ 的 SVD.

    4.2: 在 (6.1.71) 中代入 $U(F_k)$, $\Sigma(F_k)$ 和 $V(F_k)$.

    4.3: 计算 $U(F_k) = Q_1 R_1$ 和 $V(F_k) = Q_2 R_2$ 的 QR 分解.

    4.4: 计算 $R_1 \Sigma(F_k) R_2^{\mathrm{T}} = U_F \Sigma_F V_F$ 的 SVD.

    4.5: 设 $U_{F_k} = Q_1 U_F$, $\Sigma_{F_k} = \Sigma_F$, $V_{F_k} = Q_2 V_F$.

    4.6: 在 (6.1.70) 代入 $U(X_k')$, $\Sigma(X_k')$, $V(X_k')$.

    4.7: 计算 $U(X_k') = Q_3 R_3$ 和 $V(X_k') = Q_4 R_4$ 的 QR 分解.

    4.8: 计算 $R_3 \Sigma(X_k') R_4^{\mathrm{T}} = U_{X'} \Sigma_{X'} V_{X'}$ 的 SVD, 其中 $\Sigma_{X'} = \mathrm{Diag}(\sigma_1, \sigma_2, \cdots,$
$\sigma_k, 0, \cdots, 0)$.

    4.9: 决定 ε 根据: $0 < \varepsilon < \sigma_1$, 则 $\sigma_{r+1} \leqslant \varepsilon \sigma_1 < \sigma_r$.

    4.10: 由 $\widehat{\Sigma}_{X'}$, $\widehat{U}_{X'}$ 和 $\widehat{V}_{X'}$, 设 $\Sigma_{X'}$ 的 $U_{X'}$ 和 $V_{X'}$ 前 r 列,

    4.11: 设 $U_{X_{k+1}} = Q_3 \widehat{U}_{X'}$, $\Sigma_{X_{k+1}} = \widehat{\Sigma}_{X'}$ 和 $V_{X_{k+1}} = Q_4 \widehat{V}_{X'}$.

    4.12: 根据 (6.1.66) 有 X_{k+1}. 若 $\|X_{k+1} A X_{k+1} - X_{k+1}\| < \xi$ 进行第 5 步, 否则,
$k := k + 1$ 继续 4.1.

5: 返回 X_{k+1}.

现在, 我们讨论一些数值例子. 所有的数值例题使用 Matlab 7.13.0.564 (R2011b) (Build 7601) 计算.

例 6.1.16 **参考文献** [118, 例 4.1] 中的例子:

$$A = \begin{pmatrix} 1 & 0.2 & 0.2 & 0.2 & 0 \\ 0 & 0.5 & 0 & 0 & 0 \\ 0 & 0 & 2 & 0 & 0 \\ 0 & 0 & 0 & 0.5 & 0 \\ 0 & 0 & 0 & 0 & 0 \end{pmatrix}, \quad Y = \begin{pmatrix} 1 & 2 & 2 & -2 & 0 \\ 0 & 2 & 2 & -2 & 0 \\ 0 & 0 & 0.25 & 0.1 & 0 \\ 0 & 0 & 0 & 3 & 0 \\ 0 & 0 & 0 & 0 & 0 \end{pmatrix},$$

$T = \mathbb{C}^4$, $e = (0, 0, 0, 0, 1)^{\mathrm{T}} \in \mathbb{C}^5$ 和 $S = \mathrm{span}\{e\}$. 显然, $\mathcal{R}(Y) = T$, $\mathcal{N}(Y) = S$. 此外, 我们选择

$$P = \begin{pmatrix} 1 & 0 & 0 & 0 & 0 \\ 0 & 1 & 0 & 0 & 0 \\ 0 & 0 & 1 & 0 & 0 \\ 0 & 0 & 0 & 1 & 0 \\ 0 & 0 & 0 & 0 & 0 \end{pmatrix}.$$

确保 $\rho(\alpha YA - P) < 1$, 设 α 使得 $0 < \alpha < 1.3333$. 根据 (6.1.58) 得到最佳的参数

$$\alpha_{\text{opt}} = \frac{2}{\lambda_{\min} + \rho(YA)} = 1.$$

易证

$$A_{T,S}^{(2)} = \begin{pmatrix} 1 & -0.4 & -0.1 & -0.4 & 0 \\ 0 & 2 & 0 & 0 & 0 \\ 0 & 0 & 0.5 & 0 & 0 \\ 0 & 0 & 0 & 2 & 0 \\ 0 & 0 & 0 & 0 & 0 \end{pmatrix}.$$

现在寻找算法 (6.1.51) 的最佳 t 的值以及合适的参数 α.

对于任意 α 和 t, 记 $\|\text{res}_\alpha^t(X_k)\| = \|A_{T,S}^{(2)} - X_k\|$. 现在进行讨论:

(1) 参数 α.

表 6.1.2 中, 若 $\alpha_{\text{opt}} = 1$, 对于 t, 算法更快. 当 $t = 4$ 时, 需要迭代 4 步使得 $\|\text{res}_1^4(X_4)\|$ 达到 0, 选取 $\alpha_{\text{opt}} = 1$. 因此当 $\alpha = 1.1$ 时, 需要 6 步.

表 6.1.2　应用迭代法 (6.1.51) 计算 $A_{T,S}^{(2)}$

		$\|\text{res}_\alpha^t(X_k)\|$				
		$t=2$	$t=3$	$t=4$	$t=5$	$t=6$
$\alpha = 0.9$	$k=1$	2.1759	1.0157	0.6433	0.3394	0.1926
	$k=2$	0.6433	0.0316	4.8189e−004	2.2190e−006	3.0914e−009
	$k=3$	0.0578	6.7125e−007	5.0653e−016	1.3798e−015	5.4435e−015
	$k=4$	4.8189e−004	6.2063e−017	9.2790e−016	1.4049e−015	1.6596e−038
	$k=5$	3.3783e−008	1.3878e−017	0	1.4049e−015	0
	$k=6$	2.7019e−016	0	0	1.4049e−015	0
$\alpha = 1$	$k=1$	3.1260	1.3419	0.7815	0.3355	0.1954
	$k=2$	0.7815	0.0210	1.9080e−004	3.1994e−007	1.8196e−010
	$k=3$	0.0488	7.9984e−008	2.4879e−019	3.0982e−022	5.5511e−017
	$k=4$	1.9080e−004	6.6174e−024	0	0	0
	$k=5$	2.9114e−009	0	0	0	0
	$k=6$	2.5288e−019	0	0	0	0
$\alpha = 1.1$	$k=1$	4.4165	2.7862	1.9426	1.2307	0.8159
	$k=2$	1.9426	0.2216	0.0109	2.2557e−004	1.9739e−006
	$k=3$	0.3431	9.5303e−005	1.1400e−011	2.2930e−015	3.6384e−015
	$k=4$	0.0109	7.4692e−015	4.7439e−016	1.3926e−015	1.3195e−036
	$k=5$	1.1058e−005	4.6599e−016	9.0369e−016	1.3926e−015	0
	$k=6$	1.1400e−011	4.6599e−016	0	1.4051e−015	0

		$\|\mathrm{res}_\alpha^t(X_k)\|$				
		$t=7$	$t=8$	$t=9$	$t=10$	$t=11$
$\alpha=0.9$	$k=1$	0.1039	0.0578	0.0316	0.0174	0.0096
	$k=2$	1.3013e$-$012	1.2596e$-$014	1.4986e$-$014	7.2489e$-$015	4.9176e$-$014
	$k=3$	5.9260e$-$015	2.2877e$-$014	2.2842e$-$014	9.0602e$-$015	5.6521e$-$014
	$k=4$	1.3207e$-$014	1.8126e$-$014	2.6028e$-$014	2.0474e$-$015	1.5138e$-$013
	$k=5$	5.9256e$-$015	1.8229e$-$014	2.2789e$-$014	2.0474e$-$015	9.3578e$-$014
	$k=6$	1.3207e$-$014	1.4524e$-$014	2.2789e$-$014	2.0474e$-$015	1.5138e$-$013
$\alpha=1$	$k=1$	0.0839	0.0488	0.0210	0.0122	0.0052
	$k=2$	7.9984e$-$008	2.2770e$-$015	4.2386e$-$015	2.3374e$-$014	1.4007e$-$014
	$k=3$	1.4491e$-$014	0	2.7849e$-$014	1.4491e$-$014	1.1594e$-$013
	$k=4$	3.6498e$-$043	0	9.9729e$-$015	1.4491e$-$014	3.5189e$-$042
	$k=5$	0	0	1.3587e$-$014	1.4491e$-$014	0
	$k=6$	0	0	8.1549e$-$015	1.4491e$-$014	0
$\alpha=1.1$	$k=1$	0.5231	0.3431	0.2216	0.1447	0.0937
	$k=2$	7.2980e$-$009	1.1395e$-$011	1.6657e$-$014	2.2479e$-$014	2.2544e$-$013
	$k=3$	7.2954e$-$015	2.0504e$-$014	2.6716e$-$014	1.4605e$-$014	2.4284e$-$013
	$k=4$	7.3133e$-$015	1.3833e$-$014	3.3967e$-$014	2.6776e$-$014	2.4166e$-$013
	$k=5$	1.3155e$-$014	2.0041e$-$014	1.9477e$-$014	5.4367e$-$014	2.4292e$-$013
	$k=6$	7.3133e$-$015	2.0129e$-$014	1.9477e$-$014	1.4922e$-$014	2.4166e$-$013

(2) t 阶.

表 6.1.2 给出参数 t, 误差估计越小. 若 t 的值太大则需要更多的迭代步数. 当 $\alpha=0.9$ 时, $\|\mathrm{res}_{0.9}^6(X_4)\|$ 少于 $\|\mathrm{res}_{0.9}^7(X_4)\|$. 迭代更繁琐. 因此参数 t 需要找出合适的值.

选取合适参数 t 使迭代算法 (6.1.51) 更有效. 我们给出合适的迭代指标 (详见 [80, 1.4.3 节]),

迭代序列 $\{X_k\}_{k=1}^\infty$ 若对于参数 $\varepsilon>0$,

$$\|X_{k+1}-X_\infty\| \leqslant \varepsilon\|X_k-X_\infty\|^p,$$

$k \geqslant k_0$, 其中 X_∞ 是有限的 $\{X_k\}_{k=1}^\infty$. 若 $p=1$ 和 $0<\varepsilon<1$, 序列 $\{X_k\}_{k=1}^\infty$ 现行收敛 ε 为收敛因子 (详见 [80, 定义 1.13]).

因此, 迭代收敛效果如下:

$$I = \begin{cases} \dfrac{\ln p}{w}, & p>1, \\[2mm] \dfrac{\ln \varepsilon}{w}, & p=1, \end{cases}$$

其中 w 为迭代步骤. 显然 I 越大迭代越好.

迭代 (6.1.51), 记为 w_t 和 p_t. t 的迭代步骤 p_t 为 t, w_t, 忽略矩阵相乘的运算, 则 $I_3 = 0.3662 > I_2 = I_4 = 0.3466 > I_5 > I_6$. 因此, 迭代 (6.1.51) 当 $t = 3$ 比 $t = 2$ 和 $t = 4$ 更好.

下面测试迭代 (6.1.51), 根据不同的 t 和参数 $\alpha_{\mathrm{opt}} = 1$ 以及 $\|\mathrm{res}_\alpha^t(X_k)\| \leqslant 10^{-20}$. 迭代步数 (Nstep)、矩阵乘积数 (Twork)、运算时间 (Time) 如表 6.1.3 中, 显然, 取 3 阶最为合适.

表 6.1.3　取 t 不同值时迭代法 (6.1.51) 的结果

	$\|\mathrm{res}_\alpha^t(X_k)\| \leqslant 10^{-20}$				
	$t=2$	$t=3$	$t=4$	$t=5$	$t=6$
Nstep	7	4	4	3	4
Twork	14	12	16	15	24
Time(s)	0.003278	0.002369	0.002802	0.002693	0.004266

例 6.1.17　我们给出算法 3.1 计算 $A_{T,S}^{(2)}$, $A = \mathrm{toeplitz}[(1, 0, \cdots, 0, 1)] \in \mathbb{C}^{n \times n}$, 当 n 为奇数参见文献 [123]. 选取 Toeplitz 矩阵

$$Y = \mathrm{toeplitz}[(1, \underbrace{0, \cdots, 0}_{\frac{n-3}{2}}, 1, 0, \cdots, 0, 1)],$$

$\varepsilon = 10^{-8}$ 为 [123, 例题 4.1] 中的值, 且误差估计 $\|X_k A X_k - X_k\| \leqslant 10^{-9}$.

在注记 6.1.13 中取最佳参数 α, 我们给出迭代数 (Nstep)、秩 (Mdrk)、最佳计算因素、秩的和 (Sdrk), 取 $t = 3, 4$ 在表 6.1.4. 显然, 当 $t = 3, 4$ 时, 迭代 (6.1.51) 仅仅需要 3 步误差值小于 10^{-9}, 其中 $n = 33, 65, \cdots$, 调整算法 SMS(MSMS) 在文献 [123] 中, 需要 4 步. 此外, $t = 3$ 优于算法 MSMS.

表 6.1.4　算法 3.1 的结果

$\|X_k A X_k - X_k\| \leqslant 10^{-9}$							
$n=33$	$t=3$	$t=4$	MSMS	$n=65$	$t=3$	$t=4$	MSMS
Nstep	3	3	4	Nstep	3	3	4
Mdrk	3	3	3	Mdrk	3	3	3
Sdrk	9	9	12	Sdrk	9	9	12
Time(s)	0.054193	0.056558	0.073887	Time(s)	0.115098	0.118254	0.155665
$n=129$	$t=3$	$t=4$	MSMS	$n=257$	$t=3$	$t=4$	MSMS
Nstep	3	3	4	Nstep	3	3	4
Mdrk	3	3	3	Mdrk	3	3	3
Sdrk	9	9	12	Sdrk	9	9	12
Time(s)	0.278937	0.281602	0.368621	Time(s)	0.951545	0.957531	1.252131

续表

		$\|X_kAX_k - X_k\| \leqslant 10^{-9}$				
$n=513$	$t=3$	$t=4$	MSMS	$n=1025$	$t=3$	$t=4$	MSMS
Nstep	3	3	4	Nstep	3	3	4
Mdrk	3	3	3	Mdrk	3	3	3
Sdrk	9	9	12	Sdrk	9	9	12
Time(s)	4.362371	4.407440	5.731186	Time(s)	24.438302	24.574159	32.238477

6.2　$A_{T,S}^{(2)}$ 逆存在性与迭代格式之间的关系

定理 6.2.1　令 $A \in \mathcal{B}(X,Y)$, $Y \in \mathcal{B}(Y,X)$. 用如下方式在 $\mathcal{B}(Y,X)$ 中定义序列 $\{X_k\}$:

$$X_k = X_{k-1} + \beta Y(I_Y - AX_{k-1}), \quad k = 1, 2, \cdots, \tag{6.2.1}$$

其中 $\beta \in \mathbb{C} \backslash \{0\}$, $X_0 \in \mathcal{B}(Y,X)$ 及 $Y \neq YAX_0$. 那么迭代 (6.2.1) 收敛的充分必要条件是 $\rho(I_X - \beta YA) < 1$ 等价于 $\rho(I_Y - \beta AY) < 1$.

在这些情形下假设 T 和 S 分别为 X 和 Y 的闭子空间. 如果 $\mathcal{R}(Y) = T$, $\mathcal{N}(Y) = S$, 及 $\mathcal{R}(X_0) \subset T$, 那么 $A_{T,S}^{(2)}$ 存在且 $\{X_k\}$ 收敛于 $A_{T,S}^{(2)}$, 并且当 $q = \min\{\|I_X - \beta YA\|, \|I_Y - \beta AY\|\} < 1$ 时,

$$\|A_{T,S}^{(2)} - X_k\| \leqslant \frac{|\beta|q^k}{1-q}\|Y\|\|I_Y - AX_0\|. \tag{6.2.2}$$

证明　(6.2.1) 可以改写为

$$X_k = (I_X - \beta YA)X_{k-1} + \beta Y.$$

于是

$$\begin{aligned}
X_k - X_{k-1} &= (I_X - \beta YA)(X_{k-1} - X_{k-2}) \\
&= \cdots \\
&= (I_X - \beta YA)^{k-1}(X_1 - X_0) \\
&= \beta(I_X - \beta YA)^{k-1}Y(I_Y - AX_0) \tag{6.2.3} \\
&= \beta Y(I_Y - \beta AY)^{k-1}(I_Y - AX_0). \tag{6.2.4}
\end{aligned}$$

通过 (6.2.3), 有

$$\begin{aligned}
YA(X_k - X_0) &= \beta YA[(I_X - \beta YA)^{k-1} + \cdots + (I_X - \beta YA) + I_X]Y(I_Y - AX_0) \\
&= [I_X - (I_X - \beta YA)^k]Y(I_Y - AX_0). \tag{6.2.5}
\end{aligned}$$

类似地, 有

$$YA(X_k - X_0) = Y[I_Y - (I_Y - \beta AY)^k](I_Y - AX_0). \tag{6.2.6}$$

因此, $\{X_k\}$ 收敛的充分必要条件是 $(I_Y - \beta AY)^k \to 0$ $(k \to \infty)$ 或者 $(I_X - \beta YA)^k \to 0$ $(k \to \infty)$, 其等价于 $\rho(I_Y - \beta AY) < 1$ 或者 $\rho(I_X - \beta YA) < 1$.

如果 $\rho(I_X - \beta YA) < 1$, 那么 $\rho(I_Y - \beta AY) < 1$. 这样 YA 在 $\mathcal{R}(YA)$ 上可逆并且 AY 在 $\mathcal{R}(AY)$ 上可逆因为 $\beta \neq 0$. 因此

$$(YA)|_{\mathcal{R}(YA)}^{-1} Y = Y(AY)|_{\mathcal{R}(AY)}^{-1}. \tag{6.2.7}$$

记 $\lim_{n \to \infty} X_n = X_\infty$, 则

$$\lim_{k \to \infty} X_k = (YA)|_{\mathcal{R}(YA)}^{-1} Y(I_Y - AX_0) + X_0. \tag{6.2.8}$$

显然地, 由于 $\mathcal{R}(YA) \subset \mathcal{R}(Y)$, $X_\infty \in \mathcal{B}(Y, X)$.

通过 (6.2.1), $Y = YAX_\infty$, 那么

$$T = \mathcal{R}(Y) = \mathcal{R}(YAX) \subset \mathcal{R}(YA) \subset \mathcal{R}(Y).$$

从而 $\mathcal{R}(YA) = T$. 由于 $\mathcal{R}(X_0) \subset T$, $(YA)|_{\mathcal{R}(YA)}^{-1} YAX_0 = X_0$, 那么 $X_\infty = (YA)|_{\mathcal{R}(YA)}^{-1} Y$. 显然地, $\mathcal{R}(X_\infty) \subset \mathcal{R}(YA)$. 另一方面, $\mathcal{R}(Y) = \mathcal{R}(X_\infty AY) \subset \mathcal{R}(X_\infty)$. 从而 $\mathcal{R}(X_\infty) = T$. 很容易验证 $\mathcal{N}(X_\infty) = \mathcal{N}(Y) = S$ 及 $X_\infty AX_\infty = X_\infty$. 因此由引理 1.0.13 知 $A_{T,S}^{(2)}$ 存在并且

$$\begin{aligned} A_{T,S}^{(2)} &= X_\infty \\ &= (YA)|_{\mathcal{R}(YA)}^{-1} Y \tag{6.2.9} \\ &= Y(AY)|_{\mathcal{R}(AY)}^{-1}. \tag{6.2.10} \end{aligned}$$

最后, 我们将证明 (6.2.2). 如果 $\|I_Y - \beta AY\| < 1$, 那么通过 (6.2.6), (6.2.7) 和 (6.2.9), 有

$$\begin{aligned} X_k &= (YA)|_{\mathcal{R}(YA)}^{-1} Y[I_Y - (I_Y - \beta AY)^k](I_Y - AX_0) + X_0 \\ &= A_{T,S}^{(2)}(I_Y - AX_0) - (YA)|_{\mathcal{R}(YA)}^{-1} Y(I_Y - \beta AY)^k(I_Y - AX_0) + X_0 \\ &= A_{T,S}^{(2)} - A_{T,S}^{(2)} AX_0 - Y(AY)|_{\mathcal{R}(AY)}^{-1}(I_Y - \beta AY)^k(I_Y - AX_0) + X_0 \\ &= A_{T,S}^{(2)} - \beta Y[I_Y - (I_Y - \beta AY)]^{-1}(I_Y - \beta AY)^k(I_Y - AX_0). \end{aligned}$$

于是

$$\begin{aligned} \|A_{T,S}^{(2)} - X_k\| &= |\beta| \, \|[I_Y - (I_Y - \beta AY)]^{-1} Y(I_Y - \beta AY)^k](I_Y - AX_0)\| \\ &\leqslant \frac{|\beta| \, \|(I_Y - \beta AY)^k\|}{1 - \|I_Y - \beta AY\|} \|Y\| \|I_Y - AX_0\|. \end{aligned}$$

如果 $\|I_X - \beta Y A\| < 1$, 那么类似地, 可以得到

$$\|A_{T,S}^{(2)} - X_k\| \leqslant \frac{|\beta|\,\|(I_X - \beta Y A)^k\|}{1 - \|I_X - \beta Y A\|}\|Y\|\,\|I_Y - A X_0\|.$$

由于单调函数 $f(x) = x^{\alpha}(1-x)^{-1}$, $x \in (0,1)(\alpha \geqslant 0)$ 是增的, 则 (6.2.2) 成立.

注记 6.2.2 如果 $Y = YAX_0$, 那么 (6.2.1) 退化为 $X_k = X_{k-1}$, 此时这个迭代是平凡的.

类似于上面的定理, 可以推出下面的结果.

定理 6.2.3 令 $A \in \mathcal{B}(X,Y)$, $Y \in \mathcal{B}(Y,X)$. 在 $\mathcal{B}(Y,X)$ 中用如下方式定义序列 $\{X_k\}$:

$$X_k = X_{k-1} + \beta(I_X - X_{k-1}A)Y, \quad k = 1,2,\cdots, \tag{6.2.11}$$

其中 $\beta \in \mathbb{C}\backslash\{0\}$, $X_0 \in \mathcal{B}(Y,X)$ 及 $Y \neq X_0 AY$. 那么迭代 (6.2.11) 收敛的充分必要条件是 $\rho(I_Y - \beta AY) < 1$ 等价于 $\rho(I_X - \beta Y A) < 1$.

在这些情形下, 假设 T 和 S 分别为 X 和 Y 的闭子空间. 如果 $\mathcal{R}(Y) = T$, $\mathcal{N}(Y) = S$ 及 $\mathcal{N}(X_0) \supset S$, 那么 $A_{T,S}^{(2)}$ 存在及 $\{X_k\}$ 收敛于 $A_{T,S}^{(2)}$, 并且当 $q = \min\{\|I_X - \beta Y A\|, \|I_Y - \beta AY\|\} < 1$ 时, 有

$$\|A_{T,S}^{(2)} - X_k\| \leqslant \frac{|\beta|q^k}{1-q}\|Y\|\,\|I_X - X_0 A\|. \tag{6.2.12}$$

注记 6.2.4 现在考虑在迭代 (6.2.1) 或 (6.2.11) 中怎样去选取参数 β. 通过引理 1.0.15 和定理 [6, 定理 3(1)], 对任意 $\beta \in \mathbb{C}\backslash\{0\}$, 有

$$\begin{aligned}
\rho(I_Y - \beta AY) &= \max_{\lambda \in \sigma(I_Y - \beta AY)} |\lambda| = \max_{\lambda \in \sigma(AY)} |1 - \beta\lambda| \\
&= \max_{\mu \in \sigma(YA)} |1 - \beta\mu| = \max_{\lambda \in \sigma(I_X - \beta YA)} |\lambda| \\
&= \rho(I_X - \beta YA),
\end{aligned}$$

并且存在 $\lambda_0 \in \sigma(AY)$, $|\lambda_0| = \rho(AY)$ 使得 $|1 - \beta\lambda_0| = \rho(I_Y - \beta AY)$.

记 $\lambda_0 = |\lambda_0|(\cos\theta + \mathrm{i}\sin\theta)$, $\beta = |\beta|(\cos\varphi + \mathrm{i}\sin\varphi)$, 其中 $\theta = \arg(\beta)$, $\varphi = \arg(\lambda_0)$, 那么

$$\rho(I_Y - \beta AY) = [|\beta\lambda_0|^2 + 1 - 2|\beta\lambda_0|\cos(\theta + \varphi)]^{1/2},$$

从而 $\rho(I_Y - \beta AY) < 1$ 的充分必要条件是 $0 < |\beta\lambda_0| < 2\cos(\theta + \varphi)$.

因此, 当 β 满足

$$0 < |\beta| < \frac{2\cos(\theta + \varphi)}{\rho(AY)} \tag{6.2.13}$$

时, $\rho(I_Y - \beta AY) = \rho(I_X - \beta YA) < 1$, 其中 $\lambda_0 \in \sigma(AY)$ 及 $|\lambda_0| = \rho(AY)$. 特别地, 一旦这样一个 λ_0 被确定, β 被取为满足 $\arg(\beta) = -\arg(\lambda_0)$ 及 $0 < |\beta| < \dfrac{2}{\rho(AY)}$.

如果 $\sigma(AY)$ 为 $\mathbb{R}$ 的一个子集, 那么取 β 满足

$$0 < |\beta| < \frac{2}{\rho(AY)} \tag{6.2.14}$$

及 $\mathrm{sgn}\beta = \mathrm{sgn}\lambda_0$, 其中 $\lambda_0 \in \sigma(AY)$, $|\lambda_0| = \rho(AY)$, 以便确保 $\rho(I_Y - \beta AY) = \rho(I_X - \beta YA) < 1$.

为了得到好的收敛使得 $\rho(I_Y - \beta AY)$ 最小的 β_{opt} 的最优值是什么? 麻烦的是, 它可能很难. 如果 $\sigma(AY)$ 为 $\mathbb{R}$ 的一个子集, $\lambda_{\min} = \min\{\lambda : \lambda \in \sigma(AY)\} > 0$, 类似于 [134, 例题 4.1], 可以得到

$$\beta_{\mathrm{opt}} = \frac{2}{\lambda_{\min} + \rho(AY)}. \tag{6.2.15}$$

现在把注意力转到当预先知道 $A_{T,S}^{(2)}$ 存在的情形.

定理 6.2.5　令 $A \in \mathcal{B}(X, Y)$, T, S 为引理 1.0.13 给定的使得 $A_{T,S}^{(2)}$ 存在. 令 $Y \in \mathcal{B}(Y, X)$, $\mathcal{R}(Y) \subset T$. 在 $\mathcal{B}(Y, X)$ 中用如下方式定义序列 $\{X_k\}$:

$$X_k = X_{k-1} + \beta Y(I_Y - AX_{k-1}), \quad k = 1, 2, \cdots, \tag{6.2.16}$$

其中 $\beta \in \mathbb{C}\backslash\{0\}$, $X_0 \in \mathcal{B}(Y, X)$, $Y \neq YAX_0$. 那么迭代 (6.2.16) 收敛于 $A_{T,S}^{(2)}$ 的充分必要条件是 $\mathcal{N}(Y) \supset S$, $\mathcal{R}(X_0) \subset T$ 及 $\rho(P_{A(T),S} - \beta AY) < 1$.

在这些情形下,

(1)　　　　　　　$A_{T,S}^{(2)} = \beta Y(P_{S,A(T)} + \beta AY)^{-1};$ \tag{6.2.17}

(2) 如果 $\|P_{A(T),S} - \beta AY\| = q < 1$, 那么

$$\|A_{T,S}^{(2)} - X_k\| \leqslant |\beta| q^k (1-q)^{-1} \|Y\| \|R_0\|, \tag{6.2.18}$$

其中 $R_0 = P_{A(T),S} - P_{A(T),S}AX_0$.

证明　首先, 我们证明后面充分必要条件的证明中用到的一些方程. 由于 A, T, S 满足引理 1.0.13 中的条件, 那么 A, $A_{T,S}^{(2)}$ 分别有 (1.0.16) 和 (1.0.17) 的矩阵形式.

如果 $\mathcal{N}(Y) \supset S$, 那么由 $\mathcal{R}(Y) \subset T$ 有

$$YP_{A(T),S} = Y, \tag{6.2.19}$$

$$P_{A(T),S}AY = AY, \tag{6.2.20}$$

并且 Y 有如下矩阵表示:

$$Y = \begin{pmatrix} Y_1 & 0 \\ 0 & 0 \end{pmatrix} : \begin{pmatrix} A(T) \\ S \end{pmatrix} \rightarrow \begin{pmatrix} T \\ T_1 \end{pmatrix}. \tag{6.2.21}$$

通过 (6.2.19), (6.2.20) 有

$$X_k = X_{k-1} + \beta Y R_{k-1}, \tag{6.2.22}$$

其中 $R_{k-1} = P_{A(T),S} - P_{A(T),S} A X_{k-1}, k = 1, 2, \cdots$. 显然 $P_{A(T),S} R_k = R_k$. 因此, 由 (6.2.20) 和 (6.2.22), 有

$$\begin{aligned}
R_k &= P_{A(T),S} - P_{A(T),S} A(X_{k-1} + \beta Y R_{k-1}) \\
&= P_{A(T),S} - P_{A(T),S} A X_{k-1} - \beta P_{A(T),S} A Y R_{k-1} \\
&= R_{k-1} - \beta A Y R_{k-1} \\
&= P_{A(T),S} R_{k-1} - \beta A Y R_{k-1} \\
&= (P_{A(T),S} - \beta A Y) R_{k-1}.
\end{aligned}$$

那么, 通过对 k 进行归纳, 有 $R_k = (P_{A(T),S} - \beta A Y)^k R_0$. 并且, 通过 (6.2.22) 和 (6.2.20), 有

$$\begin{aligned}
X_k - X_0 &= \beta Y (R_0 + R_1 + \cdots + R_{k-1}) \\
&= \beta Y [I_Y + (P_{A(T),S} - \beta A Y) + \cdots + (P_{A(T),S} - \beta A Y)^{k-1}] R_0.
\end{aligned}$$

令 $M_k = I_Y + (P_{A(T),S} - \beta A Y) + \cdots + (P_{A(T),S} - \beta A Y)^{k-1}$, 那么

$$X_k = X_0 + \beta Y M_k R_0 \tag{6.2.23}$$

及

$$(I_Y - P_{A(T),S} + \beta A Y) M_k = I_Y - (P_{A(T),S} - \beta A Y)^k. \tag{6.2.24}$$

现在我们将证明充分必要条件.

$\Leftarrow$:   条件 $\mathcal{N}(Y) \supset S$ 确保上面的陈述是正确的.

如果 $\rho(P_{A(T),S} - \beta A Y) < 1$, 那么 $(P_{A(T),S} - \beta A Y)^k \rightarrow 0 \ (k \rightarrow \infty)$, $I_Y - P_{A(T),S} + \beta A Y$ 可逆.

由 (6.2.24), 得到

$$M_k = (I_Y - P_{A(T),S} + \beta A Y)^{-1} [I_Y - (P_{A(T),S} - \beta A Y)^k].$$

因此, 通过 (6.2.23) 和上面的方程, 有

$$X_\infty = X_0 + \beta Y(I_Y - P_{A(T),S} + \beta AY)^{-1} R_0. \tag{6.2.25}$$

由 $\mathcal{R}(X_0) \subset T$, 有

$$A_{T,S}^{(2)} A X_0 = X_0, \tag{6.2.26}$$

并且 X_0 有如下矩阵表示:

$$X_0 = \begin{pmatrix} X_{11} & X_{12} \\ 0 & 0 \end{pmatrix} : \begin{pmatrix} A(T) \\ S \end{pmatrix} \to \begin{pmatrix} T \\ T_1 \end{pmatrix}.$$

因此, 通过 (1.0.16), (1.0.17) 和 (6.2.21), 有

$$I_Y - P_{A(T),S} + \beta AY = \begin{pmatrix} \beta A_1 Y_1 & 0 \\ 0 & I \end{pmatrix}.$$

由于 $I_Y - P_{A(T),S} + \beta AY$ 可逆, $\beta A_1 Y_1$ 也可逆. 此外, $\beta \neq 0$ 及 A_1 可逆. 因此, Y_1 可逆. 那么

$$\begin{aligned}
\beta Y(I_Y - P_{A(T),S} + \beta AY)^{-1} &= \beta \begin{pmatrix} Y_1 & 0 \\ 0 & 0 \end{pmatrix} \begin{pmatrix} \dfrac{1}{\beta} Y_1^{-1} A_1^{-1} & 0 \\ 0 & I \end{pmatrix} \\
&= \begin{pmatrix} A_1^{-1} & 0 \\ 0 & 0 \end{pmatrix} = A_{T,S}^{(2)}. \tag{6.2.27}
\end{aligned}$$

由于 $I_Y - P_{A(T),S} = P_{S,A(T)}$, (6.2.17) 成立.

显然地, 由 (6.2.27), 有

$$\beta Y(I_Y - P_{A(T),S} + \beta AY)^{-1} P_{A(T),S} = A_{T,S}^{(2)}.$$

利用 (6.2.25) 和 (6.2.26) 以及上面的方程, 有

$$\begin{aligned}
X_\infty &= X_0 + \beta Y(I - P_{A(T),S} + \beta AY)^{-1} P_{A(T),S}(I_Y - AX_0) \\
&= X_0 + A_{T,S}^{(2)}(I_Y - AX_0) \\
&= A_{T,S}^{(2)}.
\end{aligned}$$

$\Rightarrow$: 如果 X_k 收敛于 $A_{T,S}^{(2)}$, 那么, 由 (6.2.16), $Y = YAA_{T,S}^{(2)}$, 从而 $\mathcal{N}(Y) \supset \mathcal{N}(A_{T,S}^{(2)}) = S$. 由 (6.2.23), M_k 是收敛的. 由 (6.2.24) 得到 $(P_{A(T),S} - \beta AY)^k \to 0$.

从而 $\rho(P_{A(T),S} - \beta AY) < 1$. 因此 $I_Y - P_{A(T),S} + \beta AY$ 可逆并且 M_k 的极限是 $(I_Y - P_{A(T),S} + \beta AY)^{-1}$.

由 (6.2.23), 有

$$A_{T,S}^{(2)} = X_0 + \beta Y(I_Y - P_{A(T),S} + \beta AY)^{-1} R_0. \tag{6.2.28}$$

由 $\mathcal{R}(Y) \subset T$ 和 $\mathcal{R}(A_{T,S}^{(2)}) = T$, 有 $\mathcal{R}(X_0) \subset T$.

最后, 我们将说明 (6.2.18). 如果 $\|P_{A(T),S} - \beta AY\| = q < 1$, 那么

$$(I_Y - P_{A(T),S} + \beta AY)^{-1} = I_Y + \sum_{i=1}^{\infty} (P_{A(T),S} - \beta AY)^i.$$

因此, 通过 (6.2.28) 和上面的方程, 有

$$\begin{aligned}
A_{T,S}^{(2)} - X_k &= X_0 + \beta Y(I_Y - P_{A(T),S} + \beta AY)^{-1} R_0 - (X_0 + \beta Y M_k R_0) \\
&= \beta Y \sum_{i=k}^{\infty} (P_{A(T),S} - \beta AY)^i R_0 \\
&= \beta Y(P_{A(T),S} - \beta AY)^k \sum_{i=0}^{\infty} (P_{A(T),S} - \beta AY)^i R_0 \\
&= \beta Y(P_{A(T),S} - \beta AY)^k (I_Y - P_{A(T),S} + \beta AY)^{-1} R_0,
\end{aligned}$$

从而

$$\begin{aligned}
\|A_{T,S}^{(2)} - X_k\| &\leqslant \frac{|\beta| \|Y\| \|P_{A(T),S} - \beta AY\|^k \|R_0\|}{1 - \|P_{A(T),S} - \beta AY\|} \\
&= \frac{|\beta| q^k}{1 - q} \|Y\| \|R_0\|.
\end{aligned}$$

注记 6.2.6 定理 6.2.5 的条件很明显跟定理 [35, 定理 2.1(1)] 和 [52, 定理 2.1] 中的不同. 我们的结果表明由条件 $\mathcal{N}(Y) \supset S$ 和 $\mathcal{R}(X_0) \subset T$ 推出这个迭代收敛于 $A_{T,S}^{(2)}$ 的条件.

定理 6.2.7 令 $A \in \mathcal{B}(X, Y)$, T, S 为引理 1.0.13 给定的使得 $A_{T,S}^{(2)}$ 存在. 令 $Y \in \mathcal{B}(Y, X)$, $\mathcal{N}(Y) \supset S$. 在 $\mathcal{B}(Y, X)$ 中用如下方式定义序列 $\{X_k\}$:

$$X_k = X_{k-1} + \beta(I_X - X_{k-1}A)Y, \quad k = 1, 2, \cdots, \tag{6.2.29}$$

其中 $\beta \in \mathbb{C} \backslash \{0\}$, $X_0 \in \mathcal{B}(Y, X)$, $Y \neq X_0 AY$. 那么迭代 (6.2.29) 收敛于 $A_{T,S}^{(2)}$ 的充分必要条件是 $\mathcal{R}(Y) \subset T$, $\mathcal{N}(X_0) \supset S$ 且 $\rho(P_{T,T_1} - \beta YA) < 1$.

在这些情形下,

(1) $$A_{T,S}^{(2)} = \beta(P_{T_1,T} + \beta Y A)^{-1} Y. \tag{6.2.30}$$

(2) 如果 $\|P_{T,T_1} - \beta Y A\| = q < 1$, 那么

$$\|A_{T,S}^{(2)} - X_k\| \leqslant |\beta| q^k (1-q)^{-1} \|Y\| \|R_0\|, \tag{6.2.31}$$

其中 $R_0 = P_{T,T_1} - X_0 A P_{T,T_1}$.

注记 6.2.8　现在考虑如何选取迭代 (6.2.16) 或 (6.2.29) 中的数 β. 由于

$$P_{A(T),S} - \beta A Y = \begin{pmatrix} I_{A(T)} - \beta A_1 Y_1 & 0 \\ 0 & 0 \end{pmatrix},$$

所以

$$\sigma(P_{A(T),S} - \beta A Y) = \sigma(I_{A(T)} - \beta A_1 Y_1) \cup \{0\}.$$

类似地,

$$\sigma(P_{T,T_1} - \beta Y A) = \sigma(I_T - \beta A_1 Y_1) \cup \{0\}.$$

因此

$$\begin{aligned}
\rho(P_{A(T),S} - \beta A Y) &= \rho(I_{A(T)} - \beta A_1 Y_1) = \max_{\lambda \in \sigma(A_1 Y_1)} |1 - \beta\lambda| \\
&= \max_{\mu \in \sigma(Y_1 A_1)} |1 - \beta\mu| = \rho(I_T - \beta Y_1 A_1) \\
&= \rho(P_{T,T_1} - \beta Y A).
\end{aligned}$$

类似于注记 6.2.6, 当 β 满足

$$0 < |\beta| < \frac{2\cos(\theta + \varphi)}{\rho(AY)} \tag{6.2.32}$$

时, 有 $\rho(P_{A(T),S} - \beta A Y) = \rho(P_{T,T_1} - \beta Y A) < 1$, 其中 $\lambda_0 \in \sigma(AY)$, $|\lambda_0| = \rho(AY)$.

下面用迭代法 (6.2.16) 计算 $A_{T,S}^{(2)}$, 其中记号 $\|\cdot\|$ 表示 Frobenius 范数.

例 6.2.9　考虑矩阵

$$A = \begin{pmatrix} 2 & 0.4 & 0.4 & 0.4 \\ 0 & 2 & 0 & 0 \\ 0 & 0 & 2 & 0 \\ 0 & 0 & 0 & 2 \\ 0 & 0 & 0 & 0 \end{pmatrix} \in \mathbb{C}^{5 \times 4}.$$

令 $T = \mathbb{C}^4, e = (0,0,0,0,1)^{\mathrm{T}} \in \mathbb{C}^5, S = \mathrm{span}\{e\}$. 取

$$Y = X_0 = \begin{pmatrix} 0.4 & 0 & 0 & 0 & 0 \\ 0 & 0.4 & 0 & 0 & 0 \\ 0 & 0 & 0.4 & 0 & 0 \\ 0 & 0 & 0 & 0.4 & 0 \end{pmatrix},$$

很明显 $\mathcal{R}(Y) = T, \mathcal{N}(Y) = S$ 且 $\mathcal{R}(X_0) \subset T$. 通过计算有

$$A_{T,S}^{(2)} = \begin{pmatrix} 0.5 & -0.1 & -0.1 & -0.1 & 0 \\ 0 & 0.5 & 0 & 0 & 0 \\ 0 & 0 & 0.5 & 0 & 0 \\ 0 & 0 & 0 & 0.5 & 0 \end{pmatrix}.$$

为了满足 $q = \min\{\|I_X - \beta YA\|, \|I_Y - \beta AY\|\} < 1$, 我们得到 β 应该满足

$$0.63474563020816 < \beta < 1.79243883581125.$$

其中 $R(\beta, k) = |\beta| q^k (1-q)^{-1} \|Y\| \|I_Y - AX_0\|$.

其中文献 [111] 中的迭代如下:

$$\begin{cases} R_k = P_{A(T),S} - P_{A(T),S} AX_k, \\ X_{k+1} = X_0 R_k + X_k, \quad k = 0,1,2,\cdots, \end{cases}$$

其中 $R(k) = \|R_0\|^{k+1} (1 - \|R_0\|)^{-1} \|X_0\|, R_0 = P_{A(T),S} - P_{A(T),S} AX_0$.

由迭代 (6.3.5) 和文献 [111] 中的迭代, 我们分别有表 6.2.1 和表 6.2.2. 表 6.2.1 表明, $\beta = 1.25$ 是迭代最少次数使得 $\|A_{T,S}^{(2)} - X_k\|$ 达到 2.020636405220133e−016 的最优值, 原因就是 β 是利用 (6.2.45) 计算出的. 这样, 对一个适当的 β, 这个迭代比文献 [111] (cf. Tables 1, 2) 中的迭代要好. 并且关于误差界, 对于几乎所有的 β 这些迭代也要好. 例如取误差界小于 10^{-6}, 除了 $\beta = 0.9$ 的情形, 我们的迭代次数比文献 [111] 中的迭代要少. 但是, 实际上, 由于存在 $\beta = 1.25$ 这些情况, 为了通过 (6.3.8) 终止迭代, 我们也考虑 $\|X_k - X_{k-1}\|$ 的值. 例如, 对 $\|X_k - X_{k-1}\| < \mu \|X_k\|$, 其中 μ 是机器精度, 该迭代法对于 $\beta = 1.25$ 的迭代需要 3 步.

因此, 一般地, 对于适当的 β, 我们的迭代比文献 [111] 中的迭代要好.

对于定理 6.2.1, 给出高阶的迭代格式.

表 6.2.1　　迭代格式 (6.2.1)

β	步数	$E(k)=\|A_{T,S}^{(2)}-X_k\|$	$R(\beta,k)$	$\|X_k-X_{k-1}\|$
0.9	$k=10$	3.206650896895484e−006	1.551090268124e−002	7.321666577406516e−006
	$k=11$	9.705626393835553e−007	9.50867674451e−003	2.236225864813037e−006
	$k=16$	2.299306275093082e−009	8.232564380384639e−004	5.462222962404945e−009
	$k=17$	6.791447495601136e−010	5.046823842566102e−004	1.620181917404055e−009
	$k=21$	5.044569636609109e−012	7.127712729990535e−005	1.219440714370172e−011
	$k=26$	1.049744344180969e−014	6.171137742003965e−006	2.580777295410680e−014
	$k=27$	2.998790537754733e−015	3.783103739378230e−006	7.496395235061474e−015
	$k=31$	1.967515994399625e−016	5.342939940683660e−007	5.272431221363044e−017
	$k=32$	2.020636405220133e−016	3.275392142245374e−007	1.522832232426130e−017
1.2	$k=3$	1.711901305565716e−004	6.493163571240e−002	2.78384904418e−003
	$k=4$	8.971403029560373e−006	2.220927727476e−002	1.622202171134045e−004
	$k=5$	4.438777200192767e−007	7.59648192526e−003	8.527553285110586e−006
	$k=7$	9.824226123969521e−010	8.887276134005499e−004	2.017500825936560e−008
	$k=10$	8.897432038535488e−014	3.556337115563574e−005	1.918553692354035e−012
	$k=11$	3.863636940235331e−015	1.216412865862642e−005	8.510853975878835e−014
	$k=12$	2.242025235105681e−016	4.160629918240138e−006	3.739015872626115e−015
	$k=13$	2.020636405220133e−016	1.423105740030022e−006	1.629481668172965e−016
	$k=14$	2.020636405220133e−016	4.867604153947503e−007	7.053445266515125e−018
1.25	$k=1$	3.464101615138e−002	0.58943384582443	0.24331050121193
	$k=2$	2.020636405220133e−016	0.20418587373373	3.464101615138e−002
	$k=3$	2.020636405220133e−016	7.073206149893e−002	0
	$k=4$	2.020636405220133e−016	2.450230484805e−002	0
	$k=5$	2.020636405220133e−016	8.48784737987e−003	0
	$k=8$	2.020636405220133e−016	3.528331898118804e−004	0
	$k=10$	2.020636405220133e−016	4.233998277742565e−005	0
	$k=12$	2.020636405220133e−016	5.080797933291078e−006	0
	$k=14$	2.020636405220133e−016	6.096957519949294e−007	0
1.3	$k=3$	1.623482084902210e−004	9.213189943591e−002	2.78679017883e−003
	$k=4$	8.794335922659321e−006	3.400054071074e−002	1.711407618784026e−004
	$k=6$	2.144098534573892e−008	4.63060164048e−003	4.653180609035724e−007
	$k=8$	4.610441060422803e−011	6.306508986197788e−004	1.051216659359471e−009
	$k=10$	9.271522681834074e−014	8.588960718482494e−005	2.172843793997184e−012
	$k=11$	4.034881783385256e−015	3.169687267490177e−005	9.673291152693225e−014
	$k=13$	2.020636405220133e−016	4.316860483340224e−006	1.861962210935551e−016
	$k=14$	2.020636405220133e−016	1.593102839570623e−006	8.076351109069333e−018
	$k=15$	2.020636405220133e−016	5.879218629470720e−007	3.481947231327498e−019
1.35	$k=3$	6.379076196440659e−004	0.13643020280234	5.67794611204e−003
	$k=4$	7.000685922055431e−005	5.551351490212e−002	7.078535970339642e−004
	$k=6$	6.921395930617451e−007	9.19126163531e−003	7.816741447523925e−006

β	步数	$E(k) = \|A_{T,S}^{(2)} - X_k\|$	$R(\beta, k)$	$\|X_k - X_{k-1}\|$
1.35	$k = 9$	5.423243053009517e−010	6.192125256252389e−004	6.537862774015306e−009
	$k = 12$	3.740552612535696e−013	4.171616118705686e−005	4.647489968461144e−012
	$k = 14$	2.870690098049343e−015	6.906861375418633e−006	3.529346438899326e−014
	$k = 15$	2.676650779074573e−016	2.810405203653358e−006	3.045490939321274e−015
	$k = 16$	2.100090372495139e−016	1.143555224205313e−006	2.614016460721850e−016
	$k = 17$	2.020636405220133e−016	4.653131687584792e−007	2.233320342860917e−017

表 6.2.2　应用文献 [111, (2.5)] 得到的结果

步数	$E(k) = \|A_{T,S}^{(2)} - X_k\|$	$R(k)$	$\|X_k - X_{k-1}\|$
$k = 5$	2.844222213540086e−004	2.069173860979e−002	9.230211265187883e−004
$k = 7$	1.485461921416498e−005	4.89980370280e−003	5.070609777923677e−005
$k = 10$	1.609342324440632e−007	5.646134618420000e−004	5.734399999925342e−007
$k = 13$	1.625817851681746e−009	6.506145564794664e−005	5.938877957045854e−009
$k = 16$	1.571929418012274e−011	7.497152117521204e−006	5.835397257624137e−011
$k = 19$	1.474087541668810e−013	8.639107335285478e−007	5.537232598086118e−013
$k = 22$	1.295028878277394e−015	9.955003497416000e−008	5.130710307439707e−015
$k = 24$	1.942890293094024e−016	2.357344828188108e−008	2.403703357979455e−016
$k = 25$	2.020636405220133e−016	1.147133503351594e−008	4.807406715958910e−017

定理 6.2.10　令 X 和 Y 为 Banach 空间, $A \in \mathcal{B}(X, Y)$, 且 $Y \in \mathcal{B}(Y, X)$, 并令 T 为 X 的补的、闭的子空间, P 为由 X 到 T 上的投影. 用如下方式定义序列 $\{X_k\} \in \mathcal{B}(Y, X)$:

$$X_k = \beta \sum_{i=0}^{t-1}(I_X - \beta Y A)^i Y + (I_X - \beta Y A)^t X_{k-1}, \quad t \geqslant 1, k = 1, 2, \cdots, \quad (6.2.33)$$

其中 $\beta \in \mathbb{C}\backslash\{0\}$ 及 $X_0 \in \mathcal{B}(Y, X)$. 假设 $\mathcal{R}(Y) \subset T$, $Y \neq Y A X_0$, 那么对任意 X_0, $\mathcal{R}(X_0) \subset T$, 迭代 (6.2.33) 收敛的充分必要条件是 $\rho(P - \beta Y A) < 1$.

在这种情况下, 假设 S 为 Y 的一个闭子空间. 如果 $\mathcal{R}(Y) = T$ 和 $\mathcal{N}(Y) = S$, 那么 $A_{T,S}^{(2)}$ 存在并且 $\{X_k\}$ 收敛于 $A_{T,S}^{(2)}$, 并当 $q = \|P - \beta Y A\| < 1$ 时, 有

$$\|A_{T,S}^{(2)} - X_k\| \leqslant \frac{|\beta| q^{kt}}{1 - q}\|Y\|\|I_Y - AX_0\|. \quad (6.2.34)$$

证明　因为 $\mathcal{R}(Y) \subset T$, $PY = Y$, 从而

$$(I_X - \beta Y A)P = (P - \beta Y A)P = P(P - \beta Y A)P.$$

利用上面的方程, 通过归纳可以说明如果 $\mathcal{R}(Y) \subset T$, 那么

$$(I_X - \beta Y A)^k P = (P - \beta Y A)^k P, \quad k \geqslant 0. \quad (6.2.35)$$

记 $B = \beta \sum_{i=0}^{t-1}(I_X - \beta YA)^i Y$, 那么 (6.2.33) 可以写为

$$
\begin{aligned}
X_k &= B + (I_X - \beta YA)^t X_{k-1} \\
&= B + (I_X - \beta YA)^t B + (I_X - \beta YA)^{2t} X_{k-2} \\
&= \cdots \\
&= \sum_{i=0}^{k-1}(I_X - \beta YA)^{it} B + (I_X - \beta YA)^{kt} X_0 \\
&= \beta \sum_{i=0}^{kt-1}(I_X - \beta YA)^i Y + (I_X - \beta YA)^{kt} X_0.
\end{aligned}
\tag{6.2.36}
$$

由于 $\mathcal{R}(Y),\ \mathcal{R}(X_0) \subset T,\ PY = Y$ 和 $PX_0 = X_0$, 所以通过 (6.2.35), 有

$$
X_k = \beta \sum_{i=0}^{kt-1}(P - \beta YA)^i Y + (P - \beta YA)^{kt} X_0
\tag{6.2.37}
$$

及 $\mathcal{R}(X_k) \subset T$. 于是

$$
\begin{aligned}
YAX_k &= [P - (P - \beta YA)^{kt}]Y + (P - \beta YA)^{kt} YAX_0 \\
&= Y - (P - \beta YA)^{kt} Y(I_Y - AX_0).
\end{aligned}
\tag{6.2.38}
$$

(1) 如果 $\rho(P - \beta YA) < 1$, 那么通过 ρ 的定义和引理 1.0.15, 有 $0 \notin \sigma((YA)|_T)$. 这样 $(YA)|_T$ 可逆, 从而由 (6.2.38) 有 $X_k \to (YA)|_T^{-1} Y\ (k \to \infty)$.

(2) 假设迭代 (6.2.33) 收敛于 X_∞. 由 (6.2.33), 有

$$
X_\infty = \beta \sum_{i=0}^{t-1}(I_X - \beta YA)^i Y + (I_X - \beta YA)^t X_\infty
\tag{6.2.39}
$$

且由于 T 是闭的, 所以 $\mathcal{R}(X_\infty) \subset T$. 因此

$$
\begin{aligned}
X_k - X_\infty &= (I_X - \beta YA)^t (X_{k-1} - X_\infty) \\
&= \cdots \\
&= (I_X - \beta YA)^{kt}(X_0 - X_\infty).
\end{aligned}
\tag{6.2.40}
$$

由满足 $\mathcal{R}(X_0) \subset T$ 的 X_0 的任意性, 可以取 $X_0 = P(P - \beta YA) + X_\infty$. 显然 $\mathcal{R}(X_0) \subset T$. 应用 (6.2.35), 有

$$
X_k - X_\infty = (I_X - \beta YA)^{kt} P(P - \beta YA) = (P - \beta YA)^{kt+1}.
$$

因此 $(P - \beta YA)^{kt} \to 0$ 当 $X_k \to X_\infty\ (k \to \infty)$ 时, 从而 $\rho(P - \beta YA) < 1$.

(3) 由 (1) 中的叙述, $X_\infty = (YA)|_T^{-1}Y$. 当 $\mathcal{R}(Y) = T$ 时, 有

$$T = \mathcal{R}(Y) = \mathcal{R}(X_\infty AY) \subset \mathcal{R}(X_\infty),$$

从而 $\mathcal{R}(X_\infty) = T$. 如果 $\mathcal{N}(Y) = S$, 那么, 显然 $\mathcal{N}(X_\infty) = S$. 另外, $X_\infty AX_\infty = X_\infty$.
因此, 通过引理 1.0.13, $A_{T,S}^{(2)}$ 存在并且 $A_{T,S}^{(2)} = X_\infty$.

(4) 我们将证明 (6.2.34). 如果 $\|P - \beta YA\| < 1$, 那么, 由 (6.2.38), 有

$$X_k = (YA)|_T^{-1}[Y - (P - \beta YA)^{kt}Y(I_Y - AX_0)]$$
$$= A_{T,S}^{(2)} - \beta[I_X - (P - \beta YA)]^{-1}(P - \beta YA)^{kt}Y(I_Y - AX_0),$$

从而 (6.2.34) 成立.

注记 6.2.11   (1) 由 (6.2.37), 有

$$X_{k+1} - X_k = (P - \beta YA)^{kt}\left\{\beta \sum_{i=0}^{t-1}(P - \beta YA)^i Y + [(P - \beta YA)^t - P]X_0\right\}$$
$$= (P - \beta YA)^{kt}\beta \sum_{i=0}^{t-1}(P - \beta YA)^i(Y - YAX_0).$$

因此, 当 $Y = YAX_0$ 时, (6.2.23) 趋近 $X_k = X_{k-1}$, 所以这个迭代是平凡的.

(2) $A_{T,S}^{(2)}$ 的存在引出了 $(YA)|_T$ 的逆. 事实上, 假定 $0 \in \sigma((YA)|_T)$, 存在非零
$x \in T$, 有 $YAx = 0$ 和 $x = Yz, z \in Y$, 即 $YAYz = 0$. 由文献 [135, 等式 (2.3)], 有
$x = (YA)^\# YAYz = 0$, 矛盾. 因此 $0 \notin \sigma((YA)|_T)$, 因此 $(YA)|_T$ 是逆.

(3) 对比 (6.2.11) 或 (6.2.33), 我们将 $\beta \sum_{i=1}^{t-1}(I_X - \beta YA)^i Y$ 加到 (6.2.23) 中. 在
取定初值的情况下, 因 $\{X_k\}$ 是 $\{Z_k\}$ 的序列, 则 $\{X_k\}$ 收敛, 即 $X_k = Z_{kt}$, 易得到
证明. 但是不能用文献 [86] 的结果来证明这个结论. 然而, 若 $t = 1$, 那么我们在文
章中的结果就是文献 [86] 中的结果.

对偶地, 可得到下列定理.

定理 6.2.12   设 X 和 Y 是 Banach 空间, $A \in \mathcal{B}(X, Y)$ 和 $Y \in \mathcal{B}(Y, X)$, 且设
S 是 Y 的闭补子空间和 P 是从 Y 到 S 的补子空间 S' 上的投影. 定义 $\mathcal{B}(Y, X)$ 上
的序列 $\{X_k\}$:

$$X_k = \beta Y \sum_{i=0}^{t-1}(I_Y - \beta AY)^i + X_{k-1}(I_Y - \beta AY)^t, \quad t \geqslant 1, k = 1, 2, \cdots, \quad (6.2.41)$$

其中, $\beta \in \mathbb{C}\backslash\{0\}$ 和 $X_0 \in \mathcal{B}(Y, X)$. 假设 $\mathcal{N}(Y) \supset S$ 和 $Y \neq X_0 AY$, 那么对任意 X_0
和 $\mathcal{N}(X_0) \supset S$, 这个迭代式 (6.2.41) 收敛 当且仅当 $\rho(P - \beta AY) < 1$.

在这种情况下, 假设 T 是 Y 的闭子空间. 若 $\mathcal{R}(Y) = T$ 和 $\mathcal{N}(Y) = S$, 则 $A_{T,S}^{(2)}$ 存在且 $\{X_k\}$ 收敛到 $A_{T,S}^{(2)}$, 且当 $q = \|P - \beta AY\| < 1$ 时, 有

$$\|A_{T,S}^{(2)} - X_k\| \leqslant \frac{|\beta|q^{kt}}{1-q}\|Y\|\,\|I_X - X_0 A\|. \tag{6.2.42}$$

注记 6.2.13　现在考虑如何选择迭代式 (6.2.33) 中的标量 β (类似地, 考虑 (6.2.41)) 使得迭代式快速收敛到 $A_{T,S}^{(2)}$.

由于 $\mathcal{R}(YA) \subset T$, 对任意 $\beta \in \mathbb{C}\backslash\{0\}$, 有

$$\rho(P - \beta YA) = \rho(P - \beta(YA)|_T) = \max_{\mu \in \sigma((YA)|_T)} |1 - \beta\mu|.$$

因此, $\rho(P - \beta YA) < 1$ 当且仅当 $0 \notin \sigma((YA)|_T)$ 和

$$\max_{\mu \in \sigma(YA)\backslash\{0\}} |1 - \beta\mu| < 1.$$

于是, 存在 $\lambda_0 \in \sigma(YA) \backslash \{0\}$ 且 $|1 - \beta\lambda_0| = \rho(P - \beta YA)$.

记 $\lambda_0 = |\lambda_0|(\cos\theta + \mathrm{i}\sin\theta)$ 和 $\beta = |\beta|(\cos\varphi + \mathrm{i}\sin\varphi)$, 其中 $\theta = \arg(\beta)$, $\varphi = \arg(\lambda_0)$, 那么

$$\rho(P - \beta YA) = [|\beta\lambda_0|^2 + 1 - 2|\beta\lambda_0|\cos(\theta + \varphi)]^{1/2},$$

因此, $\rho(P - \beta YA) < 1$ 当且仅当 $0 < |\beta\lambda_0| < 2\cos(\theta + \varphi)$, $0 \notin \sigma((YA)|_T)$.

因此, $0 \notin \sigma((YA)|_T)$ 成立, 当 β 满足

$$0 < |\beta| < \frac{2\cos(\theta + \varphi)}{\rho(YA)}, \tag{6.2.43}$$

有 $\rho(P - \beta YA) < 1$. 特别地, 一旦 λ_0 确定, β 的取值满足 $\arg(\beta) = -\arg(\lambda_0)$ 和 $0 < |\beta| < \dfrac{2}{\rho(YA)}$. 若 $\sigma(YA)$ 是 $\mathbb{R}$ 的子集, 那么取 β 满足

$$0 < |\beta| < \frac{2}{\rho(YA)} \tag{6.2.44}$$

和 $\mathrm{sgn}\beta = \mathrm{sgn}\lambda_0$, 其中 $\lambda_0 \in \sigma(YA)$, 因此, $\rho(P - \beta YA) < 1$. 最佳取值 β_{opt} 使得 $\rho(P - \beta YA)$ 最小, 目的是为了达到更好的收敛性. 然而, 这个是相当困难的. 若 $\sigma(YA)$ 是 $\mathbb{R}$ 的子集且 $\lambda_{\min} = \min\{\lambda : \lambda \in \sigma((YA)|_T)\} > 0$, 类似 [134, 例题 4.1], 有

$$\beta_{\mathrm{opt}} = \frac{2}{\lambda_{\min} + \rho(YA)}. \tag{6.2.45}$$

当 $A_{T,S}^{(2)}$ 存在时, 那么我们限制在 Y 上, 即 Y 满足 $\mathcal{R}(Y) = T$ 和 $\mathcal{N}(Y) = S$, 且设 $P_{A(T),S} = A A_{T,S}^{(2)}$ 和 $P_{T,T_1} = A_{T,S}^{(2)} A$, 其中 $T_1 = \mathcal{N}(A_{T,S}^{(2)} A)$.

定理 6.2.14   设 X 和 Y 是 Banach 空间, $A \in \mathcal{B}(X, Y)$, 且 T, S 是引理 1.0.13 给定的使得 $A_{T,S}^{(2)}$ 存在. 设 $Y \in \mathcal{B}(Y, X)$ 且 $\mathcal{R}(Y) \subset T$. 在 $\mathcal{B}(Y, X)$ 上定义序列 $\{X_k\}$:

$$X_k = \beta \sum_{i=0}^{t-1} (I_X - \beta YA)^i Y + (I_X - \beta YA)^t X_{k-1}, \quad t \geqslant 1, k = 1, 2, \cdots, \quad (6.2.46)$$

其中 $\beta \in \mathbb{C} \backslash \{0\}$ 和 $X_0 \in \mathcal{B}(Y, X)$ 且 $Y \neq YAX_0$. 那么, 对任意 X_0 且 $\mathcal{R}(X_0) \subset T$, 这个迭代式 (6.2.46) 收敛到 $A_{T,S}^{(2)}$ 当且仅当 $\mathcal{N}(Y) \supset S$ 和 $\rho(P_{A(T),S} - \beta AY) < 1$.

在这种情况下, 若 $q = \|P_{A(T),S} - \beta AY\| < 1$, 那么

$$\|A_{T,S}^{(2)} - X_k\| \leqslant \frac{|\beta| q^{kt}}{1 - q} \|Y\| \|R_0\|, \quad (6.2.47)$$

其中 $R_0 = P_{A(T),S} - P_{A(T),S} AX_0$.

证明   假设 $\{X_k\}$ 收敛到 $A_{T,S}^{(2)}$, 那么在 (6.2.40) 中, 取 $X_\infty = A_{T,S}^{(2)}$ 可得

$$X_k - A_{T,S}^{(2)} = (I_X - \beta YA)^{kt} (X_0 - A_{T,S}^{(2)}). \quad (6.2.48)$$

用 $P_{A(T),S} A$ 重复乘 (6.2.48) 可得

$$P_{A(T),S} A(X_k - A_{T,S}^{(2)}) = (P_{A(T),S} - \beta AY)^{kt} A(X_0 - A_{T,S}^{(2)}).$$

由 $\mathcal{R}(Y) \subset T$ 推出 $P_{A(T),S} AY = AY$. 当 $X_0 = 0$ 时, 上述式子可变为

$$P_{A(T),S} A(A_{T,S}^{(2)} - X_k) = (P_{A(T),S} - \beta AY)^{kt} P_{A(T),S}. \quad (6.2.49)$$

因此, 若 $X_k \to A_{T,S}^{(2)} \ (k \to \infty)$, 那么 $(P_{A(T),S} - \beta AY)^{kt} P_{A(T),S} \to 0 \ (k \to \infty)$.

在 (6.2.39) 中可知 $X_\infty = A_{T,S}^{(2)}$, 有

$$YAA_{T,S}^{(2)} = \beta^{-1} [A_{T,S}^{(2)} - (I_X - \beta YA) A_{T,S}^{(2)}]$$
$$= Y - (I_X - \beta YA)^t Y + YA(I_X - \beta YA)^t A_{T,S}^{(2)}. \quad (6.2.50)$$

对任意 $x \in S = \mathcal{N}(A_{T,S}^{(2)})$, 用 x 重复乘 (6.2.50) 可得 $Yx = (I_X - \beta YA)^t Yx$, 那么 $Yx = (I_X - \beta YA)^{kt} Yx, k > 0$. 注意到 $AY(I_X - \beta AY) = (P_{A(T),S} - \beta AY)AY$. 因此

$$AYx = A(I_X - \beta YA)^{kt} Yx = AY(I_Y - \beta AY)^{kt} x$$
$$= (P_{A(T),S} - \beta AY)^{kt} AYx = (P_{A(T),S} - \beta AY)^{kt} P_{A(T),S} AYx.$$

于是, $AYx = 0$, 那么 $Yx = A_{T,S}^{(2)} AYx = 0$. 由于 $\mathcal{R}(Y) \subset T$, 即 $S \subset \mathcal{N}(Y)$, 因此 $YP_{A(T),S} = Y$, 那么 (6.2.49) 可变为

$$P_{A(T),S} A(A_{T,S}^{(2)} - X_k) = (P_{A(T),S} - \beta AY)^{kt}. \quad (6.2.51)$$

因此, 若 $X_k \to A_{T,S}^{(2)} \ (k \to \infty)$, 那么 $(P_{A(T),S} - \beta AY)^{kt} \to 0 \ (k \to \infty)$, 因此 $\rho(P_{A(T),S} - \beta AY) < 1$.

相反地, 因 $\mathcal{N}(Y) \supset S$, 所以 $YAA_{T,S}^{(2)} = Y$. 根据上述 t, 可证得

$$A_{T,S}^{(2)} = \beta \sum_{i=0}^{t-1} (I_X - \beta YA)^i Y + (I_X - \beta YA)^t A_{T,S}^{(2)}. \tag{6.2.52}$$

因 $\mathcal{R}(Y) \subset T$, $A_{T,S}^{(2)} AY = Y$, 所以

$$
\begin{aligned}
(I_X - \beta YA) A_{T,S}^{(2)} &= A_{T,S}^{(2)} AA_{T,S}^{(2)} - \beta A_{T,S}^{(2)} AY \\
&= A_{T,S}^{(2)} (P_{A(T),S} - \beta AY).
\end{aligned}
\tag{6.2.53}
$$

由 (6.2.46), (6.2.52), (6.2.53) 和 $\mathcal{R}(X_0) \subset T$ 可知

$$
\begin{aligned}
X_k - A_{T,S}^{(2)} &= (I_X - \beta YA)^{kt} (X_0 - A_{T,S}^{(2)}) \\
&= (I_X - \beta YA)^{kt} (A_{T,S}^{(2)} AX_0 - A_{T,S}^{(2)} AA_{T,S}^{(2)}) \\
&= A_{T,S}^{(2)} (P_{A(T),S} - \beta AY)^{kt} A(X_0 - A_{T,S}^{(2)}).
\end{aligned}
\tag{6.2.54}
$$

在序列中, 若 $\rho(P_{A(T),S} - \beta AY) < 1$, 那么根据引理 1.0.15 可得 $X_k \to A_{T,S}^{(2)} \ (k \to \infty)$.

现在我们证明 (6.2.47). 因 $\rho(P_{A(T),S} - \beta AY) < 1$, 故 $(I_Y - P_{A(T),S} + \beta AY)^{-1}$ 存在. 由 (6.2.46) 可得到 (6.2.36). 因此, 有

$$
\begin{aligned}
X_k &= \beta \sum_{i=0}^{kt-1} (I_X - \beta YA)^i Y + (I_X - \beta YA)^{kt} X_0 \\
&= \beta Y \sum_{i=0}^{kt-1} (P_{A(T),S} - \beta AY)^i + (I_X - \beta YA)^{kt} A_{T,S}^{(2)} AX_0 \\
&= \beta Y (I_Y - P_{A(T),S} + \beta AY)^{-1} [I_Y - (P_{A(T),S} - \beta AY)^{kt}] \\
&\quad + A_{T,S}^{(2)} (P_{A(T),S} - \beta AY)^{kt} AX_0.
\end{aligned}
$$

因此, $A_{T,S}^{(2)} = \lim\limits_{k \to \infty} X_k = \beta Y (I_Y - P_{A(T),S} + \beta AY)^{-1}$. 将它代入 (6.2.54) 中可知

$$X_k - A_{T,S}^{(2)} = \beta Y (I_Y - P_{A(T),S} + \beta AY)^{-1} (P_{A(T),S} - \beta AY)^{kt} (AX_0 - P_{A(T),S}),$$

那么 (6.2.47) 成立.

对偶地, 可得到下列结论.

定理 6.2.15 设 X 和 Y 是 Banach 空间, $A \in \mathcal{B}(X, Y)$, 且 T, S 是引理 1.0.13 给定的使得 $A_{T,S}^{(2)}$ 存在. 设 $Y \in \mathcal{B}(Y, X)$ 且 $\mathcal{N}(Y) \supset S$. 在 $\mathcal{B}(Y, X)$ 上定义序列

$\{X_k\}$:

$$X_k = \beta Y \sum_{i=0}^{t-1}(I_Y - \beta AY)^i + X_{k-1}(I_Y - \beta AY)^t, \quad t \geqslant 1, \quad k = 1, 2, \cdots, \quad (6.2.55)$$

其中, $\beta \in \mathbb{C}\backslash\{0\}$ 和 $X_0 \in \mathcal{B}(Y, X)$ 且 $Y \neq X_0 AY$. 那么, 对任意 X_0 且 $\mathcal{N}(X_0) \supset S$, 这个迭代式 (6.2.55) 收敛到 $A_{T,S}^{(2)}$ 当且仅当 $\mathcal{R}(Y) \subset T$ 和 $\rho(P_{T,T_1} - \beta YA) < 1$.

在这种情况下, 若 $q = \|P_{T,T_1} - \beta YA\| < 1$, 那么

$$\|A_{T,S}^{(2)} - X_k\| \leqslant \frac{|\beta|q^{kt}}{1-q}\|Y\|\|R_0\|, \quad (6.2.56)$$

其中 $R_0 = P_{T,T_1} - X_0 A P_{T,T_1}$.

以下我们应用迭代式 (6.2.33) 计算 $A_{T,S}^{(2)}$.

例 6.2.16　考虑矩阵

$$A = \begin{pmatrix} 1 & 0.2 & 0.2 & 0.2 & 0 \\ 0 & 0.5 & 0 & 0 & 0 \\ 0 & 0 & 2 & 0 & 0 \\ 0 & 0 & 0 & 0.5 & 0 \\ 0 & 0 & 0 & 0 & 0 \end{pmatrix}.$$

设 $T = \mathbb{C}^4$, $e = (0,0,0,0,1)^{\mathrm{T}} \in \mathbb{C}^5$, $S = \mathrm{span}\{e\}$. 取

$$X_0 = \begin{pmatrix} 1 & 2 & 2 & -2 & 0 \\ 0 & 1 & 2 & -2 & 0 \\ 0 & 0 & 0 & 0 & 0 \\ 0 & 0 & 0 & 0 & 0 \\ 0 & 0 & 0 & 0 & 0 \end{pmatrix}, \quad Y = \begin{pmatrix} 1 & 2 & 2 & -2 & 0 \\ 0 & 2 & 2 & -2 & 0 \\ 0 & 0 & 0.25 & 0.1 & 0 \\ 0 & 0 & 0 & 3 & 0 \\ 0 & 0 & 0 & 0 & 0 \end{pmatrix}, \quad P = \begin{pmatrix} 1 & 0 & 0 & 0 & 0 \\ 0 & 1 & 0 & 0 & 0 \\ 0 & 0 & 1 & 0 & 0 \\ 0 & 0 & 0 & 1 & 0 \\ 0 & 0 & 0 & 0 & 0 \end{pmatrix}.$$

显然 $\mathcal{R}(Y) = T$, $\mathcal{N}(Y) = S$, $\mathcal{R}(X_0) \subset T$ 和 P 是从 $\mathbb{C}^5$ 到 T 的投影.

为了确定 $\rho(P - \beta YA) < 1$, 根据注记 6.2.13, 我们取一个标量使得 β 满足 $0 < \beta < 1.3333$. 因此, 在定理 6.2.10 中, 这些条件是满足的.

因此, 易证得

$$A_{T,S}^{(2)} = \begin{pmatrix} 1 & -0.4 & -0.1 & -0.4 & 0 \\ 0 & 2 & 0 & 0 & 0 \\ 0 & 0 & 0.5 & 0 & 0 \\ 0 & 0 & 0 & 2 & 0 \\ 0 & 0 & 0 & 0 & 0 \end{pmatrix}.$$

对于例 6.2.16 用迭代式 (6.2.33), 我们有下列三个表格.

显然, 从如下三中情况可知, t 越大, 迭代的结果越好, 由于 $X_k = Z_{kt}$ 和 kt 是 t 的增函数. 但若 t 的值再大时, 则迭代程序将需要更多的空间, 特别是乘法运算, 这是相当复杂的. 因此, 我们取一个合适的 t 值.

如下表格阐述 $\beta = 1$ 是迭代式 (6.2.33) 快速收敛到 $A_{T,S}^{(2)}$ 的最佳值. 根据 (6.2.45) 可计算出 β. 因此, 对合适的 β, 这个迭代式更好.

实际上, 我们一般取 $\|X_k - X_{k-1}\|$ 来作为迭代终止的条件. 例如, 对于 $\|X_k - X_{k-1}\| < \mu X_k$, 其中 μ 是精确度, 该迭代式中的 $\beta = 1$ 和 $t = 15$ 仅需要 6 步, 且对迭代式中的 $\beta = 1$ 和 $t = 20$ 仅需 5 步 (表 6.2.3).

表 6.2.3　应用迭代法 (6.3.5) 取 $t = 1, 2$ 时的结果

β	步数	$t=1$		$t=2$	
		$\|A_{T,S}^{(2)} - X_k\|$	$\|X_k - X_{k-1}\|$	$\|A_{T,S}^{(2)} - X_k\|$	$\|X_k - X_{k-1}\|$
0.9	$k=31$	6.1424e−008	5.0256e−008	8.1170e−016	1.3257e−015
	$k=32$	3.3783e−008	2.7641e−008	7.0439e−016	3.1896e−016
	$k=33$	1.8581e−008	1.5202e−008	7.0439e−016	0
	$k=60$	3.2583e−015	1.4605e−015	7.0439e−016	0
1	$k=27$	8.9943e−008	2.5071e−007	1.5124e−015	2.5631e−015
	$k=28$	4.9817e−008	1.1974e−007	1.0149e−015	5.5511e−016
	$k=29$	2.2486e−008	6.2678e−008	1.0149e−015	0
	$k=52$	3.3038e−015	7.1241e−015	1.0149e−015	0
	$k=53$	9.9843e−016	3.6152e−015	1.0149e−015	0
1.1	$k=30$	2.6173e−005	6.6438e−005	6.3862e−011	8.7292e−011
	$k=45$	4.0883e−008	1.0378e−007	1.0448e−015	4.4409e−016
	$k=46$	2.6574e−008	6.7458e−008	1.0448e−015	0
	$k=86$	1.9063e−015	3.3309e−015	1.1674e−015	0
	$k=87$	9.7501e−016	2.2427e−015	1.1674e−015	0

表 6.2.4　应用迭代法 (6.3.5) 取 $t = 5, 10$ 时的结果

β	步数	$t=5$		$t=10$	
		$\|A_{T,S}^{(2)} - X_k\|$	$\|X_k - X_{k-1}\|$	$\|A_{T,S}^{(2)} - X_k\|$	$\|X_k - X_{k-1}\|$
0.9	$k=7$	5.6207e−009	1.0606e−007	5.0830e−016	1.8139e−015
	$k=8$	2.8288e−010	5.3378e−009	5.0875e−016	1.8535e−018
	$k=9$	1.4237e−011	2.6864e−010	5.0875e−016	0
	$k=12$	2.3358e−015	3.4194e−014	5.0875e−016	0
	$k=13$	7.8690e−016	1.7682e−015	5.0875e−016	0

续表

		$t=5$		$t=10$	
β	步数	$\|A_{T,S}^{(2)}-X_k\|$	$\|X_k-X_{k-1}\|$	$\|A_{T,S}^{(2)}-X_k\|$	$\|X_k-X_{k-1}\|$
1	$k=6$	1.2454e$-$008	3.6518e$-$007	3.8362e$-$016	1.1876e$-$014
	$k=7$	3.5134e$-$010	1.2606e$-$008	3.7880e$-$016	1.4468e$-$017
	$k=8$	1.2162e$-$011	3.5662e$-$010	3.7880e$-$016	0
	$k=10$	1.2137e$-$014	3.4829e$-$013	3.7880e$-$016	0
	$k=11$	6.3846e$-$016	1.2003e$-$014	3.7880e$-$016	0
1.1	$k=9$	4.0883e$-$008	3.9324e$-$007	4.8273e$-$016	1.1408e$-$014
	$k=10$	4.7437e$-$009	4.5627e$-$008	3.9147e$-$016	1.2119e$-$016
	$k=11$	5.5040e$-$010	5.2941e$-$009	3.9147e$-$016	0
	$k=17$	1.3682e$-$015	1.3047e$-$014	3.9147e$-$016	0
	$k=18$	7.9892e$-$016	1.6317e$-$015	3.9147e$-$016	0

表 6.2.5 应用迭代法 (6.3.5) 取 $t=15,20$ 时的结果

		$t=15$		$t=20$	
β	步数	$\|A_{T,S}^{(2)}-X_k\|$	$\|X_k-X_{k-1}\|$	$\|A_{T,S}^{(2)}-X_k\|$	$\|X_k-X_{k-1}\|$
0.9	$k=4$	2.1694e$-$015	1.4235e$-$011	4.7443e$-$016	1.8149e$-$015
	$k=5$	6.6591e$-$016	1.8081e$-$015	4.7443e$-$016	6.9880e$-$021
	$k=6$	6.6584e$-$016	2.1855e$-$019	4.7443e$-$016	0
	$k=7$	6.6584e$-$016	0	4.7443e$-$016	0
1	$k=4$	6.0470e$-$016	3.4312e$-$013	5.9051e$-$016	4.0460e$-$018
	$k=5$	5.7037e$-$016	5.7363e$-$017	5.9051e$-$016	0
	$k=6$	5.7037e$-$016	0	5.9051e$-$016	0
1.1	$k=5$	9.9564e$-$014	6.3962e$-$011	6.7335e$-$016	1.1577e$-$014
	$k=6$	9.1897e$-$016	9.9838e$-$014	6.7390e$-$016	6.5084e$-$019
	$k=7$	9.0357e$-$016	1.2051e$-$016	6.7390e$-$016	0
	$k=8$	9.0357e$-$016	0	6.7390e$-$016	0

6.3 分裂法求 $A_{T,S}^{(2)}$ 逆

很多学者已经研究了分裂的主题. 已经有很多关于下面广义形式的迭代法:

$$X_{i+1} = M_{T,K}^{(2)} X_i + M_{T,K}^{(2)}, \quad i=0,1,2,\cdots,$$

其中 $A=M-N$ 是 A 的一个分裂, K 为 $\boldsymbol{Y}$ 的任意一个闭子空间 (见 [38], [57], [126], [168]). 关于 Drazin 逆和 Moore-Penrose 逆的计算的特别结果可以参照 [19], [181].

本节将考虑线性算子系统 $Ax=b$, 其中 $A \in \mathcal{L}(\boldsymbol{X},\boldsymbol{Y})$, $T \oplus L = \boldsymbol{X}$, $AT \oplus S = \boldsymbol{Y}$. 为解决线性算子系统 $Ax=b$, 一个算子分裂的概念可以用在广义 $A_{T,S}^{(2)}$ 逆的特征与

迭代法

$$X_{k+1} = M_{T,K}^{(2)} N X_k + M_{T,K}^{(2)} Gb, \quad i = 0, 1, 2, \cdots \tag{6.3.1}$$

中. 特别地, 令 $K = L$, 文献 [1] 中给出迭代法

$$X_{i+1} = M_g N X_i + M_g Gb, \quad i = 0, 1, 2, \cdots \tag{6.3.2}$$

来解决线性系统 $Ax = b$.

引理 6.3.1[19]　　令 $A \in \mathbb{C}_r^{m \times n}$ 为如下分解:

$$A = U \begin{pmatrix} I \\ C \end{pmatrix} A_{11} (I, B) V, \tag{6.3.3}$$

其中 A_{11} 是一个 $r \times r$ 非奇异矩阵, U 和 V 为置换矩阵. 那么

$$\mathcal{N}(M) = \mathcal{N}(A), \quad \mathcal{R}(M) = \mathcal{R}(A)$$

(即 $A = M - N$ 为一个适当分裂) 的充分必要条件是

$$M = U \begin{pmatrix} I \\ C \end{pmatrix} M_{11} (I, B) V, \tag{6.3.4}$$

其中 M_{11} 是一个 r 阶非奇异矩阵.

引理 6.3.2[7]　　令 $A \in \mathbb{C}_r^{m \times n}$, $\mathrm{ind}(A) = 1$ 并且 A 分解为

$$A = U \begin{pmatrix} I \\ C \end{pmatrix} A_{11} (I, B) V,$$

其中 U, V, A_{11} 如引理 6.3.1 中一样. 那么群逆 A_g 存在的充分必要条件是

$$VU + BVUC \text{ 可逆}$$

及

$$A_g = U \begin{pmatrix} I \\ C \end{pmatrix} (VU + BVUC)^{-1} A_{11}^{-1} (VU + BVUC)^{-1} (I, B) V.$$

定理 6.3.3　　令 $A \in \mathcal{L}(\boldsymbol{X}, \boldsymbol{Y})$ 给定, T 和 S 分别为 $\boldsymbol{X}$ 和 $\boldsymbol{Y}$ 的闭子空间满足广义 $A_{T,S}^{(2)}$ 逆存在. 并令 $G \in \mathcal{L}(\boldsymbol{Y}, X)$ 且 $\mathcal{R}(G) = T$, $\mathcal{N}(G) = S$, $GA = M - N$ 为 GA 的一个适当分裂, 即, $\mathcal{N}(M) = \mathcal{N}(GA)$, $\mathcal{R}(M) = \mathcal{R}(GA)$. 那么

$$A_{T,S}^{(2)} = (I - M_{T,K}^{(2)} N)^{-1} M_{T,K}^{(2)} G, \tag{6.3.5}$$

其中 K 为 $\boldsymbol{X}$ 的一个子空间.

证明 通过引理 1.0.7, 容易验证

$$
\begin{aligned}
(I - M_{T,K}^{(2)} N) A_{T,S}^{(2)} &= A_{T,S}^{(2)} - M_{T,K}^{(2)} N A_{T,S}^{(2)} \\
&= A_{T,S}^{(2)} - M_{T,K}^{(2)} (M - GA) A_{T,S}^{(2)} \\
&= A_{T,S}^{(2)} - M_{T,K}^{(2)} M A_{T,S}^{(2)} + M_{T,K}^{(2)} GA A_{T,S}^{(2)} \\
&= M_{T,K}^{(2)} G.
\end{aligned}
\tag{6.3.6}
$$

现在, 将证明 $I - M_{T,K}^{(2)} N$ 可逆. 注意到

$$
I - M_{T,K}^{(2)} N = I - M_{T,K}^{(2)} M + M_{T,K}^{(2)} GA.
$$

由于 $I - M_{T,K}^{(2)} M$ 是由 Y 到 L 上平行于 T 的投影, $M_{T,K}^{(2)} GA$ 是由 T 到 T 的一个可逆算子, 我们得到 $I - M_{T,K}^{(2)} M + M_{T,K}^{(2)} GA$ 可逆. 因此, 证明完毕.

定理 6.3.4 在定理 6.3.3 的假设下有

$$
X_{k+1} = M_{T,K}^{(2)} N X_k + M_{T,K}^{(2)} G
$$

收敛于 $A_{T,S}^{(2)}$ 对每个 $X_0 \in \boldsymbol{X}$ 的充分必要条件是 $\rho(M_{T,K}^{(2)} N) < 1$, 那么得到 X_k 具有误差估计

$$
\|X_{k+1} - X_k\| \leqslant \|M_{T,K}^{(2)} N\|^k \|X_1 - X_0\|.
$$

此外,

$$
\|X_k - A_{T,S}^{(2)}\| \leqslant \|M_{T,K}^{(2)} N\|^{k+1} \|X_0 - A_{T,S}^{(2)}\|,
$$

其中 K 为 $\boldsymbol{X}$ 的一个子空间.

证明 $\Leftarrow$: 假设 $\rho(M_{T,K}^{(2)} N) < 1$. 根据表示定理, 得到

$$
\begin{aligned}
X_{k+1} - A_{T,S}^{(2)} &= M_{T,K}^{(2)} N X_k + M_{T,K}^{(2)} G - (I - M_{T,K}^{(2)} N)^{-1} M_{T,K}^{(2)} G \\
&= M_{T,K}^{(2)} N X_k + M_{T,K}^{(2)} G - \sum_{k=0}^{\infty} (M_{T,K}^{(2)} N)^k M_{T,K}^{(2)} G \\
&= M_{T,K}^{(2)} N X_k - \sum_{k=1}^{\infty} (M_{T,K}^{(2)} N)^k M_{T,K}^{(2)} G \\
&= M_{T,K}^{(2)} N \left(X_k - \sum_{k=0}^{\infty} (M_{T,K}^{(2)} N)^k M_{T,K}^{(2)} G \right) \\
&= M_{T,K}^{(2)} N (X_k - A_{T,S}^{(2)}) \\
&= (M_{T,K}^{(2)} N)^{k+1} (X_0 - A_{T,S}^{(2)}).
\end{aligned}
\tag{6.3.7}
$$

通过假设和 (6.3.7) 知道 X_k 收敛于 $A_{T,S}^{(2)}$ 对每个 $X_0 \in \boldsymbol{X}$.

⇒: 通过一个简单的计算得到

$$X_{k+1} - X_k = M_{T,K}^{(2)} N X_k - M_{T,K}^{(2)} N X_{k-1}$$
$$= M_{T,K}^{(2)} N (X_k - X_{k-1})$$
$$= \cdots$$
$$= (M_{T,K}^{(2)} N)^k (X_1 - X_0),$$

得到 $(M_{T,K}^{(2)} N)^k \to 0$ 当 $k \to \infty$ 时, 这推出 $\rho(M_{T,K}^{(2)} N) < 1$. 现在结果立刻得证.

由定理 6.3.4, 立刻得到下面的定理.

定理 6.3.5　在定理 6.3.3 的假设下有

$$X_{k+1} = M_{T,K}^{(2)} N X_k + M_{T,K}^{(2)} G b$$

收敛于 $A_{T,S}^{(2)} b$ (线性算子系统 $Ax = b$ 的唯一解) 对每个 $X_0 \in \boldsymbol{X}$ 的充分必要条件是 $\rho(M_{T,K}^{(2)} N) < 1$. 那么我们得到 X_k 具有误差估计

$$\|X_{k+1} - X_k\| \leqslant \|M_{T,K}^{(2)} N\|^k \|X_1 - X_0\|.$$

此外,

$$\|X_k - A_{T,S}^{(2)} b\| \leqslant \|M_{T,K}^{(2)} N\|^{k+1} \|X_0 - A_{T,S}^{(2)} b\|,$$

其中 K 为 $\boldsymbol{X}$ 的一个子空间.

跟 [143, 定理 3.1, 定理 3.3] 类似. 当 $K = L$ 的情况下, 前面的定理导出下面的推论.

推论 6.3.6　令 A, T 和 S 跟定理 6.3.3 中的一样, 并令 $G \in \mathcal{L}(\boldsymbol{X}, \boldsymbol{Y})$, $\mathcal{R}(G) = T, \mathcal{N}(G) = S$. 令 $GA = M - N$ 为 GA 的一个适当分裂, 即

$$\mathcal{N}(M) = \mathcal{N}(GA), \quad \mathcal{R}(M) = \mathcal{R}(GA),$$

那么

(1) ind(M)=1;

(2) $A_{T,S}^{(2)} = (I - M_g N)^{-1} M_g G$;

(3) 迭代 $X_{i+1} = M_g N X_i + M_g G$ 收敛于 $A_{T,S}^{(2)}$ 对每个 $X_0 \in \boldsymbol{X}$ 的充分必要条件是 $\rho(M_g N) < 1$.

现在, 将考虑 AG 的适当分裂.

定理 6.3.7　令 $A \in \mathcal{L}(\boldsymbol{X}, \boldsymbol{Y})$ 给定, T 和 S 分别为 X 和 Y 的闭子空间, 满足广义 $A_{T,S}^{(2)}$ 逆存在. 并令 $G \in \mathcal{L}(\boldsymbol{Y}, \boldsymbol{X})$ 且 $\mathcal{R}(G) = T, \mathcal{N}(G) = S$, $AG = M - N$ 为 AG 的一个适当分裂, 即 $\mathcal{N}(M) = \mathcal{N}(AG), \mathcal{R}(M) = \mathcal{R}(AG)$. 那么

$$A_{T,S}^{(2)} = G M_{K,S}^{(2)} (I - N M_{K,S}^{(2)})^{-1}, \tag{6.3.8}$$

其中 K 为 Y 的一个子空间.

定理 6.3.8 在定理 6.3.7 的假设下有

$$X_{k+1} = NM_{K,S}^{(2)}X_k + GM_{K,S}^{(2)}$$

收敛于 $A_{T,S}^{(2)}$ 对每个 $X_0 \in \boldsymbol{X}$ 的充分必要条件是 $\rho(NM_{K,S}^{(2)}) < 1$. 那么得到 X_k 具有误差估计

$$\|X_k - A_{T,S}^{(2)}\| \leqslant \|NM_{K,S}^{(2)}\|^{k+1}\|X_0 - A_{T,S}^{(2)}\|.$$

此外,

$$\|X_{k+1} - X_k\| \leqslant \|NM_{K,S}^{(2)}\|^k\|X_1 - X_0\|,$$

其中 K 为 $\boldsymbol{Y}$ 的一个子空间.

众所周知 $A_d = A_{R(A^k),N(A^k)}^{(2)}$. 令 $G = A^k$, 因此由推论 6.3.6 得到下面的结果.

推论 6.3.9 令 $A \in \mathcal{L}(\boldsymbol{X}, \boldsymbol{Y}), G \in \mathcal{L}(\boldsymbol{Y}, \boldsymbol{X})$, T 和 S 分别为 X 和 Y 的闭子空间, 满足 $A_{T,S}^{(2)}$ 存在, 并且 $\text{ind}(A) = k$. 假设 $\mathcal{R}(A^k) = T, \mathcal{N}(A^k) = S, A^{k+1} = M - N$ 为 GA 的一个适当分裂, 即

$$\mathcal{N}(M) = \mathcal{N}(A^{k+1}), \quad \mathcal{R}(M) = \mathcal{R}(A^{k+1}), \quad (6.3.9)$$

那么迭代

$$x_{i+1} = M_g N x_i + M_g A^k$$

或者

$$x_{i+1} = M_g N x_i + M_g A^k b \quad (6.3.10)$$

收敛于 A_d 或 $A_d b$ 对每个 $X_0 \in \boldsymbol{X}$ 的充分必要条件是 $\rho(M_g N) < 1$.

注记 6.3.10 在文献 [52] 中, Djordjević, Stanimirović 为计算广义 $A_{T,S}^{(2)}$ 逆介绍了 $\{T, S\}$-分裂, 关于 Drazin 逆计算的特别结果. 令 $T = \mathcal{R}(A^k)$, $S = \mathcal{N}(A^k)$, $k = \text{ind}(A)$, $A = U - V$ 为 A 的一个 $\{T, S\}$-分裂, 那么迭代

$$X_{i+1} = U_d V X_i + U_d b \quad (6.3.11)$$

收敛于 $A_d b$ 对每个 $X_0 \in \boldsymbol{X}$ 的充分必要条件是 $\rho(U_d V) < 1$. 此外, 迭代 (6.3.11) 可以导出

$$\mathcal{R}(U^k) = \mathcal{R}(A^k), \quad \mathcal{N}(U^k) = \mathcal{N}(A^k). \quad (6.3.12)$$

分裂 (6.3.9) 比 (6.3.12) 更有效. 由于 (6.3.9) 中的 M 通过引理 6.3.1 和引理 6.3.2 容易计算出, 然而 (6.3.12) 中的 U 却很难得到.

例 6.3.11　下面的矩阵 A 来自于文献 [52]. 令

$$A = \begin{pmatrix} 2 & 4 & 6 & 5 \\ 1 & 4 & 5 & 4 \\ 0 & -1 & -1 & 0 \\ -1 & -2 & -3 & -3 \end{pmatrix} \in \mathbb{R}^{4\times 4},$$

其中 $\mathrm{ind}(A) = 2$, $\mathrm{rank}(A^2) = 2$.

我们将利用推论 6.3.9 来计算限制线性方程 $Ax = b, x \in \mathcal{R}(A^2) = T, b = (8, 7, -3, -3)^{\mathrm{T}} \in \mathcal{R}(A^2)$ 的唯一解 $A_d b$. 取

$$N = \begin{pmatrix} 0 & -8 & -8 & -8 \\ -2 & 0 & -2 & -2 \\ 0.4 & 1.6 & 2.0 & 2.0 \\ 0.4 & 1.6 & 2.0 & 2.0 \end{pmatrix}, \quad M = \begin{pmatrix} 3 & 0 & 3 & 3 \\ 0 & 7 & 7 & 7 \\ -0.6 & -1.4 & -2.0 & -2.0 \\ -0.6 & -1.4 & -2.0 & -2.0 \end{pmatrix} \tag{6.3.13}$$

它满足推论 6.3.9 的条件. 因此, 通过引理 6.3.1 和引理 6.3.2, 有

$$M_d = \begin{pmatrix} 25/7 & 20/7 & 45/7 & 45/7 \\ 20/7 & 55/21 & 115/21 & 115/21 \\ -9/7 & -23/21 & -50/21 & -50/21 \\ -9/7 & -23/21 & -50/21 & -50/21 \end{pmatrix}$$

及

$$A_d = \begin{pmatrix} 3 & -1 & 2 & 2 \\ 2 & 1 & 3 & 3 \\ -1 & 0 & -1 & -1 \\ -1 & 0 & -1 & -1 \end{pmatrix}.$$

记 $r_k = \|x_{k+1} - x_k\|$ 和 $R_k = \|x_k - A^{\mathrm{D}}b\|$. 对范数 $\|\cdot\|_2$ 有表 6.3.1, 并且由它我们推断 X_k 为 $Ax = b$ 的精确解 x 的一个逼近.

表 6.3.1　对任意 x_0, (6.3.10) 的收敛性

x_0^{T}	k	r_k	R_k	X_k^{T}
$[10, 2, -5, 9]$	$k = 98$	0.0016	0.0014	$[5.0001, 5.0001, -2.0000, -2.0000]$
$[1, 20, 84, 9]$	$k = 98$	0.0039	0.0027	$[5.0008, 5.0009, -2.0003, -2.0003]$
$[55, 6, 5, 2, 4]$	$k = 98$	0.0065	0.0013	$[4.9990, 4.9993, -1.9997, -1.9997]$
$[0, 45, 600, 87]$	$k = 98$	0.0222	0.0088	$[5.0058, 5.0058, -2.0023, -2.0023]$
$[66, 22, 1, -9]$	$k = 98$	0	3.1765e − 004	$[4.9998, 4.9998, -1.9999, -1.9999]$
$[-1, -99, 8, -7]$	$k = 98$	0.0023	6.3226e − 004	$[4.9997, 4.9995, -1.9998, -1.9998]$
$[-555, 0, 99, 34]$	$k = 98$	0.0004	0.0019	$[4.9984, 4.9993, -1.9995, -1.9995]$

参 考 文 献

[1] Akhiezer N I, Glazman I M. Theory of Linear Operators in Hilbert Space. New York: Dover Publ., 1993.

[2] Baksalary J K, Baksalary O M. An invariance property related to the reverse order law. Linear Algebra Appl., 2005, 410: 64–69.

[3] Baksalary J K, Kala R. Range invariance of certain matrix products. Linear and Multilinear Algebra, 1983, 14: 89–96.

[4] Baksalary J K, Mathew T. Rank invariance criterion and its application to the unified theory of least squares. Linear Algebra Appl., 1990, 127: 393–401.

[5] Baksalary J K, Pukkila T. A note on invariance of the eigenvalues, singular values, and nor ms of matrix products involving generalized inverse. Linear Algebra Appl., 1992, 165: 125–130.

[6] Barnes B A. Common operator properties of the linear operators RS and SR. Proc. Amer. Math. Soc., 1998, 126: 1055–1061.

[7] Ben-Israel A, Grevile T N E. Generalized Inverses: Theory and Applications. 2nd ed. New York: Springer, 2003.

[8] Benítez J, Cvetković-Ilić D. On the elements $aa^\dagger$ and $a^\dagger a$ in a ring. Appl. Math. Comput., 2013, 222: 478–489.

[9] Benítez J, Cvetković-Ilić D S, Liu X. On the continuity of the group inverse in C-algebers. Banach J. Math., 2014, 8(2): 204.

[10] Benítez J, Liu X. Simultaneous decomposition of two EP matrices with applications. Electronic Journal of Linear Algebra, 2014, 27: 407–425.

[11] Benítez J, Liu X. A short proof of a new matrix decomposition with applications. Linear Algebra Appl., 2013, 438: 1398–1414.

[12] Benítez J, Liu X. Expressions for generalized inverses of square matrices. Linear and Multilinear Algebra, 2013, 61: 1536–1554.

[13] Benítez J, Liu X. On the continuity of the group inverse. Operators and Matrices, 2012, 6: 204–213.

[14] Benítez J, Liu X. Invertibility in rings of the commutator $ab - ba$, where $aba = a$ and $bab = b$. Linear and Multilinear Algabra, 2012, 60: 449–463.

[15] Benítez J, Liu X, Zhong Jin. Some results on matrix partial orderings and reverse order law. Electronic Journal of Linear Algebra, 2010, 20: 254–273.

[16] Benítez J, Liu X, Zhu T. Additive results for the group inverse in an algebra with applications to block operators. Linear and Multilinear Algebra, 2011, 59: 279–289.

[17] Benítez J, Liu X, Zhu T. Nonsingularity and group invertibility of linear combinations of two k-potent matrices. Linear and Multilinear Algabra, 2010, 58: 1023–1035.

[18] Benítez J, Rakočević V. Invertibility of the commutator of an element in a C^*-algebra

and its Moore-Penrose inverse. Studia Math., 2010, 200: 163–174.

[19] Berman A, Neumann M. Proper splittings of rectangular matrices. SIAM Journal on Applied Mathematics, 1976, 31: 307–312.

[20] Bini D A, Meini B. Approximate displacement rank and applications. Structured matrices in mathematics, computer science, and engineering, II, 1999, 281: 215–232.

[21] Bini D A, Pan V. Matrix and Polnomial Computions, vol. 1: Fundamental Algorithms. Boston: Birkhäuser, 1994,

[22] den Broeder Jr. V, Charnes A. Contributions to the theory of generalized inverses for matrices. Technical Report, Purdue University, Department of Mathematics, Lafayette, IN, 1957.

[23] Cai J F, Ng M K, Wei Y. Modified Newton's algorithm for computing the group inverses of singular Toeplitz matrices. J. Comput. Math., 2006, 24: 647–656.

[24] Campbell S L, Meyer Jr. C D. Generalized Inverse of Linear Transformation. London: Pitman, 1979; New York: Dover, 1991.

[25] Campbell S L, Meyer Jr. C D. Generalized Inverse of Linear Transformations. London: Pitman, 1979.

[26] Campbell S L. Recent Applications of Generalized Inverses. Boston, London: Pitman (Advanced Publishing Program), 1982.

[27] Campbell S L, Meyer C D. Continuity properties of the Drazin pseudoinverse. Linear Algebra Appl., 1975, 10: 77–83.

[28] Caradus S P. Generalized inverses and operator theory. Queen's Paper in Pure and Applied Mathematics, Queen's University, Kingston, Ontario, 1978,

[29] Castro-González N, Robles J, Vélez-Cerrada J Y. Characterizations of a class of matrices and perturbation of the Drazin inverse. SIAM J. Matrix Anal. Appl., 2008, 30: 882–897.

[30] Chen X, Hartwig. The hyper power iteration revisited. Linear Algebra Appl., 1996, 233: 207–229.

[31] Chen G, Xue Y. Perturbation analysis for the operator equations $Tx = b$ in Banach spaces. Journal of Math. Anal. Appl., 1997, 212: 107–125.

[32] Chen Y. The generalized Bott-Duffin inverse and its applications. Linear Algebra & Its Applications, 1990, 134: 71–91.

[33] Chen Y. A cramer rule for solution of the general restricted linear equation. Linear and Multilinear Algebra, 1993, 34: 177–186.

[34] Chen Y L. Finite algorithms for the (2)-generalized inverse. Linear and Multilinear Algebra, 1995, 40: 61–68.

[35] Chen Y. Iterative methods for computing the generalized inverses $A_{T,S}^{(2)}$ of a matrix A. Appla. Math. Comput., 1996, 75: 207–222.

[36] Chen Y L, Chen X. Representation and approximation of the outer inverse $A_{T,S}^{(2)}$ of a

matrix A. Linear Algebra Appl., 2000, 308: 85–107.

[37] Chen Y L, Tan X Y. Computing generalized inverses of matrices by iterative methods based on splittings of matrices. Appla. Math. Comput., 2005, 163: 309–325.

[38] Chen X, Wei M, Song Y. Splitting based on the outer inverse of matrices. Appla. Math. Comput., 2002, 132: 353–368.

[39] Chen X, Zhang J, Guo W. The absorption law of $\{1, 3\}$, $\{1, 4\}$ inverse of matrix. J. Inner Mongolia Normal University, 2008, 37: 337–339.

[40] Cline R E, Greville T N E. A Drazin inverse for rectangular matrices. Linear Algebra Appl., 1980, 29: 53–62.

[41] Cvetkovié-Ilić D S, Harte R. Reverse order laws in C^*-algebras. Linear Algebra Appl., 2011, 434: 1388–1394.

[42] Cvetković-Ilić D S, Liu X, Wei Y. Some additive results for the generalized Drazin inverse in a Banach algebra. Electronic Journal of Linear Algebra, 2011, 22: 1049–1058.

[43] Cvetković-Ilić D S, Liu X, Zhong J. On the (p, q) outer generalized inverse in Banach Algebra. Applied Mathematics and Computation, 2009, 209: 191–196.

[44] Cvetković-Ilić* S D, Nikolov J. Reverse order for reflexive generalized inverse of operators. Linear and Multilinear Algebra, 2015, 63: 1167–1175.

[45] Dajić A, Koliha J J. The weighted g-Drazin inverse for operators. J. Aust. Math. Soc., 2007, 82: 163–181.

[46] Deng C, Wei Y. Perturbation analysis for the Moore-Penrose inverse for a class of bound operators in Hilbert spaces. J. Korean Math. Soc., 2010, 47: 831–843.

[47] Deng C, Wei Y. Perturbation of the generalized Drazin inverse. Electronic Journal of Linear Algebra, 2010, 21: 85–97.

[48] Deng C, Wei Y. A note on the Drazin inverse of an anti-triangular matrix. Linear Algebra Appl., 2009, 431: 1910–1922.

[49] Deng C, Wei Y. New additive results for the generalized Drazin inverse. J. Math. Anal. Appl., 2010, 370: 313–321.

[50] Desoer C A, Whalen B H. A note on pseudoinverses. J. Soc. Indust. Appl. Math., 1963, 11: 442–447.

[51] Dinčić N Č, Djordjević D S. Mixed-type reverse order law for products of three operators. Linear Algebra Appl., 2011, 435: 2658–2673.

[52] Djordjević D S. Iterative methods for computing generalized inverses. Appl. Math. Comput., 2007, 189: 101–104.

[53] Djordjević D S. Further results on the reverse order law for generalized inverses. SIAM J. Matrix Anal. Appl., 2007, 29: 1242–1246.

[54] Djordjević D S, Dinčić N Č. Reverse order law for the Moore-Penrose inverse. J. Math. Anal. Appl., 2010, 361: 252–261.

[55] Djordjević D S, Rakočević V. Lectures on generalized inverses. Faculty of Siences and Mathematics, University of Niš, 2008.

[56] Djordjević D S, Stanimirović P S. Splittings of operators and generalized inverses. Publ. Math. Debrecen, 2001, 59: 147–159.

[57] Djordjević D S, Wei Y. Outer generalized inverses in rings. Comm. Algebra, 2005, 33: 3051–3060.

[58] Djordjević D S, Wei Y. Additive results for the generalized Drazin inverse. J. Austral. Math. Soc., 2002, 73: 115–125.

[59] Djordjević D S, Stanimirović P S, Wei Y. The representation and approximations of outer generalized inverses. Acta Math. Hungar, 2004, 104: 1–26.

[60] Djordjević D S, Stanimirović P S. On the generalized Drazin inverse and generalized resolvent. Czechoslovak Math. J., 2001, 126: 617–634.

[61] Ding J. New perturbation results on pseudo-inverses of linear operators in Banach spaces. Linear Algebra Appl., 2003, 362: 229–235.

[62] Du H K, Deng C Y. The representation and characterization of Dazin inverse of operators on a Hilbert space. Linear Algebra Appl., 2005, 407: 117–124.

[63] Greville T N E. Note on the generalized inverse of a matrix product. SIAM Rev., 1966, 8: 518–512.

[64] Groetsch C W. Generalized Inverses of Linear Operators: Representation and Approximation. New York and Basel: Marcel Dekker, 1977.

[65] Castro-González N, Koliha J J. Perturbation of the Drazin inverse for close linear operators. Integral Equations and Operator Theory, 2000, 36: 92–106

[66] Castro-González N, Koliha J J. New additive results for the g-Drazin inverse. Proc. Roy. Soc. Edinburgh Sect. A, 2004, 134: 1085–1097.

[67] Castro-González N, Koliha J J, Wei Y. On integral representation of Drazin inverse in Banach algebras. Proc. Edinburgh Math. Soc., 2002, 45: 327–331.

[68] Castro-González N, MartÍnez-Serrano M F. Expressions for the g-Drazin inverse of additive perturbed elements in a Banach algebra. Linear Algebra Appl., 2010, 432: 1885–1895.

[69] Groß J, Tian Y. Invariance properties of a triple matrix product involving generalized inverses. Linear Algebra Appl., 2006, 417: 94–107.

[70] Groetsch C W. Generalized Inverses of Linear Operators: Representation and Approximation. New York and Basel: Marcel Dekker, 1977.

[71] Han J K, Lee H Y, Lee W Y. Invertible completion of 2×2 upper triangular operator matrices. Proc. Amer. Math. Soc., 2000, 128: 119–123.

[72] Hartwig R E. The reverse order law revisited. Linear Algebra Appl. , 1986, 76: 241–246.

[73] Hartwig R E, Wang G, Wei Y. Some additive results on Drazin inverse. Linear Algebra

Appl., 2001, 322: 207–217.

[74] Izumino S. The product of operators with closed range and an extension of the reverse order law. Tohoku Math. J., 1982, 34: 43–52.

[75] Kailath T, Kung S Y, Morf M. Displacement rank of matrices and linear equations. J. Math. Anal. Appl., 1979, 68: 395–407.

[76] Kato T. Perturbation Theory for Linear Operators. Berlin: Springer-Verlag, 1984.

[77] Koliha J J. A generalized Drazin inverse. Glasgow Math J., 1996, 38: 367–381.

[78] Koliha J J, Djordjević D S, Cvetković Ilić D S. Moore-Penrose inverse in rings with involution. Linear Algebra Appl., 2007, 426: 371–381.

[79] Lay D C. Spectral analysis using ascent, descent, nullity and defect. Math. Ann., 1970, 184: 197–214.

[80] Li Q, Mo Z, Qi L. Numerical Solution of Nonlinear Equations. Beijing: Science Press, 1997.

[81] Li X, Wei Y. An expression of the Drazin inverse of a perturbed matrix. Appl. Math. Comput., 2004, 153: 187–198.

[82] Lin Y, Gao Y. Mixed absorption laws of the sum of two matrices on $\{1,2\}$-inverse and $\{1,3\}$-inverse. J. University of Shanghai for Science and Technology, 2011, 33: 168–173.

[83] Liu X, Benítez J. The spectrum of matrices depending on two idempotents. Applied Math. Letter, 2011, 24: 1640–1646.

[84] Liu X, Fu S, Yu Y. An invariance property of operator products related to the mixed-type reverse order laws. Linear and Multilinear Algebra, 2016, 64: 885–896.

[85] Liu X, Hu C. Expressions and iterative methods for the weighted group inverses of linear operators on Banach space. Journal of Computational Analysis and Applications, 2012, 14.

[86] Liu X, Hu C, Yu Y. Further results on iterative methods for computing generalized inverses. Journal of Computational and Applied Mathematics, 2010, 234: 684–694.

[87] Liu X, Huang F. Higher-order convergent iterative method for computing the generalized inverse over Banach spaces. Abstract and Applied Analysis. Hindawi Publishing Corporation, 2013, 2013: 1–12.

[88] Liu X, Huang S. Proper splitting for the generalized inverse $A_{T,S}^{(2)}$ and its application on Banach spaces. Abstract and Applied Analysis, 2012, 2012: 1–9.

[89] Liu X, Huang S, Cvetković-Ilić D S. Mixed-type reverse-order laws for $\{1, 3, 4\}$-generalized inverses over Hilbert spaces. Appl. Math. Comput., 2012, 218: 8570–8577.

[90] Liu X, Huang S, Xu L. The explicit expression of the Drazin inverse and its application. Journal of Applied Mathematics, 2013, 2013: 1–16.

[91] Liu X, Jin H, Cvetković-Ilić D S. The absorption laws for the generalized inverses. Appl. Math. Comput., 2012, 219: 2053–2059.

[92] Liu X, Jin H, Cvetković-Ilić D S. Representations of generalized inverses of partitioned matrix involving Schur complement. Applied Mathematics and Computation, 2013, 219: 9615–9629.

[93] Liu X, Jin H, Yu Y. Higher-order convergent iterative method for computing the generalized inverse and its application to Toeplitz matrices. Linear Algebra Appl., 2013, 439: 1635–1650.

[94] Liu X, Qin Y. Successive matrix squaring algorithm for computing the generalized inverse $A_{T,S}^2$. Journal of Applied Mathematics, 2012, 2012: 1–15.

[95] Liu X, Qin X, Benítez J. Some additive results on Drazin inverse. Applied Mathematics-A Journal of Chinese Universities, 2015, 30: 479–490.

[96] Liu X, Qin Y, Cvetković-Ilić D S. Perturbation bounds for the Moore-Penrose inverse of operators. Filomat, 2012, 26: 353–362.

[97] Liu X, Qin Y, Wei H. Perturbation bound of the group inverse and the generalized schur complement in Banach algebra. Abstract and Applied Analysis, 2012, 2012: 1–11.

[98] Liu X, Qin Y, Yu Y. Perturbation bounds for the generalized inverse with respect to the Frobenius norm. Appl. Math. Comput., 2011, 218: 4595–4604.

[99] Liu X, Tu D, Yu Y. The expression of the generalized drazin inverse of $a - cb$. Abstract Applied Analysis, 2012, 2012: 1–13.

[100] Liu X, Wu L, Benítez J. On the group inverse of linear combinations of two group invertible matrices. Electronic Journal of Linear algebra, 2011, 22: 490–503.

[101] Liu X, Wu S, Cvetković-Ilić D S. New results on reverse order law for {1,2,3} and {1,2,4}-inverses of bounded operators. Mathematics of Computation, 2013, 82: 1597–1607.

[102] Liu X, Wu L, Benítez J. On linear combinations of generalized involutive matrices. Linear and Multilinear Algebra, 2011, 59: 1221–1236.

[103] Liu X, Wu L, Yu Y. The group inverse of the combinations of two idempotent matrices. Linear and Multilinear Algabra, 2011, 59: 101–115.

[104] Liu X, Wu S, Yu Y. The perturbation of the Drazin inverse. International Journal of Computer Mathematics, 2012, 89: 711–726.

[105] Liu X, Wu S, Benítez J. On nonsingularity of combinations of two group invertible matrices and two tripotent matrices. Linear and Multilinear Algebra, 2011, 59: 1409–1417.

[106] Liu X, Wu S, Yu Y. On the Drazin inverse of the sum of two matrices. J. Applied Mathematics, 2011, 2011: 1–13.

[107] Liu X, Xu L, Yu Y. The representations of the Drazin inverse of differences of two matrices. Appl. Math. Comput., 2010, 216: 3528–3633.

[108] Liu X, Xu L, Yu Y. The explicit expression of the Drazin inverse of sums of two

matrices and its application. Italian J. Pure Appl. Math., 2014, 33: 45–62.

[109]　Liu X, Yang Q, Jin H. New representations of the group inverse of block matrices. Journal of Applied Mathematics, 2013, 2013: 1–14.

[110]　Liu X, Yu Y, Hu C. The iterative methods for computing the generalized inverse of the bounded linear operator between Banach spaces. Appl. Math. Comput., 2009, 214: 391–410.

[111]　Liu X, Yu Y, Wang H. Determinantal representation of weighted generalized inverses. Appl. Math. Comput., 2009, 208: 556–563.

[112]　Liu X, Yu Y, Zhong J, et al. Integral and limit representations of the outer inverse in Banach space. Linear and Multilinear Algebra, 2012, 60: 333–347.

[113]　Liu X, Zhang M, Benítez J. Further results on the reverse order law for the group inverse in rings. Appl. Math. Comput., 2014, 229: 316–326.

[114]　Liu X, Zhang M, Yu Y. Note on the invariance properties of operator products involving generalized inverses . Abstract and Applied Analysis, 2014, 2014: 1–15.

[115]　Liu X, Zhong J. Integral representation of the W-weighted Drazin inverse for Hilbert space operators. Appl. Math. Comput., 2010, 216: 3228–3233.

[116]　Liu X, Zhong J, Benítez J. Some results on partial ordering and reverse order law of elements of C^*-algebras. Journal of Mathematical Analysis and Applications, 2010, 370: 295–301.

[117]　Liu X, Zhong J, Yu Y. Representation for the W-weighted Drazin inverse of linear operators . Journal of Applied Mathematics and Computing, 2010, 34: 317–328.

[118]　Liu X, Zhou G, Yu Y. Note on the iterative methods for computing the generalized inverse over Banach spaces . Numerical Linear Algebra with Applications, 2011, 18: 775–787.

[119]　Liu X, Zhu G, Zhou G. An analog of the adjugate matrix for the outer inverse $A_{T,S}(2)$. Mathematical Problems in Engineering, 2012, 2012: 1–16.

[120]　Liu X, Zuo Z. A high-order iterate method for computing. Journal of Applied Mathematics, 2014, 2014: 1–16.

[121]　Martínez-Serrano M F, Castro-González N. On the Drazin inverse of block matrices and generalized Schur complement. Appl. Math. Comput., 2009, 215: 2733–2740.

[122]　Meyer C D, Rose N J. The index and the Drazin inverse of block triangular matrices. SIAM J. Appl. Math., 1977, 33: 1–7.

[123]　Miladinović M, Miljković S, Stanimirović P. Modified SMS method for computing outer inverses of Toeplitz matrices. Appl. Math. Comput., 2011, 218: 3131–3143.

[124]　Müler V. Spectral Theory of Linear Operators and Spectral Systems in Banach Algebras. Boston, Berlin: Birkhäser Basel, 2003.

[125]　Müller V. Spectral Theory of Linear Operators and Spectral Systems in Banach Algebras. 2nd ed. Boston Berlin: Birkhäuser Basel, 2007.

[126]　Načevska B. Iterative methods for computing generalized inverses and splittings of operators. Appl. Math. Comput., 2009, 208: 186–188.

[127]　Penrose R. A generalized inverses for matrices. Proc. Cambridge Philos. Soc., 1955, 51: 406–413.

[128]　Qiao S. The Drazin inverse of a linear operator in Banach space. Journal of Shanghai Normal Univer, 1981, 2: 11–18.

[129]　Rao C R, Mitra S K. Generalized inverse of matrices and its applications. New York: John Wiley, 1971.

[130]　Rakočević V, Wei Y. The representation and approximation of the W-weighted Drazin inverse of linear operators in Hilbert space. Appl. Math. Comput., 2003, 141: 455–470.

[131]　Rakoćević V, Wei Y. The perturbation theory for the Drazin inverse and its applications II. J. Aust. Math. Soc., 2001, 70: 189–197.

[132]　Rothblum U G. A representation of the Drazin inverse and characterization of the index. SIAM J. Appl. Math., 1976, 31: 646–648.

[133]　Rudin W. Functional Analysis. New York: McGraw-Hill, 1973.

[134]　Saad Y. Iterative Methods for Sparse Linear Systems. 2nd ed. Philadelphia, PA: Society for Industrial and Applied Mathematics, 2003.

[135]　Sheng X, Chen G. Several representations of generalized inverse $A_{T,S}^{(2)}$ and their application. International Journal of Computer Mathematics, 2008, 85(9): 1441–1453.

[136]　Sheng X, Chen G, Gong Y. The representation and computation of generalized inverse. Journal of Computational and Applied Mathematics, 2008, 213: 248–257.

[137]　Xu Q, Song C, Wei Y. The stable perturbation of the Drazin inverse of the square matrices. SIAM J. Matrix Anal. Appl., 2010, 31: 1507–1520.

[138]　Srivastava S, Gupta D K. A higher order iterative method for $A_{T,S}^{(2)}$. Journal of Applied Mathematics and Computing, 2013, 46: 1–22.

[139]　Sun W, Wei Y. Inverse order rule for weighted generalized inverse . SIAM J. Appl. Math., 1998, 19: 772–775.

[140]　Talor A E, Ley D C. Intorduction to Functional Analysis. 2nd ed. New York: Wiley, 1980.

[141]　Tian Y. Reverse order laws for the generalized inverses of multiple matrix products. Linear Algebra Appl., 1994, 211: 85–100.

[142]　Vélez-Cerrada J Y, Robles J, Castro-González N. Error bounds for the perturbation of the Drazin inverse under some geometrical conditions. Appl. Math. Comput., 2009, 2015: 2154–2161.

[143]　Wang G, Wei Y. Proper splittings for restricted linear eqation and the generalized inverse $A_{T,S}^{(2)}$. Numerical Mathmatics, 1998, 7: 1–13.

[144]　Wang G, Wei Y, Qiao S. Generalized Inverses: Theory and Computations. Beijing: Science Press, 2004.

[145] Wang H, Liu X. Partial orders based on core-nilpotent decomposition. Linear Algebra and its Applications, 2016, 488: 235–248.

[146] Wang H, Liu X. Characterizations of the core inverse and the core partial ordering. Linear and Multilinear Algebra, 2015, 63(9): 1829–1836.

[147] Wang H, Liu X. The associated Schur complements of $M = [AB; \ CD]$. Filomat, 2011, 25(1): 155–161.

[148] Wang H, Wei M, Liu X. Several representations of 2-inverse. Arab J. Sci. Eng., 2011, 36: 1161–1169.

[149] Wang J, Zhang H, Ji G. A generalized reverse order law for the products of two operators. Journal of Shaanxi Normal University, 2010, 38: 13–17.

[150] Wang Y, Li G, Zhang H. Representation for the Drazin inverse of linear operators in Banach space. Journal of Applied Math., 2007, 30: 304–311.

[151] Walter R, Functional Analysis. 2nd ed. New York: McGraw-Hill Book Company, 2005.

[152] Wei Y. A characterization and representation of the Drazin inverse. SIAM J. Matrix Anal. Appl., 1996, 17: 744–747.

[153] Wei Y. A characterization and representation of the generalized inverse $A_{T,S}^{(2)}$ and its applications. Linear Algebra Appl., 1998, 280: 87–96.

[154] Wei Y. The Drazin inverse of updating of a square matrix with application to perturbation formula. Appl. Math. Comput., 2000, 108: 77–83.

[155] Wei Y. Representations and perturbations of Drazin inverses in Banach spaces. Chinese Ann Math Ser A, 2000, 21: 33-38; translation in Chinese J Contemp Math, 2000, 21: 39–46.

[156] Wei Y. Representation and perturbation of Drazin inverse in Banch space. Chinese Annals of Mathmatics, 2000, 21: 33–38.

[157] Wei Y. Perturbation bound of the Drazin inverse. Appl. Math. Comput., 2002, 125: 231–244.

[158] Wei Y. A characterization for the W-weighted Drazin inverse and a cramer rule for the W-weighted Drazin inverse solution. Linear Algebra Appl., 2002, 125: 303–310.

[159] Wei Y. Integral representation of the W-weighted Drazin inverse. Appl. Math. Comput., 2003, 144: 3–10.

[160] Wei Y. The representation and approximation for the weighted Moore-Penrose inverse in Hilbert space. Appl. Math. Comput., 2003, 136: 475–486.

[161] Wei Y, Deng C. A note on additive results for the Drazin inverse. Linear and Multilinear Algebra, 2011, 59: 1319–1329.

[162] Wei Y, Djordjević D S. On integral representation of the generalized inverse $A_{T,S}^{(2)}$. Appl. Math. Comput., 2003, 142: 189–194.

[163] Wei Y, Ding J. Representations for Moore-Penrose inverses in Hilbert spaces. Appl.

Math. Lett., 2001, 14: 599–604.

[164]   Wei Y, Li X. An improvement on perturbation bounds for the Drazin inverse. Numer. Linear Algebra Appl., 2003, 10: 563–575.

[165]   Wei Y, Li X, Bu F. A perturbation bound of the Drazin inverse of a matrix by separation of simple invariant subspaces. SIAM J. Matrix Anal. Appl., 2005, 27: 72–81.

[166]   Wei Y, Wang G. The perturbation theory for the Drazin inverse and its applications. Linear Algebra Appl., 1997, 258: 179–186.

[167]   Wei Y, Wu H.The perturbation of the Drazin inverse and oblique projection. Appl. Math. Lett., 2000, 13: 77–83.

[168]   Wei Y, Wu H. (T, S) splitting methods for computing the generalized inverse $A_{T,S}^{(2)}$ and rectangular systems. Int. J. Comput. Math., 2001, 77: 401–424.

[169]   Wei Y, Wu H. Challenging problems on the perturbation of Drazin inverse. Ann. Oper. Res., 2001, 103: 371–378.

[170]   Wei Y, Wu H. The representation and approximation for the weighted Moore-Penrose inverse. Appl. Math. Comput., 2001, 12: 17–28.

[171]   Werner H J. When is $B^- A^-$ a generalized inverse of AB. Linear Algebra Appl., 1994, 210: 255–263.

[172]   Wu L, Liu X, Yu Y. The group involutory matrix of the combinations of two idempotent matrices . Journal of Applied Mathematics, 2012, 2012: 1–19.

[173]   Xiong Z, Zheng B. The reverse order laws for $\{1, 2, 3\}$-and $\{1, 2, 4\}$-inverses of a two-matrix product. Applied Mathematics Letters, 2008, 21: 649–655.

[174]   Xiong Z, Qin Y. Invariance properties of an operator product involving generalized inverses. Electronic Journal of Linear Algebra, 2011, 22: 694–703.

[175]   Xiong Z, Qin Y. An invariance property related to the mixed-type rverse order laws. Linear and Multilinear Algebra, 2014, 63: 1621–1634.

[176]   Xu L, Liu X. The representations of the Drazin inverse of sums of two matrices. Journal of Computational Analysis and Applications, 2012, 14: 433–445.

[177]   Xu Q, Song C, Wei Y. The stable perturbation of the Drazin inverse of the square matrices. SIAM J. Matrix Anal. Appl., 2009, 31: 1507–1520.

[178]   Yu Y, Wang G. On the generalized inverse $A_{T,S}^{(2)}$ over integral domains. Aust. J. Math. Appl., 2007, 4: 1–20.

[179]   Yu Y, Wei Y. The representation and computational procedures for the generalized inverse $A_{T,S}^{(2)}$ of an operator A in Hilbert spaces. Numerical Functional Analysis and Optimization, 2009, 30: 168–182.

[180]   Zhong J, Liu X, Zhou G, et al. A new iterative method for computing the Drazin inverse. Filomat, 2012, 26: 597–606.

[181]   Zhu C, Cai J, Chen G. Perturbation analysis for the reduced minimum modulus of

bounded linear operator in Banach spaces. Appl. Math. Comput., 2003, 145: 13–21.

[182] 蔡东汉. 线性算子的 Drazin 广义逆. 数学杂志, 1985, 1: 81–87.

[183] 陈永林. 广义逆矩阵的理论与方法. 南京: 南京师范大学出版社, 2005.

[184] 陈永林. 矩阵的扰动与广义逆. 应用数学学报, 1986, 9(3): 319–327.

[185] 刘晓冀, 覃永辉. Banach 代数上广义 Drazin 逆的扰动. 数学学报, 2014, 57(1): 35–46.

[186] 刘晓冀, 王宏兴. 交换环上矩阵的 Drazin 逆. 计算数学, 2009, 4: 425–434.

[187] 刘晓冀, 张苗苗, Benítez J. k-次幂等矩阵线性组合群逆和超广义幂等矩阵线性组合 Moore-Penrose 广义逆的表示. 数学年刊 A 辑 (中文版), 2014, 35(4): 463–478.

[188] 王宏兴, 刘晓冀. M-群逆的位移结构. 计算数学, 2009, 31(3): 225–230.

[189] 王国荣. 矩阵与算子广义逆. 北京: 科学出版社, 1994.

[190] 王国荣, 魏益民. 关于计算广义逆 $A_{M,N}^{\dagger}$ 和 $A_{d,w}$ 的迭代法. 高等学校计算数学学报, 1994, 4: 366–372.

[191] 王玉文. 巴拿赫空间中算子广义逆理论及其应用. 北京: 科学出版社, 2005.

[192] 郑兵, 王国荣. 广义逆 $A_{T,S}^{2}$ 的表示与逼近. 数学物理学报, 2006, 26(6): 926–937.

[193] 钟金, 刘晓冀. Hilbert 空间上算子 W-加权 Drazin 逆的刻画及表示. 数学物理学报, 2010, 30(4): 915–921.

[194] 钟金, 刘晓冀. 关于算子加权广义逆的反序律. 数学杂志, 2011, 31(2): 299–306.

索　引